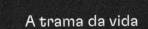

A trama da vida

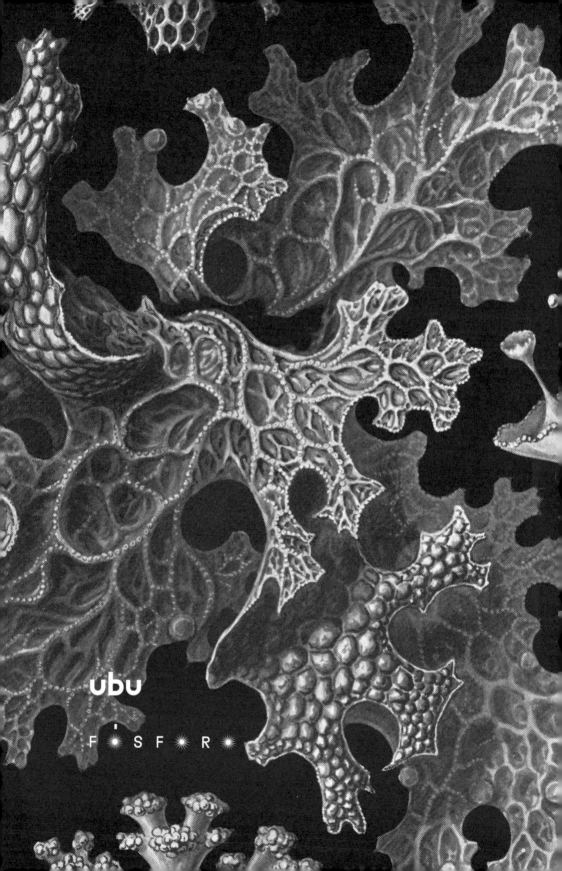

MERLIN SHELDRAKE

A trama da vida

Como os fungos
constroem o mundo

Tradução do inglês por
GILBERTO STAM

2ª reimpressão

Com gratidão aos fungos, pelo aprendizado.

9 PRÓLOGO

INTRODUÇÃO
11 Como é ser um fungo?

33 1. A isca
55 2. Labirintos vivos
82 3. A intimidade de estranhos
108 4. Mentes miceliais
140 5. Antes das raízes
168 6. Internet das árvores
196 7. Micologia radical
226 8. Para entender os fungos

EPÍLOGO
249 A composteira

252 AGRADECIMENTOS
256 NOTAS
305 BIBLIOGRAFIA
350 ÍNDICE REMISSIVO

Prólogo

Olhei para o topo da árvore. Samambaias e orquídeas brotavam no tronco, que desaparecia na copa dentro de um emaranhado de lianas. Bem acima, um tucano saltou de um galho com um grasnido, e um bando de bugios roncou. A chuva tinha cessado, e as folhas derramavam gotas pesadas em chuveiradas repentinas. Uma névoa pairava sobre o chão.

As raízes da árvore se contorciam a partir da base do tronco e logo desapareciam nos montes de folhas caídas que cobriam o chão da mata. Usei um galho para procurar cobras. Uma tarântula escapuliu e me ajoelhei, tateando o tronco e as raízes até chegar a uma massa de detritos esponjosos na qual as raízes mais finas formavam um emaranhado espesso vermelho e marrom. Um cheiro forte se espalhou no ar. Os cupins se atropelavam em seus labirintos, e um piolho-de-cobra se enrolou, fingindo-se de morto. Minha raiz desapareceu, e com uma espátula limpei a área ao redor do local. Usei as mãos e uma colher para afofar a camada superior de terra e cavei da forma mais suave que pude, descobrindo-a aos poucos conforme ela se distanciava da árvore e se retorcia logo abaixo da superfície.

Depois de uma hora, havia me deslocado cerca de um metro. Minha raiz agora estava mais fina que um barbante e passava a proliferar descontroladamente. Foi difícil acompanhá-la no enovelamento com as vizinhas, então me deitei de bruços e aproximei o rosto da trincheira rasa que havia cavado. Algumas raízes têm cheiro forte de nozes, e outras, amadeirado e amargo, mas as raízes da minha árvore tinham um toque de resina picante quando as arranhei com a unha. Por várias horas, avancei lentamente, arranhando e cheirando a cada centímetro, para ter certeza de que não havia perdido o fio.

Ao longo do dia, mais filamentos se expandiram da raiz que eu havia exposto e escolhi alguns deles para seguir até a ponta, onde se enterravam em fragmentos de folhas ou galhos em decomposição. Mergulhei as pontas em um frasco de água para limpar a lama e olhei com uma lupa. As radículas se ramificavam como uma pequena árvore, e a superfície estava coberta por uma camada fina que parecia fresca e pegajosa. Eram essas estruturas delicadas que eu queria examinar. A partir dessas raízes, uma rede de fungos se estendia pelo solo e ao redor das raízes das árvores próximas. Sem essa teia de fungos, minha árvore não existiria. Sem teias de fungo similares, nenhuma planta existiria em qualquer lugar. Toda vida na Terra, inclusive a minha, depende dessas redes. Puxei levemente a minha raiz e senti o chão se mover.

INTRODUÇÃO

Como é ser um fungo?

> *Há momentos no amor úmido em que o céu tem*
> *ciúme do que nós na Terra conseguimos fazer.*
> Hafiz

Os fungos estão por toda parte, mas é difícil visualizá-los. Eles estão dentro de você e ao seu redor. Sustentam você e tudo de que você depende. Enquanto você lê estas palavras, os fungos estão mudando a forma como a vida acontece, como têm feito há mais de um bilhão de anos. Estão decompondo rocha, fazendo solo, desestabilizando poluentes, nutrindo e matando plantas, sobrevivendo no espaço, induzindo visões, produzindo alimentos, fazendo remédios, manipulando o comportamento animal e influenciando a composição da atmosfera. Os fungos fornecem a chave para compreender o planeta em que vivemos e a maneira como pensamos, sentimos e nos comportamos. No entanto, em grande parte, eles vivem longe dos nossos olhos, e mais de 90% das espécies ainda não foram descritas. Quanto mais aprendemos sobre os fungos, mais as coisas deixam de fazer sentido sem eles.

Os fungos constituem um dos reinos da vida — uma categoria tão ampla e movimentada quanto "animais" ou "plantas". Leveduras microscópicas são fungos, assim como as extensas redes de cogumelo-do-mel, ou do gênero *Armillaria*, um dos maiores organismos do mundo. O atual detentor do recorde, no estado do Oregon, Estados Unidos, pesa centenas de toneladas, espalha-se por dez quilômetros quadrados e tem algo entre 2 mil e 8 mil anos. Provavelmente existem muitos espécimes maiores e mais antigos que ainda são desconhecidos.[1]

Muitos dos eventos mais extraordinários da Terra foram — e continuam sendo — resultado da atividade dos fungos. As plantas saíram da água há cerca de 500 milhões de anos graças à colaboração com os fungos, que serviram como um sistema de absorção por dezenas de milhares de anos, até que elas desenvolvessem raízes. Hoje, mais de 90% das plantas dependem de fungos micorrízicos (do grego *mykes*, "fungo", e *rhiza*, "raiz"), que conseguem ligar árvores em redes compartilhadas, chamadas de "internet das árvores". Essa antiga associação deu origem a todas as formas de vida terrestre conhecidas, cujo futuro depende da capacidade de plantas e fungos de formar relacionamentos saudáveis e estáveis.

As plantas esverdearam o planeta, mas, se pudéssemos voltar ao período Devoniano, 400 milhões de anos atrás, ficaríamos impressionados com outra forma de vida: os *Prototaxites*. Esses pináculos vivos espalhavam-se por toda a paisagem. Muitos eram mais altos que um prédio de dois andares. Nada chegava perto desse tamanho: havia plantas, mas elas não passavam de um metro de altura, e os animais com espinha dorsal ainda não haviam saído da água. Pequenos insetos faziam suas casas na estrutura gigante, mastigando-a até formar salas e corredores. Esse grupo enigmático de organismos — acredita-se que eram fungos enormes — foi a maior estrutura viva em terra firme por pelo menos 40 milhões de anos, vinte vezes mais tempo que a existência do gênero *Homo*.[2]

Até hoje, novos ecossistemas terrestres são criados por fungos. Quando ilhas vulcânicas se formam ou geleiras encolhem, descobrindo a rocha nua, os liquens — uma associação de fungos e algas ou cianobactérias — são os primeiros organismos a se estabelecer e formar o solo no qual as plantas criarão raízes. Em ecossistemas bem desenvolvidos, a terra escoaria rapidamente com a chuva, não fosse pela densa malha de fungos que a mantém unida. Dos sedimentos no fundo do mar à superfície dos desertos, dos vales congelados na Antártida às nossas entranhas e orifícios, há poucos lugares no mundo onde não há fungos. Uma única planta pode conter de dezenas a centenas de espécies em suas folhas e caules. Esses fungos formam um tecido no espaço entre as células vegetais constituindo um brocado intrincado e ajudam a defendê-las das doenças. São encontrados em todas as plantas que tenham crescido em condições naturais; são parte da planta tanto quanto as folhas e raízes.[3]

A capacidade dos fungos de prosperar em tamanha variedade de habitats depende de suas diversas habilidades metabólicas. O metabolismo é a arte da transformação química. Os fungos são prodígios metabólicos e podem procurar, recuperar e consumir detritos de forma engenhosa, rivalizando apenas com as bactérias. Usando coquetéis de enzimas e ácidos potentes, eles podem quebrar algumas das substâncias mais difíceis do planeta, desde a lignina, o componente mais robusto da madeira, até a rocha, o óleo cru, o plástico de poliuretano e o explosivo TNT. Poucos ambientes são extremos demais para os fungos. Uma espécie identificada em rejeitos de mineração é um dos organismos mais resistentes à radiação já descobertos e pode ajudar a limpar locais com resíduos radioativos. O reator nuclear que explodiu em Chernobyl abriga uma grande população desse fungo. Várias dessas espécies tolerantes ao rádio crescem em partículas radioativas "quentes" e são capazes de aproveitar a radiação como fonte de energia, assim como as plantas usam a energia da luz solar.[4]

Os cogumelos dominam o imaginário popular quando o assunto é fungo, mas, assim como os frutos das plantas são parte de uma estrutura muito maior que inclui ramos e raízes, o cogumelo é apenas a estrutura macroscópica de reprodução, chamada também de esporoma, o local onde os esporos são produzidos. Os fungos usam os esporos como as plantas usam as sementes: para se espalharem.

O cogumelo é a forma pela qual o fungo apela a outros seres e elementos, do vento ao esquilo, para ajudar na dispersão dos esporos ou impedir que interfiram nesse processo. É a parte visível, pungente, cobiçada, deliciosa, muitas vezes venenosa do fungo. No entanto, os cogumelos são apenas uma abordagem entre muitas: a esmagadora maioria das espécies de fungo libera esporos sem produzir cogumelos.

Todos nós respiramos fungos a todo momento, graças à prolífica capacidade de seus esporomas de dispersarem esporos. Algumas espécies liberam esporos de forma explosiva, em aceleração 10 mil vezes maior que um ônibus espacial logo após o lançamento e atingindo velocidades de até cem quilômetros por hora — alguns dos movimentos mais rápidos entre os seres vivos. Outras espécies criam seu próprio microclima: os esporos são levados para cima por uma corrente de vento gerada pelos cogumelos à medida que a água evapora de suas lamelas. Os fungos produzem cerca de 50 megatoneladas de esporos por ano — o equivalente ao peso de 500 mil baleias-azuis —, o que faz deles a maior fonte de partículas vivas no ar. Os esporos são encontrados nas nuvens e influenciam o clima, desencadeando a formação das gotículas de água que compõem a chuva e dos cristais de gelo que formam a neve, a água-neve e o granizo.[5]

Esporos

Certos fungos, como as leveduras que fermentam o açúcar em álcool e fazem o pão crescer, consistem em células únicas que se multiplicam por brotamento, dividindo-se em duas. No entanto, a maioria dos fungos forma redes de muitas células conhecidas como hifas: estruturas tubulares finas que se ramificam, se fundem e se entrelaçam formando a filigrana anárquica do micélio. O micélio representa o mais comum dos hábitos dos fungos e pode ser mais bem entendido não como uma coisa, mas como um processo — uma tendência irregular e exploratória. Água e nutrientes fluem pelos ecossistemas dentro das redes de micélio. O micélio de algumas espécies de fungo é eletricamente excitável e conduz ondas de atividade elétrica ao longo das hifas, de forma análoga aos impulsos elétricos nas células nervosas dos animais.[6]

Micélio

As hifas constituem o micélio, mas também estruturas mais especializadas. Essas estruturas, como o cogumelo, são formadas a partir de hifas compactadas. Realizam muitas proezas além de expelir esporos. Alguns esporomas, como as trufas, produzem aromas que os colocaram entre os alimentos mais caros do mundo. Outros, como o cogumelo-gota-de-tinta (*Coprinus comatus*), podem germinar através do asfalto e levantar pedras pesadas do pavimento, embora não sejam feitos de material resistente. Colha um cogumelo e você pode fritá-lo e comê-lo. Deixe-o em uma jarra, e sua carne branca e brilhante se liquefará em uma tinta preta como breu em poucos dias (as ilustrações deste livro foram feitas com tinta de *C. comatus*).[7]

Cogumelos gota-de-tinta (*Coprinus comatus*) desenhados com tinta feita do próprio cogumelo

Essa engenhosidade metabólica permite que os fungos criem uma ampla variedade de relacionamentos. Seja nas raízes ou nos brotos, as plantas dependem dos fungos para nutrição e defesa desde sempre. Os animais também dependem dos fungos. Depois dos seres humanos, os animais que formam as maiores e mais complexas sociedades da Terra são as formigas-cortadeiras. As sociedades podem chegar a mais de 8 milhões de indivíduos, com ninhos subterrâneos que passam de trinta metros de diâmetro. A vida das formigas-cortadeiras gira em torno de um fungo que elas cultivam em câmaras cavernosas e alimentam com pedaços de folhas.[8]

As sociedades humanas estão igualmente entrelaçadas com os fungos. Doenças causadas por eles provocam perdas de bilhões de dólares — o fungo da brusone destrói uma quantidade de arroz suficiente para alimentar mais de 60 milhões de pessoas todos os anos. As doenças fúngicas das árvores, como a doença-do-olmo-holandês e a ferrugem-de-castanheira, transformam florestas e paisagens. Os romanos oravam ao deus do bolor, Robigus, para evitar doenças fúngicas, mas não foram capazes de deter a fome que contribuiu para o declínio do Império Romano. O impacto das doenças fúngicas está aumentando em todo o mundo: as práticas agrícolas insustentáveis reduzem a capacidade das plantas de formar relações com os fungos benéficos dos quais dependem. O uso generalizado de produtos químicos antifúngicos levou a um aumento sem precedentes de novas superpragas fúngicas que ameaçam a saúde humana e a vegetal. À medida que os seres humanos espalham fungos causadores de doenças, criam-se oportunidades para sua evolução. Nos últimos cinquenta anos, a doença mais mortal já registrada — causada por um fungo que infecta anfíbios — se espalhou pelo mundo através da circulação humana. Ela já levou noventa espécies de anfíbios à extinção e ameaça exterminar mais de cem. A variedade de banana que responde por 99% das remessas globais, a nanica, está sendo dizimada por uma doença fúngica e poderá entrar em extinção nas próximas décadas.[9]

Por outro lado, assim como as formigas-cortadeiras, os seres humanos descobriram como usar fungos para resolver uma série de problemas urgentes. Na verdade, provavelmente começamos a usar soluções fúngicas antes de sermos *Homo sapiens*. Em 2017, pesquisadores reconstruíram a dieta dos neandertais, primos dos humanos modernos que foram extintos há cerca de 50 mil anos. Eles descobriram que um indivíduo com abscesso dentário havia comido um tipo de fungo, um mofo produtor de penicilina, o que indica conhecimento de suas propriedades antibióticas. Existem outros exemplos mais recentes, inclusive o Homem do Gelo, um cadáver neolítico perfeitamente preservado encontrado no gelo glacial, datado de cerca de 5 mil anos. No dia em que morreu, o Homem do Gelo carregava uma algibeira recheada de maços de fungo-pavio (*Fomes fomentarius*), que quase certamente usava para fazer fogo, e fragmentos de *Fomitopsis betulina* preparados com cuidado, provavelmente usados como medicamento.[10]

Os povos indígenas da Austrália tratavam feridas com bolor coletado no lado sombreado das árvores de eucalipto. O Talmude judaico menciona um tratamento conhecido como "chamka", que consiste em milho mofado embebido em vinho de tâmara. Antigos papiros egípcios de 1500 a.C. referem-se às propriedades curativas do bolor, e, em 1640, John Parkinson, herborista do rei em Londres, descreveu o uso de mofo para tratar feridas. Mas foi só em 1928 que Alexander Fleming descobriu que um bolor produzia uma substância química capaz de matar bactérias, a penicilina. Ela se tornou o primeiro antibiótico moderno e desde então salvou incontáveis vidas. A descoberta de Fleming é amplamente reconhecida como um dos momentos decisivos da medicina moderna e é possível que tenha ajudado a alterar o equilíbrio de poder na Segunda Guerra Mundial.[11]

A penicilina, um composto que defende os fungos da infecção bacteriana, acabou protegendo também os humanos. Isso não é tão estranho: embora, há muito tempo, os fungos sejam agrupados com as plantas, eles estão na verdade mais próximos dos animais — um exemplo do tipo de divergência de classificação que os pesquisadores cometem frequentemente em seu esforço para entender a vida dos fungos. Em nível molecular, os fungos e os humanos são semelhantes o suficiente para, em muitos casos, se beneficiarem das mesmas inovações bioquímicas. Quando usamos remédios produzidos por fungos, geralmente pegamos emprestada uma solução fúngica e a realojamos em nosso corpo. Os fungos têm uma prolífica farmacologia, e hoje dependemos deles para muitos outros químicos além da penicilina: a ciclosporina (uma droga imunossupressora que viabiliza o transplante de órgãos), as estatinas redutoras de colesterol, uma série de compostos antivirais e anticancerígenos poderosos (incluindo a droga multibilionária Taxol, extraída originalmente dos fungos que vivem dentro do teixo europeu), sem falar do álcool (fermentado por leveduras) e da psilocibina (o principal componente dos cogumelos psicoativos que, como demonstram ensaios clínicos recentes, é capaz de aliviar depressão e ansiedade graves). Sessenta por cento das enzimas usadas na indústria são geradas por fungos, e 15% de todas as vacinas são produzidas por cepas modificadas de leveduras. O ácido cítrico, produzido por fungos, é usado em todas as bebidas gaseificadas. O mercado global de fungos comestíveis está crescendo e deve aumentar de 42 bilhões de dólares em 2018 para 69 bilhões de dólares em 2024. As vendas de cogumelos funcionais aumentam todos os anos.[12]

As soluções fúngicas vão além da saúde humana. As tecnologias radicais dos fungos podem nos ajudar a responder a alguns dos muitos problemas decorrentes da devastação ambiental em curso. Compostos antivirais produzidos pelo micélio mitigam o Distúrbio do Colapso das Colônias de Abelhas. O apetite voraz dos fungos pode ser aproveitado para quebrar poluentes como o óleo cru de vazamentos, em um processo conhecido como micorremediação. Na micofiltragem, a água contaminada passa por esteiras de micélio que filtram os metais pesados e quebram as toxinas. Na micomanufatura, materiais de construção e tecidos são produzidos a partir do micélio, substituindo os plásticos e o couro em muitas aplicações. As melaninas fúngicas, pigmentos produzidos por fungos radiotolerantes, são uma promissora nova fonte de compostos associados a biomateriais resistentes à radiação.[13]

As sociedades humanas sempre dependeram do metabolismo prodigioso dos fungos. Seriam necessários meses para recitar a lista completa das realizações químicas dos fungos. No entanto, apesar de sua promessa e de seu papel central em muitos feitos humanos do passado remoto, os fungos receberam uma pequena fração da atenção dada aos animais e às plantas. A estimativa mais confiável sugere que existam entre 2,2 milhões e 3,8 milhões de espécies de fungos — de seis a dez vezes o número de espécies de plantas —, o que significa que apenas 6% delas foram descritas até agora. Estamos apenas começando a entender a complexidade e sofisticação da vida dos fungos.[14]

Desde que me entendo por gente, sou fascinado por fungos e pelas transformações que eles provocam. Um tronco sólido vira solo, um pedaço de massa cresce na forma de pão, um cogumelo irrompe da noite para o dia — mas como? Quando adolescente, lidei com essa perplexidade encontrando formas de me envolver com os fungos. Coletei cogumelos e os cultivei em meu quarto. Mais tarde, fermentei álcool na esperança de aprender mais sobre as leveduras e sua influência sobre mim. Fiquei maravilhado com a transformação do mel em hidromel e do suco de frutas em vinho — transformações capazes de modificar meus próprios sentidos e os de meus amigos.

Na época em que comecei minha pesquisa formal, quando me tornei aluno de graduação em Cambridge, no Departamento de Ciências Botânicas — não há Departamento de Ciências Fúngicas —, eu estava fascinado pela simbiose — as relações estreitas que se formam entre organismos não aparentados. A história da vida se revelou repleta de colaborações íntimas. Aprendi que a maioria das plantas depende de fungos para obter nutrientes do solo, como fósforo ou nitrogênio, em troca de açúcares e lipídios que geram energia e são produzidos pela fotossíntese — o processo pelo qual as plantas se nutrem a partir de luz e dióxido de carbono do ar. A relação entre plantas e fungos deu origem à biosfera e mantém a vida na Terra até hoje, mas entendíamos muito pouco sobre isso. Como essas relações surgiram? Como as plantas e os fungos se comunicam? Como posso aprender mais sobre a vida desses organismos?

Aceitei o convite para um pós-doutorado sobre as relações micorrízicas em florestas tropicais no Panamá. Logo depois, mudei-me para uma estação de pesquisa em uma ilha administrada pelo Smithsonian Tropical Research Institute. A ilha e as penínsulas vizinhas faziam parte de uma reserva natural totalmente coberta por florestas, com exceção de uma clareira para dormitórios, um refeitório e prédios de laboratórios. Havia estufas para o cultivo de plantas, armários de secagem cheios de sacos com serrapilheira, uma sala repleta de microscópios e uma câmara frigorífica carregada de amostras: garrafas de seiva, morcegos mortos, tubos contendo carrapatos tirados de ratos-de-espinho e de jiboias. Cartazes no quadro de avisos ofereciam recompensas em dinheiro para quem conseguisse coletar excremento fresco de jaguatirica na floresta.

A selva era repleta de vida. Havia preguiças, onças-pardas, cobras, crocodilos. Havia basiliscos — lagartos que correm na superfície da água sem afundar. Em poucos hectares, eram tantas espécies de plantas lenhosas quanto em toda a Europa. A diversidade da floresta se refletia na rica variedade de biólogos que vinham estudá-la. Alguns escalavam árvores e observavam formigas. Outros saíam todos os dias de madrugada para seguir os macacos. Havia os que monitoravam os raios que atingiam as árvores durante as tempestades tropicais e aqueles que passavam os dias suspensos em um guindaste medindo a concentração de ozônio no dossel da floresta. Alguns aqueciam o solo usando resistências elétricas para verificar como as bactérias respondem ao aquecimento global, além dos que estudavam como os besouros se orientam usando as estrelas. Abelhas, orquídeas, borboletas — parecia não haver nenhum aspecto da vida selvagem que não estivesse sendo estudado por alguém.

Fiquei impressionado com a criatividade e o humor dessa comunidade de pesquisadores. Os biólogos de laboratório passam a maior parte do tempo cuidando das porções de vida que estudam. Eles conseguem viver além dos frascos que contêm seu objeto de estudo. Raramente os biólogos de campo têm tanto controle. O mundo é o frasco, e eles estão dentro dele. O equilíbrio de poder é diferente. Tempestades arrastam as bandeiras que marcam o local de seus experimentos. Árvores caem no terreno que estudam. Preguiças morrem onde planejavam medir os nutrientes do solo. Eles são mordidos pelas formigas-tocandiras. A floresta e seus habitantes dissipam qualquer ilusão de que os cientistas estão no comando. A humildade se impõe rapidamente.

As relações entre plantas e fungos micorrízicos são fundamentais para entender como os ecossistemas funcionam. Eu queria aprender mais sobre como os nutrientes atravessam as redes de fungos, mas fiquei atordoado ao me deparar com o que acontecia no subsolo. As plantas e os fungos micorrízicos são promíscuos: muitos fungos podem viver nas raízes de uma única planta, e muitas plantas podem se conectar a uma única rede de fungos. Dessa forma, uma grande variedade de substâncias, como nutrientes e compostos de sinalização, pode passar entre as plantas por meio de conexões fúngicas. Em termos simples, as plantas são conectadas por redes sociais de fungos. É isso que se entende por "internet das árvores". As florestas tropicais em que trabalhei abrigavam centenas de espécies de plantas e fungos. Essas redes são inacreditavelmente intrincadas, com implicações enormes e ainda malcompreendidas. Imagine a perplexidade de um antropólogo extraterrestre que descobriu, após décadas estudando a humanidade da era Moderna, que temos algo chamado internet. É mais ou menos assim para os ecólogos contemporâneos.

Em meu esforço para investigar as redes de fungos micorrízicos que se perfilam pelo solo, coletei milhares de amostras de terra e aparas de raízes de árvores e esmaguei-as até formar uma pasta para extrair seus lipídios, ou o DNA. Cultivei centenas de plantas em vasos com diferentes comunidades de fungos micorrízicos e medi o crescimento de suas folhas. Salpiquei pimenta-do-reino em grossos anéis ao redor de estufas para impedir que os gatos entrassem sorrateiramente e trouxessem de fora comunidades fúngicas indesejadas. Apliquei marcadores químicos em plantas e rastreei esses produtos pelas raízes e pelo solo, medindo quanto deles passou para os fungos associados — mais esmagamento e mais pastas. Contornei aos trancos penínsulas florestais em uma pequena lancha que quebrava toda hora, escalei cachoeiras em busca de plantas raras, arrastei-me por quilômetros em caminhos lamacentos carregando uma mochila cheia de terra encharcada e dirigi caminhões em estradas de lama vermelha e espessa no meio da selva.

Dos muitos organismos que vivem na floresta tropical, o que mais me fascinou foi uma espécie de flor pequena que brota no solo. Essas plantas têm a altura de uma xícara de café, a haste fina e branca com uma única flor azul brilhante equilibrada no topo. É uma espécie de genciana da selva do gênero *Voyria* que há muito tempo perdeu a capacidade de fazer fotossíntese. Com isso, perdeu a clorofila, o pigmento que torna a fotossíntese possível e dá às plantas sua cor verde. Fiquei perplexo com a *Voyria*. A fotossíntese é uma das coisas que fazem com que as plantas sejam plantas. Como essa espécie conseguia sobreviver sem ela?

Suspeitei que o relacionamento da *Voyria* com seus parceiros fúngicos fosse incomum, e me perguntei se essas flores poderiam me dizer algo sobre o que acontecia abaixo da superfície do solo. Passei muitas semanas procurando exemplares na selva. Algumas flores cresciam em trechos abertos da floresta e eram fáceis de detectar. Outras estavam escondidas, atrás de grandes raízes aparentes. Em terrenos com um quarto do tamanho de um campo de futebol, era possível encontrar centenas de flores, e tive de contá-las todas. A floresta raramente era aberta ou plana, então era necessário escalar e se inclinar. Na verdade, conseguíamos fazer de tudo, menos caminhar. Todas as noites eu voltava para a estação sujo e exausto. Durante o jantar, meus amigos ecólogos holandeses contavam piadas sobre minhas flores fofinhas de hastes frágeis. Eles estudavam a forma como as florestas tropicais armazenam carbono. Enquanto eu me arranhava todo, vesgo de olhar para o chão em busca de pequenas flores, eles mediam a circunferência das árvores. Em um balanço de carbono da floresta, as *Voyria* eram irrelevantes. Meus amigos holandeses faziam piada de minha ecologia diminuta e da delicadeza que me deslumbrava. Eu os provocava falando de sua ecologia bruta e de seu machismo. Ao nascer do dia, eu partia novamente, os olhos fixos no chão na esperança de que essas plantas curiosas me ajudassem a encontrar o caminho para o mundo escondido e povoado do subsolo.

Seja na floresta, seja no laboratório, ou ainda na cozinha, os fungos mudaram minha forma de compreender a vida. Esses organismos põem em xeque nossas categorias, e pensar sobre eles faz o mundo parecer diferente. Foi meu crescente encanto com esse poder que me levou a escrever este livro. Tentei encontrar maneiras de aproveitar as ambiguidades que os fungos manifestam, mas nem sempre é fácil manter-se sereno no espaço criado por questões abertas. Pode dar agorafobia. É tentador se esconder em salas pequenas construídas com respostas rápidas. Fiz o melhor que pude para me conter.

Um amigo, o filósofo e ilusionista David Abram, fazia apresentações de mágica no Alice's, em Massachusetts (restaurante que se tornou famoso por causa da música de Arlo Guthrie). Todas as noites ele passava nas mesas; moedas rolavam por seus dedos e reapareciam em outro lugar, desapareciam de novo, dividiam-se em duas e sumiam de vista. Uma noite, dois clientes voltaram ao restaurante logo depois de saírem e puxaram David de lado, aparentando preocupação. Quando saíram, disseram, o céu estava incrivelmente azul e as nuvens pareciam grandes e vívidas. Ele havia colocado algo na bebida deles? Ao longo das semanas, isso aconteceu outras vezes — os clientes voltavam para dizer que o tráfego parecia mais barulhento que antes; a luz da rua, mais forte; os padrões na calçada, mais fascinantes; a chuva, mais refrescante. Os truques de mágica estavam mudando a forma como as pessoas percebiam o mundo.

David me explicou por que achava que isso acontecia. Nossas percepções funcionam em grande parte baseadas em expectativas. É preciso menos esforço cognitivo para dar sentido ao mundo usando imagens preconcebidas, atualizadas com uma pequena quantidade de novas informações sensoriais, do que para formar novas percepções o tempo todo, a partir do zero. São nossas preconcepções que criam os pontos cegos que os mágicos aproveitam. Por atrito, os truques com moedas diminuem a solidez de nossas expectativas sobre a forma como mãos e moedas funcionam. Eventualmente, isso se estende a nossas expectativas sobre percepções mais gerais. Ao sair do restaurante, o céu parecia diferente porque os clientes o viam como ele estava naquele lugar e momento, em vez de como esperavam que estivesse. Trapaceando nossas expectativas, retomamos os sentidos. O que espanta é o abismo entre o que esperamos encontrar e o que encontramos ao olharmos de fato.[15]

Os fungos também driblam nossas preconcepções. Sua vida e seu comportamento são surpreendentes. Quanto mais os estudo, menos expectativas tenho, e os conceitos familiares começam a parecer estranhos. Dois campos de pesquisa biológica em franco crescimento me ajudaram a lidar com esse estado de surpresa e forneceram as bases que guiaram minha exploração.

O primeiro é o conhecimento cada vez maior sobre o comportamento sofisticado e variado de resolução de problemas que evoluiu em organismos sem cérebro, que não estão no Reino Animal. Os exemplos mais conhecidos são os mixomicetos, como o *Physarum polycephalum* (embora sejam amebas, não fungos). Conforme veremos, os mixomicetos não monopolizam a capacidade de resolver problemas dos organismos sem cérebro, mas são fáceis de estudar e se tornaram organismos-modelo que abriram novas linhas de pesquisa. Os *Physarum* formam redes exploratórias feitas de tubos que parecem tentáculos e não dispõem de sistema nervoso central — ou qualquer coisa semelhante. Ainda assim, são capazes de "tomar decisões" comparando uma gama de linhas de ação possíveis e de encontrar o caminho mais curto entre dois pontos em um labirinto. Pesquisadores japoneses soltaram mixomicetos em placas de Petri com modelos que imitavam a região metropolitana de Tóquio. Flocos de aveia marcavam os principais centros urbanos, e luzes brilhantes representavam obstáculos como montanhas — mixomicetos não gostam de luz. Depois de um dia, o mixomiceto encontrou a melhor rota para passar entre os flocos de aveia, gerando uma rede quase idêntica à rede ferroviária de Tóquio. Em experimentos semelhantes, os mixomicetos recriaram a rede de rodovias dos Estados Unidos e a rede de estradas romanas na Europa central. Um entusiasta do mixomiceto me contou de um teste que havia realizado. Com frequência, ele se perdia nas lojas da Ikea e passava um bom tempo tentando encontrar a saída. Decidiu desafiar seu mixomiceto com o mesmo problema e construiu um labirinto baseado na planta da loja mais próxima. Como previsto, sem nenhuma placa ou funcionário para orientá-lo, o mixomiceto logo encontrou o caminho mais curto até a saída. "Veja", disse ele rindo, "eles são mais espertos que eu."[16]

Chamar ou não o mixomiceto, os fungos e as plantas de "inteligentes" é uma questão de ponto de vista. As definições científicas clássicas de inteligência usam o ser humano como padrão de medida. De acordo com essas definições antropocêntricas, estamos sempre no topo do ranking, seguidos por animais que se parecem conosco (chimpanzés, bonobos etc.) e depois por outros animais "superiores", e assim por diante, formando uma tabela classificatória — uma grande hierarquia de inteligência elaborada pelos antigos gregos, que persiste até hoje, de uma forma ou de outra. Como esses organismos não se parecem conosco e não se comportam como nós — e não têm cérebro —, estão tradicionalmente em algum lugar na parte inferior da escala. Frequentemente, são considerados o pano de fundo inerte da vida animal. No entanto, muitos são capazes de comportamentos sofisticados que nos levam a repensar o significado de "resolução de problemas", "comunicação", "tomada de decisão", "aprendizado" e "memória". À medida que fazemos isso, algumas hierarquias problemáticas que sustentam o pensamento moderno começam a esmorecer. Conforme esmorecem, nossas atitudes nocivas em relação ao mundo mais que humano talvez comecem a mudar.[17]

O segundo campo de pesquisa que me guiou nesta investigação trata da forma como pensamos sobre os organismos microscópicos — micróbios ou microrganismos — que cobrem cada centímetro do planeta. Nas últimas quatro décadas, novas tecnologias propiciaram acesso sem precedentes à vida microbiana. O resultado? Para a sua comunidade de microrganismos — o seu "microbioma" —, seu corpo é um planeta. Alguns preferem a floresta temperada do couro cabeludo; outros, as planícies áridas de seu antebraço; ou a floresta tropical de sua virilha ou axila. Intestino (que desdobrado ocuparia uma área de 32 metros quadrados), orelhas, dedos do pé, boca, olhos, pele — todas as suas superfícies —, passagens e cavidades estão repletas de bactérias e fungos. Você carrega por aí um número maior de microrganismos do que de suas "próprias" células. Existem mais bactérias em seu intestino do que estrelas em nossa galáxia.[18]

Normalmente, os seres humanos não se preocupam em definir o ponto em que um indivíduo termina e outro começa. Em geral, é dado como certo — pelo menos nas sociedades industriais modernas — que começamos onde nosso corpo principia e terminamos onde ele acaba. Os avanços na medicina moderna, como o transplante de órgãos, afetam essas distinções; desenvolvimentos nas ciências microbianas abalam seus alicerces. Somos ecossistemas compostos — e decompostos — por uma ecologia de microrganismos, cujo significado só agora vem à tona. Os mais de 40 trilhões de microrganismos que vivem dentro e fora de nosso corpo nos permitem digerir alimentos e produzir minerais essenciais que nos nutrem. Assim como os fungos que vivem no interior das plantas, eles nos protegem de doenças. Guiam o desenvolvimento de nossos corpos e dos sistemas imunológicos e influenciam nosso comportamento. Se não forem controlados, podem causar doenças e até nos matar. Não somos uma exceção. Mesmo as bactérias têm vírus em seu interior (um nanobioma?). Até os vírus podem conter vírus menores (um picobioma?). A simbiose é um traço onipresente da vida.[19]

Participei de um colóquio no Panamá sobre microrganismos tropicais e, junto com muitos outros pesquisadores, passei três dias desnorteado com as implicações de nossos estudos. Alguém subiu para falar sobre um grupo de plantas que produzem um certo conjunto de substâncias químicas em suas folhas. Até então, essas substâncias eram consideradas uma característica definidora daquele tipo de planta. No entanto, descobriu-se que elas, na verdade, eram sintetizadas por fungos que viviam nas folhas da planta. O conceito da planta teve de ser repensado. Outro pesquisador interveio, sugerindo que talvez não fosse o fungo que vive na folha, mas as bactérias que vivem no interior do fungo. O assunto prosseguiu nessa linha. Depois de dois dias, a noção de indivíduo se aprofundou e se expandiu até se tornar irreconhecível. Falar sobre indivíduos não fazia mais sentido. A biologia — o estudo dos organismos vivos — havia se transformado em ecologia — o estudo das relações entre os organismos vivos. Para complicar, sabíamos muito pouco. Gráficos de populações microbianas projetados em uma tela tinham grandes seções com a indicação "desconhecido". Lembrei-me da maneira como os físicos modernos retratam o universo, mais de 95% do qual é descrito como "matéria escura" e "energia escura". A matéria e a energia escuras têm esses nomes porque não sabemos nada sobre elas. Isso era a matéria escura biológica, ou vida escura.[20]

Muitos conceitos científicos — como "tempo", "ligações químicas", "genes" e "espécies" — carecem de definições estáveis, mas permanecem categorias úteis para a reflexão. De certo modo, "indivíduo" não é diferente: é apenas outra categoria para guiar o pensamento e o comportamento humano. No entanto, a vida e a experiência cotidiana — para não mencionar os sistemas filosófico, político e econômico — dependem tanto de indivíduos, que pode ser difícil ficar impassível, observando o conceito se dissolver. Para onde isso "nos" leva? E "eles"? "Eu"? "Minha"? "Todo mundo"? "Qualquer um"? Minha reação às discussões na conferência não foi apenas intelectual. Como o cliente no restaurante Alice's, me senti diferente: o familiar se tornara desconhecido. A "perda de um senso de identidade própria, delírios de identidade própria e experiências de 'controle alienígena'", observou um homem mais velho, uma autoridade no campo da pesquisa em microbiomas, são todos sintomas potenciais de doença mental. Minha cabeça girou ao pensar em quantas ideias precisavam ser repensadas, começando pelas noções tão valorizadas culturalmente de identidade, autonomia e independência. É em parte essa sensação desconcertante que torna tão estimulantes os avanços nas ciências microbianas. Nossas relações microbianas são tão íntimas quanto quaisquer outras. Aprender mais sobre essas associações muda a experiência de nossos próprios corpos e dos lugares que habitamos. "Nós" somos ecossistemas que ultrapassam fronteiras e transgridem categorias. Nosso "eu" emerge de um complexo emaranhado de relacionamentos que só agora se torna conhecido.[21]

O estudo dos relacionamentos pode confundir. Quase todos são ambíguos. As formigas-cortadeiras domesticaram o fungo de que dependem, ou o fungo domesticou as formigas? As plantas cultivam os fungos micorrízicos com os quais vivem, ou os fungos cultivam as plantas? Para que lado aponta a seta? Essa incerteza é saudável.

Tive um professor chamado Oliver Rackham, ecólogo e historiador, que estudou a forma como os ecossistemas moldaram as culturas humanas — e foram moldados por elas — durante milhares de anos.

Ele nos levou até matas próximas e nos contou a história desses lugares e de seus habitantes fazendo uma leitura das torções e rachaduras nos galhos de velhos carvalhos, identificando o lugar onde as urtigas vicejavam e observando quais plantas cresciam ou não em uma cerca viva. Sob a influência de Rackham, a linha perfeita que em minha mente separava "natureza" e "cultura" começou a borrar.

Mais tarde, fazendo trabalho de campo no Panamá, deparei com muitas relações complicadas entre biólogos e os organismos que estudavam. Brinquei com os pesquisadores de morcegos que, ao ficarem acordados a noite inteira e dormirem o dia todo, eles aprendiam os hábitos dos morcegos. Eles perguntaram qual marca os fungos estavam deixando em mim. Ainda não tenho certeza. Mas continuo me admirando com a ideia de que, em nossa total dependência dos fungos — como decompositores recicladores e conectores que reúnem mundos em uma rede —, talvez sejamos controlados por eles com mais frequência do que imaginamos.

Se somos, é fácil esquecer. Muitas vezes, me distancio e vejo o solo como um lugar abstrato, uma vaga arena para interações esquemáticas. Meus colegas e eu dizemos coisas como "(Fulano) relatou um aumento de aproximadamente 25% no carbono do solo da estação seca para a chuvosa". Como evitar isso? Não temos como experimentar o lado selvagem do solo e as incontáveis formas de vida que borbulham em seu interior.

Com as ferramentas disponíveis, eu tentei. Milhares das minhas amostras passaram por máquinas caras que agitavam, irradiavam e explodiam o conteúdo dos tubos produzindo séries de números. Passei meses inteiros olhando por um microscópio, imerso em paisagens de raízes cheias de hifas sinuosas congeladas em atos ambíguos de ligação com células vegetais. Ainda assim, os fungos que vi estavam mortos, embalsamados e renderizados em cores falsas. Me sentia um detetive desajeitado. Enquanto me agachava por semanas raspando a lama e colocando-a em pequenos tubos, tucanos charlavam, bugios roncavam, cipós emaranhavam-se e tamanduás comiam formigas. Vidas microbianas, especialmente aquelas enterradas, não eram acessíveis como o mundo vibrante e carismático dos grandes acima do solo. Na verdade, para tornar minhas descobertas vívidas, para permitir que elas construíssem e contribuíssem para um entendimento geral, era necessário ter imaginação. Era impossível de outro jeito.

No meio científico, a imaginação é conhecida como especulação e tratada com certa desconfiança — nas publicações, costuma ser acompanhada de uma advertência obrigatória. Parte da redação de uma pesquisa consiste em limpá-la de voos fantasiosos, de conversa fiada e dos milhares de tentativas e erros que dão origem até mesmo às menores descobertas. Nem todo mundo que lê um estudo quer atravessar muito espalhafato. Ainda, os cientistas precisam parecer confiáveis. Entre sorrateiramente nos bastidores da ciência e talvez você não encontre as pessoas em sua melhor aparência. Mesmo nos bastidores, nas reflexões noturnas que compartilhei com colegas, era incomum entrar em detalhes de como havíamos imaginado — de modo acidental ou deliberado — os organismos que estudamos, fossem eles peixes, bromélias, cipós, fungos ou bactérias. Havia algo embaraçoso em admitir que o emaranhado de nossas conjecturas, fantasias e metáforas sem fundamento pudesse ter ajudado a moldar nossa pesquisa. Apesar disso, a imaginação faz parte da atividade cotidiana de pesquisa. A ciência não é um exercício de racionalidade a sangue-frio. Os cientistas são — e sempre foram — emocionais, criativos, intuitivos, seres humanos inteiros, lançando perguntas sobre um mundo que não foi feito para ser catalogado e sistematizado. Sempre que eu perguntava o que esses fungos faziam e elaborava estudos para tentar entender seu comportamento, precisava imaginá-los.

Um experimento me forçou a perscrutar os recantos mais profundos de minha imaginação científica. Inscrevi-me em um estudo clínico sobre o efeito do LSD nas habilidades de resolução de problemas de cientistas, engenheiros e matemáticos. O estudo fazia parte do amplo e renovado interesse científico e médico pelo potencial inexplorado das drogas psicodélicas. Os pesquisadores queriam saber se o LSD permitiria que os cientistas tivessem acesso a seu inconsciente profissional, ajudando-os a abordar problemas habituais por novos ângulos. Nossa imaginação seria a estrela da festa, o fenômeno a ser observado e até medido. Um grupo eclético de jovens foi recrutado com a ajuda de cartazes em departamentos de ciências de todo o país ("Você tem um problema significativo que precisa resolver?"). Foi um estudo corajoso. É notoriamente difícil facilitar avanços criativos em qualquer lugar, que dirá no departamento de ensaios clínicos de um hospital.

Os pesquisadores que realizaram o experimento penduraram imagens psicodélicas nas paredes, montaram um sistema de som para tocar música e iluminaram a sala com luzes que mudavam de cor para criar um clima. As tentativas de tornar o ambiente menos hospitalar deixaram-no mais artificial: um reconhecimento do impacto que eles — os cientistas — poderiam ter sobre o objeto de estudo. Foi um arranjo que tornou visíveis muitas das inseguranças saudáveis enfrentadas pelos pesquisadores no dia a dia. Se, da mesma forma, os sujeitos de todos os experimentos biológicos recebessem iluminação ambiente e música relaxante, talvez seu comportamento fosse bem diferente.

As enfermeiras certificaram-se de que eu tomei o LSD exatamente às nove da manhã. Elas me observaram atentamente enquanto eu engolia todo o líquido, que havia sido misturado em uma quantidade de água equivalente a uma taça de vinho. Deitei-me na cama do meu quarto de hospital, e retiraram uma amostra de sangue pelo cateter em meu antebraço. Três horas depois, quando alcancei a "altitude de cruzeiro", fui gentilmente encorajado por minha assistente a pensar sobre meu "problema relacionado ao trabalho". Em meio à bateria de testes psicométricos e avaliações de personalidade que havíamos concluído antes da viagem, solicitaram que descrevêssemos nosso problema com o máximo de detalhes possível — o nó na pesquisa com o qual estávamos lutando. Mergulhar os nós em LSD poderia ajudar a afrouxá-los. Todas as minhas perguntas eram sobre fungos, e estava reconfortado em saber que, originalmente, o LSD foi derivado de um fungo que vive dentro de plantas cultivadas; uma solução fúngica para meus problemas fúngicos. O que aconteceria?

Eu queria usar o teste para pensar de forma mais ampla sobre a vida das flores azuis, as *Voyria*, e suas relações com os fungos. Como elas vivem sem fotossíntese? Quase todas as plantas se sustentam extraindo minerais das redes de fungos micorrízicos no solo; a *Voyria* faz o mesmo, a julgar pela massa de fungos que se aglomeram em suas raízes. Mas, sem fotossíntese, a *Voyria* tem como produzir os açúcares e lipídios ricos em energia de que precisa para crescer. De onde a *Voyria* tira sua energia? Será que essas flores extraem substâncias de outras plantas verdes por meio da rede de fungos? Se sim, a *Voyria* oferece algo em troca a seus parceiros fúngicos, ou é apenas um parasita — um *hacker* da internet das árvores?

Deitei-me na cama do hospital com os olhos fechados, imaginando que eu era um fungo. Vi-me no subsolo, cercado por pontas que cresciam e lançavam-se umas sobre as outras. Hordas de animais de corpo globoso pastando — raízes de plantas lutando —, o Velho Oeste do solo — os bandidos, bandoleiros, solitários, trapaceiros. O solo era um intestino externo sem horizonte — digestão e detritos por toda parte, bandos de bactérias surfando em ondas elétricas, sistemas climáticos químicos, rodovias subterrâneas, abraço viscoso contagioso, contato íntimo fervilhando por todos os lados. Enquanto seguia uma hifa até a raiz, fui surpreendido pelo santuário que ela me oferecia. Havia poucos fungos de outro tipo; certamente nada de vermes ou insetos. Era menos agitado e confuso. Valia a pena entrar nesse paraíso. Será que era isso o que as flores azuis ofereciam aos fungos em troca de seu apoio nutricional? Abrigo da tempestade.

Não defendo, de modo algum, que essas visões sejam factualmente válidas. Na melhor das hipóteses, são plausíveis e, na pior, um absurdo delirante — nem sequer erradas. No entanto, aprendi uma lição valiosa. A maneira como me acostumei a pensar sobre os fungos envolvia "interações" abstratas entre organismos que, na verdade, se pareciam com os diagramas que os professores da escola desenhavam na lousa: entidades semiautomáticas que se comportavam de acordo com uma lógica de Game Boy do início dos anos 1990. O LSD me forçou a admitir que eu tinha uma imaginação, e passei a ver os fungos de forma diferente. Eu queria entender os fungos sem reduzi-los a mecanismos giratórios que emitem bipes e tique-taques, como fazemos com frequência. Em vez disso, queria deixar esses organismos me atraírem para fora de meus padrões desgastados de pensamento, para imaginar as possibilidades que eles enfrentam, para deixá-los forçar os limites de meu entendimento, e me permitir ficar surpreso — e confuso — com suas vidas emaranhadas.

Os fungos habitam mundos enredados; inúmeros fios percorrem esses labirintos. Segui-os o máximo que pude, mas há fendas pelas quais não fui capaz de passar, apesar do esforço. Embora muito próximos, os fungos são muito desconcertantes, seu fundamento muito *outro*. Isso deveria nos assustar? É possível para os seres humanos, com nossos cérebros, corpos e linguagem animal, aprender a compreender organismos tão diferentes? Como podemos nos transformar no processo? Em momentos de otimismo, imaginei que este livro seria um retrato desse ramo negligenciado da árvore da vida, mas é mais complicado que isso. É um relato tanto do meu trajeto tentando entender a vida dos fungos quanto da marca que a vida deles deixou em mim e nos muitos outros que conheci ao longo do caminho, humanos ou não. "Que fazer com a noite e o dia, com esta vida e esta morte?", escreveu o poeta Robert Bringhurst. "Cada passo, cada respiração rola como um ovo em direção à borda dessa questão." Os fungos nos fazem rolar até o limite de muitas questões. Este livro vem da minha experiência espreitando algumas dessas bordas. Minha exploração do mundo dos fungos me fez repensar muito do que eu sabia. Evolução, ecossistemas, individualidade, inteligência, vida — tudo isso é diferente do que eu imaginava. Minha esperança é que este livro afrouxe algumas de suas certezas, como os fungos afrouxaram as minhas.

Impressão de esporos (esporada) de um cogumelo

1. A isca

Quem se aproveita de quem?
Prince

Um amontoado de trufas brancas do Piemonte (*Tuber magnatum*) descansava na balança sobre um pano xadrez. Estavam encardidas, como pedras sujas; eram irregulares, como batatas; tinham cavidades redondas, como crânios. Dois quilos: 12 mil euros. Seu fedor adocicado encheu a sala, e nesse aroma estava seu valor. Eram sem vergonha e totalmente diferentes de qualquer outra coisa: sedutoras, tão espessas e inebriantes que era fácil ficar enfeitiçado.

Era início de novembro, o auge da temporada das trufas, e eu tinha viajado à Itália para me juntar a dois caçadores desses tesouros que trabalhavam nas colinas ao redor de Bolonha. Tive sorte. Um amigo de um amigo conhecia um homem que vendia trufas. O comerciante concordara em me reunir a seus dois melhores caçadores, que por sua vez consentiram em me deixar acompanhá-los. Os caçadores de trufas brancas são reservados. Esses fungos nunca foram domesticados e só são encontrados na natureza.

As trufas são o esporoma subterrâneo de vários tipos de fungo micorrízico. Na maior parte do ano elas existem como redes miceliais, sustentadas parcialmente pelos nutrientes que obtêm do solo e pelos açúcares que retiram das raízes das plantas. No entanto, seu habitat subterrâneo as confronta com um problema básico. A trufa é uma estrutura produtora de esporos, análoga ao fruto produtor de sementes de uma planta. Os esporos evoluíram para permitir que os fungos se dispersem, mas no subsolo esses esporos não são capturados pelas correntes de ar e são invisíveis aos olhos dos animais.[1]

A solução é o cheiro. Mas exalar um odor mais potente que o rebuliço olfativo de uma floresta não é tarefa fácil. As matas são atravessadas por cheiros, cada um deles um feitiço ou uma distração potencial para o nariz de um animal. As trufas devem ser pungentes o suficiente para que atravessem as camadas do solo e cheguem ao ar, distintas o bastante para que sejam notadas em meio à paisagem de aromas e tão deliciosas que o animal as encontre, desenterre e coma. Todas as desvantagens visuais que as trufas enfrentam — sepultadas no solo, difíceis de localizar e visualmente desinteressantes quando descobertas —, elas compensam com o odor.

Uma vez engolida, o trabalho da trufa está concluído: o animal foi induzido a explorar o solo e recrutado para transportar os esporos do fungo até um novo local e depositá-los em suas fezes. A sedução das trufas é, portanto, o resultado de centenas de milhares de anos de enredamento evolucionário com o paladar dos animais. A seleção natural favorecerá as trufas que correspondem às preferências de seus melhores dispersores de esporos. Trufas com uma "química" melhor atrairão animais com mais eficiência que outras. Como as orquídeas que imitam a aparência de abelhas sexualmente receptivas, as trufas representam o gosto dos animais — um retrato aromático e evolutivo de como atrair um bicho.

Eu estava na Itália porque queria ser levado por um fungo para o mundo químico em que ele vivia no subsolo. Não estamos preparados para participar desse mundo, mas as trufas maduras falam uma linguagem tão contundente e simples que até nós entendemos. Ao fazer isso, esses fungos nos incluem por um momento em sua ecologia química. Como pensar sobre as torrentes de interação que ocorrem entre organismos no subterrâneo? Como entender essas esferas de comunicação mais que humana? Talvez correr atrás de um cachorro que estivesse no rastro de uma trufa e enfiar meu rosto no solo fosse o jeito de vislumbrar a intensa promessa química que os fungos usam para conduzir tantos aspectos de suas vidas.

O olfato humano é extraordinário. Nossos olhos podem distinguir vários milhões de cores, nossos ouvidos podem distinguir meio milhão de sons, mas nosso nariz pode distinguir bem mais de 1 trilhão de odores diferentes. Os seres humanos são capazes de detectar praticamente todos os produtos químicos voláteis já testados. Superamos os roedores e cães na detecção de certos aromas e conseguimos seguir rastros de cheiros. Nosso olfato participa da escolha de parceiros sexuais e da detecção do medo, da ansiedade ou da agressividade nos outros. E os odores se entrelaçam no tecido da memória; é comum que pessoas que sofrem de transtorno de estresse pós-traumático tenham flashbacks olfativos.[2]

O nariz é um instrumento afinado. Pode identificar as substâncias químicas que constituem uma mistura complexa, assim como um prisma divide a luz branca em suas cores constituintes. Para fazer isso, ele detecta o arranjo preciso dos átomos dentro de uma molécula. A mostarda cheira a mostarda por causa das ligações entre nitrogênio, carbono e enxofre. O peixe cheira a peixe por causa das ligações entre nitrogênio e hidrogênio. As ligações entre carbono e nitrogênio têm cheiro metálico e oleoso.[3]

Trufa branca do Piemonte, *Tuber magnatum*

A capacidade de detectar e reagir a substâncias químicas é uma habilidade sensorial primordial. A maioria dos organismos usa a percepção química para explorar e dar sentido ao ambiente. Plantas, fungos e animais usam tipos semelhantes de receptores para isso. Quando as moléculas se ligam a esses receptores, elas disparam uma cascata de sinalização: uma molécula desencadeia uma mudança celular, que gera uma mudança maior, e assim por diante. Dessa forma, pequenas causas podem se propagar em grandes efeitos: o nariz humano pode detectar alguns compostos em uma concentração tão baixa quanto 34 mil moléculas em um centímetro quadrado, o equivalente a uma única gota de água em 20 mil piscinas olímpicas.[4]

Para que um animal sinta um cheiro, uma molécula deve pousar em seu epitélio olfativo. Nos seres humanos, essa é uma membrana na parte de dentro do nariz e atrás dele. A molécula se liga a um receptor, e os nervos disparam. O cérebro se envolve conforme as substâncias são identificadas ou desencadeia pensamentos e respostas emocionais. Nos fungos, os corpos são de outro tipo. Não têm nariz ou cérebro. Em vez disso, toda a sua superfície se comporta como um epitélio olfativo. Uma rede micelial é uma grande membrana quimicamente sensível: uma molécula pode se ligar a um receptor em qualquer parte de sua superfície e desencadear uma cascata de sinalizações que alteram o comportamento do fungo.

Os fungos vivem banhados por um campo rico em informações químicas. As trufas usam químicos para avisar os animais quando estão prontas para serem comidas; também os usam para se comunicar com plantas, animais, outros fungos — e com elas próprias. Não é possível entender os fungos sem explorar esse mundo sensorial, mas é difícil interpretá-lo. Talvez isso não importe. Como eles, passamos boa parte da vida sendo atraídos pelas coisas. Sabemos o que é ser atraído ou repelido. Pelo olfato, participamos do discurso molecular que os fungos usam para organizar grande parte de sua existência.

Na história da humanidade, as trufas são associadas ao sexo. A palavra para trufa em muitas línguas se traduz como "testículo", como a expressão *turmas de tierra*, ou "testículos da Terra", em castelhano antigo. Ao longo da evolução, a trufa passou a deixar os animais atordoados, porque sua vida dependia disso. Conversando com Charles Lefevre, cientista e cultivador de trufas do Oregon, nos Estados Unidos, sobre seu trabalho com a trufa negra do Périgord, ele observou:

"Engraçado — enquanto estou dizendo isso, estou 'me banhando' no aroma virtual da *Tuber melanosporum*. É como se uma nuvem dela estivesse enchendo meu escritório, mas não há trufas aqui agora. Na minha experiência, esses flashbacks olfativos são comuns com trufas. Eles podem até incluir memórias visuais e emocionais".[5]

Na França, santo Antônio — padroeiro dos objetos perdidos — é considerado o padroeiro das trufas, e celebram-se missas de trufas em homenagem a ele. As orações de nada adiantam para impedir a trapaça. Trufas baratas são tingidas ou aromatizadas para se passarem por suas primas mais valiosas. As premiadas florestas de trufas são alvo de caçadores ladrões. Cães treinados que valem milhares de euros são roubados. Espalha-se carne envenenada pela floresta para matar os cães de caçadores rivais. Em 2010, em um crime passional, um agricultor francês de trufas, Laurent Rambaud, matou um ladrão quando patrulhava seus pomares à noite. Após sua prisão, 250 pessoas marcharam em apoio ao direito de Rambaud de defender sua plantação, indignados com o aumento dos roubos. O vice-presidente do sindicato Tricastin dos produtores de trufas disse ao jornal *La Provence* que havia aconselhado outros agricultores a não patrulhar seus campos carregando uma arma porque "a tentação é muito grande". Lefevre disse tudo. "As trufas revelam o lado sombrio das pessoas. É como dinheiro caído no chão, só que perecível e sazonal."[6]

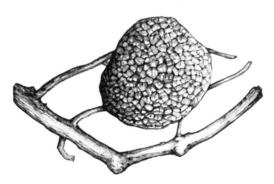

Trufa negra do Périgord, *Tuber melanosporum*

As trufas não são os únicos fungos a atrair a atenção dos animais. Na Costa Oeste da América do Norte, ursos reviram toras e escavam valas à procura dos apreciados matsutake. Caçadores de cogumelos do Oregon dizem ter visto alces com o nariz ensanguentado na caça ao matsutake em solos cortantes de pedra vulcânica. Algumas espécies de orquídea da floresta tropical evoluíram para imitar o cheiro, a forma e a cor de cogumelos, a fim de atrair moscas. Cogumelos e outros esporomas são fungos em sua forma mais visível, mas o micélio também pode ser atrativo. Um amigo que estuda insetos tropicais mostrou-me um vídeo de abelhas-de-orquídea aglomerando-se ao redor de uma cratera em um tronco apodrecido. Os machos das abelhas-de-orquídea coletam aromas do ambiente e os reúnem em um coquetel que usam para cortejar as fêmeas. São fabricantes de perfume. O acasalamento leva segundos, mas reunir e misturar os aromas leva toda a sua vida adulta. Embora ainda não tivesse testado a hipótese, meu amigo tinha a forte intuição de que as abelhas estavam colhendo compostos de fungos para adicionar a seus buquês. A abelha-de-orquídea é conhecida por gostar de compostos aromáticos complexos, muitos dos quais são produzidos por fungos que decompõem a madeira.[7]

Os seres humanos usam perfumes produzidos por outros organismos e, muitas vezes, aromas de fungos são incorporados em ritos sexuais. *Agarwood*, ou *oudh*, é uma infecção fúngica das árvores agáloco encontradas na Índia e no sudeste da Ásia e uma das matérias-primas mais valiosas do mundo. É usada para fazer um perfume — nozes úmidas, mel escuro, amadeirado intenso — e é cobiçada pelo menos desde a época de Dioscórides, médico da Grécia antiga. O melhor *oudh* vale mais por grama que o ouro ou a platina — chegando a 100 mil dólares por quilo —, e a colheita destrutiva das árvores agáloco quase as levou à extinção na natureza.[8]

O médico francês do século 18 Théophile de Bordeu afirmava que os organismos "não falham em espalhar exalações, odores, emanações em torno de si [...] Essas emanações fazem parte de seu modelo e de seu comportamento; elas são, de fato, parte genuína dos organismos". A fragrância de uma trufa e o perfume de uma abelha-de-orquídea transitam além do corpo do organismo, mas esses campos de odores constituem uma parte de seus corpos químicos que se sobrepõem uns aos outros como espectros em uma discoteca.[9]

Passei vários minutos na sala de pesagem de trufas, imerso naquele aroma. Meu devaneio foi interrompido quando meu anfitrião Tony, o vendedor, entrou apressadamente com um cliente. Ele fechou a porta atrás de si, para o cheiro não sair. O cliente inspecionou a pilha na balança e deu uma olhada nas tigelas de espécimes não selecionados e sujos em uma bancada de trabalho imunda. Acenou com a cabeça para Tony, que amarrou as pontas do pano. Eles saíram para o pátio, apertaram as mãos, e o cliente partiu em um elegante carro preto.

Foi um verão seco, o que resultou em uma colheita ruim. O preço refletia a escassez. Comprado diretamente de Tony, um quilo de trufas custava 2 mil euros. O mesmo quilo comprado em um mercado ou restaurante custava até 6 mil euros. Em 2007, uma única trufa de 1,5 quilo foi vendida em leilão por 165 mil libras — como os diamantes, o preço das trufas aumenta conforme o tamanho de forma não linear.[10]

Tony era caloroso e tinha bravata de vendedor. Parecia surpreso por eu querer acompanhar seus caçadores e não criou muita expectativa sobre nossas chances de encontrar trufas. "Você pode sair com meus rapazes, mas provavelmente não encontrará nada. É um trabalho árduo. Subindo e descendo. Atravessando arbustos. Atravessando lama. Atravessando riachos. Estes são os únicos sapatos que você tem?" Assegurei-lhe de que não me importava.

Os caçadores de trufas têm seu território, às vezes legal, às vezes não. Quando cheguei, os dois caçadores — Daniele e Paride — estavam camuflados. Perguntei brincando se isso os ajudava a se aproximar furtivamente das trufas, e eles responderam com sinceridade: lhes permitia caçar trufas sem ser seguidos por outras pessoas. A principal habilidade do caçador de trufas é saber onde procurar. Seu conhecimento tem valor e, como as próprias trufas, pode ser roubado.

Paride foi o mais amigável dos dois e me encontrou do lado de fora com Kika, sua cadela farejadora favorita. Ele tinha cinco cães, de várias idades e níveis de treinamento, cada um deles especialista em trufas pretas ou brancas. Kika era graciosa, e Paride a apresentou com orgulho. "Minha cachorra é muito esperta, mas eu sou mais." A raça de Kika — lagotto romagnolo — é uma das mais usadas. Ela chegava até os meus joelhos e, com cachos desgrenhados caindo sobre os olhos, parecia uma trufa. De fato, depois de sentir o cheiro de trufas, conhecer uma ninhada de filhotes de cachorros farejadores de trufas, falar sobre trufas, testemunhar negociações de trufas e comer trufas por toda a manhã, até as colinas rochosas arredondadas começavam a se parecer com elas. Paride contou sobre os sinais sutis que ele e Kika usavam para se comunicar. Eles aprenderam a ler e interpretar pequenas mudanças no comportamento um do outro e podiam coordenar seus movimentos em silêncio quase absoluto. As trufas evoluíram para avisar os animais quando estão prontas para ser comidas. Humanos e cães desenvolveram formas de se comunicar sobre as sinalizações químicas delas.

O aroma de uma trufa é uma característica complexa e parece emergir das relações que o fungo mantém com a comunidade de microrganismos e com o solo e o clima em que vive — seu *terroir*. Elas abrigam comunidades prósperas de bactérias e leveduras — entre 1 milhão e 1 bilhão de bactérias por grama de peso seco. Muitos membros do microbioma das trufas são capazes de produzir os compostos voláteis característicos que contribuem para o aroma, e é provável que o coquetel de químicos que alcança seu nariz seja obra de mais de um único organismo.[11]

A base química do fascínio pelas trufas permanece incerta. Em 1981, um estudo publicado por pesquisadores alemães descobriu que as trufas brancas do Piemonte (*Tuber magnatum*) e as trufas negras do Périgord (*Tuber melanosporum*) produziam androstenol — um esteroide com cheiro almiscarado — em quantidades significativas. Em porcos, o androstenol funciona como um hormônio sexual. É produzido por machos e estimula a disposição para acasalar nas porcas. Essa descoberta gerou especulações de que o androstenol poderia explicar a impressionante capacidade das porcas de encontrar trufas enterradas no solo. Um estudo publicado nove anos depois questionou essa hipótese. Os pesquisadores enterraram trufas negras, um aroma de trufas sintético e androstenol a cinco centímetros de profundidade, e instaram um porco e cinco cachorros — incluindo o campeão do concurso de cães farejadores da região — a encontrar as amostras. Todos os animais detectaram as trufas reais e o aroma sintético. Nenhum detectou o androstenol.[12]

Em uma série de testes adicionais, os pesquisadores reduziram o fascínio pelas trufas a uma única molécula, o sulfeto de dimetila. Foi um estudo engenhoso, mas é improvável que traduza toda a verdade. O cheiro de uma trufa é formado por uma abundância de moléculas diferentes vagando em uma certa formação — mais de cem nas trufas brancas e cerca de cinquenta nas outras espécies mais comuns. Esse elaborado buquê é caro do ponto de vista energético, e é pouco provável que tenha evoluído a menos que servisse para alguma coisa. Além do mais, o paladar dos animais é variado. Certamente, nem todas as espécies de trufa são atraentes para os humanos, e algumas são até levemente venenosas. Das mil espécies de trufa da América do Norte, apenas algumas são de uso culinário. Mesmo essas não despertam o paladar de todos. Como Lefevre explica, um grande número de pessoas rejeita o aroma das espécies amplamente apreciadas. Algumas espécies têm um cheiro repulsivo. Ele me contou sobre *Gautieria*, um gênero que produz trufas com um fedor horrível — como "gás de esgoto" ou "diarreia infantil". Seus cachorros adoram, mas sua mulher não o deixa trazer nenhuma para dentro de casa, nem para fins taxonômicos.[13]

Seja como for, as trufas criam em torno de si camadas sobrepostas de atração: os seres humanos treinam cães para encontrar trufas porque os porcos são tão atraídos por elas que as devoram, em vez de entregá-las a seus guias. Donos de restaurantes em Nova York e Tóquio viajam para a Itália para cultivar comerciantes de trufas. Os exportadores desenvolveram sistemas sofisticados de embalagem resfriada para manter as trufas em ótimas condições quando são lavadas, embaladas, entregues em mãos no aeroporto, transportadas ao redor do mundo, retiradas no aeroporto, passadas pela alfândega, reembaladas e distribuídas aos consumidores — tudo em 48 horas. As trufas, como os cogumelos matsutake, devem chegar frescas a um prato dentro de dois a três dias após a coleta. O aroma delas é produzido em um processo ativado pelo metabolismo de células vivas. O odor de uma trufa aumenta à medida que seus esporos se desenvolvem, e seu aroma cessa quando suas células morrem. Não se pode secar uma trufa para prová-la mais tarde, como se faz com alguns tipos de cogumelo. Elas são quimicamente loquazes, chegam a ser vociferantes. Pare o metabolismo, e o cheiro acaba. Por esse motivo, em muitos restaurantes, trufas frescas são raladas na comida diante do cliente. Poucos organismos são tão bons em persuadir os humanos a dispersá-los com tanta urgência.[14]

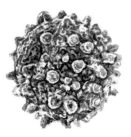

Esporo de trufa

Entramos no carro de Paride e subimos o vale por uma estreita estradinha de terra, passando pelo amarelo e marrom esmorecido dos carvalhos que cobriam as colinas. Paride falou sobre o tempo e fez piadas a respeito do treinamento de cães e os prós e contras de trabalhar com um "bandido" como Daniele. Depois de alguns minutos, viramos em uma trilha e paramos o carro. Kika saltou do porta-malas e caminhamos ao longo do campo até um bosque. Daniele já havia chegado e movia-se furtivamente com seu cachorro. Havia outro caçador de trufas por perto, explicou ele, e precisávamos ficar em silêncio. O cachorro de Daniele estava sujo e desgrenhado e tinha galhos presos em seus novelos. Não tinha nome, embora Paride dissesse que ouviu Daniele chamá-lo de Diavolo naquela manhã. Ao contrário de Kika, que era afetuosa e amigável, Diavolo latia e rosnava. Paride explicou o motivo. Enquanto ele treinava seus cães para caçar trufas como se fosse um jogo, Daniele os deixava passar fome. "Olha" — Paride apontou para Diavolo —, "ele está desesperado, está comendo bolotas."* Eles trocaram farpas por um tempo. Daniele argumentou que seus cães eram mais eficazes que os "animais de estimação" que Paride alimentava e amava. Paride defendeu a escola reformada de adestramento, resumindo tudo perfeitamente. "Daniele caça trufas à noite e eu caço durante o dia. Ele está nervoso, e eu, não. Seu cachorro morde, e o meu é amigável. O cachorro dele é magro, e o meu não é. Ele é mau, e eu sou bom."

De repente, Diavolo disparou. Fomos atrás, e Paride comentou enquanto avançávamos apressadamente. "Pode ser que seja uma trufa. Ou um camundongo. De qualquer forma, o cachorro está feliz." Encontramos Diavolo cavando e bufando no meio de um morro enlameado. Daniele chegou e retirou parte dos arbustos. Nesse ponto, explicou Paride, o caçador de trufas precisa decodificar a linguagem corporal do cão. Um rabo abanando promete trufas, um rabo estático indica outra coisa. Uma escavação com duas patas sinaliza trufas brancas, uma escavação com uma pata denota as pretas. Os sinais pareciam positivos, e Daniele começou a afofar o solo com uma ferramenta sem corte de ponta chata, como uma chave de fenda gigante, cheirando punhados de terra conforme ia mais fundo. Ele e o cachorro se revezavam, embora ele tivesse o cuidado de impedir que Diavolo cavasse com muita vontade. Paride sorriu para nós. "Um cachorro com fome come a trufa."

Finalmente, cerca de trinta centímetros abaixo, Daniele a encontrou alojada no solo úmido. Com os dedos e um pequeno gancho de metal, afastou a lama. O aroma subia pelo buraco, mais vivo e saturado que na sala de pesagem. Este era seu habitat natural, e seu cheiro se espalhava em total harmonia com a umidade do solo e a cobertura de folhas em decomposição. Achei que seria sensível o bastante para notar o aroma da trufa à distância e compelido a largar tudo para persegui-la. Inspirando suas emanações, lembrei-me da passagem de *Admirável mundo novo,* de Aldous Huxley, em que ele descreve a performance do órgão aromático, capaz de fazer recitais olfativos da mesma forma que

---

* Fruto do carvalho. (Todas as notas de rodapé são do tradutor.)

um instrumento musical. É um conceito que pode ser facilmente adaptado às trufas — órgãos aromáticos em outro sentido —, que executam, à sua maneira, suítes de compostos voláteis.

Tudo deu perfeitamente certo. Lá estávamos nós, despenteados e enlameados, em torno de uma trufa. Ela havia disparado uma cascata de sinalizações, atraindo uma trupe de animais em sua direção: primeiro um cachorro, depois um humano caçador de trufas, depois seus companheiros mais lentos. Quando Daniele pegou a trufa, o solo ao redor desabou. "Olhe!", Paride limpou em volta. "A toca de um camundongo." Não éramos os primeiros a chegar.

Quando sentimos o aroma de uma trufa, recebemos uma transmissão de via única dela para o mundo. O processo é relativamente livre de sutilezas. Para atrair um animal, o cheiro tem de ser singular e delicioso. Mas, acima de tudo, deve ser penetrante e forte. Não importa muito se seus esporos são espalhados por um javali ou por um esquilo-voador, então por que ser exigente? A maioria dos animais famintos vai atrás de um cheiro delicioso. Além disso, uma trufa não muda de aroma em resposta à atenção imediata. Ela pode causar excitação, mas não é excitável. Seu sinal é alto e claro como uma onda e, uma vez iniciado, está sempre ligado. Uma trufa madura transmite um chamamento inequívoco na linguagem química franca, um perfume pop com apelo de massa capaz de fazer Daniele, Paride, dois cães, um camundongo e eu convergirmos para um único ponto sob um arbusto de amoras em um monte enlameado na Itália.

As trufas — como outros esporomas fúngicos muito apreciados — são os canais de comunicação menos sofisticados do fungo parental. Grande parte da vida dos fungos, inclusive o crescimento do micélio, depende de formas mais sutis de atração. São duas as estratégias principais pelas quais as hifas se tornam uma rede micelial. Primeiro, elas se ramificam. Depois, se fundem. (O processo pelo qual as hifas se fundem é conhecido como "anastomose", que em grego significa "abertura comunicante".) Se não pudesse se ramificar, uma hifa nunca se tornaria muitas. Se não pudessem se fundir, elas não poderiam se transformar em redes complexas. Para isso, antes de se fundir, as hifas devem encontrar outras hifas, o que elas fazem atraindo-se umas às outras, num fenômeno conhecido como "volta ao lar" (homing). A fusão entre hifas é o ponto de ligação que faz do micélio micélio — o ato mais básico do enredamento. Nesse sentido, o micélio de qualquer fungo surge de sua capacidade de se atrair para si mesmo.[15]

Uma dada rede micelial, porém, é capaz de encontrar a si mesma tanto quanto é capaz de encontrar outra. Como os fungos mantêm o sentido de um corpo sujeito a revisão contínua? As hifas devem ser capazes de saber se estão encostando em um ramo de si mesmas ou de outro fungo. Se for de outro, precisam ser capazes de saber se é uma espécie diferente — potencialmente hostil —, se é um membro sexualmente compatível, ou nenhum dos dois. Alguns fungos têm dezenas de milhares de possibilidades de acasalamento, algo equivalente às nossas (o detentor do recorde é o *Schizophyllum commune*, que tem mais de 23 mil tipos sexuais, cada um deles compatível com quase todos os outros). O micélio de muitos fungos pode se fundir com outras redes miceliais se forem geneticamente semelhantes, mesmo que não sejam sexualmente compatíveis. A identidade fúngica é importante, mas nem sempre esse é um mundo binário. O *eu* pode, gradualmente, tornar-se alteridade.[16]

Micélio crescendo para fora a partir de um esporo.
Redesenhado com base em Buller (1931)

A sedução é a base de muitos tipos de sexo fúngico, inclusive o das trufas. As próprias trufas são o resultado de um encontro sexual: para que o *Tuber melanosporum* frutifique, as hifas de uma rede micelial devem se fundir com as de outra rede sexualmente compatível e combinar seus materiais genéticos. Durante a maior parte da vida, como rede micelial, as trufas vivem separadas, como tipos sexuais "–" ou "+"; para os padrões dos fungos, suas vidas sexuais são bem diretas. O sexo acontece quando uma hifa "–" atrai uma hifa "+" e se funde com ela. Um dos parceiros desempenha um papel paterno, fornecendo apenas material genético. O outro desempenha um papel materno, fornecendo material genético e fazendo crescer o corpo que amadurece em forma de trufas e esporos. As trufas diferem dos humanos porque o parceiro sexual do tipo "+" ou "–" pode ser materno ou paterno; é como se todos os humanos fossem ao mesmo tempo homens e mulheres e igualmente capazes de desempenhar o papel da mãe e do pai, desde que pudessem fazer sexo com um parceiro do tipo oposto. Ainda não se sabe como acontece a atração sexual entre as trufas. Fungos intimamente relacionados usam feromônios para atrair parceiros, e os pesquisadores suspeitam fortemente de que as trufas também.[17]

Sem o instinto de retorno ao lar não haveria micélio. Sem micélio, não haveria atração entre os tipos "–" e "+". Sem atração sexual, não haveria sexo. E sem sexo não haveria trufa. No entanto, as relações entre as trufas e suas árvores parceiras são igualmente importantes, e suas interações químicas devem ser intrincadamente gerenciadas. As hifas das trufas jovens morrem logo, a menos que encontrem uma planta para formar parceria. As plantas devem aceitar em suas raízes as espécies de fungo que estabelecerão uma relação mutuamente benéfica, ao contrário das muitas que causarão doenças. Tanto as hifas quanto as raízes das plantas enfrentam o desafio de se encontrar em meio ao burburinho químico do solo, onde transitam e interagem incontáveis raízes, fungos e microrganismos diferentes.[18]

É outro caso de atração e sedução, de apelo e resposta química. Tanto as plantas quanto os fungos usam compostos voláteis para se tornarem atraentes uns aos outros, assim como as trufas se tornam atraentes para os animais na floresta. As raízes receptivas das plantas produzem névoas que penetram o solo e fazem com que os esporos brotem e as hifas se ramifiquem e cresçam mais rápido. Os fungos produzem hormônios de crescimento vegetal que manipulam as raízes, fazendo com que novos brotos se proliferem em aglomerados de ramos em forma de pena. Com uma área de superfície maior, o encontro entre as pontas das raízes e as hifas se torna mais provável. (Muitos fungos produzem hormônios vegetais e animais para alterar a fisiologia de seus associados.)[19]

Não é só a arquitetura das raízes que precisa mudar para que um fungo se conecte a uma planta. Em resposta aos perfis químicos característicos de cada um, cascatas de sinalização se propagam pelas células vegetais e fúngicas, ativando grupos de genes. Ambos reorientam seus metabolismos e programas de desenvolvimento. Os fungos liberam substâncias químicas que suspendem a resposta imunológica das plantas parceiras, sem as quais eles não poderiam se aproximar o suficiente para formar estruturas simbióticas. Uma vez estabelecidas, as parcerias micorrízicas continuam se desenvolvendo. As conexões entre as hifas e as raízes são dinâmicas, sendo formadas e reformadas à medida que a ponta das raízes e as hifas envelhecem e morrem. São relações que se remodelam incessantemente. Se você pudesse enterrar seu epitélio olfativo no solo, presenciaria algo como a performance de um grupo de jazz, com os músicos ouvindo, interagindo e respondendo uns aos outros em tempo real.[20]

As trufas brancas do Piemonte e outros fungos micorrízicos muito apreciados, como o porcini, o chanterelle e o matsutake, nunca foram domesticados, em parte por causa da fluidez de seu relacionamento com as plantas e em parte pela complexidade de suas vidas sexuais. Há lacunas demais em nossa compreensão sobre a comunicação básica dos fungos. Algumas espécies de trufa podem ser cultivadas, como as trufas negras do Périgord, mas a truficultura é imatura em comparação com a arte que cerca a maioria dos empreendimentos agrícolas humanos, e até mesmo o sucesso de cultivadores experimentados pode variar enormemente. Na New World Truffieres, de Charles Lefevre, a proporção de plântulas que desenvolve o micélio do Périgord gira em torno de 30%. Certo ano, sem nenhuma mudança deliberada no método, ela atingiu uma taxa de sucesso de 100%. "Nunca consegui reproduzir esse resultado", disse-me Lefevre. "Não sei onde acertei."

Para cultivar trufas efetivamente, você precisa entender as peculiaridades e necessidades não apenas dos fungos — com seus sistemas reprodutivos idiossincráticos —, mas também das árvores e bactérias com as quais eles vivem. Além disso, precisa entender a importância das variações sutis no solo, na estação e no clima da região. "É uma área estimulante do ponto de vista intelectual, por ser muito interdisciplinar", disse-me Ulf Büntgen, professor de geografia em Cambridge e o primeiro a relatar a formação do esporoma de uma trufa negra do Périgord nas Ilhas Britânicas. "É microbiologia, fisiologia, gestão de terras, agricultura, silvicultura, ecologia, economia e mudança climática. Você precisa ter uma perspectiva holística." A produção das trufas rapidamente se desenrola em ecossistemas completos. A compreensão científica ainda não alcançou esse ponto.[21]

Para alguns, atraídos pelo fascínio químico dos fungos, o resultado é mais simples: a morte.

Entre as proezas sensoriais mais impressionantes estão aquelas realizadas por fungos predadores que capturam e consomem vermes nematoides. Centenas de espécies de fungo caçador de vermes são encontradas em todo o mundo. A maioria passa a vida decompondo matéria vegetal e só começa a caçar quando não há o suficiente para comer. São predadores sutis: ao contrário das trufas, cujo cheiro, depois que se inicia, permanece sempre ativo, os comedores de nematoides produzem estruturas caçadoras de vermes e emitem um chamado químico apenas quando percebem que os nematoides estão próximos. Se houver material suficiente apodrecendo, eles nem se dão ao trabalho, mesmo se os vermes forem abundantes. Para se comportar dessa forma, os fungos comedores de nematoides devem ser capazes de detectar a presença de vermes com sensibilidade requintada. Os nematoides dependem da mesma classe de moléculas para diversos propósitos, como a regulação do seu desenvolvimento e a atração de parceiros sexuais. Os fungos, por sua vez, usam essas substâncias químicas para espionar suas presas.[22]

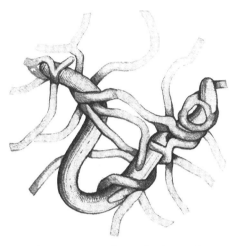

Verme nematoide sendo devorado

Os métodos que os fungos usam para caçar nematoides são terríveis e variados. É um hábito que evoluiu várias vezes — muitas linhagens de fungos chegaram a um desfecho semelhante, mas de maneiras diferentes. Alguns desenvolvem redes adesivas ou ramos aos quais os nematódeos ficam presos. Outros usam meios mecânicos, produzindo laços de hifas que inflam em um décimo de segundo quando tocados, capturando a presa. Certos fungos — inclusive o cultivável shimeji-preto, *Pleurotus ostreatus* — produzem hastes hifais cobertas por uma única gota tóxica que paralisa o nematoide, dando às hifas tempo suficiente para crescer pela boca do verme e digeri-lo de dentro. Outros produzem esporos que se deslocam pelo solo e são atraídos quimicamente pelos nematoides, aos quais se grudam. Uma vez fixados, os esporos germinam e o fungo perfura o verme com hifas especializadas conhecidas como "células-canhão".[23]

A caça do verme pelo fungo é um comportamento variável: diferentes indivíduos de determinada espécie podem responder de forma idiossincrática, produzindo tipos diversos de armadilha ou posicionando as armadilhas de maneiras distintas. Uma espécie — *Arthrobotrys oligospora* — se comporta como um decompositor "normal" na presença de farto material orgânico e, se necessário, pode produzir armadilhas para nematoides em seu micélio. Ela também pode se enrolar ao redor do micélio de outros tipos de fungo, matando-os de fome, ou desenvolver estruturas especializadas para penetrar as raízes das plantas e se alimentar delas. Ainda não se sabe como ela escolhe entre suas muitas opções.[24]

Como deveríamos falar sobre a comunicação fúngica? Na Itália, enquanto nos aglomerávamos em volta do buraco no morro enlameado observando-o atentamente, tentei imaginar a cena do ponto de vista da trufa. Na empolgação do momento, Paride ofereceu uma interpretação poética. "A trufa e sua árvore são como amantes, ou o marido e a mulher", declarou ele. "Se os fios estiverem quebrados, não será possível reatar. O vínculo se foi para sempre. A trufa nasceu da raiz da árvore, resguardada pela rosa selvagem." Ele apontou para os arbustos. "Ela estava lá dentro, protegida pelos espinhos como a Bela Adormecida, esperando para ser beijada pelo cachorro."

De acordo com a visão científica predominante, é um erro imaginar que a maioria das interações não humanas seja, de alguma maneira, deliberada. A trufa não é articulada. Ela não fala. Como muitos animais e plantas dos quais dependem, as trufas reagem ao ambiente de forma automática, com base em rotinas robóticas que maximizam suas chances de sobrevivência. Nada poderia contrastar mais com a intensa experiência da vida humana, na qual a quantidade dos estímulos corresponde perfeitamente à qualidade das sensações, na qual estímulos são sentidos e despertam emoções, na qual somos afetados.

Equilibrei-me na encosta e coloquei o nariz sobre o exemplar pungente de fungo. Por mais que eu tentasse reduzir a trufa a um autômato, ela continuava ganhando vida em minha mente.

Quando se tenta entender as interações de organismos não humanos, é fácil alternar entre duas perspectivas: por um lado, a do comportamento inanimado de robôs pré-programados; por outro, a da rica experiência humana vivida. Enquadrados como organismos sem cérebro, sem o aparato básico necessário para ter sequer um tipo simples de "experiência", as interações fúngicas não passam de respostas automáticas a uma série de gatilhos bioquímicos. No entanto, o micélio das trufas, como o da maioria das espécies de fungo, detecta ativamente e responde a seu ambiente de formas imprevisíveis. Suas hifas são quimicamente irritáveis, reativas, excitáveis. É essa capacidade de interpretar as emissões químicas de outros seres que permite aos fungos negociar uma série de trocas complexas com as árvores; misturar as reservas de nutrientes do solo; fazer sexo; caçar; ou afastar predadores.

O antropomorfismo geralmente é visto como uma ilusão que surge como uma bolha na mente frágil de algumas pessoas destreinadas, indisciplinadas, inexperientes. Há boas razões para isso: quando humanizamos o mundo, pode ser mais difícil entender a vida de outros organismos em seus próprios termos. Mas será que essa postura pode nos levar a ignorar certas coisas — ou não prestar atenção a elas?[25]

A bióloga Robin Wall Kimmerer, membro da nação Potawatomi da região das Grandes Planícies dos Estados Unidos, observa que a língua indígena potawatomi é rica em formas verbais que atribuem vivacidade ao mundo não humano. A palavra para colina, por exemplo, é um verbo: "ser uma colina". As colinas estão sempre no processo de serem colinas, estão ativamente *sendo* colinas. Equipado com essa "gramática da vitalidade", é possível falar sobre a vida de outros organismos sem reduzi-los a um "*isso*" ou tomar emprestado conceitos tradicionalmente reservados aos seres humanos. Em contraste, em inglês, escreve Kimmerer, não há como reconhecer a "simples existência de outro ser vivo". Por padrão, se você não é um *sujeito* humano, é um *objeto* inanimado: um "*isso*", uma "mera coisa". Se você reaproveita um conceito humano para ajudar a dar sentido à vida de um organismo não humano, cai na armadilha do antropomorfismo. Use "isso", e você objetifica o organismo e cai em um tipo diferente de armadilha.[26]

A realidade biológica nunca é preto no branco. Por que as histórias e metáforas que usamos para dar sentido ao mundo — nossas ferramentas de investigação — deveriam sê-lo? Será que somos capazes de expandir alguns de nossos conceitos, como a ideia de que para falar nem sempre é necessária uma boca, para ouvir nem sempre são necessários ouvidos e para interpretar nem sempre é necessário um sistema nervoso? Podemos fazer isso sem oprimir outras formas de vida com preconceitos e insinuações?

Daniele embrulhou a trufa e preencheu o buraco com cuidado, puxando os arbustos sobre a terra revirada. Paride explicou que era para não perturbar a relação do fungo com as raízes da árvore. Daniele disse que era para evitar que outros caçadores de trufas nos seguissem. Voltamos caminhando pelo campo. O cheiro da trufa era menos vívido quando chegamos ao carro, e mais fraco ainda quando retornamos à sala de pesagem. Perguntei-me quão fraco estaria quando fosse ralada sobre um prato em Los Angeles.

Alguns meses depois, nas colinas de florestas de Eugene, Oregon, saí para caçar trufas com Charles Lefevre e Dante, um cão *lagotto romagnolo*. Dante é o que Lefevre chama de cão de diversidade. Cães de produção — como Kika e Diavolo — são treinados para encontrar grandes quantidades de determinada espécie; cães de diversidade são treinados para ir atrás de qualquer coisa que tenha cheiro interessante. Isso permite que eles encontrem espécies de trufa que nunca farejaram antes. Como resultado, Dante às vezes persegue coisas que não são trufas — centopeias fedidas, por exemplo —, mas ele também desenterrou quatro espécies não descritas de trufas. Isso não é tão incomum. Mike Castellano, um renomado especialista em trufas cujo nome batizou uma espécie — e que descreveu duas novas ordens, mais de duas dezenas de novos gêneros e cerca de duzentas novas espécies do fungo —, relata que, rotineiramente, descobre novas espécies de trufa quando faz coletas na Califórnia, um lembrete de que muito permanece desconhecido.

Enquanto passeávamos entre abetos e samambaias, Lefevre explicou que há séculos os humanos cultivam trufas inadvertidamente. As trufas prosperam nos ambientes perturbados que os humanos criam. Na Europa, a produção despencou durante o século 20, à medida que os centros de cultivo de trufas das florestas manejadas eram desmatados para a agricultura ou abandonados, desenvolvendo florestas maduras. Nenhuma das duas coisas é boa para a produção de trufas. Para Lefevre, o ressurgimento da truficultura é empolgante porque é uma forma de cultivo comercial em uma paisagem florestal e de desviar capital privado para a restauração ambiental. Para produzir trufas é preciso cultivar árvores. É necessário reconhecer que o solo é cheio de vida. Não dá para cultivar trufas sem pensar em termos de ecossistema.

Dante ziguezagueou ao redor, farejando. Lefevre me contou sobre a teoria de que o maná — o alimento providencial que sustentou os israelitas durante a passagem pelo deserto — era na verdade a trufa-do-deserto, uma iguaria que irrompe sem aviso em solo árido em grande parte do Oriente Médio. Ele me contou sobre suas tentativas malsucedidas de cultivar a evasiva trufa branca e quão pouco sabemos sobre suas relações com as árvores hospedeiras. Pensei nas muitas maneiras como os fungos respondem a ambientes mutantes e como encontram novas maneiras de viver ao lado das plantas e animais dos quais dependem.[27]

De volta à floresta, à caça de trufas, vi-me mais uma vez em busca de palavras para descrever a vida desses organismos notáveis. Perfumistas e degustadores de vinho usam metáforas para expressar as diferenças entre os aromas. Uma substância química se torna "grama cortada", "manga gelada", "toranja e cavalos suados". Sem essas referências, não poderíamos imaginá-las. Cis-3-hexenal tem cheiro de grama cortada. Oxano cheira a manga gelada. Gardamida cheira a toranja e cavalos suados. Isso não quer dizer que o oxano *seja* manga gelada, mas se eu lhe passasse um frasco aberto, você certamente reconheceria o cheiro. Correlacionar a linguagem humana com um odor envolve julgamento e parcialidade. Nossas descrições distorcem e deformam os fenômenos que descrevemos, mas às vezes essa é a única maneira de falar sobre as características do mundo: dizer como se parecem, mas não são. Será que esse também é o caso quando falamos sobre outros organismos?[28]

Em suma, não há muita escolha. Os fungos podem não ter cérebro, mas suas muitas opções implicam tomada de decisão. Seu ambiente inconstante implica improvisação. Suas tentativas implicam erros. A resposta das hifas de retorno ao lar dentro de uma rede micelial, a atração sexual entre duas hifas em redes miceliais separadas, o fascínio vital entre uma hifa micorrízica e uma raiz de planta ou a atração fatal de um nematoide por uma gotícula tóxica mostram que os fungos sentem e interpretam o mundo ativamente, mesmo que os humanos não consigam saber *como é* para uma hifa sentir ou interpretar. Talvez não seja tão estranho pensar em fungos se expressando com um vocabulário químico, arranjado e reorganizado de forma que possa ser interpretado por outros organismos, independentemente de serem eles nematoides, raízes de árvores, cães farejadores de trufas ou donos de restaurantes de Nova York. Às vezes — como acontece com as trufas — essas moléculas podem se traduzir em uma linguagem química que conseguimos, à nossa maneira, compreender. Mas a grande maioria passará sobre nossas cabeças, ou sob nossos pés.*

    Dante começou a cavar furiosamente. "Parece ser uma trufa", disse Lefevre, interpretando a linguagem corporal do cachorro, "mas é profunda". Perguntei se ele tinha receio de que Dante machucasse o focinho ou as patas na escavação frenética. "Ah, ele sempre machuca as patas", admitiu Lefevre. "Preciso comprar botinhas para ele." Dante bufou e arranhou, mas sem proveito. "Sinto-me mal por não recompensá-lo pelo esforço quando ele não tem sucesso." Lefevre se agachou e afagou os pelos do cão. "Mas não encontrei uma guloseima que valha mais para ele do que uma trufa. As trufas superam tudo." Ele sorriu para mim. "Para Dante, Deus vive logo abaixo da superfície do solo."

---

* O autor faz referência à célebre citação de Henry David Thoreau ("O paraíso está sob nossos pés, assim como sobre nossas cabeças").

2. Labirintos vivos

> *Estou tão feliz na escuridão úmida e sedosa do labirinto e não há fio.*
>
> Hélène Cixous

Imagine que você pudesse passar por duas portas paralelas ao mesmo tempo. É inconcebível, mas os fungos fazem isso o tempo todo. Ao se deparar com um caminho bifurcado, as hifas não precisam escolher um ou outro. Elas podem se ramificar e seguir pelas duas rotas.

Pode-se colocar hifas em labirintos microscópicos e observar como elas se deslocam ao redor. Quando obstruídas, elas se ramificam. Depois de desviar de um obstáculo, as pontas das hifas recuperam a direção original de crescimento. Logo encontram o caminho mais curto para a saída, assim como o mixomiceto solucionador de problemas de meu amigo encontrou o caminho mais rápido para sair do labirinto da Ikea. Se acompanharmos as pontas que crescem à medida que exploram o ambiente, veremos que elas fazem algo peculiar. Uma ponta se torna duas, depois quatro e oito — ainda assim, todas permanecem conectadas em uma rede micelial. Pergunto-me se esse organismo é singular ou plural, antes de ser forçado a admitir que, de alguma forma improvável, é *ambos*.[1]

Observar uma hifa explorando um labirinto de laboratório é desconcertante, mas aumente a escala: imagine milhões de pontas de hifas, cada uma percorrendo um labirinto diferente ao mesmo tempo dentro de uma colher de sopa de solo. Aumente a escala novamente: imagine bilhões de pontas de hifas explorando um pedaço de floresta do tamanho de um campo de futebol.

O micélio é uma estrutura ecológica conectiva, a costura viva que estabelece grande parte das relações do mundo. Na sala de aula, as crianças estudam ilustrações anatômicas, cada uma representando diferentes aspectos do corpo humano. Um desenho revela o corpo como um esqueleto; outro, como uma rede de vasos sanguíneos; outro, os nervos; outro, os músculos. Se fizéssemos conjuntos equivalentes de diagramas para retratar o ecossistema, uma das camadas mostraria o micélio que o atravessa. Veríamos teias entrelaçadas espalhadas pelo solo através de sedimentos sulfurosos, centenas de metros abaixo da superfície do oceano, ao longo dos recifes de coral, atravessando o corpo das plantas e animais vivos e mortos, em lixões, carpetes, piso de madeira, livros antigos em bibliotecas, partículas de poeira doméstica e telas de pintura de antigos mestres penduradas em museus. De acordo com as estimativas, se alguém separasse o micélio encontrado em um grama de solo — cerca de uma colher de chá — e o esticasse juntando as pontas, ele se estenderia de cem metros a dez quilômetros. Na prática, é impossível medir até que ponto o micélio permeia as estruturas, sistemas e habitantes da Terra — sua trama é muito fina. O micélio é um modo de vida que desafia nossa imaginação.[2]

Lynne Boddy, professora de ecologia microbiana na Universidade de Cardiff, passou décadas estudando o comportamento de forrageamento do micélio. Seus primorosos estudos ilustram os problemas que as redes miceliais são capazes de resolver. Em um experimento, Boddy cultivou um fungo decompositor em um bloco de madeira. Em seguida colocou o bloco em uma placa de Petri. O micélio se espalhou radialmente para fora do bloco em todas as direções, formando um círculo branco difuso. Por fim, a rede cresceu e encontrou um novo bloco de madeira. Apenas uma pequena parte do fungo tocou na madeira, mas o comportamento de toda a rede mudou. O micélio parou de se expandir em todas as direções. Recolheu as partes de sua rede que exploravam o ambiente e reforçou a conexão com o bloco recém-descoberto. Depois de alguns dias, a rede estava irreconhecível. Ela havia se remodelado completamente.[3]

A pesquisadora repetiu o experimento, mas com um pequeno ajuste. Deixou que o fungo crescesse, saísse do bloco original e descobrisse o novo bloco de madeira. Dessa vez, porém, antes que a rede tivesse tempo de se remodelar, ela removeu o bloco de madeira original da placa, retirou todas as hifas que cresciam para fora dele e colocou-o em uma placa nova. O fungo cresceu a partir do bloco original na direção do bloco recém-descoberto. O micélio parecia ter uma memória direcional, embora as bases dessa memória permaneçam obscuras.[4]

Boddy tem uma atitude objetiva e fala com admiração sobre o que esses fungos são capazes de fazer. O comportamento deles é um pouco parecido com o dos mixomicetos, e ela os testou de maneira semelhante. No entanto, em vez de modelar a rede subterrânea de Tóquio, Boddy encorajou o micélio a descobrir as rotas mais eficientes entre as cidades da Grã-Bretanha. Moldou o solo na forma do território britânico e marcou as cidades usando blocos de madeira colonizados por um fungo (o *Hypholoma fasciculare*). O tamanho dos blocos de madeira era proporcional à população das cidades representadas. "Os fungos cresceram a partir das 'cidades' e formaram a rede de rodovias", contou Boddy. "Era possível ver a M5, M4, M1, M6. Achei muito divertido."

Um modo de pensar nas redes miceliais é como um enxame de pontas hifais. Alguns insetos formam enxames. Uma revoada de estorninhos é um tipo de enxame, assim como um cardume de sardinhas. Os enxames são padrões de comportamento coletivo. Sem um líder ou centro de comando, uma correição de formigas pode descobrir o caminho mais curto para uma fonte de alimento. Um enxame de cupins pode construir montes gigantes com características arquitetônicas sofisticadas. No entanto, o micélio logo supera a analogia do enxame porque todas as pontas hifais em uma rede estão conectadas umas às outras. Um cupinzeiro é composto por unidades de cupins. Uma ponta hifal seria o mais próximo de uma possível definição da unidade de um "enxame" de micélios, embora não seja possível desmontar uma rede micelial hifa por hifa depois de formada, como podemos separar um enxame de cupins. O micélio é conceitualmente fugidio. Do ponto de vista da rede, o micélio é uma entidade única interconectada. Do ponto de vista da ponta hifal, é uma multidão.[5]

"Acho que, como humanos, podemos aprender muito com o micélio", diz Boddy. "Não se pode simplesmente fechar uma estrada para ver como muda o fluxo do trânsito, mas pode-se cortar uma conexão em uma rede micelial." Pesquisadores começaram a usar organismos baseados em rede, como fungos e o mixomiceto, para resolver problemas humanos. Os cientistas que modelaram a rede ferroviária de Tóquio usando mixomiceto estão tentando incorporar aquele comportamento ao projeto de rede de transporte urbano. Pesquisadores do Laboratório de Computação Não Convencional da Universidade do Oeste da Inglaterra têm usado o mixomiceto para calcular rotas eficientes de fuga de edifícios em caso de incêndio. Alguns estão aplicando as estratégias que fungos e mixomicetos usam para escapar de labirintos na resolução de problemas matemáticos ou para programar robôs.[6]

Escapar de labirintos e resolver problemas complexos de rota não são exercícios triviais. É por isso que os labirintos já são usados há muito tempo para avaliar as habilidades de resolução de problemas de muitos organismos, como polvos, abelhas e seres humanos. No entanto, os fungos miceliais vivem em labirintos e evoluíram para resolver problemas espaciais e geométricos. Escolher a melhor forma de distribuir seus corpos é uma questão que os fungos enfrentam a cada momento. Ao desenvolver uma rede densa, o micélio pode aumentar sua capacidade de transporte, mas as redes densas não são boas para explorar grandes distâncias. Redes esparsas são melhores para forragear áreas grandes, mas têm menos interconexões, portanto são mais vulneráveis a danos. Como os fungos lidam com esse tipo de opção enquanto exploram uma paisagem toda apodrecida em busca de nutrição?[7]

A experiência de Boddy com os dois blocos de madeira ilustra uma sequência típica de eventos. O micélio começa em modo exploratório, proliferando em todas as direções. Para encontrar água no deserto, teríamos de escolher uma direção para explorar. Os fungos podem escolher todas as rotas possíveis de uma vez. Se o fungo encontra algo para se nutrir, reforça os elos que o conectam à comida e interrompe os elos que não levam a lugar nenhum. Pode-se pensar nisso em termos de seleção natural. O micélio produz um excesso de ligações. Algumas acabam sendo mais competitivas que outras. Essas ligações são reforçadas. Ligações menos competitivas são retiradas, mantendo-se algumas das rodovias principais. Ao crescer em uma direção e se afastar de outra, as redes miceliais podem até migrar pela paisagem. A raiz latina da palavra "extravagante" significa "vagar para fora ou além". É uma boa palavra para descrever o micélio, que vagueia incessantemente para fora e além de seus limites, os quais não são preestabelecidos como na maioria dos corpos animais. O micélio é um corpo sem contorno.[8]

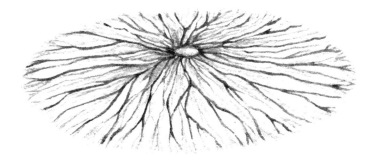

Micélio explorando uma superfície plana

Como uma parte da rede micelial "sabe" o que está acontecendo em outra parte distante da rede? O micélio se espalha, mas deve, de alguma forma, ser capaz de manter o contato — consigo mesmo.

Stefan Olsson é um micólogo sueco que passou décadas tentando entender como as redes miceliais se coordenam e se comportam como um todo integrado. Há alguns anos, interessou-se por uma das várias espécies de fungo que produzem bioluminescência, de modo que seus cogumelos e micélio brilham no escuro, ajudando a atrair insetos capazes de dispersar seus esporos. No século 19, mineiros de carvão na Inglaterra relataram que os fungos bioluminescentes que cresciam em suportes de madeira eram brilhantes o suficiente para "iluminar as mãos", e Benjamin Franklin propôs o uso do fungo bioluminescente conhecido como *foxfire** para iluminar a bússola e o medidor de profundi-

---

* "Fogo de raposa", em tradução literal.

dade do primeiro submarino (o *Turtle* — desenvolvido em 1775 durante a Guerra de Independência dos Estados Unidos). A espécie que Olsson estudava era a ostra-amarga, *Panellus stipticus*. "Era possível ler com sua luz quando a cultivei em potes", ele me disse. "Era como uma pequena lâmpada na prateleira de casa. Meus filhos adoravam." [9]

Para monitorar o comportamento do micélio de *Panellus*, Olsson desenvolveu culturas em placas de Petri e colocou duas delas em uma caixa totalmente escura sob condições constantes. Deixou-as ali por uma semana com uma câmera sensível o suficiente para detectar sua bioluminescência e tirar fotos a cada poucos segundos. Na reprodução acelerada das fotos, duas culturas miceliais desconectadas crescem para fora na forma de círculos irregulares, brilhando mais intensamente no centro que nas bordas. Após vários dias — cerca de dois minutos de vídeo — ocorre uma mudança repentina. Em uma das culturas, uma onda de bioluminescência passa pela rede de uma extremidade à outra. Um dia depois, uma onda semelhante passa pela segunda cultura. Em escala de tempo micelial, é uma grande saga. Em questão de "segundos" — miceliais —, cada rede muda para um estado fisiológico diferente.[10]

"Que diabo foi aquilo?", Olsson perguntou. Brincando, ele disse que, por estar sozinho, o fungo se sentiu entediado e começou a brincar ou ficou deprimido. Embora o cientista tenha deixado as culturas no escuro por mais algumas semanas, o pulsar nunca aconteceu de novo. Anos depois, ele ainda não sabia explicar o que o causou, nem como o micélio foi capaz de coordenar seu comportamento em escala de tempo tão curta.[11]

A coordenação micelial é difícil de entender porque não existe um centro de controle. Se cortarmos nossa cabeça ou pararmos nosso coração, teremos chegado ao fim. Uma rede micelial não tem cabeça nem cérebro. Os fungos, como as plantas, são organismos descentralizados. Não há centro operacional, nem capital, nem sede do governo. O controle é disperso: a coordenação micelial ocorre em todos os lugares ao mesmo tempo e em nenhum lugar específico. Um fragmento de micélio pode regenerar uma rede inteira, o que significa que um único indivíduo — se tivermos coragem de usar essa palavra — é potencialmente imortal.

Olsson ficou intrigado com as ondas espontâneas de bioluminescência que havia registrado e preparou outro conjunto de placas. Ele tentou perfurar um lado de um micélio de *Panellus* com a ponta de uma pipeta. A área ferida iluminou-se imediatamente. O que o deixou perplexo foi que em dez minutos a luz se espalhou por nove centímetros em toda a rede. Isso era muito mais rápido que a viagem de um sinal químico de um lado para o outro dentro do próprio micélio.

Ocorreu a Olsson que as hifas feridas poderiam ter liberado no ar um sinal químico volátil que se espalhou pela rede em uma nuvem gasosa, tornando desnecessário viajar por dentro da rede. Ele testou essa possibilidade cultivando dois micélios geneticamente idênticos lado a lado. Não havia conexões diretas entre eles, mas estavam perto o suficiente para que produtos químicos flutuando no ar cruzassem a distância. Olsson perfurou uma das redes. A luz se propagou pela rede ferida como antes, mas o sinal não se espalhou para o vizinho. Algum tipo de sistema de comunicação rápida devia estar operando internamente. Olsson ficou ainda mais desconcertado, tentando entender o que poderia ser aquilo.

O micélio é por onde os fungos se nutrem. Alguns organismos — como as plantas com a fotossíntese — produzem seu próprio alimento. Outros, como a maioria dos animais, encontram alimentos no mundo e os levam para dentro de seu corpo, onde são digeridos e absorvidos. Os fungos têm uma estratégia diferente. Eles digerem o mundo em que vivem e o absorvem. Suas hifas são longas e ramificadas, e com uma única célula de espessura — entre dois e vinte micrômetros de diâmetro, mais de cinco vezes mais finas que um fio de cabelo humano médio. Quanto mais as hifas conseguirem tocar o que está ao seu redor, mais elas poderão consumir. A diferença entre animais e fungos é simples: os animais colocam comida em seus corpos, enquanto os fungos colocam seus corpos na comida.[12]

No entanto, o mundo é imprevisível. Os animais, em sua maioria, enfrentam a incerteza quando se deslocam. Se o alimento pode ser encontrado mais facilmente em outro lugar, eles se mudam para esse lugar. Mas, para se incorporar a um suprimento de comida irregular e imprevisível como faz o micélio, é preciso ser capaz de mudar de forma. O micélio é uma investigação, em crescimento, oportunista e viva — uma especulação corpórea. Essa tendência é conhecida como "indeterminismo" de desenvolvimento: não existem duas redes miceliais iguais. Qual é a forma do micélio? É como perguntar qual é a forma da água. Só poderemos responder a essa pergunta se soubermos onde o micélio está crescendo. Compare isso com os seres humanos, que compartilham estrutura física e têm trajetórias de desenvolvimento semelhantes. Salvo intervenções, se nascemos com dois braços, terminaremos com dois braços.

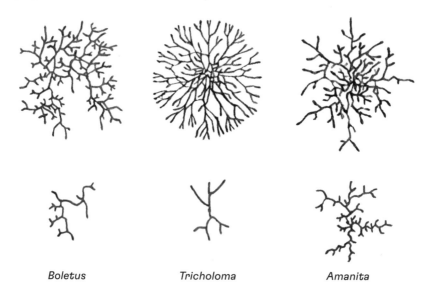

Boletus   *Tricholoma*   *Amanita*

Diferentes tipos de micélio. Redesenhados com base em Fries (1943)

O micélio decanta-se em seus arredores, mas seu padrão de crescimento não é infinitamente variável. Diferentes espécies de fungo formam diferentes tipos de redes miceliais. Algumas espécies têm hifas finas; outras, espessas. Há fungos exigentes com a comida, outros nem tanto. Alguns se transformam em sopros efêmeros que não vão além de sua fonte de alimento e cabem em uma única partícula de poeira doméstica. Outras espécies formam redes de vida longa que percorrem quilômetros. Certas espécies tropicais nem sequer forrageiam em busca de alimentos. Em vez disso, comportam-se como animais filtradores e produzem redes de fios grossos de micélio usadas para pegar as folhas que caem.[13]

Não importa onde cresçam, os fungos devem ser capazes de se introduzir na fonte de alimento. Para isso, usam pressão. Nos casos em que o micélio tem de romper barreiras particularmente difíceis, como fazem os fungos causadores de doenças ao infectar as plantas, eles desenvolvem hifas especiais de penetração com pressão de cinquenta a oitenta atmosferas e força suficiente para penetrar em plásticos de alta resistência. Um estudo estimou que se uma hifa tivesse a largura da mão humana, seria capaz de levantar um ônibus escolar de oito toneladas.[14]

A maioria dos organismos multicelulares cresce formando novas camadas de células. As células se dividem para formar mais células, que se dividem novamente. Um fígado é feito pelo empilhamento de células hepáticas sobre células hepáticas. O mesmo vale para um músculo ou uma cenoura. As hifas são diferentes; elas crescem ficando mais longas. Sob condições adequadas, uma hifa pode se prolongar indefinidamente.

No nível molecular, toda atividade celular, fúngica ou não, é uma confusão de atividades velozes. Mesmo por esse padrão, as pontas das hifas são um tumulto, mais ocupadas que uma quadra com 10 mil "bolas de basquete que se autodriblam".* As hifas de algumas espécies crescem tão rápido que é possível ver em tempo real. Suas pontas precisam formar material novo à medida que avançam. Pequenas bexigas cheias de insumos de construção celular chegam às pontas vindas do interior e se fundem a elas a uma taxa de até seiscentas por segundo.[15]

Em 1995, o artista plástico Francis Alÿs circulou por São Paulo carregando uma lata de tinta azul com um furo no fundo. Ao longo de

---

* Do inglês, *self dribling basketballs*: representações gráficas construídas por inteligência artificial que se movimentam constantemente e desafiam a percepção.

muitos dias, conforme ele se movia pela cidade, um fluxo contínuo de tinta pingava no chão, formando uma trilha atrás dele. A linha de tinta azul fez um mapa de sua trajetória, um retrato do tempo. A performance de Alÿs ilustra o crescimento hifal. O próprio Alÿs é a ponta em crescimento. A trilha sinuosa que ele deixa para trás é o corpo da hifa. O crescimento acontece na ponta; se alguém detivesse Alÿs enquanto ele andava com a lata de tinta, a linha deixaria de crescer. Você pode pensar sobre sua vida dessa maneira. A ponta em crescimento é o presente — sua experiência do momento — que abocanha o futuro à medida que avança. A história de sua vida é o resto da hifa, as linhas azuis que você deixou em uma trilha emaranhada atrás de você. Uma rede micelial é um mapa da história recente de um fungo e um lembrete útil de que todas as formas de vida são, na verdade, *processos*, não *coisas*. O "você" de cinco anos atrás era feito de um material diferente do "você" de hoje. A natureza é um evento que nunca para. Como William Bateson, que cunhou a palavra "genética", observou: "Geralmente pensamos em animais e plantas como matéria, mas na verdade eles são sistemas pelos quais a matéria passa continuamente". Quando vemos um organismo, seja um fungo, seja um pinheiro, captamos um único momento de seu desenvolvimento contínuo.[16]

O micélio geralmente cresce a partir da ponta hifal, mas nem sempre. Quando as hifas se unem para formar cogumelos, elas logo se inflam com água, que precisa ser absorvida de seu entorno — razão pela qual os cogumelos tendem a aparecer depois da chuva. O crescimento do cogumelo pode gerar uma força explosiva. Quando um cogumelo stinkhorn* atravessa uma camada de asfalto, ele produz força suficiente para levantar um objeto de 130 quilos. Em um guia popular de fungos publicado na década de 1860, Mordecai Cooke relatou que

> alguns anos atrás, a cidade [inglesa] de Basingstoke foi pavimentada; poucos meses depois, observou-se que o pavimento exibia um desnível que

---

* Cogumelos da família *Phallaceae*. O nome em inglês faz referência ao seu mau cheiro (*to stink* = "cheirar mal"; *horn* = "chifre"). No Brasil, algumas espécies são conhecidas como véu-de-noiva ou falo-impudico.

não tinha razão aparente. Pouco tempo depois, o mistério foi explicado, pois algumas das pedras mais pesadas foram completamente levantadas de sua base pelo crescimento de grandes cogumelos sob elas. Uma das pedras media 55 por 53 centímetros e pesava 83 quilos.[17]

Se eu pensar sobre o crescimento micelial por mais de um minuto, minha mente começa a se expandir.

Em meados da década de 1980, o musicólogo americano Louis Sarno gravou a música do povo Aka, que vivia nas florestas da República Centro-Africana. Uma das gravações se chamava "Women Gathering Mushrooms".* Enquanto vagueiam colhendo cogumelos, seguindo com seus passos a forma de uma rede micelial subterrânea, as mulheres cantam em meio ao som dos animais da floresta. Cada mulher canta uma melodia diferente; cada voz conta uma história musical distinta. Muitas melodias se combinam sem deixar de ser diversas. Vozes fluem em torno de outras vozes, entrelaçando-se com as outras e ao lado delas.[18]

"Women Gathering Mushrooms" é um exemplo de polifonia musical. Polifonia é cantar mais de uma peça ou contar mais de uma história ao mesmo tempo. Ao contrário das harmonias de quarteto vocal clássico, as vozes das mulheres nunca se fundem em uma frente unificada. Nenhuma voz abandona sua identidade individual. Nem uma única voz rouba a cena. Não há uma mulher de capa, nem solista, nem líder. Se a gravação fosse tocada para dez pessoas e em seguida alguém lhes pedisse que cantassem a melodia, cada uma cantaria algo diferente.[19]

O micélio é polifonia corporificada. Cada uma das vozes femininas é uma ponta hifal, explorando uma paisagem sonora por si mesma. Embora cada uma seja livre para vagar, suas andanças não são separadas das demais. Não há voz principal. Não há melodia principal. Não existe um planejamento central. No entanto, uma forma emerge.

* "Mulheres colhendo cogumelos", em inglês.

Sempre que ouço "Women Gathering Mushrooms" meus ouvidos encontram o caminho da música escolhendo uma única voz e seguindo com ela, como se eu estivesse na floresta, caminhasse até uma das mulheres e ficasse a seu lado. Seguir mais de uma linha por vez é difícil. É como tentar ouvir várias conversas ao mesmo tempo, sem passar de uma para outra. É preciso que vários fluxos de consciência se misturem na mente. Minha atenção tem de se tornar menos focada e mais distribuída. Nunca consigo, mas, quando suavizo minha audição, outra coisa acontece. As muitas canções se aglutinam para formar uma canção que não existe em nenhuma das vozes sozinha. É uma canção emergente que eu não conseguiria encontrar se desembaraçasse a música em seus fios independentes.

O micélio é o que acontece quando as hifas — fluxos de incorporação em vez de fluxos de consciência — se misturam. No entanto, como me lembrou Alan Rayner, um micólogo especializado em desenvolvimento micelial, "o micélio não é apenas algodão amorfo". As hifas podem se unir para formar estruturas elaboradas.

Quando você olha para os cogumelos, está olhando para o esporoma, que equivaleria aos frutos de uma planta. Imagine cachos de uva brotando do solo. Em seguida, imagine a videira que os produziu, torcendo-se e ramificando-se abaixo da superfície do solo. As uvas e as videiras lenhosas são feitas de diferentes tipos de células. Corte um cogumelo e você verá que ele é feito do mesmo tipo de célula do micélio: a hifa.

As hifas formam outras estruturas além dos cogumelos. Muitas espécies de fungo formam tubos ocos de hifas conhecidos como "cordões" ou "rizomorfos". Os tubos variam de filamentos finos a fios de vários milímetros de espessura que podem se estender por centenas de metros. Dado que as hifas individuais são tubos, não fios — não se pode esquecer do espaço cheio de fluido dentro delas —, cordões e rizomorfos são grandes tubos formados a partir de muitos tubos pequenos. Eles podem conduzir o fluxo milhares de vezes mais rápido que pelas hifas individuais — quase 1,5 metro por hora, de acordo com um estudo — e permitem que as redes miceliais transportem nutrientes e água por grandes distâncias. Stefan Olsson contou-me sobre uma floresta na Suécia onde observou uma grande rede de *Armillaria* que dava cogumelos em uma área do tamanho de dois campos de futebol. Uma pequena passarela cruzava um riacho que corria pela região. "Olhei a ponte mais de perto", lembrou ele, "e vi que o fungo tinha começado a enrolar seus fios embaixo dela. Ele estava usando a ponte para cruzar o riacho. Ainda é um mistério como os fungos coordenam o crescimento dessas estruturas."[20]

Os cogumelos, como o micélio, são feitos de hifas

Cordões e rizomorfos são um bom lembrete de que as redes miceliais são redes de transporte. O mapa do micélio de Lynne Boddy é outra boa ilustração. O cultivo de cogumelos também: para romper o asfalto, o cogumelo deve inchar com água. Para que isso aconteça, a água precisa viajar rapidamente pela rede de um lugar para outro e fluir para o cogumelo em desenvolvimento em um pulso cuidadosamente direcionado.

A curtas distâncias, as substâncias podem ser transportadas por redes miceliais em uma rede de microtúbulos — filamentos dinâmicos de proteína que se comportam como uma combinação de escada rolante com andaime. O transporte usando "motores" de microtúbulos é energeticamente caro, mas, em se tratando de distâncias maiores, o conteúdo das hifas viaja em um rio de fluido celular. Ambas as abordagens permitem o transporte rápido pelas redes miceliais. O transporte eficiente permite que diferentes partes de uma rede se envolvam em atividades diversas. Quando a casa de campo inglesa Haddon Hall foi reformada, um esporoma de *Serpula*, o fungo-da-podridão-seca, foi encontrado em um forno de pedra desativado. Suas conexões miceliais percorriam oito metros de alvenaria até o chão apodrecido em outra parte do edifício. Ele se nutria no chão e formava o cogumelo no forno.[21]

A melhor maneira de avaliar o fluxo dentro do micélio é observar seu conteúdo se espalhando pela rede. Em 2013, pesquisadores da Universidade da Califórnia, em Los Angeles, trataram o micélio para que pudessem visualizar estruturas celulares movendo-se dentro das hifas. Seus vídeos mostram hordas de núcleos aparecendo. Em algumas hifas, eles viajam mais rápido que em outras; ou viajam em direções diferentes. Às vezes, formam-se engarrafamentos, e o tráfego nuclear é redirecionado para canais de passagem hifal. Fluxos de núcleos se fundem. Pulsos rítmicos de núcleos — "cometas nucleares" — avançam, ramificando-se nas junções e disparando para baixo pelos dutos laterais. É um cenário de "anarquia nuclear", como um dos pesquisadores observou ironicamente.[22]

O fluxo ajuda a explicar como o tráfego circula dentro de uma rede micelial, mas não explica por que os fungos crescem em uma direção em vez de em outra. As hifas são sensíveis a estímulos e, a todo momento são confrontadas com um mundo de possibilidades. Em vez de se esticarem em linha reta a uma taxa constante, elas se dirigem para locais com perspectivas atraentes e se afastam de locais de pouco interesse. Como elas fazem isso?

Na década de 1950, Max Delbrück, biofísico vencedor do Prêmio Nobel, ficou interessado em comportamento sensorial. Escolheu como organismo-modelo o fungo *Phycomyces blakesleeanus*. Delbrück era fascinado pelas notáveis habilidades perceptivas de *Phycomyces*.

Suas estruturas de reprodução — hifas verticais gigantes — têm uma sensibilidade à luz semelhante à do olho humano e, como a nossa visão, se adaptam à luz forte ou fraca. Podem detectar luz em níveis tão baixos quanto o de uma única estrela, e só ficam ofuscadas quando expostas ao sol em dia claro. Para provocar uma resposta em uma planta, seria necessário expô-la a níveis de iluminação centenas de vezes maiores.[23]

No final da carreira, Delbrück escreveu que seguia convencido de que o *Phycomyces* era "o mais inteligente" dos organismos multicelulares simples. Além de sua extraordinária sensibilidade ao toque — o *Phycomyces* costuma crescer a favor do vento, respondendo a velocidades tão baixas quanto um centímetro por segundo, ou 0,036 quilômetro por hora —, o *Phycomyces* é capaz de detectar a presença de objetos próximos, um fenômeno conhecido como "resposta de evitação". Apesar de décadas de investigação meticulosa, a resposta de evitação ainda é um enigma. Objetos a alguns milímetros de distância fazem com que o *Phycomyces* se curve sem jamais fazer contato. Não importa o objeto — opaco ou transparente, liso ou áspero —, o *Phycomyces* começa a se curvar após cerca de dois minutos. Campos eletrostáticos, umidade, sinais mecânicos e temperatura foram descartados. Alguns elaboraram a hipótese de que o *Phycomyces* usaria um sinal químico volátil que desviaria do obstáculo com minúsculas correntes de ar, mas isso está longe de ser comprovado.[24]

Embora o *Phycomyces* seja uma espécie com sensibilidade fora do normal, a maioria dos fungos é capaz de detectar e responder à luz (sua direção, intensidade ou cor), temperatura, umidade, nutrientes, toxinas e campo elétrico. Assim como as plantas, os fungos podem "ver" todo o espectro de cores usando receptores sensíveis à luz azul e vermelha — ao contrário das plantas, os deles também têm opsinas, pigmentos sensíveis à luz presentes nos bastonetes e cones dos olhos dos animais. As hifas também percebem a textura das superfícies; um estudo relata que as hifas jovens do fungo da ferrugem do feijão podem detectar ranhuras de meio micrômetro de profundidade em superfícies artificiais, três vezes mais rasas que o espaço entre as trilhas de laser em um CD. Quando se juntam para formar cogumelos, elas adquirem uma sensibilidade aguda à gravidade. E, como vimos, os fungos mantêm inúmeros canais de comunicação química com outros organismos e com eles próprios: quando se fundem ou fazem sexo, as hifas distinguem o "eu" do "outro" e entre diferentes tipos de "outro".[25]

A vida dos fungos é vivida em uma enxurrada de informações sensoriais. E de alguma forma as hifas — pilotadas por suas pontas — são capazes de *integrar* esses muitos fluxos de dados e determinar uma trajetória adequada para seu crescimento. Os humanos, como a maioria dos animais, usam o cérebro para integrar dados sensoriais e decidir sobre o melhor caminho de ação. Assim, nossa tendência é procurar locais específicos em que a integração possa ocorrer. Gostamos de saber o *onde*. Com plantas e fungos, perguntar "para onde" só nos leva até certo ponto. Uma rede micelial ou uma planta têm partes diferentes, mas elas não são excepcionais. Há muito de tudo. Como, então, os fluxos de dados sensoriais se reúnem? Como os organismos sem cérebro ligam a percepção à ação?

Essas questões têm sido um desafio para os botânicos há mais de um século. Em 1880, Charles Darwin e seu filho Francis publicaram um livro chamado *The Power of Movement in Plants* [O poder do movimento das plantas]. No parágrafo final eles sugerem que, como as pontas das raízes determinam a trajetória de crescimento, deve ser lá que os sinais de diferentes partes do organismo são integrados. A ponta das raízes, escrevem os Darwin, age "como o cérebro de um animal inferior [...] recebendo impressões dos órgãos dos sentidos e direcionando os vários movimentos". A conjectura dos Darwin ficou conhecida como a "hipótese do cérebro-raiz" e é controversa, para dizer o mínimo. Isso não se deve ao fato de alguém contestar suas observações: é claro que as pontas das raízes direcionam o movimento da raiz, assim como o ápice em crescimento direciona o movimento dos brotos acima do solo. O que divide os cientistas de plantas é o uso da palavra "cérebro". Para alguns, trata-se de uma premissa que pode nos levar a uma compreensão mais rica da vida vegetal. Para outros, é absurdo sugerir que as plantas tenham algo parecido com um cérebro.[26]

De certo modo, a palavra "cérebro" desvia nossa atenção. O ponto principal dos Darwin é que as pontas de crescimento — que pilotam raízes e brotos — devem ser onde as informações se reúnem para ligar a percepção e a ação e determinar a direção adequada para crescer. O mesmo se aplica às hifas. As pontas hifais são as partes do micélio que crescem, mudam de direção, se ramificam e se fundem. Elas são a parte mais ativa do micélio. E são numerosas. Uma rede pode ter entre centenas e bilhões de pontas hifais, todas integrando e processando informações de forma massivamente paralela.[27]

A ponta hifal talvez seja o lugar onde os fluxos de dados se reúnem para determinar a velocidade e a direção do crescimento, mas como as pontas de uma parte da rede "sabem" o que as pontas de outra parte mais distante estão fazendo? Voltamos ao enigma de Stefan Olsson. Suas culturas de *Panellus* bioluminescente conseguiram coordenar o comportamento desses fungos em um tempo curto demais para que a causa fossem compostos químicos que iam de A para B pela rede. O micélio de algumas espécies cresce em "anéis de fadas" que se estendem por centenas de metros, chegam a centenas de anos de idade e, de alguma forma, produzem um círculo de cogumelos que germinam de modo sincronizado. Nos experimentos de Lynne Boddy com micélio forrageiro, apenas uma parte da rede descobriu o novo bloco de madeira, mas o comportamento de todo o micélio mudou, e mudou rapidamente. Como as redes miceliais são capazes de se comunicar entre si? Como a informação viaja tão rápido entre elas?[28]

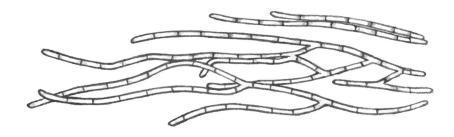

Há uma gama de possibilidades. Alguns pesquisadores sugerem que as redes miceliais podem transmitir pistas de desenvolvimento usando mudanças na pressão ou no fluxo. Uma vez que o micélio é uma rede hidráulica contínua, como o sistema de freio de um carro, em princípio uma mudança repentina na pressão em uma parte poderia ser percebida rapidamente em outra. Outros pesquisadores observaram que a atividade metabólica — como o acúmulo e a liberação de compostos dentro dos compartimentos hifais — ocorre em pulsos regulares que podem ajudar a sincronizar o comportamento em uma rede. Olsson, por sua vez, voltou a atenção para uma das poucas opções que restaram: a eletricidade.[29]

Há muito se sabe que os animais usam impulsos elétricos, ou "potenciais de ação", para se comunicar com diferentes partes do corpo. Os neurônios — células nervosas longas e eletricamente excitáveis que coordenam o comportamento animal — têm seu próprio campo de estudo: a neurociência. Embora a sinalização elétrica geralmente seja considerada uma especialidade dos animais, eles não são os únicos a produzi-la. As plantas e as algas o fazem, e, na década de 1970, descobriu-se que alguns tipos de fungos também. Além delas, as bactérias são eletricamente excitáveis. As "bactérias-cabo" formam longos filamentos condutores de eletricidade, conhecidos como "nanocabos". E sabe-se desde 2015 que os grupos de bactérias podem coordenar sua atividade usando ondas elétricas semelhantes ao potencial de ação. No entanto, poucos micólogos imaginavam que isso poderia desempenhar um papel importante na vida dos fungos.[30]

Em meados da década de 1990, no departamento de Olsson na Universidade de Lund, na Suécia, havia um grupo de pesquisa em neurobiologia de insetos. Nos experimentos, os cientistas mediam a atividade dos neurônios inserindo microeletrodos de vidro fino no cérebro das mariposas. Olsson lhes pediu para usar o equipamento para responder a uma pergunta simples: o que acontece ao trocarmos o cérebro das mariposas por micélio fúngico? Os neurocientistas ficaram intrigados. Em princípio, as hifas são adaptadas para conduzir impulsos elétricos. São revestidas com proteínas isolantes, o que permitiria que ondas de atividade elétrica viajassem por longas distâncias sem se dissipar — as células nervosas animais têm uma bainha isolante análoga. Além disso, as células em um micélio são contínuas, sem divisões, o que talvez permitisse que o impulso iniciado em uma parte da rede atingisse outras partes sem interrupção.

Olsson escolheu a espécie de fungo com cuidado. Pressupôs que, se existissem sistemas de comunicação elétrica em fungos, eles seriam mais fáceis de detectar em espécies que precisam se comunicar a distâncias maiores. Por segurança, escolheu o cogumelo-do-mel, do gênero *Armillaria* — espécie recordista em redes miceliais que se estendem por quilômetros e chegam a milhares de anos de idade.

Quando Olsson inseriu os microeletrodos nos filamentos de hifas de *Armillaria*, detectou impulsos regulares parecidos com o potencial de ação, disparados a uma taxa muito próxima daquela dos neurônios sensoriais dos animais — cerca de quatro impulsos por segundo, que viajavam ao longo das hifas a uma velocidade de pelo menos meio milímetro por segundo, cerca de dez vezes mais rápido que a maior taxa de fluxo de fluidos já medida. Isso chamou sua atenção, mas por si só não sugeria que os impulsos formavam a base de um sistema de sinalização rápida. A atividade elétrica só pode desempenhar um papel na comunicação fúngica se for sensível ao estímulo. Olsson decidiu medir a resposta do fungo a blocos de madeira, que são a fonte de nutrição da espécie.[31]

Olsson montou o aparelho e colocou um bloco de madeira no micélio a vários centímetros dos eletrodos. O que ele descobriu foi extraordinário. Quando a madeira entrou em contato com o micélio, a taxa de disparo dos impulsos dobrou. Quando ele removeu o bloco de madeira, a cadência de disparos voltou ao normal. Para se certificar de que os fungos não respondiam ao peso do bloco de madeira, colocou um bloco de plástico não comestível do mesmo tamanho e peso sobre o micélio. O fungo não respondeu.

Olsson passou a testar outras espécies de fungo, incluindo um fungo micorrízico que cresce no sistema radicular de certas plantas, o *Pleurotus* (o micélio do cogumelo-ostra), e o *Serpula* (podridão-seca, que foi encontrado no forno em Haddon Hall). Todos eles geravam impulsos semelhantes ao potencial de ação e eram sensíveis a uma gama de estímulos. Olsson formulou a hipótese de que a sinalização elétrica era uma forma realista de uma ampla variedade de fungos trocar mensagens entre diferentes partes de si mesmos, mensagens que transmitiriam informações sobre "fontes de alimento, lesões, condições dentro do fungo e a presença de outros indivíduos ao seu redor".[32]

Muitos dos neurobiologistas com os quais Olsson estava trabalhando ficaram entusiasmados com o fato de as redes miceliais se comportarem como cérebros. "Foi a primeira reação da equipe de insetos", lembrou Olsson. "Eles vislumbraram essas grandes redes miceliais na floresta, enviando sinais elétricos internamente. Imaginaram que talvez fossem como grandes cérebros. Admito que também não fui capaz de ignorar a semelhança superficial. As descobertas de Olsson sugeriam que o micélio talvez forme redes incrivelmente complexas de células eletricamente excitáveis. Os cérebros também são redes fantasticamente complexas de células eletricamente excitáveis.

"Não acho que sejam cérebros", disse Olsson. "Tive de restringir o conceito de cérebro. Assim que alguém diz essa palavra, as pessoas começam a pensar em cérebros como os nossos, com linguagem e capacidade de processar pensamentos para tomar decisões." Sua cautela tem razão de ser. "Cérebro" é uma palavra-gatilho, sobrecarregada de conceitos usados quase sempre no mundo animal. "Quando dizemos 'cérebro'", continuou Olsson, "todas as associações giram em torno do cérebro animal". Além disso, os cérebros se comportam como cérebros devido à forma como se constroem. A arquitetura do cérebro dos animais é muito diferente daquela da rede de fungos. No cérebro animal, os neurônios se conectam com outros neurônios em ligações chamadas "sinapses". Nas sinapses, os sinais podem se combinar com outros sinais. As moléculas dos neurotransmissores são transmitidas por meio da sinapse e permitem que diferentes neurônios se comportem de maneiras diversas — alguns estimulam outros neurônios, alguns os inibem. As redes miceliais não compartilham nenhum desses recursos.

Mas se, de fato, os fungos usam ondas de atividade elétrica para transmitir sinais em uma rede, não poderíamos pensar no micélio ao menos como um fenômeno "cerebral"? Na visão de Olsson, poderia haver outras formas de regular os impulsos elétricos nas redes miceliais para criar "circuitos, barreiras e osciladores cerebrais". Em alguns fungos, as hifas são divididas em compartimentos por poros, que podem ser regulados pela sensibilidade. Abrir ou fechar um poro muda a força do sinal que passa de um compartimento a outro, independentemente de ser ele químico, de pressão ou elétrico. Se mudanças repentinas de carga elétrica dentro de um compartimento hifal pudessem abrir ou fechar um poro, refletiu Olsson, uma explosão de impulsos mudaria a maneira como sinais subsequentes passam pela hifa, formando um ciclo simples de aprendizado. Além do mais, as hifas se ramificam. Se dois impulsos convergissem em um ponto, ambos influenciariam a condutividade dos poros, integrando sinais de ramos diferentes. "Não é necessário muito conhecimento sobre como os computadores funcionam para perceber que tais sistemas podem criar portais de tomada de decisão", disse Olsson. "Se combinássemos esses sistemas em uma rede flexível e adaptável, teríamos a possibilidade de 'um cérebro' que pode aprender e lembrar." Olsson manteve a palavra "cérebro" a uma distância segura, sinalizando as aspas de forma exagerada para enfatizar que se tratava de uma metáfora.[33]

A ideia de que os fungos podem usar a sinalização elétrica como base para a comunicação rápida impressionou Andrew Adamatzky, diretor do Laboratório de Computação Não Convencional. Em 2018, ele inseriu eletrodos em cogumelos-ostra inteiros que brotavam em aglomerados a partir de blocos de micélio e detectou ondas espontâneas de atividade elétrica. Quando direcionou uma chama para um cogumelo, outros do aglomerado responderam com um pico elétrico agudo. Pouco depois, Adamatzky publicou um artigo intitulado "Towards fungal computer" [Rumo ao computador fúngico]. Nele, propôs que as redes miceliais "computam" informações, codificadas em picos de atividade elétrica. Se soubéssemos como uma rede micelial responderia a determinado estímulo, argumenta Adamatzky, poderíamos tratá-la como uma placa de circuito viva. Ao estimular o micélio, usando por exemplo uma chama ou um produto químico, poderíamos inserir dados no computador fúngico.[34]

Um computador fúngico pode parecer fantasioso, mas a "biocomputação" é um campo em rápido desenvolvimento. Adamatzky passou anos desenvolvendo formas de usar mixomicetos como sensores e computadores. Esse protótipo de biocomputador usa esses organismos para resolver uma série de problemas geométricos. Essas redes de mixomiceto podem ser modificadas — por exemplo, cortando uma conexão — para alterar o conjunto de "funções lógicas" implementadas por elas. A ideia de Adamatzky de um "computador fúngico" é apenas uma aplicação da computação de mixomiceto a outro tipo de organismo baseado em rede.[35]

Como observa Adamatzky, as redes miceliais de algumas espécies de fungo são mais apropriadas para computação que os mixomicetos. Elas formam ramificações que vivem por mais tempo e não se transformam em novas formas tão rápido. São também maiores, com mais ligações entre hifas. É nessas junções — que Olsson descreveu como "pontos de decisão" e que Adamatzky descreve como "processadores elementares" — que os sinais de diferentes ramos da rede interagiriam e se combinariam. Ele estima que uma rede de cogumelos-do-mel que se estende por quinze hectares teria quase 1 trilhão dessas unidades de processamento.

Para ele, o objetivo do computador fúngico não é substituir os chips de silício. As reações fúngicas são lentas demais para isso. Ele acha, em vez disso, que os humanos poderiam usar o micélio que cresce em um ecossistema como um "sensor ambiental em grande escala". Redes de fungos, explica o cientista, monitoram um grande número de fluxos de dados como parte de sua vida cotidiana. Se conseguíssemos nos conectar às redes miceliais e interpretar os sinais que elas usam para processar informações, poderíamos aprender mais sobre o que está acontecendo no ecossistema. Os fungos podem relatar mudanças na qualidade do solo, na pureza da água, na poluição ou em quaisquer outras características do ambiente às quais sejam sensíveis.[36]

Ainda estamos longe disso. A computação com organismos vivos está em seus primórdios, e muitas perguntas permanecem sem resposta. Olsson e Adamatzky mostraram que o micélio é sensível eletricamente, mas não mostraram que os impulsos elétricos podem ligar um estímulo a uma resposta. É como se você tivesse furado o dedão do pé com um alfinete e detectado o impulso nervoso que percorreu seu corpo, mas não fosse capaz de medir sua reação à dor.[37]

Esse é um desafio para o futuro. Nos 23 anos que separam o estudo de Olsson sobre o micélio e o estudo de Adamatzky sobre os cogumelos-ostra, nenhuma outra pesquisa foi realizada sobre a sinalização elétrica em fungos. Olsson me disse que, se tivesse recursos para seguir essa linha de pesquisa, tentaria demonstrar uma resposta fisiológica clara às mudanças na atividade elétrica e decodificar os padrões dos impulsos elétricos. Seu sonho é "ligar um fungo a um computador e se comunicar com ele", usar sinais elétricos para fazê-lo mudar de comportamento. "Se isso der certo, todo tipo de experimento maluco e maravilhoso será possível."[38]

Esses estudos provocam uma tempestade de questionamentos. As formas de vida baseadas em rede, como fungos ou mixomicetos, são capazes de algum tipo de cognição? Podemos dizer que seu comportamento é inteligente? Se a inteligência de outros organismos não se parecesse com a nossa, como ela seria? Será que sequer a perceberíamos?

Entre os biólogos, as opiniões estão divididas. Tradicionalmente, inteligência e cognição são definidas em termos humanos como algo que requer pelo menos um cérebro e, em geral, uma mente. A ciência cognitiva surgiu do estudo dos seres humanos, portanto é natural que tenha colocado a mente humana no centro da pesquisa. Sem uma mente, os exemplos clássicos de processos cognitivos — linguagem, lógica, raciocínio, reconhecer a si mesmo no espelho — parecem impossíveis. Todos requerem um funcionamento mental de alto nível. Mas a definição de inteligência e cognição é uma questão de gosto. Para muitos, a visão centrada no cérebro é muito limitada. A ideia de que uma linha clara pode ser traçada para separar não humanos de humanos com "mente e compreensão verdadeiras" foi sumariamente rejeitada pelo filósofo Daniel Dennett como um "mito arcaico". Os cérebros não desenvolveram seus truques do zero, e muitas de suas características refletem processos mais arcaicos que existiam muito antes de surgir algo que parecesse um cérebro.[39]

Escrevendo em 1871, Charles Darwin adotou o pragmatismo. "A inteligência se baseia na eficiência com que uma espécie faz aquilo que precisa para sobreviver." É uma perspectiva repetida por muitos biólogos e filósofos contemporâneos. A raiz latina da palavra "inteligência" significa "escolher entre". Muitos tipos de organismos sem cérebro — plantas, fungos e mixomicetos — respondem a seus ambientes de forma flexível, resolvem problemas e tomam decisões entre caminhos alternativos de ação. O processamento complexo de informações, evidentemente, não se restringe ao funcionamento interno dos cérebros. Alguns usam a expressão "inteligência de enxame" para descrever o comportamento de resolução de problemas de sistemas sem cérebro. Outros sugerem que o comportamento dessas formas de vida em rede pode ser visto como uma decorrência da cognição "mínima" ou "basal", e argumentam que a pergunta que devemos fazer não é se um organismo tem cognição ou não. Em vez disso, devemos avaliar o *grau* de consciência de um organismo. Em todas essas visões, comportamentos inteligentes podem surgir sem cérebro. Basta uma rede dinâmica e capaz de reagir.[40]

Há muito o cérebro é considerado uma rede dinâmica. Em 1940, o neurobiólogo Charles Sherrington, ganhador do Prêmio Nobel, descreveu o cérebro humano como "um tear encantado no qual milhões de pentes piscantes tecem um padrão que vai se dissolvendo". Hoje, "neurociência de rede" é o nome da disciplina que procura entender como a atividade do cérebro emerge da atividade interligada de milhões de neurônios. Um único circuito neuronal dentro do cérebro de uma pessoa não pode dar origem a um comportamento inteligente, assim como o comportamento de um único cupim não pode dar origem à intrincada arquitetura de um cupinzeiro. Nenhum circuito neuronal "sabe" o que está acontecendo, assim como um único cupim não "conhece" a estrutura do cupinzeiro, mas um grande número de neurônios pode construir uma rede da qual emergem fenômenos surpreendentes. Nessa perspectiva, o comportamento complexo — inclusive a mente e as texturas matizadas da experiência vivida e consciente — surge da flexibilidade das redes complexas de neurônios que se remodelam.[41]

O cérebro é apenas uma dessas redes, uma forma de processar informações. Mesmo em animais, muita coisa pode acontecer sem ele. Pesquisadores da Universidade Tufts mostraram isso em surpreendentes experimentos com platelmintos. Os platelmintos são organismos-modelo bem estudados devido à sua capacidade de regeneração. Se a cabeça de um platelminto for cortada, outra cabeça brotará, com cérebro e tudo. Platelmintos também podem ser treinados. Os pesquisadores queriam saber se, depois de treinar um platelminto para lembrar características de seu ambiente e cortar sua cabeça, ele reteria a memória quando tivesse desenvolvido nova cabeça. Surpreendentemente, a resposta é sim. Aparentemente, a memória dos platelmintos reside em uma parte do corpo fora do cérebro. Esses experimentos sugerem que, mesmo dentro do corpo de animais dependentes do cérebro, as redes flexíveis que sustentam comportamentos complexos não se limitam a uma pequena região dentro da cabeça. Existem outros casos. Por exemplo, a maioria dos nervos dos polvos não está no cérebro, mas se distribui por todo o corpo. Grande parte é encontrada nos tentáculos, que podem explorar e experimentar seus arredores sem usar o cérebro. Mesmo quando amputados, os tentáculos são capazes de buscar e agarrar objetos.[42]

Assim, muitos tipos de organismo evoluíram até formar redes flexíveis que ajudam a resolver os problemas que a vida apresenta. Parece que os organismos miceliais foram alguns dos primeiros a fazê-lo. Em 2017, pesquisadores do Museu Real Sueco de História Natural publicaram um relatório no qual descrevem micélios fossilizados, preservados nas fraturas de antigos rios de lava. Os fósseis mostram filamentos ramificados que "se tocam e se enredam". A "rede emaranhada" que eles formam, as dimensões das hifas, as dimensões das estruturas semelhantes a esporos e o padrão de seu crescimento se assemelham ao micélio do presente. É uma descoberta extraordinária porque os fósseis datam de 2,4 bilhões de anos atrás, mais de 1 bilhão de anos antes da data presumida em que os fungos teriam se ramificado na árvore da vida. Não há como identificar o organismo com certeza, mas fosse ou não um fungo verdadeiro, ele claramente tinha um hábito micelial. Isso faz do micélio um dos primeiros passos conhecidos em direção à vida multicelular complexa, um emaranhado original, uma das primeiras redes vivas. Notavelmente inalterado, o micélio persiste por mais da metade dos 4 bilhões de anos de história da vida, atravessando incontáveis cataclismas e transformações globais catastróficas.[43]

Barbara McClintock, que ganhou o Prêmio Nobel por seu trabalho com a genética do milho, descreveu as plantas como extraordinárias "para além de nossas expectativas mais fantásticas". Não porque elas encontraram maneiras de fazer o que os humanos fazem, mas porque viver a vida enraizada em um local as induziu a desenvolver inúmeros "mecanismos engenhosos" para lidar com os desafios que os animais podem evitar fugindo. Poderíamos dizer o mesmo dos fungos. O micélio é uma dessas soluções engenhosas, uma resposta brilhante a alguns dos desafios mais básicos da vida. Os fungos miceliais não agem da forma como nós fazemos, e suas redes flexíveis se remodelam constantemente. Eles *são* redes flexíveis que se remodelam constantemente.[44]

McClintock enfatiza como é importante adquirir "afeição pelo organismo", desenvolver a paciência de "ouvir o que o material tem a lhe dizer". Quando se trata de fungos, será que temos alguma chance? A vida micelial é tão *outra*, suas possibilidades, tão alheias. Mas talvez não seja tão remota quanto parece à primeira vista. Muitas culturas tradicionais veem a vida como um todo emaranhado. Hoje, a ideia de que todas as coisas estão interligadas é tão comum que se transformou em um clichê. A ideia da "teia da vida" sustenta as concepções científicas modernas da natureza; a "teoria dos sistemas", que surgiu no século 20, entende todos os sistemas — do fluxo de tráfego, aos governos e aos ecossistemas — como redes dinâmicas de interação; a área de "inteligência artificial" resolve problemas usando redes neurais artificiais; muitos aspectos da vida humana são interligados com as redes digitais da internet; a neurociência de rede nos convida a compreender *a nós mesmos* como redes dinâmicas. Como um músculo bem exercitado, a "rede" se hipertrofiou em um conceito guarda-chuva. É difícil pensar em um assunto que não use as redes para ser compreendido.[45]

Apesar de tudo isso, ainda temos dificuldade para entender o micélio. Perguntei a Lynne Boddy qual é o aspecto da vida do micélio que permanece mais misterioso. "Ah... Esta é uma boa pergunta." Ela vacilou. "Eu realmente não sei. São *tantas coisas*. O que os fungos miceliais fazem para funcionar *como redes*? Como percebem seu ambiente? Como enviam mensagens entre diferentes partes de si mesmos? Como esses sinais são integrados? Essas são questões gigantescas sobre as quais parece que quase ninguém está se debruçando. Porém, é crucial compreendê-las para entender como os fungos fazem quase tudo o que fazem. Temos técnicas para fazer esse trabalho, mas quem está investigando a biologia fúngica básica? Poucas pessoas. Acho que é uma situação muito preocupante. Não chegamos ainda a reunir aquilo que descobrimos em uma teoria geral." Ela riu. "O campo está maduro para a colheita! Mas não acho que há muitas pessoas trabalhando nela."

Em 1845, Alexander von Humboldt observou que "cada passo que damos no conhecimento mais profundo da natureza nos leva a novos labirintos". Canções polifônicas como "Women Gathering Mushrooms" emergem do entrelaçamento de vozes; o micélio emerge do emaranhado de hifas. Uma compreensão sofisticada do micélio ainda está para surgir. Estamos parados na entrada de um dos labirintos mais antigos da vida.[46]

3. A intimidade de estranhos

> *O problema é que não sabíamos de quem estávamos falando quando dizíamos "nós".*
>
> Adrienne Rich

Em 18 de junho de 2016, o módulo de descida de uma espaçonave Soyuz pousou em uma estepe deserta no Cazaquistão. Três pessoas foram retiradas com segurança da cápsula chamuscada depois de uma passagem pela Estação Espacial Internacional (EEI). Os astronautas não estavam sozinhos quando mergulharam em direção à Terra. Sob seus assentos havia centenas de organismos vivos espremidos em uma caixa.

Entre as amostras havia diversas espécies de líquen enviadas ao espaço por um ano e meio como parte do Experimento Biologia e Marte. Biomex, na sigla em inglês, é um consórcio internacional de astrobiólogos que usam bandejas montadas do lado de fora da EEI — um equipamento conhecido como instalação Expose — para incubar espécimes biológicas em condições extraterrestres. "Vamos torcer para que eles tenham uma viagem de retorno segura", disse-me Natuschka Lee, da equipe de liquens da Biomex, alguns dias antes do horário de pouso. Não ficou claro para mim a quem ela se referia, mas logo depois Lee entrou em contato para dizer que estava tudo bem. Ela havia recebido um e-mail de um pesquisador-chefe do Centro Aeroespacial Alemão em Berlim e, aliviada, leu o assunto: "Bandejas da Expose de volta à Terra [...]". "Em breve", Lee sorriu, "receberemos nossas amostras."[1]

Vários organismos com tolerância extrema foram colocados em órbita: esporos bacterianos, algas de vida livre, fungos que habitam em rochas e tardígrados — animais microscópicos conhecidos como "ursos-d'água". Alguns conseguem sobreviver se protegidos dos efeitos nocivos da radiação solar. Mas poucos, além de um punhado de espécies de líquen, são capazes de sobreviver nas condições do espaço, inundados de raios cósmicos não filtrados. Tão notáveis são as habilidades desses liquens que eles se tornaram formas de vida modelo para a pesquisa astrobiológica, organismos ideais para "discernir", como escreve um pesquisador, "os limites e limitações da vida terrestre".[2]

Não é a primeira vez que o líquen ajuda os humanos a compreender os limites da vida como a conhecemos. Os liquens são enigmas vivos. No século 19, eles provocaram um debate acirrado sobre o que constitui um indivíduo autônomo. Quanto mais nos aproximamos dos liquens, mais estranhos eles parecem. Até hoje, os liquens confundem nosso conceito de identidade e nos forçam a questionar onde um organismo termina e outro começa.

Em seu livro luxuosamente ilustrado *Art Forms of Nature* (1904) [Formas de arte da natureza], o biólogo e artista Ernst Haeckel retrata de maneira vivaz uma variedade de formas de líquen. Seus liquens germinam e formam camadas como num delírio. As cristas estriadas dão lugar a bolhas suaves; os talos se transformam em forcas e pratos. Litorais acidentados encontram pavilhões sobrenaturais, suas formas alinhadas com cantos e fendas. Foi Haeckel quem, em 1866, cunhou a palavra "ecologia". A ecologia descreve o estudo das relações entre os organismos e o ambiente: tanto os lugares onde vivem quanto o emaranhado de relações que os sustentam. Inspirado na obra de Alexander von Humboldt, o estudo da ecologia surgiu da ideia de que a natureza é um todo interconectado, "um sistema de forças ativas". Os organismos não podem ser entendidos isoladamente.[3]

Três anos depois, em 1869, o botânico suíço Simon Schwendener publicou um artigo defendendo a "hipótese dual dos liquens". Nele, apresenta a ideia radical de que o líquen não é um organismo único, como se supunha havia muito tempo. Argumenta que o líquen é composto por duas entidades bem diferentes: um fungo e uma alga. Schwendener sugere que o fungo do líquen (hoje conhecido como "micobionte") oferece proteção física e adquire nutrientes para si e para as células das algas. O parceiro algal (conhecido hoje como "fotobionte"), — papel às vezes desempenhado por bactérias fotossintetizantes — coleta luz e dióxido de carbono para fazer açúcares que fornecem energia. Na opinião de Schwendener, os parceiros fúngicos são "parasitas, mas com a sabedoria de estadistas". Os parceiros algais são "seus escravos [...] que eles procuraram [...] e forçaram a lhes servir". Juntos, eles cresceram no corpo visível do líquen. Em seu relacionamento, ambos foram capazes de construir uma vida em lugares onde não poderiam sobreviver sozinhos.[4]

A sugestão de Schwendener foi fortemente contestada por seus colegas liquenólogos. A ideia de que duas espécies diferentes poderiam se unir na construção de um novo organismo com identidade própria era chocante para muitos. "Um parasitismo útil e revigorante?", bufou um contemporâneo. "Quem já ouviu falar de tal coisa?" Outros a rejeitaram como um "romance sensacionalista", uma "união antinatural entre a alga, uma donzela cativa, e um tirânico mestre fúngico". Alguns foram mais moderados. "Veja bem", escreveu a micóloga inglesa Beatrix Potter, mais conhecida por seus livros infantis, "nós não acreditamos na teoria de Schwendener."[5]

O mais preocupante para os taxonomistas — que trabalhavam arduamente para organizar a vida em linhas bem definidas de descendência — era a perspectiva de que um único organismo pudesse conter duas linhagens distintas. Segundo a teoria da evolução por seleção natural de Charles Darwin, publicada pela primeira vez em 1859, as espécies surgiam ao *divergir* umas das outras. Suas linhagens evolutivas se bifurcavam, como os galhos de uma árvore. O tronco da árvore se bifurcava em galhos, que se bifurcavam em galhos menores, que se bifurcavam em ramos. As espécies eram as folhas dos ramos da árvore da vida. No entanto, a hipótese dual sugeria que o líquen é um corpo composto de organismos com origens bastante distintas. Dentro do líquen, galhos da árvore da vida que haviam divergido por centenas de milhões de anos faziam algo totalmente inesperado: *convergir*.[6]

Nas décadas seguintes, um número crescente de biólogos adotou a hipótese dual, mas muitos discordaram da forma como Schwendener descreveu a relação. Não eram preocupações sentimentais: a escolha da metáfora de Schwendener obstruía as questões mais amplas levantadas pela hipótese dual. Em 1877, o botânico alemão Albert Frank cunhou a palavra "simbiose" para descrever a vida conjunta de fungos e algas. Em seu estudo dos liquens, ele percebeu que era necessária uma nova palavra que não prejudicasse a relação que descrevia. Pouco depois, o biólogo Heinrich Anton de Bary adotou o termo de Frank e generalizou-o para se referir a todo o espectro de interações entre qualquer tipo de organismo, desde o parasitismo até os relacionamentos mutuamente benéficos.[7]

Os cientistas fizeram uma série de afirmações novas e importantes sobre a simbiose nos anos seguintes, incluindo a sugestão surpreendente de Frank de que os fungos podem ajudar as plantas a obter nutrientes do solo (1885). Todos citaram a hipótese dual dos liquens em apoio às suas ideias. Quando algas foram encontradas vivendo dentro de corais, esponjas e lesmas-do-mar, um pesquisador as descreveu como "liquens animais". Vários anos depois, quando pela primeira vez se observaram vírus dentro de bactérias, os pesquisadores os chamaram de "microliquens".[8]

Em outras palavras, os liquens se tornaram um princípio biológico. Eles abriram caminho para o conceito de simbiose, uma ideia que ia contra as correntes prevalentes do pensamento evolucionista no final do século 19 e início do século 20, mais bem sintetizado por Thomas Henry Huxley: segundo ele, a vida seria um "show de gladiadores [...] no qual os mais fortes, os mais rápidos e os mais astutos vivem para lutar por mais um dia". Na esteira da hipótese dual, a evolução não poderia mais ser pensada apenas em termos de competição e conflito. O líquen se tornou um caso típico de colaboração entre reinos.[9]

Líquen: *Niebla*

Os liquens estão incrustados em até 8% da superfície do planeta, uma área maior do que a coberta por florestas tropicais. Revestem rochas, árvores, telhados, cercas, penhascos e a superfície dos desertos. Alguns têm uma camuflagem sem graça. Outros são verde-limão ou amarelo brilhante. Há os que se parecem com manchas, ou com pequenos arbustos, ou ainda com chifres. Certos liquens se parecem com asas de morcego; outros, como escreve a poeta Brenda Hillman, estão "pendurados em hashtags". Alguns vivem em besouros cuja vida depende da camuflagem fornecida por eles. Liquens soltos — conhecidos como "itinerantes" ou "errantes" — circulam e não vivem a vida *sobre* nada em particular. Considerando a "história comum" de seu entorno, observa Kerry Knudsen, curador de liquens do herbário da Universidade da Califórnia, em Riverside, os liquens "parecem contos de fadas".[10]

Os liquens que mais me cativaram foram os das ilhas da Colúmbia Britânica, na costa oeste do Canadá. Visto de cima, o litoral se desmancha no oceano. Não há uma linha nítida. A terra se desfaz gradualmente em enseadas e lagos, e em seguida em canais e passagens. Centenas de ilhas se espalham pela costa. Algumas são menores que uma baleia; a maior, a ilha de Vancouver, tem metade do comprimento da Grã-Bretanha. A maioria é formada por rocha granítica sólida, com o topo das colinas e os vales submarinos suavizados pelas geleiras.

Alguns dias por ano, eu e um grupo de amigos nos acotovelamos em um veleiro de vinte e oito pés e navegamos em torno das ilhas. O barco, chamado *Caper*, tem o casco verde-escuro sem quilha e uma vela vermelha. Sair do *Caper* até a terra é complicado. Remamos em um bote instável com remos que escapam do tolete a cada duas braçadas. Chegar à costa é uma forma de arte. As ondas jogam o bote nas rochas e o puxam subitamente enquanto estamos descendo. Mas, uma vez em terra firme, os liquens aparecem. Passo horas absorvido no mundo que eles formam — ilhas de vida em um mar de rocha. Os nomes usados para descrever liquens soam aflitivos, as palavras ficam presas nos dentes: crustoso (com crostas), folioso (parecendo folhas), escleroso (com escamas), leproso (empoeirado), fruticoso (ramificado). Liquens fruticosos formam dobras e tufos; liquens crustosos e esclerosos arrastam-se e se infiltram; liquens foliosos formam camadas e flocos. Alguns preferem viver em superfícies voltadas para o leste; outros, para o oeste. Há os que optam por viver em saliências expostas, ou em ranhuras úmidas. Certos liquens travam guerras lentas, repelindo ou perturbando seus vizinhos. Alguns habitam as superfícies que ficaram expostas quando outros liquens morreram e descamaram. Tornam-se parecidos com os arquipélagos e continentes de um atlas desconhecido, motivo pelo qual o *Rhizocarpon geographicum*, ou líquen-do-mapa, recebeu seu nome. As superfícies mais antigas são marcadas por séculos de vida e morte liquênica.

O apreço dos liquens pelas rochas mudou a face do planeta e continua a fazê-lo, às vezes de forma literal. Em 2006, as faces dos presidentes americanos esculpidas no monte Rushmore, em Dakota do Sul, foram submetidas a um esguicho de alta pressão, removendo mais de sessenta anos de crescimento liquênico na esperança de estender a vida útil do memorial. Os presidentes não estão sozinhos. "Todo monumento", escreve o poeta Drew Milne, "tem uma camada de liquens." Em 2019, os residentes da ilha de Páscoa lançaram uma campanha para remover liquens de centenas de cabeças de pedra monumentais, os moais. Descritos pelos habitantes locais como "lepra", eles estão deformando as estátuas e amolecendo-as a uma consistência "semelhante à da argila".[11]

Os liquens extraem minerais da rocha em um processo de duas etapas conhecido como "intemperismo". Primeiro, eles quebram as superfícies pela força de seu crescimento. Depois, usam um arsenal de ácidos poderosos e compostos de quelação mineral para degradar a rocha. A habilidade dos liquens para exercer intemperismo os torna uma força geológica, mas eles fazem mais que dissolver as características físicas do mundo. Quando morrem e se decompõem, dão origem aos primeiros solos de novos ecossistemas. Os liquens permitem que a massa mineral inanimada dentro das rochas passe para o ciclo metabólico dos seres vivos. É provável que uma parte dos minerais em seu corpo tenha passado por um líquen em algum momento. Seja em lápides de um cemitério, seja envoltos em placas de granito na Antártida, os liquens são intermediários que habitam a fronteira entre a vida e a não vida. Olhando do *Caper* para a costa rochosa do Canadá, isso fica claro. Acima da linha da maré, só depois de vários metros de liquens e musgos as árvores maiores começam a aparecer, enraizadas em fendas muito além do alcance da água, onde a formação de solos jovens se tornou possível.[12]

Líquen: *Ramalina*

A questão sobre o que é ou não é uma ilha é fundamental para o estudo da ecologia e da evolução. Interessa também aos astrobiólogos, inclusive os da equipe Biomex, que enfrentam a questão da "panspermia", do grego *pan*, que significa "tudo", e *esperma*, que significa "semente". A panspermia considera a possibilidade de que os planetas também sejam ilhas e que a vida possa viajar através do espaço entre corpos celestes. É uma ideia que circula desde a Antiguidade, embora não tenha assumido a forma de hipótese científica até o início do século 20.

comportamento humano é transmitido dessa maneira. No entanto, a transferência horizontal de genes nos seres humanos, como fazem as bactérias, é uma perspectiva fantasiosa, embora tenha ocorrido ocasionalmente no passado longínquo de nossa história evolutiva. A transferência horizontal de genes significa que eles — e as características que eles codificam — são infecciosos. É como se encontrássemos alguém na rua e trocássemos nosso cabelo liso por seu cabelo cacheado. Ou, ainda, como se pegássemos a cor dos olhos de alguém. Ou esbarrássemos por acidente em um cachorro e tivéssemos subitamente o desejo de correr durante várias horas por dia.[15]

A descoberta de Lederberg rendeu-lhe o Prêmio Nobel aos 33 anos. Antes da descoberta da transferência horizontal de genes, as bactérias, como todos os outros organismos, eram consideradas ilhas biológicas. Os genomas eram sistemas fechados. Não havia meios de incorporar DNA ao longo da vida, adquirindo genes que evoluíram "fora do organismo". A transferência horizontal de genes muda esse quadro e mostra que os genomas bacterianos são cosmopolitas, feitos de genes que evoluíram separadamente por milhões de anos. Essa transferência implicava, como nos líquens já haviam feito, que os ramos da árvore evolucionária que divergiam havia muito eram capazes de convergir para o corpo de um único organismo.

Para as bactérias, a transferência horizontal de genes é a norma. A maioria dos genes de uma dada bactéria não compartilha uma história evolutiva; eles são adquiridos aos poucos, assim como os objetos se acumulam em uma casa. Dessa forma, uma bactéria pode adquirir características "prontas para usar", acelerando a evolução. Ao trocar DNA, uma bactéria inofensiva pode, subitamente, adquirir resistência a antibióticos e se metamorfosear em uma superbactéria virulenta. Nas últimas décadas, ficou claro que as bactérias não são as únicas capazes de fazer isso, embora sejam as mais competentes: o material genético foi trocado horizontalmente entre todos os domínios da vida.[16]

As ideias de Lederberg foram marcadas pela paranoia da Guerra Fria. Em suas mãos, a panspermia parecia a transferência horizontal de genes em escala cósmica. Pela primeira vez na história, os seres humanos eram capazes — em teoria — de infectar a Terra e outros planetas com organismos que não haviam evoluído localmente. A vida na Terra não poderia mais ser considerada um sistema geneticamente fechado, uma ilha planetária em um mar intransponível. Assim como as bactérias podem acelerar a evolução adquirindo DNA de modo horizontal, a chegada de DNA extraterrestre no planeta poderia "causar um curto-circuito" no processo tortuoso da evolução, com consequências potencialmente catastróficas.[17]

Um dos principais objetivos da Biomex é descobrir se organismos vivos podem realmente sobreviver a uma viagem pelo espaço. As condições fora da camada protetora da atmosfera terrestre são hostis. Entre os muitos perigos estão os níveis massivos de radiação do Sol e de outras estrelas; um vácuo que faz com que o material biológico, inclusive os liquens, seque quase imediatamente; e ciclos rápidos de congelamento, descongelamento e aquecimento, com temperaturas que oscilam de -120 graus a +120 graus centígrados e depois voltam ao ponto inicial, em um período de 24 horas.[18]

A primeira tentativa de enviar liquens para o espaço não acabou bem. Em 2002, um foguete Soyuz não tripulado transportando as amostras explodiu e caiu segundos após a decolagem de um espaçoporto russo. Meses após o acidente, quando a neve derreteu, os restos da carga foram recuperados. "Curiosamente", relataram os pesquisadores encarregados, "o experimento Liquens foi uma das poucas partes identificáveis dos destroços, e descobrimos que, apesar das circunstâncias, os liquens [...] ainda mostravam algum grau de atividade biológica."[19]

A capacidade dos liquens de sobreviver no espaço foi demonstrada em vários estudos, e as descobertas são basicamente as mesmas. As espécies de líquen mais resistentes conseguem recuperar sua atividade metabólica por completo 24 horas depois de serem reidratadas e reparar muitos danos "induzidos pelo espaço". Na verdade, a espécie mais resistente — *Circinaria gyrosa* — tem taxas de sobrevivência tão altas que três estudos recentes decidiram expor amostras a níveis ainda mais elevados de radiação do que elas recebem no espaço, para testá-las em seu "limite extremo de sobrevivência". Com certeza, uma dose de radiação poderia matar os liquens, mas a quantidade necessária para abalar suas células era enorme. Amostras de líquen expostas a seis quilograys de irradiação gama — seis vezes a dose padrão para esterilizar alimentos nos Estados Unidos e 12 mil vezes a dose letal para humanos — não foram afetadas. Quando a dose foi dobrada para doze quilograys — 2,5 vezes a dose letal para tardígrados —, a capacidade de reprodução dos liquens foi prejudicada, embora eles tenham sobrevivido e continuado a fotossíntese sem problemas aparentes.[20]

Para Trevor Goward, curador da coleção de liquens da Universidade da Colúmbia Britânica, a tolerância extrema dos liquens é um exemplo do que ele denomina "efeito da varinha de condão do líquen". Liquens estimulam lampejos de insight, ou "compreensão supercarregada", nas palavras de Goward. O efeito da varinha de condão do líquen descreve o que acontece quando os liquens atingem conceitos familiares, estilhaçando-os em novas formas. A ideia de simbiose é um exemplo. A sobrevivência no espaço é outro, assim como a ameaça que os liquens representam para os sistemas de classificação biológica. "Os liquens nos contam coisas sobre a *vida*", exclamou Goward para mim. "Eles nos *informam*."[21]

Goward é, antes de mais nada, obcecado por liquens (contribuiu com cerca de 30 mil espécimes de liquens para a coleção da universidade), e é também um taxonomista de liquens (nomeou três gêneros e descreveu 36 novas espécies). Mas ele transmite uma imagem de místico. "Gosto de dizer que, há muitos anos, os liquens colonizaram a superfície de minha mente", disse-me com uma risadinha. Ele mora nos limites de uma área selvagem na Colúmbia Britânica e dirige um site chamado Ways of Enlichenment.* Para Goward, pensar profundamente sobre os liquens muda a maneira como percebemos a vida; são organismos que podem nos levar a novas questões e novas respostas. "Qual é nossa relação com o mundo? O que nos *constitui*?" A astrobiologia lança essas questões em uma escala cósmica. Não é de

---

* "Formas de iliquenação", em tradução livre. A palavra "enlichenment" é a fusão de *lichen* com *enlightment* ("iluminação").

admirar que o líquen paire — se não de forma grandiosa, certamente vívida — no centro do debate sobre a panspermia.

No entanto, foi mais perto de casa que o líquen e o conceito de simbiose que ele corporifica desencadearam as questões existenciais mais profundas. Ao longo do século 20, o conceito de colaboração entre reinos transformou a compreensão científica sobre como as formas de vida complexas evoluíram. As perguntas de Goward podem parecer teatrais, mas o que os liquens e seu modo de vida simbiótico nos levaram a rever foi precisamente nossa relação com o mundo.

A vida é dividida em três domínios. Bacteria constitui um deles. Archaea — microrganismos unicelulares que se assemelham a bactérias, mas que constroem suas membranas de maneira diferente — forma outro. Eukarya é o terceiro. Somos eucariotos, assim como todos os outros organismos multicelulares — animais, vegetais, algas ou fungos. As células dos eucariotos são maiores que as células bacterianas e arqueanas e se organizam em torno de uma série de estruturas especializadas. Uma dessas estruturas é o núcleo, que contém a maior parte do DNA. A mitocôndria — o local onde a energia é produzida — é outra. Plantas e algas têm uma estrutura adicional: cloroplastos, onde ocorre a fotossíntese.[22]

Em 1967, a visionária bióloga americana Lynn Margulis tornou-se uma ardorosa defensora da teoria controversa que deu à simbiose papel central na evolução das primeiras formas de vida. Margulis argumentava que alguns dos momentos mais significativos da evolução resultaram da união — de forma permanente — de organismos diferentes. Os eucariotos surgiram quando um organismo unicelular engolfou uma bactéria, que continuou a viver simbioticamente dentro dele. As mitocôndrias eram descendentes dessas bactérias. Os cloroplastos eram descendentes de bactérias fotossintetizantes que haviam sido engolfadas por uma célula eucariótica primitiva. Toda vida complexa que se seguiu, inclusive a vida humana, foi uma história duradoura de "intimidade entre estranhos".[23]

A ideia de que os eucariotos surgiram "por fusão e combinação" entrou e saiu do pensamento biológico desde o início do século 20, mas permaneceu à margem da "sociedade biológica educada". Em

1967, pouco havia mudado, e o manuscrito de Margulis foi rejeitado quinze vezes antes de ser finalmente aceito. Após a publicação, suas ideias receberam oposição vigorosa, como havia acontecido antes com sugestões semelhantes. (Em 1970, o microbiologista Roger Stanier observou irritado que a "especulação evolutiva de Margulis [...] pode ser considerada um hábito relativamente inofensivo, como comer amendoim, a menos que assuma a forma de uma obsessão; então, tornar-se-á um vício".) No entanto, na década de 1970 provou-se que Margulis estava certa. Novas ferramentas genéticas revelaram que mitocôndrias e cloroplastos realmente eram a princípio bactérias de vida livre. Desde então, outros exemplos de endossimbiose foram descobertos. As células de alguns insetos, por exemplo, são habitadas por bactérias que contêm suas próprias bactérias.[24]

A premissa de Margulis equivalia a uma hipótese dual da vida eucariótica antiga. Não é surpresa, então, que ela tenha mobilizado liquens para lutar por sua causa — o mesmo haviam feito os primeiros proponentes dessa visão na virada do século 20. As primeiras células eucarióticas podem ser consideradas "bastante análogas" aos liquens, ela argumentou. Os liquens continuaram a ter destaque em seu trabalho nas décadas seguintes. "Os liquens são exemplos notáveis de inovação decorrente de parcerias", escreveu mais tarde. "A associação é muito mais que a soma de suas partes."[25]

A teoria endossimbiótica, como se tornou conhecida, reescreveu a história da vida. Foi uma das mudanças mais profundas no consenso biológico do século 20. O biólogo evolucionista Richard Dawkins parabenizou Margulis por "manter-se fiel" à teoria "da não ortodoxia à ortodoxia". "É uma das grandes conquistas da biologia evolucionária do século 20", continuou Dawkins, "e admiro muito a coragem e a resistência de Lynn Margulis." Daniel Dennett descreveu a teoria de Margulis como "uma das mais belas ideias com a qual se deparou"; e Margulis, como "uma das heroínas da biologia do século 20".[26]

Uma das maiores implicações da teoria endossimbiótica é que, em termos evolutivos, um conjunto inteiro de habilidades foi adquirido de uma só vez, já evoluídas, de organismos que não são seus pais, nem são da mesma espécie, do mesmo reino ou sequer do mesmo domínio. Lederberg demonstrou que as bactérias podem adquirir genes horizontalmente. A teoria endossimbiótica propôs que organismos unicelulares adquiriram bactérias inteiras horizontalmente. A transferência horizontal de genes transformou genomas bacterianos em regiões cosmopolitas; a endossimbiose transformou as células em locais cosmopolitas. Os ancestrais de todos os eucariotos modernos adquiriram, de forma horizontal, uma bactéria com capacidade preexistente de produzir energia a partir do oxigênio. Da mesma forma, os ancestrais das plantas de hoje adquiriram, de forma horizontal, bactérias já evoluídas com a capacidade de fotossíntese.

Na verdade, essa formulação não está correta. Os ancestrais das plantas de hoje não adquiriram uma bactéria com a capacidade de fazer fotossíntese: eles surgiram da combinação de organismos que faziam fotossíntese com organismos que não faziam. Nos 2 bilhões de anos em que viveram juntos, ambos se tornaram cada vez mais dependentes um do outro, chegando ao ponto em que nos encontramos hoje, quando um não vive sem o outro. Dentro das células eucarióticas, ramos distantes da árvore da vida se entrelaçam e se fundem em uma nova linhagem inseparável; eles se fundem, ou se anastomosam, como fazem as hifas.[27]

Os liquens não reencenam exatamente a origem da célula eucariótica, mas, como observa Goward, certamente "rimam" com ela. Os liquens são corpos cosmopolitas, um lugar onde vidas se encontram. Um fungo não pode fazer fotossíntese sozinho, mas, em parceria com uma alga ou bactéria fotossintetizante, pode adquirir essa habilidade de forma horizontal. Do mesmo modo, uma alga ou bactéria fotossintetizante não pode desenvolver camadas resistentes de tecido protetor ou digerir a rocha, mas ao se associar a um fungo ela ganha acesso a esses recursos — ambos de uma só vez. Juntos, esses organismos taxonomicamente distantes constroem formas compostas de vida, com possibilidades inteiramente novas. Em comparação com as células vegetais que não podem ser separadas de seus cloroplastos, a relação dos liquens é aberta. Isso lhes dá flexibilidade. Em algumas situações, os liquens se reproduzem sem romper o relacionamento — fragmentos de um líquen contendo todos os parceiros simbióticos podem viajar em conjunto para um novo local e crescer formando um novo líquen. Em outras situações, os fungos dos liquens produzem esporos que viajam sozinhos. Ao chegar a um novo local, o fungo deve encontrar um fotobionte compatível e começar um relacionamento novo.[28]

Ao unir forças, os parceiros fúngicos tornaram-se em parte fotobiontes, e os fotobiontes tornaram-se em parte fungos. No entanto, os liquens não se parecem com nenhum dos dois. Assim como o hidrogênio e o oxigênio se combinam para formar a água, um composto totalmente diferente de qualquer um de seus elementos constituintes, os liquens também são fenômenos emergentes, muito mais que a soma de suas partes. Como enfatiza Goward, essa é uma questão que, de tão simples, torna-se difícil de entender. "Costumo dizer que as únicas pessoas que *não conseguem* ver um líquen são os liquenólogos. Isso porque eles olham para as partes, como cientistas são treinados a fazer. O problema é que, se você olhar para as partes, *não verá o próprio líquen*."[29]

São exatamente as formas emergentes dos liquens que interessam do ponto de vista astrobiológico. Como se lê em um estudo, "é difícil imaginar um sistema biológico que resuma melhor as características da vida na Terra". O líquen é uma pequena biosfera que inclui organismos fotossintetizantes e não fotossintetizantes, combinando assim os principais processos metabólicos do planeta. Os liquens são, em certo sentido, microplanetas — mundos em miniatura.[30]

Mas o que fazem os liquens enquanto orbitam ao redor da Terra? Para monitorar amostras biológicas no espaço, membros da equipe da Biomex coletaram espécimes de *Circinaria gyrosa*, uma espécie resistente das terras altas e áridas da Espanha central, e os levaram para uma instalação que simulava Marte. Ao expor os liquens a condições semelhantes às do espaço, eles pretendiam medir a atividade dos liquens em tempo real. Acontece que não havia muito o que medir. Uma hora depois de "ligar" Marte, os liquens reduziram sua atividade fotossintetizante a quase zero. Permaneceram dormentes pelo resto do tempo no simulador e retomaram suas atividades normais quando foram reidratados trinta dias depois.[31]

É sabido que a habilidade dos liquens de sobreviver em condições extremas depende de que entrem em dormência — alguns estudos descobriram que eles podem ser ressuscitados com sucesso após dez anos de desidratação. Se os tecidos estiverem desidratados, o congelamento, o descongelamento e o aquecimento não causarão muitos danos. A desidratação também os protege da consequência mais perigosa dos raios cósmicos: radicais livres altamente reativos, produzidos quando a radiação divide as moléculas de água em duas, o que danifica a estrutura do DNA.

A dormência parece ser a estratégia de sobrevivência mais importante para os liquens, mas eles têm outras. As espécies de líquen mais resistentes têm camadas grossas de tecido que bloqueiam os raios prejudiciais. Os liquens também produzem mais de mil substâncias químicas que não são encontradas em nenhuma outra forma de vida, e algumas delas atuam como filtro solar. Produto de seu metabolismo inovador, essas substâncias químicas levaram os liquens a estabelecer ao longo dos anos todo tipo de relação com os seres humanos: como medicamentos (antibióticos), perfumes (musgo de carvalho), corantes (tweeds, tartã e tornassol, o indicador de pH) e alimentos — o líquen é um dos principais ingredientes da mistura de especiarias garam masala. Muitos fungos que produzem compostos importantes para os humanos — inclusive os mofos da penicilina — viveram como liquens no início de sua história evolutiva, mas deixaram de fazê-lo. Alguns pesquisadores sugerem que parte desses compostos, inclusive a penicilina, pode ter evoluído originalmente como estratégias defensivas em liquens ancestrais e sobrevive até hoje como legado metabólico desse relacionamento.[32]

Os liquens são "extremófilos", organismos capazes de viver, sob nosso ponto de vista, em outros mundos. A tolerância dos extremófilos é inconcebível. Colete amostras em fontes vulcânicas ou fontes hidrotermais superaquecidas no fundo do oceano e você encontrará microrganismos extremófilos vivendo de forma aparentemente imperturbável. Descobertas recentes do Observatório do Carbono Profundo revelam que mais da metade de todas as bactérias e arqueas da Terra — as chamadas "infraterrestres" — vive quilômetros abaixo da superfície, sob pressão intensa e calor extremo. Esses mundos subterrâneos são tão diversos quanto a Amazônia e contêm bilhões de toneladas de microrganismos, centenas de vezes o peso somado de todos os seres humanos do planeta. Alguns espécimes têm milhares de anos.[33]

Os liquens não ficam para trás. De fato, sua capacidade de sobreviver a muitos tipos de situações extremas os qualifica como "poliextremófilos". Nas partes mais quentes e secas dos desertos do mundo é possível encontrar liquens crescendo como crostas no solo ressecado. O líquen desempenha um papel ecológico fundamental nesses ambientes, estabilizando a superfície arenosa, reduzindo as tempestades de poeira e prevenindo uma desertificação maior. Alguns liquens crescem em fendas ou poros dentro da rocha sólida. Os autores de um estudo, sobre a presença de liquens dentro de pedaços de granito, confessaram que não têm ideia de como eles chegaram lá. Diversas espécies de líquen vivem tranquilas nos Vales secos de McMurdo, na Antártida — um ecossistema tão inóspito que é usado para simular as condições de Marte. Longos períodos de temperaturas congelantes, irradiação com altos níveis de UV e a quase ausência de água não parecem incomodá-los. Mesmo após a imersão em nitrogênio líquido a -195 graus, os liquens revivem rapidamente. E eles vivem muito mais que a maioria dos organismos. O líquen recordista vive na Lapônia sueca e tem mais de 9 mil anos.[34]

No já curioso mundo dos extremófilos, os liquens são notáveis por dois motivos. Primeiro, são organismos multicelulares complexos. Segundo, surgem de uma simbiose. A maioria dos extremófilos não desenvolve essas formas sofisticadas nem relacionamentos duradouros. Em parte, é isso que torna o líquen tão interessante para os astrobiólogos. Um líquen errando pelo espaço é um belo feixe de vida — todo um ecossistema viajando como uma só entidade. Qual organismo seria mais indicado para fazer viagens interplanetárias?[35]

Embora vários estudos tenham mostrado que os liquens são capazes de sobreviver no espaço sideral, para serem transportados entre planetas eles teriam de sobreviver a dois desafios adicionais. Primeiro, o choque de sua ejeção de um planeta por um meteorito. Segundo, a reentrada em uma atmosfera planetária. Ambos envolvem riscos consideráveis. E é improvável que eles não suportem o choque da ejeção. Em 2007, pesquisadores demonstraram que o líquen suporta ondas de choque com pressão de dez a cinquenta gigapascais, de cem a quinhentas vezes maior que a pressão no fundo da Fossa das Marianas, o lugar mais profundo da Terra. Esse valor está dentro da faixa de pressão de choque pela qual passam as rochas catapultadas por meteoritos na velocidade de escape da superfície de Marte. A reentrada na atmosfera pode representar um problema maior. Em 2007, amostras de bactérias e um líquen que habita as rochas foram presos ao escudo térmico de uma cápsula de reentrada. Conforme a cápsula chamuscava atravessando a atmosfera terrestre, as amostras foram expostas a temperaturas de mais de 2 mil graus Celsius por trinta segundos. No processo, as rochas derreteram parcialmente e cristalizaram em novas formas. Quando os restos mortais foram examinados, não havia sinal de nenhuma célula viva.[36]

Essa descoberta não desanimou os astrobiólogos. Alguns argumentam que as formas de vida abrigadas em grandes meteoritos estariam protegidas desses extremos. Outros dizem que a maior parte do material que chega à Terra vindo do espaço o faz na forma de micrometeoritos, um tipo de poeira cósmica. Essas pequenas partículas sofrem menos atrito e esquentam menos à medida que entram na atmosfera e podem ser mais propensas a transportar formas de vida com segurança do que cápsulas de foguete. Como muitos pesquisadores anunciam animados, a questão permanece em aberto.[37]

Ninguém sabe quando o líquen surgiu. Os fósseis mais antigos datam de pouco mais de 400 milhões de anos atrás, mas é possível que organismos semelhantes ao líquen tenham vivido antes disso. Os liquens evoluíram de forma independente entre nove e doze vezes desde então. Hoje, uma em cada cinco espécies de fungo conhecidas forma liquens, ou "fungos liquenizados". Alguns fungos (como o bolor *Pe-*

nicillium) liquenizavam, mas não o fazem mais; eles desliquenizaram. Certos fungos mudaram para diferentes tipos de parceiros fotossintetizantes — ou reliquenizaram — ao longo de sua história evolutiva. Para alguns, a liquenização ainda é uma opção de estilo de vida; eles podem viver como liquens ou não, dependendo das circunstâncias.[38]

Descobriu-se que fungos e algas se unem com maior facilidade. Cultive muitos tipos de fungos e algas de vida livre juntos, e eles desenvolverão uma simbiose mutuamente benéfica em questão de dias. Diferentes espécies de fungo, diferentes espécies de alga — não importa. Relacionamentos simbióticos completamente novos surgem em menos tempo que uma ferida leva para cicatrizar. Essas descobertas notáveis, raros vislumbres do "nascimento" de novas relações simbióticas, foram publicadas em 2014 por pesquisadores da Universidade Harvard. Quando os fungos eram cultivados com algas, eles se aglutinavam em formas visíveis que pareciam bolas verdes macias. Não eram as elaboradas formas de líquen retratadas por Ernst Haeckel e Beatrix Potter. Eles não haviam passado milhões de anos juntos.[39]

Porém, nem todo fungo se associa a toda alga. Uma condição crítica precisava ser satisfeita para que surgisse uma relação simbiótica. Cada parceiro tinha de ser capaz de fazer algo que o outro não conseguia sozinho. A identidade dos parceiros não importava tanto quanto seu ajuste ecológico. Nas palavras do teórico evolucionista W. Ford Doolittle, o mais importante era "a canção, não o cantor". Essa descoberta lança luz sobre a capacidade do líquen de sobreviver em condições extremas. Como explica Trevor Goward, o líquen, por sua natureza, é um tipo de "casamento forçado" que surge em condições tão severas que os cônjuges não sobrevivem sozinhos. Sempre que se constituem liquens, sua própria existência implica que a vida fora do líquen é menos suportável, que juntos são capazes de cantar uma "canção" metabólica que nenhum dos dois conseguiria cantar sozinho. Vista dessa maneira, a extremofilia do líquen, sua capacidade de viver no limite, é tão antiga quanto o próprio líquen e uma consequência direta de seu modo de vida simbiótico.[40]

Não há necessidade de ir aos Vales Secos ou a uma instalação que simula Marte para ver a extremofilia do líquen em ação. A maioria das faixas costeiras já serve. Foi na costa rochosa da Colúmbia Britânica que a tenacidade dos liquens mais me atraiu. Cerca de trinta centímetros acima das cracas, logo acima do ponto mais alto que a água alcança, há uma mancha negra que se estende pela rocha em uma faixa de cerca de sessenta centímetros de altura. De perto, parece alcatrão rachado em uma doca. A mancha forma uma fita que traça a linha da costa, o que se torna importante quando navegamos pelas ilhas. Ao ancorar, usamos essa linha para prever a maré; é um indicador seguro do limite do alcance da água. A marca da terra seca.

A mancha negra é um tipo de líquen, embora seja quase impossível imaginar que se trate de um organismo vivo. Certamente não se transforma em estruturas elaboradas. No entanto, ao longo de grande parte da costa oeste da América do Norte, essa espécie, a *Hydropunctaria maura*,* é o primeiro organismo que vive além do alcance das ondas. Observe as linhas da maré alta em todo o mundo e você verá algo semelhante. A maioria das linhas costeiras rochosas é margeada por liquens. Os liquens começam onde as algas terminam, e alguns continuam até a água. Quando um vulcão cria uma nova ilha no meio do oceano Pacífico, a primeira coisa a crescer na rocha nua são os liquens, que chegam como esporos ou fragmentos carregados pelo vento ou pelos pássaros. O mesmo se dá quando uma geleira recua. O crescimento de liquens em rocha recentemente exposta é uma variação do tema da panspermia. Essas superfícies nuas são ilhas inóspitas, com possibilidades de vida remotas para a maioria dos organismos. Estéreis, queimadas por radiação intensa e expostas a tempestades brutais e flutuações de temperatura, elas poderiam muito bem ser de outro planeta.[41]

Liquens são lugares onde um organismo se desdobra em um ecossistema e um ecossistema coalesce em um organismo. Eles oscilam entre o "todo" e uma "coleção de partes". Alternar entre as duas perspectivas é uma experiência confusa. A palavra "indivíduo" vem do latim e significa "indivisível". O líquen inteiro é o indivíduo? Ou seus

---

* "Água salpicada à meia-noite", em tradução livre.

membros constituintes, as partes, é que são os indivíduos? Essa é a pergunta certa a fazer? O líquen não se define tanto por suas partes, mas sim pelas trocas entre essas partes. Liquens são redes estáveis de relacionamentos; eles nunca param de liquenizar; eles são verbos e substantivos ao mesmo tempo.[42]

Uma das pessoas que pensam sobre essas categorias é um liquenólogo de Montana, nos Estados Unidos, chamado Toby Spribille. Em 2016, Spribille e seus colegas publicaram um artigo na revista *Science* que puxou o tapete da hipótese dual. Spribille descreveu um novo fungo de uma das principais linhagens evolutivas do líquen, um parceiro que havia passado totalmente despercebido, apesar de um século e meio de escrutínio minucioso.[43]

A descoberta de Spribille foi um acidente. Um amigo o desafiou a triturar um líquen e sequenciar o DNA de todos os organismos participantes. Ele imaginava que os resultados seriam os esperados. "Os livros didáticos eram claros", disse-me Spribille. "Só poderia haver dois parceiros." No entanto, quanto mais Spribille examinava, menos parecia ser esse o caso. Cada vez que ele analisava um líquen desse tipo, encontrava organismos adicionais além do fungo e da alga esperados. "Passei muito tempo lidando com esses organismos 'contaminantes'", lembrou, "até que me convenci de que não existiam liquens sem 'contaminação', e descobrimos que os 'contaminantes' eram notavelmente consistentes. Quanto mais procurávamos, mais isso parecia ser a regra, não a exceção."

Há muito os pesquisadores consideram a hipótese de que o líquen pode incluir parceiros simbióticos adicionais. Afinal, liquens não contêm microbiomas. Eles *são* microbiomas, repletos de fungos e bactérias, além dos dois atores estabelecidos. No entanto, até 2016, nenhuma nova parceria estável havia sido descrita. Um dos "contaminantes" descobertos por Spribille — uma levedura unicelular — revelou-se mais que um residente temporário. É encontrada em liquens de seis continentes e pode dar uma contribuição substancial à fisiologia dos liquens a ponto de conferir-lhes a aparência de uma espécie totalmente diferente. Essa levedura era uma terceira parceira crucial na simbiose. A descoberta bombástica de Spribille foi apenas o começo. Dois anos depois, ele e sua equipe descobriram que o líquen-lobo — um dos mais bem estudados — contém outro fungo, um *quarto* parceiro fúngico. A identidade do líquen fragmentou-se em partes ainda menores. No entanto, isso ainda é uma simplificação exagerada, de acordo com Spribille. "A situação é infinitamente mais complexa que qualquer coisa que publicamos. O 'conjunto básico' de parceiros é diferente para cada grupo liquênico. Alguns têm mais bactérias, outros menos; podem ter uma espécie de levedura, ou duas, ou ainda nenhuma. Curiosamente, ainda não encontramos nenhum líquen que corresponda à definição tradicional de um fungo e uma alga."[44]

Perguntei-lhe o que os novos parceiros fúngicos *fazem* no líquen. "Ainda não temos certeza", disse Spribille. "Cada vez que examinamos para descobrir quem está fazendo o quê, ficamos confusos. Em vez da função de cada parte, encontramos ainda mais partes. Quanto mais fundo procuramos, mais achamos."

As descobertas de Spribille são preocupantes para alguns pesquisadores porque sugerem que a simbiose do líquen não é tão "fechada" como se pensava. "Algumas pessoas acham que a simbiose é um pacote da Ikea", explicou Spribille, "com peças claramente identificadas, funções e sequência de montagem." Suas descobertas sugerem, diferentemente, que uma ampla gama de parceiros variados pode formar um líquen, e que eles só precisam "apertar os botões certos uns dos outros". É menos sobre a identidade dos "cantores" do líquen que sobre o que eles fazem — a "canção" metabólica que cada um deles canta. Nessa perspectiva, liquens são *sistemas* dinâmicos, em vez de um catálogo de componentes em interação.

É uma visão muito diferente da hipótese dual. Desde a descrição feita por Schwendener do fungo e da alga como mestre e escravo, os biólogos debatem sobre qual dos dois parceiros controla o outro. Mas agora um dueto se tornou um trio, o trio se tornou um quarteto, e o quarteto soa mais como um coro. Spribille parece tranquilo quanto ao fato de que não é possível fornecer uma definição única e estável do que um líquen realmente é. Goward com frequência volta a esse ponto, divertindo-se com o absurdo: "*Há toda uma disciplina que não consegue definir o que é aquilo que estuda* [...]". "Não importa como você os chama", escreve Brenda Hillman sobre os liquens. "Algo tão radical e tão comum deve significar alguma coisa." Por mais de cem anos, o líquen representou muitas coisas e provavelmente continuará a desafiar nosso entendimento do que são os organismos vivos.[45]

Enquanto isso, Spribille segue uma série de novas pistas promissoras. "O líquen é completamente cheio de bactérias", disse-me ele. Na verdade, o líquen contém tantas bactérias que alguns pesquisadores supõem — em outra reviravolta no tema da panspermia — que eles atuam como reservatórios microbianos que semeiam habitats estéreis com cepas bacterianas cruciais. Dentro do líquen, algumas bactérias fazem a defesa; outras produzem vitaminas e hormônios. Spribille suspeita que elas façam ainda mais. "Acho que algumas dessas bactérias podem ser necessárias para manter o sistema liquênico unido e fazê-lo formar algo diferente de uma coisa disforme."[46]

Spribille contou-me sobre um artigo chamado "Queer theory for lichens" [Teoria queer dos liquens].* ("É a primeira coisa que aparece no Google quando você insere 'queer' e 'líquen'.") O autor argumenta que o líquen é um ser queer que apresenta aos humanos maneiras de pensar que vão além de uma estrutura binária rígida: a identidade do líquen é uma pergunta, ao invés de uma resposta conhecida de antemão. Spribille descobriu, por sua vez, que a teoria queer é uma estrutura útil para aplicar aos liquens. "A visão binária humana tornou difícil fazer perguntas que não sejam binárias", disse ele. "Nossa rigidez com a sexualidade torna difícil fazer perguntas sobre ela, e assim por diante. Fazemos perguntas da perspectiva de nosso contexto cultural. E isso torna extremamente difícil fazer perguntas sobre simbioses complexas como os liquens, porque nos pensamos indivíduos autônomos e, portanto, é difícil nos identificarmos."[47]

Spribille descreve liquens como a mais "extrovertida" de todas as simbioses. No entanto, não é mais possível conceber qualquer organismo — inclusive o humano — como distinto das comunidades microbianas com as quais compartilha o corpo. A identidade biológica

---

* Queer refere-se às identidades sexuais ou de gênero que não correspondem à heterossexualidade e ao cisgênero.

Alguns de seus defensores argumentam que a própria vida veio de outros planetas. Outros afirmam que a vida evoluiu na Terra e *também* em outros lugares, e períodos de grandiosas novidades evolutivas na Terra foram desencadeados pela chegada de fragmentos de vida do espaço. Há ainda os adeptos da ideia de uma "panspermia suave", em que a vida evoluiu na Terra, mas os blocos químicos de construção necessários para a vida vieram do espaço. Existem muitas hipóteses sobre como acontece o transporte interplanetário. A maioria são variações sobre o mesmo tema: organismos ficam presos dentro de asteroides ou outros detritos ejetados de planetas durante colisões com meteoritos e são lançados ao espaço antes de colidir com outro corpo planetário no qual eles podem ou não ser capazes de prosperar.[13]

No final da década de 1950, enquanto os Estados Unidos se preparavam para enviar foguetes ao espaço, o biólogo Joshua Lederberg estava preocupado com o risco de contaminação celeste (foi Lederberg quem cunhou a palavra "microbioma", em 2001). Os seres humanos agora eram capazes de espalhar organismos terrestres em outras partes do sistema solar. Mais preocupante ainda era a ideia de que os humanos poderiam trazer, no retorno à Terra, organismos estranhos que causassem perturbações ecológicas — ou pior, provocar danos graves, como doenças. Lederberg escreveu cartas urgentes à Academia Nacional de Ciências para alertá-los sobre a possível "catástrofe cósmica". A Academia leu com atenção e divulgou uma declaração oficial expressando preocupação. Ainda não havia uma palavra para descrever a ciência da vida extraterrestre, por isso Lederberg inventou uma: "exobiologia". Foi a primeira versão da "astrobiologia".[14]

Lederberg era um prodígio. Matriculou-se na Universidade de Colúmbia aos quinze anos e, com pouco mais de vinte, fez uma descoberta que transformou nossa compreensão da história da vida. Descobriu que as bactérias podiam trocar genes entre si. Uma bactéria pode adquirir uma característica de outra bactéria "horizontalmente". As características adquiridas assim não são herdadas "verticalmente" dos pais. São obtidas ao longo da vida. Estamos acostumados com esse princípio. Quando aprendemos ou ensinamos algo, fazemos parte de uma troca horizontal de informações. Muito da cultura e do da maioria dos organismos não pode ser avaliada em separado da vida de seus simbiontes microbianos. A palavra "ecologia" tem suas raízes na palavra grega *oikos*, que significa "casa", "lar" ou "ambiente habitado". Nosso corpo, como o de todos os organismos, é um ambiente habitado. Toda vida é composta por biomas nichados.

Não podemos ser definidos em bases anatômicas porque nosso corpo é compartilhado com microrganismos e consiste em mais células microbianas do que nossas "próprias" — vacas não podem comer capim, por exemplo, mas suas populações microbianas podem, e a evolução do corpo da vaca permitiu que ela abrigasse os microrganismos que a sustentam. Também não podemos ser definidos pelo desenvolvimento, como o organismo que resulta da fertilização de um óvulo, porque dependemos, como todos os mamíferos, de nossos parceiros simbióticos para direcionar partes de nossos programas de desenvolvimento. Da mesma forma, não é possível nos definirmos geneticamente, como corpos compostos de células que compartilham um genoma idêntico — muitos de nossos parceiros microbianos simbióticos são herdados da mãe junto com nosso "próprio" DNA, e em certos momentos de nossa história evolutiva microrganismos associados se imiscuíram permanentemente nas células de seus hospedeiros: nossa mitocôndria tem genoma próprio, assim como o cloroplasto das plantas, e pelo menos 8% do genoma humano tem origem nos vírus (podemos até trocar células com outros humanos e crescer como "quimeras", formadas quando mãe e feto trocam células ou material genético *in utero*). Tampouco nosso sistema imunológico pode ser considerado uma medida de individualidade, embora muitas vezes se pense que as células imunológicas respondem a essa pergunta, distinguindo o "eu" do "não eu". O sistema imunológico se ocupa de gerenciar nosso relacionamento com nossos microrganismos residentes e de lutar contra invasores externos, e parece ter evoluído para permitir a colonização microbiana ao invés de evitá-la. E você, como fica nessa história? Ou deveria dizer todos *vocês*?[48]

Alguns pesquisadores usam o termo "holobionte" para se referir ao conjunto de organismos diferentes que se comportam como uma unidade. A palavra "holobionte" deriva do grego *holos*, que significa "todo".

Os holobiontes são os liquens deste mundo, os mais-que-a-soma de suas partes. Como "simbiose" e "ecologia", "holobionte" é uma palavra útil. Se contarmos apenas com palavras que descrevem indivíduos autônomos bem delimitados, é fácil achar que eles realmente existem.[49]

O holobionte não é um conceito utópico. A colaboração é sempre uma mistura de competição e cooperação. Existem muitas situações em que os interesses dos simbiontes não se alinham. Uma espécie bacteriana do intestino pode constituir uma parte fundamental de nosso sistema digestivo, mas pode causar uma infecção mortal se entrar na corrente sanguínea. Estamos acostumados com essa ideia. Mesmo carregados de tensão, uma família pode funcionar como uma família e um grupo de jazz em turnê pode ter uma performance arrebatadora.[50]

Afinal, talvez não seja tão difícil nos identificarmos com os liquens. Esse tipo de construção de relacionamento é a expressão de uma das máximas evolutivas mais antigas. Se a palavra "ciborgue" — abreviação de "organismo cibernético" — descreve a fusão entre um organismo vivo e um dispositivo tecnológico, então nós, como todas as outras formas de vida, somos "simborgues", ou organismos simbióticos. Os autores de um artigo seminal sobre a visão simbiótica da vida têm uma posição clara sobre esse ponto. "Nunca houve indivíduos", declaram. "Somos todos liquens."[51]

Errando pelas águas no *Caper* passamos boa parte do tempo olhando mapas marítimos. Nesses mapas, a representação mais familiar do mar e da terra é invertida. As extensões de terra são brancas e beges. A água é cheia de contornos e indicações, que se enrugam em torno das rochas. Flocos vazios de terra são contornados por rotas que se ramificam e se fundem. O oceano se move pela rede de vias navegáveis de formas imprevisíveis. Algumas passagens só podem ser navegadas em determinados horários do dia. Quando a maré entra em um canal estreito e perigoso, suas correntes formam uma onda de 1,5 metro que fica parada, como uma parede de água autossustentável. Em um corredor particularmente traiçoeiro entre duas ilhas, formam-se redemoinhos de quinze metros que sugam os troncos flutuantes.

Muitos desses canais são ladeados por rochas. Penhascos graníticos são devorados pelo mar. Árvores inclinam-se, tombando em câmera lenta. Ao longo da costa, árvores, musgos e liquens são enxaguados pelas marés, revelando rochas e saliências, muitas com marcas de arranhões glaciais. É difícil esquecer que grande parte da Terra é rocha sólida, lentamente se despedaçando. Prateleiras irregulares se empilham em declives íngremes. Meu irmão e eu costumamos dormir nessas saliências. Os liquens estão por toda parte, e acordo com o rosto cheio deles. Durante dias, encontro seus fragmentos nos bolsos da calça. Jogo-os fora sentindo-me como um meteorito humano, e me pergunto quantos deles começarão uma nova vida nos lugares inesperados em que estão agora.

4. Mentes miceliais

> *Existe um mundo além do nosso [...] Esse mundo fala. Tem uma linguagem própria. Eu relato o que ele diz. O cogumelo sagrado me pega pela mão e me leva ao mundo em que tudo é sabido [...] Eu pergunto e eles me respondem.*
>
> María Sabina

Em uma escala de um a cinco — sendo que um vale "absolutamente nada" e cinco é o "extremo" —, como você classificaria a sensação de perda da sua identidade padrão? Como você avaliaria a experiência de puro Ser? Como você classificaria o sentimento de fusão em um todo maior?

Deitado em minha cama na unidade de testes clínicos de drogas, no final de minha viagem de LSD, fiquei intrigado com essas questões. As paredes pareciam respirar suavemente, e achei difícil me concentrar nas palavras da tela. Havia um murmúrio leve na região da minha barriga, e os salgueiros do lado de fora balançavam, verdes e vívidos.

O LSD, como a psilocibina — o princípio ativo em muitas espécies de cogumelo "mágico" —, é classificado como psicodélico (ou "manifestação da mente") e enteógeno (uma substância que pode provocar uma experiência do "divino interior"). Com efeitos que vão desde alucinações auditivas e visuais e estados de êxtase semelhantes a sonhos até mudanças intensas na perspectiva cognitiva e emocional e uma dissolução de tempo e espaço, esses compostos químicos afrouxam o controle de nossas percepções cotidianas, atingem nossa consciência e nos tocam em algum lugar profundo. Muitos usuários relatam experiências místicas ou uma conexão com seres divinos ou entidades, um sentimento de "unidade" com o mundo natural e a perda do senso de identidade bem delimitado.[1]

O questionário psicométrico que eu me esforçava para preencher foi elaborado para avaliar esse tipo de experiência. No entanto, quanto mais eu tentava apertar minhas sensações em uma escala de cinco pontos em uma página, mais confuso eu ficava. Como medir a experiência de atemporalidade? Como medir a experiência de união com uma realidade última? Essas são qualidades, não quantidades. No entanto, a ciência lida com quantidades.

Contorci-me, respirei fundo várias vezes e tentei abordar as questões de um ângulo diferente. *Como você avalia a experiência de espanto?* A cama parecia balançar suavemente, e um cardume de pensamentos se espalhou por minha mente como peixinhos assustados. *Como você avalia a experiência de infinito?* Eu sentia o procedimento científico gemer sob o esforço do que parecia ser uma tarefa impossível. *Como você avalia a perda da noção mais usual de tempo?* Sucumbi a um ataque de riso incontrolável — um efeito comum do LSD, como eu havia sido avisado em uma avaliação preparatória de risco. *Como você avalia a perda da consciência padrão sobre o lugar em que se encontra?*

Recuperei-me do ataque de riso e olhei para o teto. Pensando bem, *como* vim parar aqui? Um fungo desenvolveu uma substância química que foi usada para fazer uma droga. Por acaso, descobriu-se que essa droga altera a consciência humana. Durante cerca de sete décadas, os efeitos peculiares do LSD geraram espanto, confusão, zelo religioso, pânico moral e tudo o mais. Ao longo do século 20, ele deixou um resíduo cultural indelével que ainda nos esforçamos para entender. Eu estava deitado naquele quarto de hospital como parte de um ensaio clínico porque seus efeitos permaneciam tão desconcertantes como sempre foram.

Não admira que eu tenha ficado perplexo. O LSD e a psilocibina são moléculas fúngicas que se entrelaçaram na vida humana de formas complicadas exatamente porque confundem nossos conceitos e estruturas, inclusive o conceito mais fundamental de todos: o de nós mesmos. É sua capacidade de levar a mente para lugares inesperados que tem feito com que os cogumelos "mágicos" produtores de psilocibina estejam envolvidos nas doutrinas rituais e espirituais das sociedades humanas desde a Antiguidade. É sua capacidade de suavizar os hábitos rígidos da mente que torna esses compostos químicos remédios poderosos, capazes de aliviar a dependência aguda, a depressão incurável e a angústia existencial que muitas vezes acompanha o diagnóstico de uma doença terminal. E foi sua capacidade de modificar a experiência interior da mente que ajudou a mudar a forma como a própria natureza da mente é compreendida pela ciência moderna. No entanto, o motivo pelo qual certas espécies de fungo desenvolveram essas habilidades continua sendo uma fonte de perplexidade e especulação.

Esfreguei meus olhos, virei-me e criei coragem para olhar mais uma vez para as palavras na tela. *Como você avalia a sensação de que a experiência não pode ser descrita em palavras de forma adequada?*

Os mais prolíficos e inventivos manipuladores do comportamento animal são um grupo de fungos que vive dentro do corpo dos insetos. Esses "fungos-zumbis" são capazes de modificar o comportamento de seu hospedeiro de formas que lhes trazem um benefício claro: sequestrando um inseto, o fungo é capaz de dispersar seus esporos e completar seu ciclo de vida.

Um dos casos mais bem estudados é o do fungo *Ophiocordyceps unilateralis*, que organiza sua vida em torno das formigas-carpinteiras. Uma vez infectadas pelo fungo, as formigas perdem seu medo instintivo de altura, deixam a relativa segurança de seus ninhos e escalam a planta mais próxima — uma síndrome conhecida como "doença do cume".* No devido tempo, o fungo força a formiga a prender suas mandíbulas na planta em uma "mordida da morte". O micélio cresce a partir dos pés da formiga e os costura na superfície da planta. O fungo então digere o corpo da formiga e faz germinar em sua cabeça um talo, do qual chuviscam esporos sobre as formigas que passam embaixo. Se os esporos erram o alvo, eles produzem esporos secundários pegajosos que se projetam para fora em fios que atuam como armadilhas.[2]

Os fungos-zumbis controlam o comportamento de seus insetos hospedeiros com requintada precisão. O *Ophiocordyceps* força as for-

---

* No original, *summit disease*.

migas a dar a mordida da morte em uma altura em que a temperatura e a umidade sejam adequadas para a sua reprodução: 25 centímetros acima do solo da floresta. O fungo orienta as formigas de acordo com a direção do Sol, e as formigas infectadas mordem de forma sincronizada, ao meio-dia. Elas não se prendem às manchas velhas da parte inferior da folha. Noventa e oito por cento das vezes, as formigas agarram uma veia principal.[3]

A forma como os fungos-zumbis controlam a mente de seus insetos hospedeiros intriga os pesquisadores há muito tempo. Em 2017, uma equipe chefiada por David Hughes, um dos maiores especialistas em comportamento manipulativo de fungos, infectou formigas com *Ophiocordyceps* em laboratório. Os pesquisadores preservaram o corpo das formigas no momento da mordida da morte, cortaram-os em pedaços finos e reconstruíram uma imagem tridimensional do fungo que vivia em seus tecidos. Descobriram que o fungo se torna, em um grau perturbador, um órgão protético do corpo das formigas. Até 40% da biomassa de uma formiga infectada é fungo. As hifas se enrolam nas cavidades corporais, da cabeça às pernas, enredam-se em suas fibras musculares e coordenam sua atividade por meio de uma rede micelial interconectada. No entanto, no cérebro das formigas, o fungo se destaca por sua ausência. Para Hughes e sua equipe, isso foi inesperado. Eles previram que o fungo teria de estar presente no cérebro para exercer um controle tão preciso sobre o comportamento.[4]

A abordagem do fungo, diferentemente, parece ser farmacológica. Os pesquisadores suspeitam que ele seja capaz de manipular o movimento das formigas, secretando substâncias químicas que agem nos músculos e no sistema nervoso central, mesmo sem a presença física no cérebro. Não se sabe exatamente quais são essas substâncias químicas. Também não se sabe se o fungo é capaz de isolar o cérebro da formiga do restante do corpo e coordenar as contrações musculares diretamente. Contudo, o *Ophiocordyceps* está intimamente relacionado com o fungo ergot, do qual o químico suíço Albert Hofmann isolou, pela primeira vez, os compostos usados para fazer LSD, e que é capaz de produzir a família de substâncias da qual o LSD é derivado — um grupo conhecido como "alcaloides de ergot". Nas formigas infectadas, as partes do genoma do *Ophiocordyceps* responsáveis pela produção desses alcaloides estão ativadas, sugerindo que eles podem ter um papel na manipulação.[5]

Independentemente de como as fazem, essas intervenções fúngicas são notáveis mesmo para os padrões humanos. Depois de décadas de pesquisa e muitos bilhões de dólares em investimentos, a regulação do comportamento humano pelo uso de drogas está longe de ser bem ajustada. Drogas antipsicóticas, por exemplo, não atacam comportamentos específicos; elas apenas tranquilizam. Compare isso com a taxa de sucesso de 98% do *Ophiocordyceps* ao fazer com que uma formiga não apenas escale uma planta ou dê sua mordida da morte — isso sempre acontece —, mas morda a parte específica da folha que tem as melhores condições para o fungo prosperar. Para ser justo, o *Ophiocordyceps*, como muitos fungos-zumbis, teve muito tempo para fazer o ajuste fino de seus métodos. O comportamento das formigas infectadas deixa vestígios. A mordida deixa cicatrizes distintas na nervura das folhas, e cicatrizes fossilizadas situam a origem desse comportamento na época do Eoceno, 48 milhões de anos atrás. É provável que os fungos venham manipulando a mente dos animais praticamente desde que há mentes para tanto.[6]

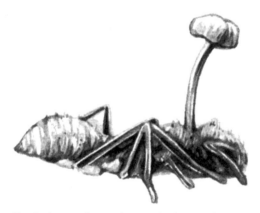

Um *Ophiocordyceps* brotando de uma formiga

Eu tinha sete anos quando descobri que os seres humanos podem alterar sua mente comendo outros organismos. Meus pais nos levaram, eu e meu irmão, para visitar um amigo deles no Havaí, o excêntrico autor, filósofo e etnobotânico Terence McKenna. Sua grande paixão eram plantas e fungos que alteram a mente. Ele havia sido contrabandista de haxixe em Bombaim, colecionador de borboletas na Indonésia e cultivador de cogumelos da psilocibina no norte da Califórnia. Agora morava em um retiro excêntrico chamado Dimensões Botânicas, onde se chegava subindo vários quilômetros por uma estrada esburacada na encosta do vulcão Mauna Loa. Ele transformou o terreno em um jardim florestal, uma biblioteca viva de plantas psicoativas e medicinais raras e não tão raras, colhidas em muitos cantos do mundo tropical. Para chegar ao banheiro, era preciso caminhar por uma trilha sinuosa no meio da floresta, esquivando-se das folhas e dos cipós gotejantes. Alguns quilômetros abaixo na estrada, rios de lava fluíam para o mar e o faziam espumar e ferver.

O maior entusiasmo de McKenna se dirigia aos cogumelos da psilocibina. Comera-os pela primeira vez durante uma viagem pela Amazônia colombiana com seu irmão Dennis no início dos anos 1970. Nos anos que se seguiram, alimentado por doses "heroicas" e regulares de cogumelos, McKenna descobriu um dom raro para loquacidade e talento para falar em público. "Percebi que minha habilidade irlandesa inata de falar com entusiasmo havia sido turbinada por anos de uso de cogumelos da psilocibina", lembrou ele. "Eu podia falar com pequenos grupos de pessoas, aparentemente com um efeito eletrizante, especialmente sobre [...] assuntos transcendentais." As reflexões bárdicas de McKenna — eloquentes e amplamente difundidas — ainda são celebradas e denunciadas mais ou menos na mesma medida.[7]

Depois de alguns dias no Dimensões Botânicas comecei a ter febre. Lembro-me de estar deitado sob um mosquiteiro, observando McKenna triturar um preparado com um grande pilão e almofariz. Presumi que fosse um remédio para minha doença e perguntei o que ele estava fazendo. Com sua fala maluca, arrastada e metálica, ele explicou que não era isso. Aquela planta, como alguns tipos de cogumelos, podia nos fazer sonhar. Se tivéssemos sorte, esses organismos podiam até falar conosco. Eram medicamentos poderosos que os humanos usavam havia muito tempo, mas também podiam ser assustadores. Deu um sorriso lânguido. Quando eu fosse mais velho, disse ele, poderia experimentar um pouco do preparado — uma prima da sálvia que altera a mente, chamada *Salvia divinorum*, como descobri depois. Mas agora não. Fiquei petrificado.

Existem muitos exemplos de intoxicação no mundo animal — pássaros comem bagas inebriantes, lêmures lambem centopeias, mariposas bebem o néctar de flores psicoativas —, e é provável que usemos drogas que alteram a mente há mais tempo do que somos humanos. O efeito dessas substâncias é "frequentemente inexplicável e, de fato, misterioso", escreveu Richard Evans Schultes, professor de biologia em Harvard e uma autoridade em plantas e fungos psicoativos. "Sem sombra de dúvida, [esses compostos] são conhecidos e usados pelos humanos desde seus primeiros experimentos com a vegetação ambiente." Muitos têm efeitos "estranhos, místicos e confusos" e, como os cogumelos da psilocibina, estão intimamente ligados à cultura humana e às práticas espirituais.[8]

Vários fungos têm propriedades que alteram a mente. O icônico cogumelo vermelho com pontos brancos, *Amanita muscaria*, ingerido por xamãs em regiões da Sibéria, provoca euforia e sonhos alucinatórios. Os fungos ergot induzem um portfólio medonho de efeitos, como alucinações, convulsões e uma sensação de queimação insuportável. A contração muscular involuntária é um dos principais sintomas do ergotismo, e a capacidade dos alcaloides de ergot de induzir contrações musculares em humanos pode espelhar seu papel em formigas infectadas por *Ophiocordyceps*. Acredita-se que vários dos horrores ilustrados pelo pintor renascentista Hieronymus Bosch foram inspirados pelos sintomas de intoxicação por ergot, e alguns aventam a hipótese de que os numerosos surtos de "mania da dança" entre os séculos 14 e 17, em que centenas de habitantes da cidade dançavam por dias sem descanso, foram causados por ergotismo convulsivo.[9]

O uso mais longevo bem documentado de cogumelos da psilocibina ocorre no México. O frade dominicano Diego Durán relatou que cogumelos capazes de alterar a mente — conhecidos como "carne dos deuses" — foram servidos na coroação do imperador asteca em 1486. O médico do Rei da Espanha, dr. Francisco Hernández, descreveu cogumelos que "quando ingeridos causam não a morte, mas a loucura por vezes duradoura, cujo sintoma é uma espécie de riso descontrolado [...] Há ainda outros que, sem induzir risada, trazem para diante dos olhos todo tipo de visão, como guerras e seres semelhantes a demônios". O frade franciscano Bernardino de Sahagún (1499-1590) forneceu um dos relatos mais vívidos do uso de cogumelos: [10]

> Eles comeram esses pequenos cogumelos com mel e, quando começaram a ficar animados por eles, se puseram a dançar, alguns cantando, outros chorando [...] Alguns não quiseram cantar, mas sentaram-se em seus aposentos e permaneceram ali, como se estivessem em disposição meditativa. Alguns tiveram uma visão de morte e choraram; outros se viram sendo comidos por uma besta selvagem [...] Quando a intoxicação com os pequenos cogumelos passou, eles contaram aos demais sobre as visões que tiveram.

Registros inequívocos do consumo de cogumelos na América Central remontam ao século 15, mas o uso de psilocibina na região é, quase certamente, anterior a isso. Foram encontradas centenas de estátuas em forma de cogumelo, datadas do segundo milênio antes de Cristo, e manuscritos anteriores à conquista da América espanhola representam cogumelos sendo ingeridos e elevados por divindades emplumadas.[11]

Na opinião de McKenna, o consumo humano de cogumelos da psilocibina era um fenômeno ainda mais antigo e estava na raiz da nossa evolução biológica, cultural e espiritual. Evidências de religião, organização social complexa e comércio, bem como das primeiras manifestações artísticas, surgem em um período relativamente curto da história da humanidade, por volta de 50 mil a 70 mil anos atrás. Não se sabe o que desencadeou esse desenvolvimento. Alguns estudiosos atribuem-no à invenção de uma linguagem complexa. Outros sugerem a hipótese de que mutações genéticas causaram mudanças na estrutura do cérebro. Para McKenna, a psilocibina que provocou os primeiros lampejos de autorreflexão, linguagem e espiritualidade humanas, em algum lugar da névoa protocultural do Paleolítico. Os cogumelos são a árvore do conhecimento original.

Pinturas rupestres preservadas pelo calor seco do deserto do Saara, no sul da Argélia, forneceram a McKenna a evidência mais impressionante do consumo remoto de cogumelos. Datadas de 9000 a.C. a 7000 a.C., as pinturas de Tassili incluem a figura de uma divindade com cabeça de animal e formas semelhantes a cogumelos brotando de seus ombros e braços. Quando nossos ancestrais vagavam pelas "pastagens e savanas pontilhadas de cogumelos da África tropical e subtropical", McKenna conjecturou, "os cogumelos contendo psilocibina foram encontrados, consumidos e deificados. Linguagem, poesia, ritual e pensamento emergiram das trevas da mente hominídea".[12]

Existem muitas variações da hipótese do "macaco chapado", mas, como acontece com a maioria das histórias de origem, é difícil provar qualquer uma das versões. Especulações exuberantes em torno dos cogumelos da psilocibina proliferam onde quer que sejam ingeridos. Textos e artefatos remanescentes são inconsistentes e quase sempre ambíguos. A pintura de Tassili representa uma divindade em forma de cogumelo? Pode ser. Mas, ao mesmo tempo, pode ser que não. As evidências da placa dentária de neandertais, do Homem do Gelo e de outros cadáveres bem preservados fornecem provas de que o conhecimento dos humanos sobre os cogumelos como alimento e medicamento remonta a muitos milhares de anos. No entanto, em nenhum desses corpos foram encontrados vestígios de cogumelos da psilocibina. Sabe-se que várias espécies de primata procuram e consomem cogumelos como alimento, e há relatos eventuais de primatas que consumiram cogumelos da psilocibina, mas nenhum caso bem documentado. Alguns suspeitam de que as antigas populações eurasianas usavam psilocibina como parte de cerimônias religiosas, sendo a mais conhecida os Mistérios de Elêusis, ritos secretos celebrados na Grécia antiga e que, acredita-se, eram frequentados por muitos notáveis, inclusive Platão. Mas, mais uma vez, não há registro definitivo. E, no entanto, a ausência de evidência também não é evidência de ausência. Isso torna a especulação inevitável. E McKenna, turbinado pela psilocibina, era um mestre nessa arte.[13]

Psilocybe cubensis

O *Ophiocordyceps* serviu de inspiração para pelo menos dois monstros fictícios: os canibais do videogame *The Last of Us* e os zumbis do livro *A menina que tinha dons* (Fábrica231, 2014). Parece um caso especial de algo estranho, mas verdadeiro — um dos resultados do lado B da evolução. No entanto, o *Ophiocordyceps* é apenas um exemplo bem estudado. Esse tipo de comportamento manipulativo não é excepcional. Surgiu várias vezes no reino fúngico em linhagens não aparentadas, e existem vários parasitas não fúngicos que também são capazes de manipular a mente de seus hospedeiros.[14]

Os fungos usam diversas abordagens para ajustar os indicadores bioquímicos que regulam o comportamento de seus hospedeiros. Alguns usam imunossupressores para anular a resposta defensiva dos insetos. Dois desses compostos foram adotados na medicina convencional por essas mesmas razões. A ciclosporina é uma droga imunossupressora que possibilita o transplante de órgãos. A miriocina virou fingolimode, o medicamento para a esclerose múltipla campeão de vendas — originalmente, ela foi extraída de vespas infestadas de fungos que são consumidas em partes da China como elixir para a eterna juventude.[15]

Em 2018, pesquisadores da Universidade da Califórnia, em Berkeley, publicaram um estudo documentando uma técnica surpreendente usada pelo *Entomophthora*, um fungo manipulador que infecta moscas. Há semelhanças com o *Ophiocordyceps*. As moscas infectadas sobem bem alto. Quando estendem as partes da boca para se alimentar, uma cola produzida pelo fungo gruda-as em qualquer superfície que toquem. Depois de consumir o corpo do inseto, começando pelas partes gordurosas e terminando nos órgãos vitais, o fungo faz crescer um talo que atravessa as costas do inseto e expele esporos no ar.

Os pesquisadores ficaram surpresos ao descobrir que o *Entomophthora* carrega um tipo de vírus que infecta insetos, mas não fungos. O principal autor do estudo relatou que foi "uma das descobertas mais malucas" de sua carreira como cientista. O maluco é a implicação: o fungo usa o vírus para manipular a mente dos insetos. Ainda é uma hipótese, mas é plausível. Vários vírus aparentados se especializaram em modificar o comportamento de insetos. Um desses vírus é injetado por vespas parasitas em joaninhas, que passam a ter tremores, não conseguem mais sair de onde estão e se tornam guardiãs dos ovos da vespa. Outro vírus semelhante torna as abelhas mais agressivas. Ao controlar um vírus que manipula a mente, o fungo não precisaria desenvolver a capacidade de modificar a mente de seu inseto hospedeiro.[16]

Uma das reviravoltas mais surpreendentes na história dos fungos-zumbis veio da pesquisa realizada por Matt Kasson e sua equipe na Universidade de West Virginia. Kasson estuda o fungo *Massospora*, que infecta a cigarra e faz com que o terço posterior de seu corpo se desintegre, permitindo que ele libere seus esporos pela extremidade traseira rompida. A cigarra macho infectada — "saleiros voadores da morte", nas palavras de Kasson — torna-se hiperativa e hipersexual, embora seus órgãos genitais há muito tenham se desintegrado, uma prova de quão habilmente o fungo consegue provocar sua deterioração. No corpo em decomposição, o sistema nervoso central permanece intacto.[17]

Em 2018, Kasson e sua equipe analisaram o perfil químico dos "plugues"* de fungos que germinam do corpo fragmentado das cigarras. Ficaram surpresos ao descobrir que o fungo produzia catinona, uma anfetamina da mesma classe da droga recreativa mefedrona. A catinona existe naturalmente nas folhas do khat (*Catha edulis*), uma planta cultivada no Chifre da África e no Oriente Médio, que é mastigada há séculos pelos humanos por seus efeitos estimulantes. A catinona nunca havia sido encontrada fora das plantas. Mais surpreendente foi a presença de psilocibina, que era um dos compostos químicos mais abundantes nos plugues de fungos — embora fosse necessário comer várias centenas de cigarras infectadas para produzir qualquer efeito observável. É surpreendente porque o *Massospora* se situa em uma divisão do reino fúngico totalmente diferente da espécie conhecida por produzir psilocibina, separada por um abismo de centenas de milhões de anos. Poucos suspeitavam que a psilocibina apareceria em uma parte tão distante da árvore evolutiva dos fungos, desempenhando o papel de modificar o comportamento de uma maneira bem diferente.[18]

O que faz exatamente o *Massospora* quando droga seus hospedeiros com um psicodélico e uma anfetamina? Os pesquisadores supõem que essas drogas contribuam para a manipulação do inseto. Mas não se sabe exatamente como isso acontece.[19]

Relatos de experiências psicodélicas frequentemente envolvem seres híbridos e transformações interespécies. Os mitos e contos de fadas também estão cheios de animais híbridos, como lobisomens, centauros, esfinges e quimeras. *Metamorfoses*, de Ovídio, é um catálogo de transformações de uma criatura em outra, e inclui até mesmo uma terra onde "os homens cresceram a partir de um fungo da chuva". Em muitas culturas tradicionais, acredita-se que existam criaturas híbridas e que a fronteira entre os organismos seja fluida. O antropólogo Eduardo Viveiros de Castro relata que, nas sociedades indígenas

---

* Plugues são estruturas formadas por hifas e servem para propagar o fungo.

amazônicas, os xamãs acreditam que podem habitar temporariamente a mente e o corpo de outros animais e plantas. Os yukaghir, no norte da Sibéria, vestem-se e comportam-se como alces quando os caçam, segundo o antropólogo Rane Willerslev.[20]

Esses relatos parecem forçar os limites das possibilidades biológicas e raramente são levados a sério nos círculos científicos modernos. No entanto, o estudo da simbiose revela que a vida é repleta de formas híbridas, como os liquens, que são compostos por vários organismos diferentes. Na verdade, todas as plantas, fungos e animais, inclusive nós mesmos, são seres compósitos até certo ponto: as células eucarióticas são híbridas, e todos nós habitamos corpos que compartilhamos com uma multidão de microrganismos, sem os quais não poderíamos crescer, nos comportar e nos reproduzir como fazemos. É possível que muitos desses microrganismos "benéficos" compartilhem algumas das habilidades de manipulação de parasitas como o *Ophiocordyceps*. Um número cada vez maior de estudos estabelece uma relação entre o comportamento dos animais e os trilhões de bactérias e fungos que vivem em seu trato digestivo, muitos dos quais produzem substâncias químicas que influenciam o sistema nervoso. A interação entre a microbiota intestinal e o cérebro — o "eixo microbiota-intestino-cérebro" — é relevante o suficiente para ter gerado uma nova área: a neuromicrobiologia. Mas são os fungos que manipulam a mente que continuam sendo alguns dos exemplos mais contundentes de organismos compostos. Nas palavras de David Hughes, uma formiga infectada é um "fungo na pele de uma formiga".[21]

É possível entender essa espécie de mudança de forma com uma abordagem científica. Em sua obra *The Extended Phenotype* [O fenótipo estendido], Richard Dawkins argumenta que os genes não fornecem apenas as instruções para construir o corpo de um organismo. Eles também fornecem instruções para certos comportamentos. O ninho é parte da expressão externa do genoma do pássaro. O dique de um castor é parte da expressão externa do genoma do castor. E a mordida da morte de uma formiga é parte da expressão externa do genoma do fungo *Ophiocordyceps*. Por meio de comportamentos herdados, argumenta Dawkins, a expressão externa dos genes de um organismo — conhecida como seu "fenótipo" — se estende no mundo.

Dawkins teve o cuidado de aplicar "requisitos rigorosos" à ideia do fenótipo estendido. Embora seja um conceito especulativo, ele nos lembra zelosamente que é uma "especulação com limites rígidos". Existem três critérios cruciais que devem ser observados para evitar que os fenótipos se tornem extensos *demais* (se a barragem de um castor é uma expressão do genoma do castor, então o que dizer do lago que se forma acima da barragem e dos peixes que vivem nele, e assim por diante...?).[22]

Em primeiro lugar, os traços estendidos devem ser herdados — o *Ophiocordyceps*, por exemplo, herda um talento farmacológico para infectar e manipular formigas. Em segundo, devem variar de geração para geração — alguns *Ophiocordyceps* manipulam de forma mais precisa o comportamento das formigas do que outros. Em terceiro lugar, e mais importante, essa variação deve afetar a habilidade de um organismo de sobreviver e se reproduzir, uma qualidade conhecida como sua "aptidão" — os *Ophiocordyceps* que podem controlar os movimentos dos insetos de forma mais precisa conseguem espalhar mais seus esporos. Contanto que essas três condições sejam atendidas — as características devem ser herdadas, devem variar e sua variação deve afetar a aptidão de um organismo —, as características estendidas estarão sujeitas à seleção natural e evoluirão de maneira análoga a suas características corporais. Os castores que fazem represas melhores têm maior probabilidade de sobreviver e passar adiante a capacidade de fazer represas melhores. Mas represas humanas — ou qualquer construção humana — não são consideradas parte de nosso fenótipo estendido porque não nascemos com o instinto de construir estruturas específicas que afetem diretamente nossa capacidade de sobreviver.

A doença do cume e a mordida da morte, por sua vez, são qualificadas como comportamentos de fungos, não de formigas. O fungo não tem um corpo animal inquieto e musculoso, com sistema nervoso central e capacidade de andar, morder ou voar. Então, ele se apropria de um. É uma estratégia que funciona tão bem que ele perdeu a capacidade de sobreviver sem ela. Durante parte de sua vida, o

Ophiocordyceps usa o corpo de uma formiga. Nos círculos espíritas, desde o século 19, considera-se que os médiuns são possuídos pelo espírito dos mortos. Na falta de seu próprio corpo ou voz, diz-se que os espíritos tomam emprestado um corpo humano para falar e agir por meio dele. De maneira análoga, os fungos que manipulam a mente possuem os insetos que infectam. As formigas infectadas param de se comportar como formigas e se tornam médiuns dos fungos. É nesse sentido que Hughes se refere a uma formiga infectada como um fungo na pele de uma formiga. Impelida pelo fungo, a formiga se desvia do caminho de sua própria história evolutiva — caminhos que guiam seu comportamento e relacionamento com o mundo e outras formigas — e segue o caminho da história evolutiva do *Ophiocordyceps*. Em termos fisiológicos, comportamentais e evolutivos, a formiga *torna-se um fungo*.

O *Ophiocordyceps* e outros fungos manipuladores de insetos desenvolveram uma notável capacidade de causar danos aos animais influenciados por eles. Os cogumelos da psilocibina, de acordo com um número crescente de estudos, desenvolveram a surpreendente capacidade de curar uma ampla gama de problemas humanos. De certa maneira, isso é novidade: desde os anos 2000, testes controlados rigorosamente e os mais recentes avanços da neuroimagem ajudaram os pesquisadores a interpretar experiências psicodélicas usando a linguagem da ciência moderna — foi essa nova onda de pesquisas psicodélicas que me levou ao hospital para o estudo sobre LSD. Essas descobertas recentes confirmaram amplamente a opinião de muitos pesquisadores das décadas de 1950 e 1960, que passaram a considerar o LSD e a psilocibina curas milagrosas para uma série de condições psiquiátricas. Ao mesmo tempo, muitas pesquisas realizadas em contextos científicos modernos confirmam amplamente o que é bem conhecido pelas culturas tradicionais que, há muito tempo, usam plantas e fungos psicoativos como medicamentos e ferramentas psicoespirituais. Sob esse ponto de vista, a ciência moderna está simplesmente se atualizando.[23]

Muitas descobertas recentes são extraordinárias, considerando o padrão das intervenções farmacêuticas convencionais. Em 2016, dois estudos feitos em colaboração entre a Universidade de Nova York e a Universidade Johns Hopkins administraram psilocibina junto com um tratamento psicoterápico para pacientes que sofriam de ansiedade, depressão e "sofrimento existencial" após diagnóstico de câncer terminal. Com uma única dose de psilocibina, 80% dos pacientes mostraram redução substancial nos sintomas psicológicos, redução que persistiu por pelo menos seis meses após a dose. A psilocibina reduziu "o desalento e a desesperança, melhorou o bem-estar espiritual e aumentou a qualidade de vida". Os participantes descreveram "sentimentos exaltados de alegria, êxtase e amor", e "uma mudança da sensação de isolamento para a de interconexão". Mais de 70% dos participantes classificaram a experiência como uma das cinco mais significativas de suas vidas. "Talvez você pergunte: mas qual o significado disso?", comentou em uma entrevista Roland Griffiths, pesquisador sênior do estudo. "Inicialmente me perguntei se a vida deles era muito chata. Mas não." Os participantes compararam sua experiência com o nascimento de seu primeiro filho ou a morte de um dos pais. Esses estudos são considerados algumas das intervenções psiquiátricas mais eficazes na história da medicina moderna.[24]

Mudanças profundas na mente e na personalidade das pessoas é algo raro; que elas aconteçam ao longo de um tempo tão curto é impressionante. No entanto, esses não são achados anômalos. Vários estudos recentes relatam os efeitos intensos da psilocibina na mente, na disposição e nas ideias das pessoas. Usando alguns dos questionários psicométricos com os quais me deparei, muitos desses estudos descobriram que a psilocibina pode induzir com segurança experiências consideradas "místicas". A experiência mística inclui sentimentos de deslumbramento; de tudo estar interconectado; de transcender o tempo e o espaço; de profunda compreensão intuitiva sobre a natureza da realidade; e de amor, paz e alegria profundos. Frequentemente, inclui a perda de um senso de identidade claramente definido.[25]

A psilocibina pode deixar uma impressão duradoura, como o sorriso do Gato de Cheshire em *Alice no País das Maravilhas*, que "ficou pairando no ar por um bom tempo enquanto o resto de si já tinha ido embora"*. Em um estudo, os pesquisadores descobriram que uma única dose alta de psilocibina aumentou a abertura a novas experiências, o bem-estar psicológico e a satisfação com a vida em voluntários saudáveis, uma mudança que se manteve na maioria dos casos por mais de um ano. Alguns estudos descobriram que as experiências com a psilocibina ajudaram fumantes ou alcoólatras a abandonar o vício. Outros estudos relataram aumentos duradouros no senso de conexão dos indivíduos com o mundo natural.[26]

Da enxurrada de pesquisas recentes sobre a psilocibina, têm começado a emergir alguns padrões. Um dos mais interessantes é a maneira como os participantes dos testes de psilocibina dão sentido a suas experiências. Como Michael Pollan relata em *Como mudar sua mente* (Intrínseca, 2018), a maioria das pessoas que tomam psilocibina não interpreta suas experiências nos termos mecanicistas da biologia moderna, referindo-se a moléculas que se movem no cérebro. Muito pelo contrário. Pollan descobriu que muitos dos entrevistados, quando começaram, "eram materialistas ou ateus absolutamente convictos [...] e ainda assim vários tiveram 'experiências místicas' que produziram neles a convicção inabalável de que havia algo além da compreensão — um 'além' que transcendia o universo físico". Esses efeitos representam um enigma. Uma substância química induzir uma experiência mística profunda parece apoiar a visão científica predominante de que nosso mundo subjetivo é sustentado pela atividade química do cérebro; que o mundo das crenças espirituais e da experiência do divino pode surgir de um fenômeno bioquímico material. No entanto, como Pollan sugere, as mesmas experiências são poderosas o suficiente para convencer as pessoas de que uma realidade imaterial existe — o ingrediente básico da crença religiosa.[27]

---

* Lewis Carroll. *Aventuras de Alice no país das maravilhas*. Trad. Vanessa Barbara. São Paulo: Globolivros, 2014.

O *Ophiocordyceps* e os microrganismos do intestino influenciam a mente dos animais secretando substâncias químicas no interior de seus corpos. Esse não é o caso dos cogumelos da psilocibina. É possível injetar psilocibina sintética em uma pessoa com os mesmos efeitos psicoespirituais. Como isso funciona?

Uma vez dentro do corpo, a psilocibina é convertida na substância química psilocina. Essa substância influencia o funcionamento do cérebro, estimulando receptores de serotonina, um neurotransmissor. Imitando um dos mensageiros químicos mais comuns, a psilocibina, como o LSD, se infiltra no sistema nervoso, intervém diretamente na passagem de sinais elétricos pelo corpo e pode até alterar o crescimento e a estrutura dos neurônios.[28]

Não se sabia exatamente como a psilocibina altera os padrões de atividade neuronal até o final dos anos 2000, quando pesquisadores do Programa de Pesquisa Psicodélica Beckley/Imperial, no Reino Unido, deram psilocibina aos participantes e monitoraram a atividade cerebral. Suas descobertas foram surpreendentes. As neuroimagens revelaram que a psilocibina não aumentou a atividade do cérebro como se poderia supor, considerando seus efeitos significativos na mente e na cognição. Em vez disso, reduziu a atividade de certas áreas-chave.

O tipo de atividade cerebral reduzida pela psilocibina está na base do que é denominado "rede de modo padrão" (RMP). Quando não estamos muito concentrados, quando nossa mente está vagando ociosamente, quando estamos refletindo, quando estamos pensando no passado ou fazendo planos para o futuro, é a RMP que está ativa. A RMP foi descrita por pesquisadores como a "capital" ou o "diretor executivo" do cérebro. Na confusão dos processos cerebrais que ocorrem a cada momento, entende-se que a RMP mantém uma espécie de ordem — uma professora em uma sala de aula caótica.

O estudo mostrou que os indivíduos que relataram a sensação mais forte de "dissolução do ego", ou perda do senso de identidade, sob o efeito da psilocibina, tiveram as reduções mais significativas de atividade na RMP. Desligue a RMP, e o cérebro ficará sem coleira. A conectividade cerebral explode e surge um tumulto de novas vias neuronais. Redes de atividade antes distantes umas das outras se conectam. Nos termos da metáfora usada por Aldous Huxley em seu livro seminal sobre a experiência psicodélica, *As portas da percepção* (Biblioteca Azul, 2015), a psilocibina parece desligar uma "válvula redutora" em nossa consciência. O resultado? Um "estilo irrestrito de cognição". Os autores concluem que a capacidade da psilocibina de mudar a mente das pessoas está relacionada a esses estados de fluxo cerebral.[29]

Os estudos de neuroimagem fornecem uma descrição importante da forma como os psicodélicos agem no corpo, mas não ajudam muito a explicar os sentimentos dos participantes. Afinal, são as pessoas que têm experiências, não o cérebro. E são exatamente as experiências das pessoas que parecem sustentar os efeitos terapêuticos da psilocibina. Nos estudos que mediram seus efeitos em pacientes com câncer em estado terminal, aqueles que tiveram as experiências místicas mais intensas apresentaram as reduções mais acentuadas dos sintomas de depressão e ansiedade. O mesmo se deu em um estudo sobre psilocibina e tabagismo. Aparentemente, a psilocibina não funciona pressionando um conjunto de botões bioquímicos, mas abrindo a mente do paciente para novas maneiras de pensar sobre sua vida e comportamento.

É uma descoberta que remete a uma parte dos estudos sobre LSD e psilocibina realizados durante a primeira onda moderna de pesquisas psicodélicas, em meados do século 20. Abram Hoffer, um psiquiatra canadense que estudava os efeitos do LSD na década de 1950, observou que "desde o início, consideramos a experiência, e não o composto químico, como o fator-chave da terapia". Isso pode soar como senso comum, mas do ponto de vista da medicina mecanicista da época era um conceito radical. A abordagem convencional era — e em grande medida continua sendo — usar *coisas*, sejam drogas, seja uma ferramenta cirúrgica, para tratar as *coisas* das quais o corpo é feito, da mesma forma que usamos ferramentas para consertar uma máquina. Normalmente, entende-se que as drogas atuam por meio de um circuito farmacológico que ignora a consciência: uma droga afeta um receptor, que desencadeia uma mudança nos sintomas. Em contraste, a psilocibina — como o LSD e outros psicodélicos — parece agir sobre os sintomas da doença mental *por meio da mente*. O circuito padrão é ampliado: uma droga afeta um receptor, o que desencadeia uma mudança mental, que por sua vez desencadeia uma mudança nos sintomas. A própria experiência psicodélica do paciente parece ser a cura.[30]

Nas palavras de Matthew Johnson, psiquiatra e pesquisador da Johns Hopkins, psicodélicos como a psilocibina "tiram a pessoa de sua própria história. É literalmente uma reinicialização do sistema [...] Os psicodélicos abrem uma janela de flexibilidade mental na qual as pessoas podem abandonar os modelos mentais que usam para organizar a realidade". Hábitos rígidos, como aqueles que dão origem à dependência química ou que se somam ao "pessimismo inflexível" da depressão, tornam-se mais flexíveis. Ao suavizar as categorias que organizam a experiência humana, a psilocibina e outros psicodélicos são capazes de abrir novas possibilidades cognitivas.[31]

Um de nossos modelos mentais mais robustos é o do *eu*. É exatamente esse senso de identidade que a psilocibina e outros psicodélicos parecem perturbar. Alguns chamam isso de "dissolução do ego". Outros simplesmente relatam perder a noção de onde eles terminam e onde começa o entorno. O "eu" tão bem defendido e do qual os humanos dependem pode desaparecer por completo, ou apenas minguar, transformando-se gradualmente em alteridade. O resultado? O sentimento de fusão com algo maior e um novo senso de relação com o mundo.[32] Em muitas situações — como no caso dos liquens e do micélio, capazes de dilatar limites — os fungos desafiam nossos conceitos desgastados de identidade e individualidade. Os cogumelos produtores de psilocibina, como o LSD, também o fazem, mas no ambiente mais íntimo possível: dentro da própria mente.

No caso do *Ophiocordyceps*, o comportamento de uma formiga infectada pode ser considerado um comportamento fúngico. A mordida mortal e a doença do cume são características estendidas do fungo, parte de seu fenótipo estendido. Será que as alterações na consciência humana e no comportamento provocadas pelos cogumelos da psilocibina podem ser vistas como parte do fenótipo estendido do fungo? O comportamento estendido do *Ophiocordyceps* deixa no mundo uma marca sob a forma de cicatrizes fossilizadas na parte inferior das folhas. Podemos considerar que o comportamento estendido dos cogumelos da psilocibina deixa no mundo uma marca sob a forma de cerimônias, rituais, cânticos e outros frutos culturais e tecnológicos de nosso estado alterado? Os fungos que contêm psilocibina desgastam nossas mentes, como o *Ophiocordyceps* e o *Massospora* desgastam o corpo de insetos?

Terence McKenna foi um grande defensor dessa visão. Com uma dose suficientemente grande, disse ele, era de esperar que o cogumelo se pronunciasse, de forma simples e clara, falando "eloquentemente de si mesmo na noite fria da mente". Os fungos não têm mãos para manipular o mundo, mas, tendo a psilocibina como mensageiro químico, poderiam tomar emprestado um corpo humano e usar seu cérebro e seus sentidos para pensar e falar. McKenna achava que os fungos podiam vestir nossa mente, ocupar nossos sentidos e, o mais importante, transmitir conhecimento sobre o mundo lá fora. Entre outras coisas, os fungos podiam usar a psilocibina para influenciar os humanos na tentativa de desviar nossos hábitos destrutivos como espécie. Para McKenna, essa é uma parceria simbiótica que apresenta possibilidades "mais ricas e ainda mais barrocas" que aquelas disponíveis apenas para humanos ou fungos.[33]

Como nos lembra Dawkins, o quanto estamos dispostos a avançar depende de quanto, até onde estamos dispostos a especular. Como especularemos, por sua vez, depende de como dispomos nossos vieses. "Você acha que o mundo é o que ele parece ser ao meio-dia, quando o tempo está bom", observou certa vez o filósofo Alfred North Whitehead a seu ex-aluno Bertrand Russell. "Eu acho que ele é o que parece ser de manhã cedo, quando acabamos de acordar de um sono profundo." Nos termos de Whitehead, Dawkins especula ao meio-dia e com tempo bom. Esforça-se para garantir que sua especulação sobre fenótipos estendidos permaneça "disciplinada" e "com limites rígidos". Diz claramente que os fenótipos podem se estender além do corpo, mas não podem se estender *demais*. Em contraste, McKenna especula ao amanhecer. Seus requisitos são menos rigorosos; suas explicações, menos limitadas. Entre os dois polos encontra-se um continente de opiniões possíveis.[34]

Como estão os cogumelos da psilocibina nos três "requisitos com limites rígidos" de Dawkins?

A capacidade de um cogumelo de produzir psilocibina certamente é herdada. É também uma habilidade que varia entre espécies de cogumelo e entre cogumelos individuais. No entanto, para que o "estado de cogumelo" — as visões, as experiências místicas, a dissolução do ego, a perda de um senso de identidade — conte como parte do fenótipo estendido dos fungos, a condição-chave final deve ser satisfeita. Os fungos que promovem "melhores" estados alterados — seja lá o que isso signifique — devem transmitir seus genes com mais sucesso. Os fungos devem diferir na capacidade de influenciar os humanos, e aqueles que propiciam experiências mais intensas e desejáveis devem se beneficiar à custa daqueles que fornecem experiências menos atraentes.

À primeira vista, o terceiro requisito parece decidir a questão. Fungos produtores de psilocibina podem influenciar o comportamento humano, mas, ao contrário do *Ophiocordyceps*, eles não vivem no interior de nosso corpo. Além disso, é difícil conciliar a especulação de McKenna com o fato de que os humanos chegaram tardiamente à história da psilocibina. Ela foi produzida por fungos por dezenas de milhões de anos antes de o gênero *Homo* evoluir — a estimativa atual mais razoável situa a origem do primeiro cogumelo "mágico" há cerca de 75 milhões de anos. Por mais de 90% de sua história evolutiva, os fungos produtores de psilocibina viveram em um planeta livre de seres humanos e se deram muito bem. Os fungos podem até se beneficiar de nosso estado alterado, mas isso começou há pouco tempo.[35]

Então, *o que* a psilocibina fez pelos fungos que desenvolveram a capacidade de produzi-la? Por que, afinal, dar-se ao trabalho de sintetizá-la? Essa é uma questão que tem sido estudada há décadas por micólogos e entusiastas de cogumelos mágicos.

É possível que, até o surgimento dos seres humanos, a psilocibina não tenha feito muito pelos fungos que a produziram. Existem muitos compostos em fungos e plantas que se acumulam em bolsões bioquímicos, funcionando como subprodutos metabólicos incidentais de pouca importância. Eventualmente, esses "compostos secundários" encontram um animal que atraem, confundem ou matam, momento em que começam a beneficiar o fungo e se tornam uma adaptação evolutiva. No entanto, às vezes eles não fazem muito mais que fornecer variações sobre um tema bioquímico que, um dia, podem ou não ser úteis.

Dois estudos publicados em 2018 sugerem que a psilocibina proporcionou um benefício aos fungos. A análise do DNA de espécies de fungo produtor de psilocibina revela que a capacidade de produzi-la surgiu mais de uma vez na evolução. Mais surpreendente foi a descoberta de que o agrupamento de genes necessários para fazer a psilocibina saltou de uma linhagem de fungo para outra várias vezes ao longo de sua história, por transferência horizontal de genes. Como vimos, a transferência horizontal de genes é o processo pelo qual os genes e as características que eles originam são transferidos entre organismos sem a necessidade de fazer sexo e produzir descendentes. Isso acontece diariamente em bactérias — é a forma pela qual a resistência aos antibióticos logo se espalha por suas populações —, mas é rara em fungos que formam cogumelos. É ainda mais raro que grupos complexos de genes metabólicos permaneçam intactos enquanto saltam entre as espécies. O fato de os genes da psilocibina permanecerem agrupados enquanto se moviam sugere que ela fornecia uma vantagem significativa para o fungo que a expressasse. Se não fosse assim, a característica teria se degenerado rapidamente.[36]

Mas qual teria sido essa vantagem? O cluster de genes da psilocibina foi transferido entre espécies de fungo que viviam de maneira semelhante em madeira apodrecida e no esterco de animais. Esses habitats também abrigam vários insetos que "comem" os fungos ou "competem" com eles, sendo que todos eles provavelmente são sensíveis à potente atividade neurológica da psilocibina. Parece provável que o valor evolutivo da psilocibina esteja em sua capacidade de influenciar o comportamento animal. Mas como, exatamente, não está claro. Fungos e insetos compartilham uma história longa e complicada. Alguns fungos matam, como o *Ophiocordyceps* ou o *Massospora*. Outros cooperam ao longo de intervalos imensos de tempo evolutivo, como aqueles que vivem com as formigas-cortadeiras e os cupins. Em ambos os casos, os fungos usam substâncias químicas para alterar o comportamento dos insetos. O *Massospora* chega a usar psilocibina para cumprir seu propósito. Em que direção a psilocibina oscilou? As opiniões estão divididas. Monitorar os efeitos da psilocibina nos organismos que a consomem não é fácil nem em humanos, que podem ao menos falar sobre sua experiência e preencher questionários psicométricos. Que chance temos de descobrir o efeito da psilocibina na mente de um inseto? Os estudos em animais são escassos, o que piora as coisas ainda mais.[37]

Será que a psilocibina é um repelente produzido pelos fungos para atordoar os insetos que os predam? Se o objetivo era esse, não parece ser muito eficaz. Existem espécies de mosquito e mosca que, rotineiramente, fazem sua moradia dentro dos cogumelos mágicos. Caracóis e lesmas os devoram sem efeito nocivo aparente. E observou-se que formigas-cortadeiras buscam ativamente certos cogumelos da psilocibina, carregando-os inteiros até o ninho. Essas descobertas levaram alguns a supor que, longe de dissuadir o inseto, a psilocibina servia como isca, alterando de algum modo o comportamento do inseto de forma a trazer benefícios ao fungo.[38]

A resposta provavelmente está no meio-termo. Os cogumelos da psilocibina que são tóxicos para alguns animais ainda podem ser uma boa refeição para os capazes de desenvolver resistência. Algumas espécies de mosca são resistentes ao veneno produzido pelo cogumelo cicuta-verde, por exemplo, por isso têm acesso quase exclusivo a essa espécie. Será que os insetos tolerantes à psilocibina podem ajudar o fungo a espalhar seus esporos? Ou o defendem de outras pragas? Mais uma vez, só nos resta especular.

Talvez não seja possível saber como a psilocibina serviu aos interesses dos fungos durante os primeiros milhões de anos de sua existência. Mas, de nossa perspectiva privilegiada atual, fica claro que a interação da psilocibina com a mente humana transformou o destino evolutivo dos cogumelos que a produzem. Os produtores de psilocibina desenvolvem um relacionamento tranquilo com os humanos. Longe de agir como um repelente — para correr o risco de uma overdose, seria preciso comer mil vezes mais que o necessário para uma viagem mediana —, a psilocibina fez com que os humanos procurassem os cogumelos, carregassem-nos de um lugar para outro e desenvolvessem métodos para cultivá-los. Ao fazer isso, ajudamos a espalhar seus esporos, que são leves o suficiente para viajar grandes distâncias pelo ar e são numerosos: deixado em qualquer superfície por apenas algumas horas, um único cogumelo expulsará esporos suficientes para produzir uma espessa mancha preta. Ao encontrar um novo tipo de animal, uma substância química que outrora pode ter servido para atordoar e deter pragas foi transformada, num piscar de olhos, em uma isca resplandecente. A passagem dos cogumelos mágicos da obscuridade ao estrelato internacional no decorrer de algumas décadas do século 20 é um dos episódios mais significativos na longa história das relações humanas com os fungos.[39]

Na década de 1930, Richard Evans Schultes, botânico de Harvard, leu os relatos do século 15 sobre a "carne dos deuses" escritos pelos frades espanhóis e ficou intrigado. Pelas poucas fontes que se conservaram, estava claro que em algumas regiões da América Central os cogumelos da psilocibina haviam se transformado em centros de gravidade cultural e espiritual. Acabaram caindo nas graças das divindades locais, e seu consumo alimentou uma concepção do divino na qual os próprios cogumelos constituíam um elemento central.

Será que esses cogumelos ainda crescem no México? Schultes recebeu uma dica de um botânico mexicano e, em 1938, partiu para os remotos vales do nordeste de Oaxaca para investigar. (No mesmo ano em que Albert Hofmann isolou pela primeira vez o LSD em um laboratório farmacêutico na Suíça.) Schultes descobriu que o uso de cogumelos entre os mazatecas estava vivo e enraizado. Os curandeiros realizavam vigílias regulares de cogumelos para curar os enfermos, localizar bens perdidos e dar conselhos. Os cogumelos eram comuns nas pastagens que circundavam as aldeias. Schultes coletou espécimes e publicou suas descobertas. Ele relatou que o consumo desses cogumelos resultou em "hilaridade, conversas incoerentes e [...] visões fantásticas e vívidas".[40]

Em 1952, Gordon Wasson, micólogo amador e vice-presidente do banco J. P. Morgan, recebeu uma carta do poeta e pesquisador Robert Graves descrevendo o relatório de Schultes. Wasson ficou fascinado com as notícias de Graves sobre a "carne dos deuses" que alterava a mente e viajou para Oaxaca em busca dos cogumelos. Lá, Wasson conheceu uma curandeira chamada María Sabina, que o convidou para uma vigília de cogumelos. Wasson descreveu a experiência como "acachapante". Em 1957, publicou um relato do ocorrido na revista *Life*. O artigo era intitulado "Em busca do cogumelo mágico: um banqueiro de Nova York vai às montanhas do México para participar de rituais ancestrais de indígenas que mastigam fungos estranhos que produzem visões".[41]

O artigo de Wasson foi um grande sucesso, lido por milhões. Naquela altura, as propriedades de alteração mental do LSD já eram conhecidas havia catorze anos, e uma comunidade ativa de pesquisadores realizava estudos sobre seus efeitos. No entanto, o relato de Wasson foi um dos primeiros artigos que chegaram ao público amplo sobre uma substância psicodélica que altera a mente. "Cogumelos mágicos" se tornou uma expressão comum — e um conceito "portal" — mais ou menos da noite para o dia. Em sua autobiografia, Dennis McKenna se lembra de seu irmão Terence, então um menino precoce de dez anos, "seguindo nossa mãe enquanto ela fazia o trabalho doméstico, balançando a revista e desejoso de saber mais. É claro que ela não tinha nada a acrescentar".[42]

Tudo aconteceu rapidamente. Hofmann recebeu uma amostra dos cogumelos "mágicos" de um membro da expedição de Wasson e logo identificou, sintetizou e nomeou o ingrediente ativo: psilocibina. Em 1960, Timothy Leary, respeitado pesquisador de Harvard, ouviu falar dos cogumelos mágicos por um amigo e foi ao México experimentá-los. Sua experiência, uma "viagem visionária", causou-lhe um impacto profundo, e Leary retornou como "um homem diferente". De volta a Harvard, inspirado por sua experiência com os cogumelos, abandonou seu programa de pesquisa e criou o Projeto Psilocibina de Harvard. "Desde que comi sete cogumelos em um jardim no México", escreveu mais tarde sobre sua experiência de iniciação, "dediquei todo o meu tempo e energia à exploração e descrição desses reinos profundos e estranhos."[43]

Os métodos de Leary se mostraram controversos. Ele deixou Harvard e passou a se dedicar seriamente a promover sua visão de que a revolução cultural e a iluminação espiritual poderiam ser alcançadas por meio do consumo de psicodélicos, e logo adquiriu má reputação. Em inúmeras aparições na tevê e no rádio, apregoou os muitos benefícios do LSD. Em uma entrevista à *Playboy* afirmou que, em uma viagem de ácido, as mulheres podem ter mil orgasmos. Concorreu com Ronald Reagan ao governo da Califórnia e perdeu. Alimentado em parte pelo proselitismo de Leary, o movimento contracultural dos anos 1960 ganhou força. Em 1967, em San Francisco, Leary, agora o "Sumo Sacerdote" do movimento psicodélico, deu uma palestra no evento Human Be-In, que contou com a presença de dezenas de milhares de pessoas. Logo depois, em uma reação escandalizada, o LSD e a psilocibina passaram a ser ilegais. No final da década, quase todas as pesquisas sobre os efeitos dos psicodélicos foram encerradas ou eram feitas clandestinamente.[44]

A proibição da psilocibina e do LSD marcou o início de um novo capítulo na história evolutiva dos cogumelos que as produzem. A maioria das pesquisas das décadas de 1950 e 1960 utilizou LSD ou psilocibina sintética em forma de pílula, produzida principalmente por Hofmann na Suíça. Mas no início dos anos 1970, em parte por causa dos riscos legais associados à psilocibina pura e ao LSD e em parte devido a sua escassez, o interesse pelos cogumelos mágicos cresceu. Em meados da década de 1970, foram descobertas espécies de cogumelo crescendo em muitas partes do mundo, dos Estados Unidos à Austrália. Mas o fornecimento de cogumelos selvagens é limitado pelas condições sazonais e pela localização. Quando voltaram da Colômbia no início dos anos 1970, Terence e Dennis McKenna buscavam um suprimento mais estável. A solução que encontraram foi radical. Em 1976, os McKenna publicaram um livrinho intitulado *Psilocybin: Magic Mushroom Growers' Guide*.* Munido desse volume fino — informavam os irmãos —, com alguns potes e uma panela de pressão, qualquer um poderia produzir quantidades ilimitadas de um poderoso psicodélico no conforto de sua cabana no jardim. O processo era apenas um pouco mais complicado que fazer geleia, e mesmo um novato logo poderia se encontrar, nas palavras de Terence, "mergulhado até o pescoço em ouro alquímico".[45]

Os McKenna não foram os primeiros a cultivar cogumelos da psilocibina, mas foram os primeiros a publicar um método confiável para o cultivo de grandes quantidades de cogumelo sem equipamento de laboratório especializado. O guia foi um sucesso estrondoso e vendeu mais de 100 mil cópias nos primeiros cinco anos. Deu início a um novo campo da micologia do tipo "faça você mesmo" e influenciou um jovem micólogo chamado Paul Stamets, o descobridor de quatro novas espécies de cogumelo da psilocibina e autor de um guia para a identificação desses cogumelos.

Stamets já estava desenvolvendo novas formas de cultivar uma variedade de cogumelos "gourmet e medicinais" e, em 1983, publicou *The Mushroom Cultivator*,** que simplificou ainda mais as técnicas de cultivo. Na década de 1990, conforme surgiam fóruns on-line para cultivadores de cogumelo mágico, os empresários holandeses identificaram na lei uma lacuna que lhes permitia vender cogumelos da psilocibina abertamente, e muitos produtores holandeses de cogumelos comestíveis de supermercado passaram a produzir cogumelos psicodélicos. No início dos anos 2000, a onda se espalhou pela Inglaterra, e caixotes de cogumelos da psilocibina frescos eram vendidos nas ruas principais de Londres. Em 2004, só a Camden Mushroom Company comercializava cem quilos de cogumelos frescos por *semana*, o equivalente a cerca de 25 mil viagens. Cogumelos frescos de psilocibina tornaram-se ilegais logo em seguida, mas o segredo fora revelado. Hoje, kits que precisam apenas de água estão disponíveis on-line. O cruzamento entre linhagens de fungo está produzindo no-

---

* "Psilocibina: guia de cultivo para cogumelos mágicos", em tradução livre.
** "O cultivador de cogumelos".

vas variedades, como a *golden teacher* e a *mc kennai*, cada uma com efeitos sutilmente diferentes.[46]

Desde que os humanos começaram a procurar cogumelos da psilocibina — servindo assim como agentes entusiastas de dispersão de esporos —, os fungos se beneficiaram de sua capacidade de alterar nossa consciência. A partir da década de 1930, esses benefícios se multiplicaram muitas vezes. Antes da viagem de Wasson ao México, poucas pessoas fora das comunidades indígenas na América Central sabiam da existência deles. No entanto, duas décadas depois de sua chegada à América do Norte, uma nova história de domesticação havia começado. Em armários, quartos e armazéns, um punhado de espécies de fungo tropical iniciou uma nova vida em climas temperados inóspitos.[47]

Além do mais, desde o primeiro artigo de Schultes no final dos anos 1930, mais de duzentas novas espécies de fungo produtor de psilocibina foram descritas, incluindo um líquen que cresce na floresta tropical equatoriana. Verificou-se que existem poucos ambientes em que esses cogumelos não crescem, se a chuva for suficiente. Como observou um pesquisador, os cogumelos da psilocibina "ocorrem em abundância onde quer que haja muitos micólogos". Os guias publicados permitem que os humanos encontrem, identifiquem e colham — e dessa forma dispersem — cogumelos da psilocibina que estariam fora do radar algumas décadas atrás. Várias dessas espécies parecem gostar de habitats alterados e encontram abrigo fácil na confusão que criamos. Como Stamets confessa ironicamente, muitos têm afeição por espaços públicos, inclusive "parques, conjuntos habitacionais, escolas, igrejas, campos de golfe, complexos industriais, creches, jardins, áreas de descanso em autoestradas e edifícios governamentais — incluindo tribunais e prisões de condados e estados".[48]

Os eventos das últimas décadas nos deixaram mais perto de satisfazer o terceiro critério de Dawkins? Pode-se considerar que esses fungos estão pegando emprestado um cérebro humano para pensar e uma consciência humana com a qual ter experiências? Será que um ser humano sob a influência de cogumelos realmente é dominado por eles, como uma formiga é dominada pelo *Ophiocordyceps*?

Para que nosso estado alterado fosse considerado um fenótipo estendido dos fungos, o ser humano em "estado de cogumelo" precisaria servir aos interesses reprodutivos dos próprios fungos que ingeriu. Esse não parece ser o caso. Apenas um pequeno número de espécies é cultivado e, em grande parte, as cepas são escolhidas de acordo com a facilidade de cultivo e o rendimento — não está claro que "melhores" alteradores de mente são selecionados em detrimento dos "piores". Mais problemático é que, se todos os humanos fossem extintos de uma vez, a maioria das espécies de cogumelo da psilocibina continuaria viva sem problemas. Os fungos produtores de psilocibina não dependem inteiramente de nosso estado alterado, como o *Ophiocordyceps* depende por completo das formigas. Por dezenas de milhões de anos, eles cresceram e se reproduziram perfeitamente bem sem humanos, e provavelmente continuariam a fazer isso.

Isso realmente importa? "Alguém poderia pensar que, com o isolamento [...] da psilocibina e da psilocina, os cogumelos do México perderam sua magia", escreveram Schultes e Hofmann em 1992. Com a domesticação de fungos produtores de psilocibina, centenas de quilos de cogumelos podem ser cultivadas em armazéns em Amsterdã. Com o isolamento da psilocibina, a rede de modo padrão pode ser desativada sob demanda em aparelhos de neuroimagem. Experiências místicas, êxtase e perda do senso de identidade podem ser provocados em uma cama de hospital. Esses avanços nos aproximam de uma maior compreensão da maneira como a psilocibina influencia a mente humana?

Para Schultes e Hofmann, a resposta foi "não muito". As experiências místicas são aquelas, por definição, resistentes à explicação racional. Não se encaixam de imediato em escalas numeradas de questionários psicométricos. Elas confundem e encantam. E, sem dúvida, elas acontecem. Como Schultes e Hofmann observaram, a investigação científica sobre a identidade e a estrutura da psilocibina e da psilocina "apenas mostrou que as propriedades mágicas dos cogumelos se devem a dois compostos cristalinos". É uma descoberta que não vai muito além de dar um empurrãozinho na questão. "Seu efeito na mente humana é tão inexplicável e mágico quanto o dos próprios cogumelos."[49]

Os efeitos dos cogumelos da psilocibina podem não ser considerados um fenótipo estendido em sentido estrito, mas isso significa que devemos descartar a especulação de Terence McKenna? Talvez não devêssemos nos precipitar. "Nossa consciência normal de vigília", escreveu o filósofo e psicólogo William James em 1902, "é apenas um tipo especial de consciência, enquanto em toda a sua volta, separada dela por uma tela fílmica, existem formas potenciais de consciência inteiramente diferentes." Por razões que são mal compreendidas, certos fungos tiram a pessoa de histórias familiares e a levam para formas de consciência que são inteiramente diferentes, para a fronteira de novas questões. "Nenhuma descrição do universo em sua totalidade pode ser definitiva se desconsiderar por completo essas outras formas de consciência", concluiu James.[50]

Seja para um pesquisador, seja para um paciente, ou apenas para um espectador interessado, o aspecto curioso dessas substâncias químicas fúngicas são exatamente as *experiências* que elas provocam. A especulação gerada por cogumelos de McKenna pode forçar os limites das possibilidades mentais e biológicas. Mas esse é precisamente o ponto: os efeitos da psilocibina estendem os limites do que parece possível. Na cultura mazateca, é evidente que os cogumelos falam; qualquer um que os ingere pode verificar isso por si mesmo. O ponto de vista deles é compartilhado por muitas culturas tradicionais que usam plantas ou fungos enteogênicos em rituais. E é um ponto de vista frequente dos usuários contemporâneos em ambientes não tradicionais, muitos deles relatam um estreitamento das fronteiras entre o "eu" e o "outro", e uma experiência de "fusão" com outros organismos.

O mundo é o que parece ao meio-dia com bom tempo? Ou é o que parece ao amanhecer, quando acabamos de despertar? Talvez haja ideias com que todos possam concordar. Quer os fungos falem por meio dos humanos e ocupem nossos sentidos, quer não, o impacto dos cogumelos da psilocibina em nossos pensamentos e crenças é bastante real. Se imaginássemos que um fungo pudesse desgastar nossa mente e se deleitasse ao impactar nossa consciência, o que esperaríamos ver? Talvez houvesse canções sobre cogumelos, estátuas de cogumelos, pinturas de cogumelos, mitos e histórias nas quais os cogumelos desempenhariam papéis principais, cerimônias concebidas em torno da celebração de cogumelos, uma comunidade global de micólogos do tipo "faça você mesmo" desenvolvendo novas maneiras de cultivar cogumelos em seus lares, pregadores micológicos como Paul Stamets falando para grandes audiências sobre como os cogumelos podem salvar o mundo. E pessoas como Terence McKenna, que afirmam falar inglês para os fungos.

Psilocybe semilanceata, ou o "boné-da-liberdade"

5. Antes das raízes

> *Você nunca estará livre de mim*
> *Ele fará uma árvore de mim*
> *Não diga adeus para mim*
> *Descreva o céu para mim*
>   Kathleen Brennan e Tom Waits

Algum tempo atrás, há cerca de 600 milhões de anos, as algas verdes começaram a sair das águas rasas e doces em direção à terra firme. Elas foram os ancestrais de todas as plantas terrestres. A evolução das plantas transformou o planeta e sua atmosfera; foi uma das transições fundamentais na história da vida — um avanço profundo nas possibilidades biológicas. Hoje, as plantas representam 80% da massa de toda a vida na Terra e são a base das cadeias alimentares que sustentam quase todos os organismos terrestres.[1]

Antes das plantas, a terra estava seca e desolada. As condições eram extremas. As temperaturas flutuavam de modo descontrolado, e as paisagens eram rochosas e empoeiradas. Não havia nada que se parecesse com solo. Os nutrientes estavam presos em rochas e minerais sólidos, e o clima era seco. Isso não quer dizer que a terra fosse completamente sem vida. Crostas constituídas de bactérias fotossintetizantes, algas e fungos extremófilos conseguiam sobreviver ao ar livre. Mas, pelas condições adversas, a vida no planeta era um evento predominantemente aquático. Mares e lagoas quentes e rasas fervilhavam de algas e animais. Escorpiões-do-mar de vários metros de comprimento percorriam o fundo do oceano. Os trilobitas aravam o fundo lodoso do mar usando focinhos em forma de pá. Corais solitários começavam a formar recifes. Os moluscos se multiplicavam.[2]

Apesar de suas condições comparativamente inóspitas, a terra oferecia oportunidades consideráveis para quaisquer organismos fotossintetizantes capazes de nela sobreviver. A luz não era filtrada pela água, e o dióxido de carbono era mais acessível — incentivos consideráveis para organismos que se sustentam utilizando luz e dióxido de carbono. Mas as algas ancestrais das plantas terrestres não tinham raízes, não conseguiam armazenar ou transportar água e não tinham experiência em extrair nutrientes de locais sólidos. Como deram conta da difícil passagem para a terra seca?

Quando se trata de reconstruir histórias de origem, é difícil encontrar consenso entre os estudiosos. As evidências geralmente são esparsas, e os fragmentos existentes podem ser usados para apoiar diferentes pontos de vista. Mesmo assim, em meio às disputas morosas que cercam o início da história da vida, um consenso acadêmico se destaca: as algas se tornaram capazes de chegar à terra estabelecendo novas relações com fungos.[3]

Essas primeiras alianças evoluíram para o que chamamos atualmente de "relações micorrízicas". Hoje, mais de 90% das espécies vegetais dependem de fungos micorrízicos. É a regra, não a exceção: uma parte da planta mais fundamental que frutas, flores, folhas, madeira ou mesmo raízes. Com essa parceria íntima — que inclui cooperação, conflito e competição —, as plantas e os fungos micorrízicos promovem um florescimento coletivo que sustenta nosso passado, presente e futuro. Somos impensáveis sem eles, mas raramente pensamos neles. O custo de nossa negligência nunca foi tão aparente. É uma atitude que não podemos sustentar.[4]

Como vimos, algas e fungos tendem a se associar. Sua associação pode assumir muitas formas. Os liquens são um exemplo. As algas são outro; muitas algas marinhas que aparecem na costa dependem de fungos para nutri-las e evitar que se ressequem. Há, ainda, as bolas verdes macias produzidas em questão de dias pelos pesquisadores de Harvard quando juntaram fungos de vida livre e algas. Desde que fungos e algas tenham um bom ajuste ecológico — ou seja, que juntos cantem uma "canção" metabólica que nenhum dos dois cantaria sozinho —, eles se fundirão em relações simbióticas inteiramente novas. Nesse sentido, a união de fungos e algas que deu origem às plantas faz parte de uma história maior, um refrão evolutivo.[5]

Enquanto nos liquens os parceiros se reúnem para formar um corpo completamente diferente daquele dos membros separados, os parceiros em um relacionamento micorrízico não fazem isso: a planta permanece reconhecível como planta e o fungo micorrízico mantém sua aparência de fungo. Isso cria um tipo de simbiose muito diferente e mais promíscua, em que uma única planta pode se acoplar a vários fungos de uma vez, e um único fungo pode estar acoplado a várias plantas.

Para que o relacionamento funcione, a planta e o fungo devem ter uma boa combinação metabólica. É um pacto recorrente. Na fotossíntese, as plantas colhem carbono da atmosfera e forjam os compostos de carbono ricos em energia — açúcares e lipídios — dos quais muitos dos seres vivos dependem. Ao crescer dentro das raízes das plantas, os fungos micorrízicos adquirem acesso privilegiado a essas fontes de energia: são nutridos. Mas a fotossíntese não é suficiente para sustentar a vida. Plantas e fungos precisam de mais do que uma fonte de energia. Água e minerais devem ser extraídos do solo — cheio de texturas e microporos, cavidades eletricamente carregadas e labirintos em decomposição. Os fungos são guardas-florestais hábeis nessa região selvagem e conseguem forragear de um modo que as plantas não são capazes de fazer. Ao hospedar fungos em suas raízes, as plantas obtêm acesso muito melhor a essas fontes de nutrientes. E os fungos também conseguem alimento. Por meio da parceria, as plantas ganham um fungo protético e os fungos ganham uma planta protética. Ambos usam o outro para estender seu alcance. É um exemplo da "intimidade duradoura entre estranhos", de Lynn Margulis. Só que eles praticamente não são mais estranhos. Olhe dentro de uma raiz, e isso ficará claro.

Ao microscópio, as raízes se transformam em mundos. Passei semanas imerso neles, às vezes encantado, outras vezes frustrado. Coloque raízes frescas e finas em um prato de água, e você verá hifas saindo delas. Ferva as raízes em tintura, esmague-as em uma lâmina de vidro, e você verá um entrelaçamento. As hifas se bifurcam e se fundem e irrompem dentro das células vegetais em uma profusão de filamentos ramificados. A planta e o fungo se abraçam. É difícil imaginar um conjunto mais íntimo de poses.

A coisa mais estranha que já vi ao microscópio são microssementes germinando. Microssementes são as menores sementes de planta do mundo. Mal se vê uma única semente a olho nu, como se fosse um pedacinho de cabelo ou a ponta de um cílio. São produzidas por orquídeas e algumas outras plantas. Não pesam quase nada e se dispersam facilmente com o vento ou a chuva. E não germinarão até encontrar um fungo. Passei muito tempo tentando pegá-las em flagrante. Enterrei milhares de microssementes em pequenos sacos e desenterrei depois de alguns meses, na esperança de que algumas tivessem brotado. Ao microscópio, movi sementes em uma placa de vidro com uma agulha em busca de sinais de vida. Depois de vários dias, encontrei o que procurava. Algumas sementes haviam inchado, formando pedaços carnosos emaranhados em hifas fúngicas, fitas pegajosas que se estendiam para dentro da placa. Dentro das raízes em desenvolvimento, as hifas formaram nós e espirais. Isso não era sexo: células de fungos e plantas não haviam se fundido e reunido suas informações genéticas. Mas era sexy: células de duas criaturas diferentes haviam se encontrado, se incorporado, e estavam colaborando na construção de uma nova vida. Imaginar a futura planta como separável do fungo seria absurdo.

Não está claro como os relacionamentos micorrízicos surgiram pela primeira vez. Alguns arriscam dizer que os primeiros encontros foram empapados e desorganizados: fungos em busca de alimento e refúgio dentro de algas levadas às margens lamacentas de lagos e rios. Outros propõem, em vez disso, que as algas chegaram à terra com seus parceiros fúngicos a reboque. De qualquer forma, explicou Katie Field, professora da Universidade de Leeds, "eles logo se tornaram dependentes um do outro".

Field é uma brilhante experimentalista que passou anos estudando as mais antigas linhagens de plantas atualmente vivas. Usando marcadores radioativos, ela mede as trocas que ocorrem entre fungos e plantas em câmaras de crescimento que simulam climas ancestrais. Seus comportamentos simbióticos dão pistas de como as plantas e os fungos procediam em relação uns aos outros nos estágios iniciais de sua migração para a terra. Os fósseis também fornecem indícios impressionantes dessas primeiras alianças. Os melhores exemplares datam de cerca de 400 milhões de anos e trazem a marca inconfundível de fungos micorrízicos: lóbulos plumados com a mesma aparência de hoje. "Você pode praticamente ver o fungo vivendo nas células das plantas", maravilha-se Field.[6]

As primeiras plantas eram pouco mais que poças de tecido verde, sem raízes ou outras estruturas especializadas. Com o tempo, desenvolveram estruturas carnosas grosseiras para abrigar seus fungos associados, que reviravam o solo em busca de água e nutrientes. Quando as primeiras raízes evoluíram, a associação micorrízica já tinha cerca de 50 milhões de anos. Os fungos micorrízicos estão na base de toda a vida subsequente terrestre. A palavra "micorriza" é apropriada. Raízes (*rhiza*) seguiram os fungos (*mykes*) para existir.[7]

Hoje, centenas de milhões de anos depois, as plantas desenvolveram raízes oportunistas mais finas e de crescimento rápido, que se comportam mais como fungos. Mas mesmo essas raízes não conseguem superar os fungos quando se trata de explorar o solo. As hifas micorrízicas são cinquenta vezes mais finas que as raízes mais finas e podem exceder o comprimento das raízes de uma planta em até cem vezes. Vieram antes das raízes e cobrem uma área maior que elas. Alguns pesquisadores vão além. "As plantas não têm raízes", confidenciou um de meus professores universitários a uma turma de alunos perplexos. "Elas têm raízes-fungos — mico-rizas."[8]

Os fungos micorrízicos são tão prolíficos que seu micélio constitui entre um terço e metade da massa viva do solo. Os números são astronômicos. Globalmente, o comprimento total das hifas micorrízicas nos dez primeiros centímetros do solo é cerca de metade da largura de nossa galáxia ($4{,}5 \times 10^{17}$ quilômetros contra $9{,}5 \times 10^{17}$ quilômetros). Se essas hifas fossem passadas a ferro, tornando-se planas, sua área de superfície combinada cobriria duas vezes e meia cada centímetro de terra seca no planeta. No entanto, os fungos não ficam parados. Hifas micorrízicas morrem e voltam a crescer tão rápido — entre dez e sessenta vezes por ano — que ao longo de 1 milhão de anos seu comprimento acumulado excederia o diâmetro do universo conhecido (4,8 × 10^{10} anos-luz de hifas versus 9,1 × 10^9 anos-luz no universo conhecido). Dado que os fungos micorrízicos existem há cerca de 500 milhões de anos e não se restringem aos primeiros dez centímetros de solo, esses números certamente estão subestimados.[9]

Em sua relação, as plantas e os fungos micorrízicos atuam em polaridade: os brotos das plantas se envolvem com a luz e o ar, enquanto os fungos e as raízes das plantas se envolvem com o solo. As plantas empacotam luz e dióxido de carbono em açúcares e lipídios. Os fungos micorrízicos desempacotam os nutrientes acumulados nas rochas e no material em decomposição. São fungos com nicho duplo: parte de sua vida acontece no interior da planta, parte no solo. Eles estão situados no ponto de entrada do carbono nos ciclos de vida terrestre e costuram a relação da atmosfera com o solo. Até hoje, os fungos micorrízicos ajudam as plantas a lidar com a seca, o calor e os muitos outros estresses que a vida terrestre apresenta desde o início, assim como fazem os fungos simbióticos que se aglomeram nas folhas e caules das plantas. O que chamamos de "plantas" são na verdade fungos que evoluíram para cultivar algas e algas que evoluíram para cultivar fungos.

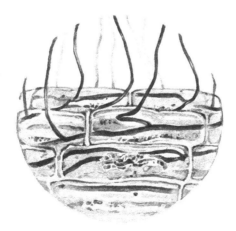

Fungo micorrízico dentro da raiz de uma planta

A palavra "micorriza" foi cunhada em 1885 pelo biólogo alemão Albert Frank — o mesmo Albert Frank cuja fascinação pelos liquens levara-o a cunhar "simbiose", oito anos antes. Posteriormente, foi contratado pelo Ministério da Agricultura, Domínios e Florestas do Reino da Prússia para "fomentar a possibilidade do cultivo de trufas", posto que voltou sua atenção para o solo. Como para muitos outros, a trufa foi a isca que o levou ao subsolo fúngico.

Frank não teve muito sucesso no cultivo, mas em suas investigações documentou em detalhes vívidos o entrelaçamento entre as raízes das árvores e o micélio das trufas. Seus diagramas retratam pontas de raízes emaranhadas em uma capa de micélio, com hifas se contorcendo para fora na página. Frank ficou impressionado com a intimidade da associação e sugeriu que a relação entre as raízes das plantas e seus fungos associados poderia ser mutuamente benéfica, em vez de parasitária. Como era comum entre os cientistas que estudavam simbiose, Frank usou liquens como analogia para dar sentido à associação micorrízica. Em sua opinião, as plantas e os fungos estavam ligados por uma "dependência íntima e recíproca". O micélio micorrízico se comportava como uma "ama de leite" e possibilitava "toda a nutrição da árvore a partir do solo".[10]

As ideias de Frank foram ferozmente atacadas, assim como ocorrera com a dupla hipótese dos liquens de Simon Schwendener. Para os críticos de Frank, a ideia de que a simbiose pudesse trazer benefício mútuo — um "mutualismo" — era uma ilusão sentimental. Se um parceiro parecia se beneficiar, isso tinha um preço. Qualquer simbiose que desse a impressão de ser mutuamente benéfica era, na verdade, um disfarce do parasitismo e do conflito.[11]

Implacável, Frank trabalhou por dez anos para entender as relações das plantas com suas "enfermeiras" fúngicas. Realizou experimentos sofisticados com plântulas de pinheiro. Algumas ele cultivou em solo estéril; outras, em solo coletado de uma floresta de pinheiros próxima. Aquelas que cresceram no solo da floresta formaram relações fúngicas e se desenvolveram em plântulas maiores e mais saudáveis.[12]

As descobertas de Frank chamaram a atenção de J. R. R. Tolkien, conhecido apreciador de plantas, especialmente de árvores. Os fungos micorrízicos logo encontraram lugar em *O Senhor dos Anéis*.[13] "Para você, pequeno jardineiro e amante das árvores", disse a elfo Galadriel ao hobbit Sam Gamgi,

> tenho apenas um pequeno presente [...]. Nesta caixa há terra do meu pomar [...] se você ficar com ela e finalmente voltar para casa, talvez ela possa recompensá-lo. Embora você deva encontrar tudo devastado e infecundo, haverá poucos jardins na Terra-Média que florescerão como o seu, se você espalhar esta terra lá.

Quando ele finalmente voltou para casa e encontrou o condado devastado:

> Sam Gamgi plantou mudas em todos os lugares onde árvores especialmente belas ou amadas haviam sido destruídas, e colocou um grão da preciosa poeira de Galadriel no solo da raiz de cada uma [...]. Durante todo o inverno ele permaneceu tão paciente quanto podia, e tentou se conter para não voltar constantemente para ver se alguma coisa estava acontecendo. A primavera superou suas esperanças mais desvairadas. Suas árvores começaram a brotar e crescer, como se o tempo estivesse com pressa e quisesse fazer um ano valer por vinte.

Tolkien poderia estar descrevendo o crescimento das plantas no período Devoniano, de 300 milhões a 400 milhões de anos atrás. Já bem estabelecidas em terra e alimentadas por altos níveis de luz e dióxido de carbono, as plantas se espalharam pelo mundo e desenvolveram formas maiores e mais complexas, mais rápido que em qualquer época anterior. Árvores com um metro de altura evoluíram para árvores de trinta metros em alguns milhões de anos. Nesse período, com a explosão das plantas, a quantidade de dióxido de carbono na atmosfera caiu 90%, desencadeando um período de resfriamento global. Será que as plantas e seus fungos associados desempenharam um papel nessa enorme transformação atmosférica? Vários pesquisadores, inclusive Field, acham que isso é provável.[14]

"Os níveis de dióxido de carbono na atmosfera caem acentuadamente ao mesmo tempo que as plantas terrestres estão desenvolvendo estruturas cada vez mais complexas", explicou Field. O aumento na produtividade das plantas, por sua vez, dependia de seus parceiros micorrízicos. É uma sequência previsível de eventos. Um dos maiores limites para o crescimento das plantas é a escassez de fósforo. Uma das coisas que os fungos micorrízicos fazem melhor — uma de suas "canções" metabólicas mais proeminentes — é extrair fósforo do solo e transferi-lo para suas plantas parceiras. Se as plantas são fertilizadas com fósforo, elas crescem mais. Quanto mais as plantas crescem, mais retiram dióxido de carbono da atmosfera. Quanto mais plantas vivem, mais plantas morrem e mais carbono é enterrado nos solos e sedimentos. Quanto mais carbono é enterrado, menos fica na atmosfera.

O fósforo é apenas parte da história. Os fungos micorrízicos usam ácidos e alta pressão para penetrar a rocha sólida. Com a ajuda deles, as plantas do período Devoniano foram capazes de extrair minerais como cálcio e sílica. Uma vez desbloqueados, esses minerais reagem com o dióxido de carbono, puxando-o da atmosfera. Os compostos resultantes — carbonatos e silicatos — chegam aos oceanos, onde são usados por organismos marinhos para fazer suas conchas. Quando os organismos morrem, as conchas afundam e se acumulam em camadas com centenas de metros de espessura no fundo do oceano, um enorme cemitério de carbono. O resultado de tudo isso é que o clima começa a mudar.[15]

"Será que existe um modo de medir o impacto dos fungos micorrízicos no clima global antigo?", perguntei.

"Sim e não", respondeu Katie Field. "Recentemente tentei." Para isso, Field colaborou com o biogeoquímico Benjamin Mills, pesquisador da Universidade de Leeds. Mills trabalha com modelos de computador que fazem previsões sobre o clima e a composição da atmosfera.[16]

Muitos pesquisadores constroem modelos climáticos. Os meteorologistas e cientistas do clima dependem dessas simulações digitais para estimar cenários futuros. O mesmo se aplica aos pesquisadores que tentam reconstruir as principais transições do passado do planeta. Variando os números inseridos no modelo, podem-se testar diferentes hipóteses sobre a história do clima da Terra. O que acontece se houver mais dióxido de carbono? E se diminuir a quantidade de fósforo disponível para as plantas? O modelo não pode afirmar o que realmente ocorreu, mas pode nos dizer que fatores fazem a diferença.

Antes do encontro com Field, Mills não tinha incluído os fungos micorrízicos no modelo. Ele podia variar a quantidade de fósforo que as plantas conseguiam obter. No entanto, sem levar em conta os fungos micorrízicos não há como fazer estimativas realistas de quanto fósforo as plantas conseguiam obter. Field podia ajudar. Em uma série de experimentos, ela descobriu que o resultado das relações micorrízicas variava com as condições climáticas de suas câmaras de crescimento. Às vezes, as plantas se beneficiam mais com o relacionamento, e às vezes menos, uma característica que ela chama de "eficiência simbiótica". Se as plantas ficarem junto de um parceiro micorrízico eficiente, elas recebem mais fósforo e crescem mais. Field conseguiu estimar a eficiência da troca micorrízica ocorrida há cerca de 450 milhões de anos, quando o nível de dióxido de carbono atmosférico era várias vezes maior que hoje.

Quando Mills acrescentou fungos micorrízicos ao modelo, descobriu que era possível mudar todo o clima global simplesmente regulando a eficiência simbiótica para cima ou para baixo. A quantidade de dióxido de carbono e oxigênio na atmosfera e as temperaturas globais — tudo variava de acordo com a eficiência da troca micorrízica. Segundo os dados de Field, os fungos micorrízicos teriam contribuído substancialmente para a drástica redução do dióxido de carbono que se seguiu ao boom das plantas no período Devoniano. "É um daqueles momentos em que você pensa *uau*, ou melhor, espere um pouco!", Field disse. "Nossos resultados sugerem que as relações micorrízicas têm contribuído para a evolução de grande parte da vida na Terra."[17]

Elas continuam fazendo isso. O livro de Isaías no Antigo Testamento diz que "toda carne é capim". É uma lógica que hoje podemos descrever como ecológica: no corpo dos animais, o capim se torna carne. Mas por que parar aí? O capim só se transforma em capim quando sustentado pelos fungos que vivem em suas raízes. Isso significa que todo capim é fungo? Se todo capim é fungo e toda carne é capim, isso significa que toda carne é fungo?

Talvez não toda, mas certamente uma parte dela: os fungos micorrízicos podem fornecer até 80% do nitrogênio de uma planta e até 100% de seu fósforo. Os fungos fornecem outros nutrientes essenciais às plantas, como zinco e cobre. Também fornecem água e as ajudam a sobreviver à seca, como fazem desde os primeiros dias da vida terrestre. Em troca, as plantas alocam até 30% do carbono que coletam para seus parceiros micorrízicos. O que exatamente está acontecendo entre uma planta e um fungo micorrízico em determinado momento depende de quem está envolvido. Existem muitas maneiras de ser uma planta e muitas maneiras de ser um fungo. E há muitas maneiras de formar uma relação micorrízica: é um modo de vida que surgiu em mais de sessenta ocasiões distintas em diferentes linhagens de fungos desde que as algas migraram pela primeira vez para a terra. Como acontece com muitas características que, contra todas as probabilidades, surgiram mais de uma vez na evolução — seja a capacidade de caçar nematoides, seja a de formar liquens, ou ainda a de manipular o comportamento dos animais —, é difícil evitar a sensação de que esses fungos encontraram uma estratégia vencedora.[18]

Os parceiros fúngicos de uma planta podem ter um impacto perceptível em seu crescimento — e em seu corpo. Anos atrás, em uma conferência sobre as relações micorrízicas, conheci um pesquisador que vinha cultivando pés de morango com diferentes comunidades de fungos micorrízicos. O experimento era simples. Se as mesmas espécies de morango fossem cultivadas com diferentes espécies de fungo, o sabor do morango mudaria? Ele realizou testes cegos de sabor e descobriu que diferentes comunidades de fungos pareciam alterar o sabor da fruta. Alguns tinham mais sabor, outros eram mais suculentos ou mais doces.

Quando o pesquisador repetiu o experimento pelo segundo ano consecutivo, o clima imprevisível encobriu o efeito dos fungos micorrízicos no sabor dos morangos, mas surgiram vários outros efeitos surpreendentes. As flores de pés de morango cultivados com certas espécies de fungo atraíam mais abelhas que outras flores. As plantas cultivadas com algumas espécies de micorriza produziram mais frutos que outras. E a aparência dos frutos se alterou, dependendo dos fungos com os quais as plantas se associaram. Algumas comunidades micorrízicas faziam com que os frutos parecessem mais atraentes; outras, menos.[19]

Os morangos não são os únicos vegetais sensíveis à identidade de seu parceiro fúngico. A maioria das plantas — de um vaso de boca-de-leão a uma sequoia-gigante — se desenvolverá de maneira distinta quando cultivada com diferentes comunidades de fungos micorrízicos. O pé de manjericão, por exemplo, produzirá diferentes perfis de óleos aromáticos que compõem seu sabor, de acordo com as cepas micorrízicas com as quais for cultivado. Descobriu-se que alguns fungos tornam os tomates mais doces; outros mudam o perfil do óleo essencial da erva-doce, do coentro e da menta; ou aumentam a concentração de ferro e carotenoides nas folhas de alface, a atividade antioxidante na alcachofra ou a concentração de compostos medicinais na erva-de-são-joão e na equinácea. Em 2013, uma equipe de pesquisadores italianos assou pães de trigo cultivado com diferentes comunidades micorrízicas. O pão foi submetido a testes com nariz eletrônico e a um júri composto por dez "degustadores bem treinados" da Universidade de Ciências Gastronômicas de Bra, na Itália. (Cada degustador, garantem os autores, "tinha no mínimo dois anos de experiência em avaliação sensorial".) Surpreendentemente, mesmo considerando as diversas etapas entre a coleta e a degustação — moagem, mistura e cozimento, além da adição de levedura —, tanto o júri quanto o nariz eletrônico foram capazes de diferenciar os pães. Aquele cultivado com uma comunidade de fungos micorrízicos aprimorada tinha maior "intensidade de sabor", e era mais "elástico e crocante". Cheirando uma flor, mastigando galhos, folhas ou cascas, bebendo um vinho — quantos outros aspectos da micorrízica subterrânea de uma planta poderíamos ser capazes de experimentar? Muitas vezes me pergunto isso.[20]

"Como é delicado o mecanismo de manutenção do equilíbrio de poder entre os membros da população do solo", refletiu a micóloga Mabel Rayner em *Trees and Toadstools*,* um livro sobre relações micorrízicas publicado em 1945. Diferentes espécies de fungo micorrízico podem fazer com que uma folha de manjericão tenha um sabor diferente ou um pé de morango produza frutos mais deliciosos. Mas como? Alguns parceiros fúngicos são "melhores" que outros? Algumas plantas parceiras são "melhores" que outras? Plantas e fungos sabem a diferença entre parceiros alternativos? Décadas se passaram desde o comentário de Rayner, mas estamos apenas começando a entender os intrincados comportamentos que mantêm o equilíbrio simbiótico entre plantas e fungos micorrízicos.[21]

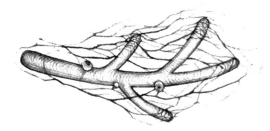

Ponta de raiz micorrízica

As interações sociais exigem muito. De acordo com alguns psicólogos evolucionistas, o grande cérebro e o intelecto flexível dos seres humanos surgiram para que fôssemos capazes de lidar com situações sociais complexas. Mesmo a menor interação está inserida em uma constelação social em mutação. De acordo com o *Chambers Dictionary of Etymology* [Dicionário Chambers de Etimologia], a palavra "*entangle*" [em português, "enredar"] foi originalmente usada para descrever tais interações humanas, ou nosso envolvimento em "assuntos complexos". Só mais tarde a palavra adquiriu outros significados. Nós, humanos, tornamo-nos tão inteligentes — prossegue a argumentação — porque estávamos enredados em uma onda de interações muito complexas.[22]

* "Árvores e cogumelos tóxicos", em tradução livre.

As plantas e os fungos micorrízicos não têm cérebro ou intelecto reconhecível, mas certamente vivem enredados e precisaram desenvolver maneiras de administrar seus assuntos complexos. As ações das plantas são baseadas no que está acontecendo no mundo sensorial de seus parceiros fúngicos. Da mesma forma, o comportamento dos fungos se baseia no que está acontecendo no mundo sensorial de suas plantas parceiras. Usando informações de quinze a vinte sentidos diferentes, os brotos e as folhas de uma planta exploram o ar e ajustam seu comportamento com base em mudanças contínuas e sutis em seu entorno. Algo entre milhares e bilhões de pontas de raízes exploram o solo, cada uma com capacidade de formar múltiplas conexões com diferentes espécies de fungo. Enquanto isso, um fungo micorrízico deve farejar fontes de nutrientes, proliferar dentro delas, misturar-se a multidões de outros microrganismos — fúngicos, bacterianos ou de outros tipos —, absorver os nutrientes e desviá-los pela rede irregular de seu corpo. As informações devem ser integradas em um número imenso de pontas de hifas, que a qualquer momento podem ser divididas entre várias plantas diferentes e se espalhar por dezenas de metros.

Toby Kiers, professora da Universidade Livre de Amsterdã, está entre os pesquisadores que mais investigaram como as plantas e os fungos mantêm seu "equilíbrio de poder". Usando etiquetas radioativas ou agregando às moléculas marcadores que emitem luz, Kiers e sua equipe são capazes de rastrear o carbono que se move das raízes das plantas para as hifas e o fósforo que se move dos fungos para as raízes das plantas. Medindo cuidadosamente esses fluxos, conseguem descrever algumas das formas pelas quais ambos os parceiros gerenciam suas trocas. "*Como* as plantas e os fungos micorrízicos lidam com sua exigente paisagem social?", perguntei a Kiers.

Ela riu. "Nós realmente queremos entender a complexidade do que está acontecendo. Sabemos que as trocas estão ocorrendo. A questão é se podemos prever como as estratégias de negociação mudam. É muita coisa, mas por que não tentar?"

As descobertas de Kiers são surpreendentes porque sugerem que nem a planta nem o fungo têm controle total sobre a relação. Entre eles, são capazes de fazer acordos, resolver trocas e implantar estratégias de negociação sofisticadas. Em um conjunto de experimentos, ela descobriu que as raízes das plantas eram capazes de priorizar o fornecimento de carbono para cepas de fungos que ofereciam mais fósforo. Em troca, os fungos que receberam mais carbono da planta deram ainda mais fósforo. A troca foi, de certo modo, negociada entre os dois de acordo com a disponibilidade de recursos. Kiers levantou a hipótese de que essas "recompensas recíprocas" ajudaram a manter estáveis as associações de plantas e fungos ao longo do tempo evolutivo. Como ambos os parceiros compartilham o controle da troca, nenhum dos dois seria capaz de dominar o relacionamento para seu benefício exclusivo.[23]

Embora, em geral, tanto as plantas quanto os fungos tendam a se beneficiar dessa relação, diferentes espécies de planta e fungo têm estilos simbióticos diversos. Alguns fungos são parceiros mais cooperativos; outros são menos cooperativos e "acumulam" fósforo em vez de trocá-lo com suas plantas parceiras. No entanto, mesmo um acumulador pode não guardar o tempo todo. Seu comportamento é flexível, um conjunto dinâmico que depende do que está acontecendo ao seu redor e em outras partes de si mesmo. Não sabemos muito sobre como esses comportamentos funcionam, mas está claro que a todo momento as plantas e os fungos se deparam com uma série de opções. E as opções envolvem escolhas, não importa como essas escolhas são feitas — independentemente de isso se dar na mente humana consciente, em um algoritmo de computador inconsciente ou em qualquer coisa intermediária.[24]

"Será que, mesmo desprovidos de cérebro, as plantas e os fungos estão tomando decisões?", perguntei.

"Eu uso a palavra 'decisão' o tempo todo", disse-me Kiers. "Há um conjunto de opções e, de alguma forma, as informações precisam ser integradas, e uma das opções precisa ser escolhida. Acho que muito do que estamos fazendo é estudar decisões em microescala." Essas escolhas podem se desdobrar de muitas maneiras. "São decisões *absolutas* sendo tomadas em cada ponta hifal?", ponderou Kiers. "Ou é tudo *relativo*, e nesse caso o que acontece dependeria do que mais está acontecendo na rede?"

Intrigada com essas questões, e depois de ler o trabalho de Thomas Piketty sobre a desigualdade de riqueza nas sociedades humanas, a pesquisadora começou a pensar sobre o papel da desigualdade nas redes de fungos. Kiers e sua equipe expuseram um único fungo micorrízico a uma fonte desigual de fósforo. Uma parte do micélio tinha acesso a uma grande porção de fósforo. Outra parte tinha acesso a uma porção pequena. Ela estava interessada em como isso afetaria as decisões de troca em diferentes partes da mesma rede. Surgiram alguns padrões reconhecíveis. Na parte com escassez de fósforo, a planta pagava um "preço" mais alto, fornecendo mais carbono ao fungo para cada unidade de fósforo que recebia. Onde havia mais fósforo, o fungo recebeu uma "taxa de câmbio" menos favorável. O "preço" do fósforo parecia ser regido pela conhecida dinâmica da oferta e da procura.[25]

O mais surpreendente foi a maneira como o fungo coordenou seu comportamento de trocas na rede. Kiers identificou uma estratégia de "comprar na baixa e vender na alta". O fungo transportava fósforo ativamente — usando seus "motores" dinâmicos de microtúbulos — de áreas de abundância, onde foi buscar "preços" baixos na troca com a raiz da planta, para as áreas de escassez, onde a demanda era maior e os "preços" eram mais altos. Ao fazer isso, o fungo conseguiu transferir uma proporção maior de seu fósforo para a planta na "taxa de câmbio" mais favorável, recebendo assim, em troca, quantidades maiores de carbono.[26]

Como esses comportamentos são controlados? O fungo pode detectar diferenças na "taxa de câmbio" em sua rede e transportar ativamente o fósforo para "manipular" o sistema? Ou sempre transporta fósforo em sua rede de áreas de abundância para áreas de escassez, podendo ou não receber um "retorno" da planta? Ainda não sabemos. Apesar disso, os estudos de Kiers esclarecem alguns dos meandros das trocas entre plantas e fungos, e mostram como surgem soluções para desafios complexos. Todos esses comportamentos ilustram um padrão geral. Como determinada planta ou fungo se comporta depende de com *quem* eles se associam e de *onde* estão. Pode-se pensar nas relações micorrízicas como parte de um contínuo, com parasitas em um polo e mutualistas cooperativos no outro. Algumas plantas se beneficiam de seus parceiros fúngicos em certas condições e não em outras. Cultive plantas com bastante fósforo, e elas poderão se tornar menos exigentes quanto às espécies de fungo com as quais fazem parceria. Cultive fungos cooperativos junto com outros fungos cooperativos, e eles poderão se tornar menos cooperativos. O mesmo fungo, a mesma planta, ambientes diferentes, resultados diferentes.[27]

Um de meus colaboradores, um professor da Universidade de Marburg, falou-me sobre uma escultura que vira quando criança. *O quilômetro vertical da terra* é um poste de latão de um quilômetro enterrado no solo. A única parte visível é a extremidade da coluna: um círculo de latão estendido no chão e que parece uma moeda. O professor descreveu a vertigem imaginativa que a obra despertou nele, a sensação de flutuar sobre a superfície de um oceano de terra, olhando para suas profundezas. A experiência inspirou seu fascínio por raízes e fungos micorrízicos. Tenho uma sensação semelhante de vertigem quando penso na complexidade das relações micorrízicas — quilômetros de vida entrelaçada — acotovelando-se sob meus pés.

A vertigem realmente me domina quando tento dimensionar a escala do muito pequeno ao muito grande, das decisões microscópicas de trocas que ocorrem em um nível celular até o planeta inteiro, a atmosfera, os 3 trilhões de árvores que vivem na Terra e os quatrilhões de quilômetros de fungos micorrízicos que se enredam no solo. A mente não consegue manter o equilíbrio quando confrontada com números tão grandes. A história das relações micorrízicas dá muitas dessas voltas vertiginosas, do muito grande ao muito pequeno e vice-versa.[28]

A escala é uma questão no campo da pesquisa micorrízica. As relações micorrízicas acontecem longe da vista. É difícil vivenciá-las, vê-las ou tocá-las. Sua inacessibilidade significa que a maior parte do conhecimento sobre o comportamento micorrízico vem de estudos controlados em laboratório ou estufa. Nem sempre é possível ampliar a escala dessas descobertas para ecossistemas complexos do mundo real. Na maior parte do tempo, vemos apenas uma pequena porção do quadro geral. O resultado é que os pesquisadores sabem mais sobre o que os fungos micorrízicos são capazes de fazer do que sobre o que estão realmente fazendo.[29]

Mesmo em ambientes controlados, é difícil ter uma ideia de como os fungos micorrízicos realmente se comportam a cada momento. Em contraste com os estudos de Kiers, há situações em que as trocas entre plantas e fungos parecem não obedecer ao que reconheceríamos como estratégias de negociação racionais. Falta algo em nosso entendimento? Ninguém tem certeza. Temos uma ideia muito restrita de como exatamente ocorre a troca química entre plantas e fungos e como ela é controlada em nível celular. "Estamos tentando estudar como tudo se move dentro de uma rede", disse-me Kiers; "estamos tentando filmar isso em vídeo. É tão louco o que está acontecendo ali. Mas esses estudos são *difíceis*, e posso entender por que as pessoas gostariam de trabalhar com outros organismos". Muitos micólogos compartilham essa combinação de entusiasmo e frustração.[30]

Existem outras maneiras de pensar sobre essas associações, outras maneiras de conter a vertigem? Alguns de meus colegas encontraram saídas mais intuitivas para seu entusiasmo. Vários deles são apaixonados caçadores de cogumelos. Ao buscar cogumelos — como trufas, porcini, chanterelle e matsutake —, eles se envolvem com relacionamentos micorrízicos de uma forma mais espontânea. Outros passam horas observando ao microscópio, o que é quase o equivalente a um biólogo marinho mergulhando. Outros peneiram esporos do solo, esferas coloridas que sob o microscópio brilham como ovas de peixe. Um de meus colegas no Panamá era um habilidoso coletor de esporos. Certas noites, preparávamos lanches com esporos, fragmentos de biscoito e coalhada: pequenas migalhas de caviar micorrízico que tínhamos de preparar ao microscópio e colocar com pinça na boca. Não aprendemos muito, mas não era esse o objetivo. A atividade ajudou-nos a manter o equilíbrio enquanto avançávamos do pequeno para o grande. Foram raros momentos de contato direto com nossas matérias experimentais, bobagens para nos lembrar que os fungos micorrízicos não são entidades esquemáticas mecânicas — não se pode comer uma máquina ou um conceito —, mas organismos cujas vidas ainda tentamos entender.

As plantas ainda são o caminho mais fácil de contato. É por meio delas que a exuberância micorrízica do subterrâneo eclode no dia a dia da vida humana. As inúmeras interações microscópicas que ocorrem se expressam na forma, no crescimento, no sabor e no cheiro das plantas. Sam Gamgi, como Albert Frank, conseguia ver com seus próprios olhos o resultado das relações micorrízicas das árvores jovens: as plântulas começavam a brotar e crescer "como se o tempo estivesse com pressa". Comendo uma planta sentimos o sabor que vem de uma relação micorrízica. Cultivando plantas — em vasos, canteiros, jardins ou parques da cidade —, cultivamos essas relações. Numa escala ainda maior, as decisões de trocas microscópicas tomadas por plantas e fungos podem dar forma a populações de florestas em todo o continente.

A última Era do Gelo terminou há cerca de 11 mil anos. Conforme a vasta camada de gelo Laurentide recuou, revelaram-se milhões de quilômetros quadrados da América do Norte. Durante um período de vários milhares de anos, as florestas se expandiram para o norte. Usando registros de pólen, é possível reconstruir a cronologia da migração de diferentes espécies de árvore. Algumas — faia, amieiro, pinheiro, abeto e bordo — avançaram rapidamente, mais de cem metros por ano. Outras — plátano, carvalho, vidoeiro, nogueira — avançaram mais devagar, cerca de dez metros por ano.[31]

Que características dessas espécies determinavam sua resposta às mudanças climáticas? A relação entre os fungos e as ancestrais das plantas permitiu que eles migrassem para a terra firme. Será que as relações micorrízicas continuaram influenciando o movimento das plantas por todo o planeta centenas de milhões de anos depois? É possível. Nem as plantas nem os fungos herdam uns aos outros. Eles herdam a tendência de associação, mas vivem o que pode ser definido, pelos padrões de muitas simbioses antigas, como relacionamento aberto. Como nos primeiros dias da vida terrestre, as plantas formam seus relacionamentos dependendo de quem está por perto. O mesmo vale para os fungos. Embora isso possa ser uma limitação — uma semente de planta que não encontra fungos compatíveis tem pouca probabilidade de sobreviver —, a capacidade de reformar o relacionamento, ou desenvolver um que seja inteiramente novo, permite que os parceiros respondam às mudanças circunstanciais. Um estudo publicado em 2018 por pesquisadores na Universidade da Colúmbia Britânica descobriu que a velocidade de migração das árvores pode realmente depender de sua propensão a formar micorrizas. Algumas espécies são mais promíscuas que outras; podem entrar em relacionamentos com muitas espécies de fungo diferentes. À medida que o manto de gelo Laurentide recuava, as espécies que migravam mais rápido eram as mais promíscuas, aquelas que tinham melhores chances de encontrar um fungo compatível quando chegassem a um lugar novo.[32]

Os fungos que vivem nas folhas e nos brotos — conhecidos como "endofíticos" — também podem ter efeitos significativos na capacidade das plantas de construir uma vida em um novo lugar. Pegue uma gramínea de solo costeiro salgado, plante-a sem seus fungos endofíticos, e ela não será capaz de sobreviver nesse habitat. O mesmo vale para gramíneas que crescem em solos geotérmicos quentes. Os pesquisadores trocaram os fungos endofíticos que viviam em cada tipo de gramínea, para que as gramíneas costeiras fossem cultivadas com fungos geotérmicos quentes e vice-versa. A habilidade das gramíneas de sobreviver mudou. As gramíneas costeiras não cresciam mais em solos costeiros salgados, mas floresciam em solos geotérmicos quentes. As gramíneas geotérmicas quentes não conseguiam mais crescer nos solos geotérmicos quentes, mas floresciam nos solos costeiros salgados.[33]

Os fungos podem determinar quais plantas crescem e em qual lugar; podem até impelir a evolução de novas espécies, isolando populações de plantas umas das outras. A ilha de Lord Howe tem nove quilômetros de comprimento, cerca de um quilômetro de largura, e fica entre a Austrália e a Nova Zelândia. Nela crescem duas espécies de palmeira que divergiram. Uma espécie, a palmeira-quência (*Howea belmoreana*), cresce em solos vulcânicos ácidos, enquanto sua espécie-irmã, a palmeira-kentia (*Howea forsteriana*), vive em solos calcários alcalinos. Por muito tempo os botânicos ficaram intrigados com essa mudança radical de habitat da palmeira-kentia. Um estudo publicado em 2017 por pesquisadores do Imperial College mostra que os fungos micorrízicos são os grandes responsáveis. Os pesquisadores descobriram que as duas espécies de palmeira se associam a diferentes comunidades de fungos. A palmeira-kentia é capaz de formar relações com fungos que lhe permitem viver em solos calcários alcalinos. No entanto, sua habilidade de fazer isso dificulta a formação de relacionamentos com os fungos micorrízicos nos solos vulcânicos ancestrais. Isso significa que a palmeira-kentia se beneficia apenas dos fungos presentes nos solos calcários, enquanto a palmeira-quência se beneficia apenas dos fungos existentes nos solos vulcânicos. Com o tempo, vivendo em diferentes "ilhas" fúngicas, embora compartilhando a mesma minúscula ilha, uma espécie ancestral se tornou duas.[34]

A capacidade das plantas e fungos de remodelar seus relacionamentos tem implicações profundas. Sabemos como isso funciona: ao longo da história humana, parcerias com outros organismos ampliaram o alcance de humanos e não humanos. As relações humanas com o milho geraram novas formas de civilização. O relacionamento com os cavalos deu origem a novas formas de transporte. A relação com as leveduras forneceu novas formas de produção e distribuição de álcool. Em cada caso, humanos e seus parceiros não humanos redefiniram suas possibilidades.

Cavalos e humanos continuam sendo organismos separados, assim como plantas e fungos, mas ambos são vestígios de uma antiga tendência dos organismos de se associar. As antropólogas Natasha Myers e Carla Hustak argumentam que a palavra "evolução", que literalmente significa "rolar para fora", não aprende a disposição dos organismos para se envolverem uns nas vidas dos outros. Myers e Hustak sugerem que a palavra "involução" — derivada da palavra "envolver" — descreve melhor essa tendência: "rolar, enrolar, virar para dentro". Na opinião das antropólogas, o conceito de involução apreende melhor o intrincado movimento de puxa-empurra de "organismos que estão sempre inventando novas maneiras de viver uns com os outros". Foi a tendência de se envolver na vida dos outros que permitiu às plantas tomar emprestado um sistema como o de raízes por 50 milhões de anos, enquanto desenvolviam o seu próprio. Hoje, mesmo com raízes, quase todas as plantas ainda dependem de fungos micorrízicos. Sua tendência involutiva permitiu aos fungos pegar uma alga fotossintetizante emprestada para lidar com seus assuntos atmosféricos. Eles ainda o fazem. Os fungos micorrízicos não estão incorporados às sementes das plantas. Plantas e fungos devem formar e reformar constantemente o relacionamento. A involução é contínua e extravasante: associando-se uns aos outros, todos os participantes extrapolam e ultrapassam seus limites prévios.[35]

Diante de mudanças ambientais catastróficas, grande parte da vida depende da capacidade das plantas e fungos de se adaptar a novas condições — em paisagens poluídas, desmatadas ou em ambientes recém-criados, como o telhado verde urbano. Aumentos no dióxido de carbono atmosférico, mudanças no clima e poluição influenciam as decisões de troca microscópica da raiz das plantas com seus parceiros fúngicos. Como há muito tempo acontece, a influência dessas decisões aumenta e se espalha por ecossistemas inteiros e grandes extensões de terra. Um grande estudo publicado em 2018 sugeriu que a "deterioração alarmante" da saúde das árvores em toda a Europa foi causada por uma interrupção de suas relações micorrízicas, em decorrência da poluição por nitrogênio. Associações micorrízicas nascidas no Antropoceno determinarão em grande parte a capacidade dos seres humanos de se adaptar à piora das condições climáticas. Mais que em qualquer área, as possibilidades — e os problemas — são maiores na agricultura.[36]

"Da eficiência dessa associação micorrízica dependem a saúde e o bem-estar da humanidade." Assim escreveu Albert Howard, fundador do movimento moderno da agricultura orgânica e porta-voz apaixonado dos fungos micorrízicos. Na década de 1940, Howard argumentou que a aplicação generalizada de fertilizantes químicos interromperia as associações micorrízicas, o meio pelo qual "o casamento de um solo fértil com a árvore que ele nutre [...] é arranjado". As consequências de tal colapso seriam de longo alcance. Cortar esses "fios vivos de fungos" significaria reduzir a saúde do solo. Por sua vez, a saúde e a produtividade das culturas sofreriam, assim como os animais e as pessoas que os consumissem. "Será que a humanidade consegue regular suas atividades de modo que seu principal bem — a fertilidade da terra — seja preservado?", desafiou Howard. "Da resposta a essa pergunta depende o futuro da civilização."[37]

O tom de Howard é dramático, mas oitenta anos depois suas perguntas cortam fundo. De certo modo, a agricultura industrial moderna foi eficaz: a produção agrícola dobrou na segunda metade do século 20. Mas o foco exclusivo na rentabilidade gerou custos elevados. A agricultura provoca destruição ambiental generalizada e é responsável por um quarto das emissões globais de gases de efeito estufa. Entre 20% e 40% das colheitas são perdidas a cada ano por pragas e doenças, apesar das aplicações colossais de pesticidas. O rendimento agrícola global se estabilizou, apesar de um aumento de setecentas vezes no uso de fertilizantes na segunda metade do século 20. Em todo o mundo, trinta campos de futebol de solo superficial são perdidos por minuto devido à erosão. O solo do Reino Unido se tornou tão degradado que, em 2014, pesquisadores da Universidade de Sheffield estimaram que restariam apenas mais cem colheitas. No entanto, um terço dos alimentos são desperdiçados, e a demanda por novas colheitas vai dobrar até 2050. A urgência da crise não é exagero.[38]

Os fungos micorrízicos fazem parte da solução? Talvez essa seja uma pergunta tola. As relações micorrízicas são tão antigas quanto as plantas e moldam o futuro da Terra há centenas de milhões de anos. Elas sempre fizeram parte de nossos esforços de produção, quer pensássemos nelas, quer não. Por milênios, em muitas partes do mundo, as práticas agrícolas tradicionais cuidaram da saúde do solo e, portanto, apoiaram implicitamente as relações fúngicas das plantas. Mas, ao longo do século 20, nossa negligência nos causou problemas. Em 1940, a maior preocupação de Howard era que as técnicas agrícolas industriais se desenvolvessem sem levar em conta a "vida do solo". Sua preocupação se justificava. Ao ver os solos como lugares mais ou menos sem vida, essas práticas devastaram as comunidades subterrâneas que sustentam a vida que nos alimenta. Há um paralelo com boa parte da ciência médica do século 20, que considerava "germe" e "microrganismo" a mesma coisa. É claro que alguns organismos do solo, assim como alguns microrganismos que vivem em nosso corpo, podem causar doenças. Mas a maioria faz exatamente o oposto. Perturbe a ecologia dos microrganismos que vivem em seu intestino, e você terá problemas de saúde — sabe-se que um número crescente de doenças humanas surge quando tentamos nos livrar dos "germes". Perturbe a rica ecologia de microrganismos que vive no solo — as entranhas do planeta —, e a saúde das plantas também será prejudicada.[39]

Um estudo publicado em 2019 por pesquisadores da Agroscope, em Zurique, avaliou o nível da degradação comparando o impacto da agricultura orgânica com o da agricultura convencional "intensiva" na comunidade de fungos das raízes das plantações. Sequenciando o DNA fúngico, os autores conseguiram compilar redes e mostrar quais espécies de fungo se associavam entre si. Encontraram "diferenças notáveis" entre plantações orgânicas e convencionais. Não apenas a abundância de fungos micorrízicos era maior em campos geridos organicamente, mas as comunidades de fungos também eram muito mais complexas: 27 espécies de fungo foram identificadas como "espécies-chave" altamente conectadas, contra nenhuma nos campos manejados convencionalmente. Muitos estudos relatam descobertas semelhantes. Práticas agrícolas intensivas — que combinam aração e aplicação de fertilizantes químicos ou fungicidas — reduzem a abundância de fungos micorrízicos e alteram a estrutura de suas comunidades. Práticas mais sustentáveis, orgânicas ou não, tendem a resultar em comunidades mais diversificadas e maior abundância de micélio.[40]

Isso faz diferença? Grande parte da história da agricultura é de sacrifício ecológico. As florestas são desmatadas para dar lugar aos campos. A vegetação arbustiva é eliminada para dar lugar a campos maiores. Certamente o mesmo acontece com as comunidades de microrganismos no solo. Se os humanos alimentam as plantações adicionando fertilizantes, não estariam fazendo o trabalho dos fungos micorrízicos? Por que se preocupar com os fungos se os tornamos redundantes?

Os fungos micorrízicos fazem mais que alimentar as plantas. Os pesquisadores da Agroscope os descrevem como organismos fundamentais, mas alguns preferem a expressão "engenheiros de ecossistema". O micélio micorrízico é uma costura viva pegajosa que mantém a consistência do solo; remova os fungos, e o solo é levado com a água. As micorrizas aumentam o volume de água que o solo absorve, reduzindo a quantidade de nutrientes lixiviados pela chuva em até 50%. Do carbono do solo — que, notavelmente, equivale a duas vezes a quantidade de carbono encontrada nas plantas e na atmosfera juntas —, uma proporção substancial está presa em compostos orgânicos resistentes produzidos por fungos micorrízicos. O carbono que encharca o solo pelos canais micorrízicos sustenta teias alimentares intrincadas. Além das centenas ou milhares de metros de micélio, uma colher de chá de solo saudável contém mais bactérias, protistas, insetos e artrópodes que o número de humanos que já viveu na Terra.[41]

Fungos micorrízicos podem aumentar a qualidade de uma colheita, como ilustram os experimentos com manjericão, morango, tomate e trigo. Podem também aumentar a capacidade das safras de competir com ervas daninhas e aumentar sua resistência a doenças, estimulando o sistema imunológico das plantas. Podem tornar as colheitas mais resistentes à seca, ao calor, à salinidade e aos metais pesados. Aumentam até a capacidade das plantas de combater ataques de pragas de insetos, estimulando a produção de substâncias defensivas. A lista continua: a literatura está repleta de exemplos dos benefícios que as relações micorrízicas proporcionam às plantas. Porém, colocar esse conhecimento em prática não é tão simples. Para começar, nem sempre as associações micorrízicas aumentam o rendimento das colheitas. Em alguns casos, podem até reduzi-lo.[42]

Katie Field é uma das muitas pesquisadoras financiadas para desenvolver soluções micorrízicas para problemas agrícolas. "Todo o relacionamento é muito mais plástico e afetado pelo meio ambiente do que pensávamos", disse-me ela. "Muitas vezes os fungos *não* ajudam as plantações a absorver nutrientes. Os resultados são muito variáveis.

Depende totalmente do tipo de fungo, do tipo de planta e do ambiente em que ele cresce." Diversos estudos relatam resultados igualmente imprevisíveis. A maioria das variedades de culturas modernas foi desenvolvida sem preocupação com sua capacidade de formar relacionamentos micorrízicos de alto desempenho. Criamos variedades de trigo para crescerem rápido quando recebem muito fertilizante, e elas se tornam plantas "mimadas" que quase perderam a capacidade de cooperar com os fungos. "O fato de os fungos colonizarem essas plantações de cereais é um pequeno milagre", observou Field.[43]

A sutileza das relações micorrízicas significa que a intervenção mais óbvia — suplementar as plantas com fungos micorrízicos e outros microrganismos — pode ter bons e maus resultados. Às vezes, como Sam Gamgi descobriu, introduzir as plantas em uma comunidade de microrganismos do solo pode promover o crescimento de plantações e árvores e ajudar a restaurar a vida em solos devastados. No entanto, o sucesso dessa abordagem depende do "ajuste" ecológico. Espécies micorrízicas que não fazem uma boa combinação podem causar mais danos que benefícios. Pior ainda, a introdução de espécies oportunistas em um ambiente novo pode desalojar cepas fúngicas locais com consequências ecológicas desconhecidas. A próspera indústria de produtos comerciais micorrízicos nem sempre leva esse fato em consideração quando apresenta seus produtos como solução rápida para qualquer tipo de problema. Como no crescente mercado de probióticos, muitas das cepas microbianas são selecionadas não por serem particularmente adequadas aos humanos, mas porque são fáceis de produzir em larga escala. Mesmo quando feito com sabedoria, o cultivo de cepas microbianas só ajuda até certo ponto. Como qualquer organismo, o fungo micorrízico deve ter as condições adequadas para se desenvolver. As comunidades microbianas do solo formam ligações continuamente e não se manterão unidas por muito tempo se forem perturbadas com frequência. Para que as intervenções microbianas sejam eficazes, são necessárias mudanças mais profundas nas práticas agrícolas, análogas às mudanças na dieta ou no estilo de vida essenciais para restaurar a saúde da flora intestinal danificada.[44]

Outros pesquisadores estão abordando o problema por um ângulo diferente. Se os humanos criaram inadvertidamente variedades de safra que formam simbioses disfuncionais, podemos voltar atrás e criar safras que se tornam parceiras simbióticas de alto desempenho? Field está adotando essa abordagem e espera desenvolver variedades mais cooperativas de planta, "uma nova geração de superculturas que podem formar associações incríveis com fungos". Toby Kiers também está interessada nessa possibilidade, mas analisa a questão do ponto de vista dos fungos. Em vez de criar plantas mais cooperativas, ela está trabalhando na criação de fungos que se comportam de forma mais altruísta: linhagens que acumulam menos e, possivelmente, até colocam as necessidades das plantas acima das suas.[45]

Em 1940, Albert Howard declarou que carecíamos de uma "explicação científica completa" sobre as relações micorrízicas. As explicações científicas ainda estão longe de ser completas, mas a perspectiva de trabalhar com fungos micorrízicos para transformar a agricultura e a silvicultura e restaurar ambientes áridos aumentou com o agravamento da crise ambiental. Os relacionamentos micorrízicos surgiram para lidar com os desafios de um mundo desolado e exposto às ventanias nos primeiros dias da vida terrestre. Juntos, eles desenvolveram uma forma de agricultura, embora não seja possível dizer se as plantas aprenderam a cultivar fungos ou se os fungos aprenderam a cultivar plantas. De qualquer forma, estamos diante do desafio de alterar nosso comportamento para que as plantas e os fungos possam cultivar melhor um ao outro.[46]

É improvável que tenhamos êxito a menos que questionemos algumas de nossas categorias. A concepção das plantas como indivíduos autônomos com fronteiras bem definidas gera destruição. "Considere um cego com uma bengala-guia", escreveu o antropólogo Gregory Bateson. "Onde começa o eu do cego? Na ponta da bengala? No punho? Ou em algum lugar no meio?" O filósofo Maurice Merleau-Ponty fez um experimento de imaginação parecido quase trinta anos antes. Ele concluiu que a bengala-guia de uma pessoa não era mais apenas um objeto. A bengala estende seus sentidos e se torna parte de seu aparelho sensorial, um órgão protético de seu corpo. Onde o "eu" da pessoa começa e termina não é uma questão tão direta como pode parecer à primeira vista. Os relacionamentos micorrízicos nos desafiam com uma questão semelhante. Podemos pensar em uma planta sem pensar também nas redes micorrízicas que se estendem — de forma abundante — de suas raízes ao solo? Se seguirmos a expansão de micélios emaranhados que emana de suas raízes, onde iremos parar? Levamos em consideração as bactérias que surfam pelo solo na película viscosa que cobre as raízes e as hifas dos fungos? Levamos em consideração as redes fúngicas vizinhas que se fundem com as de nossa planta? E — talvez o mais desconcertante de tudo — será que consideramos as outras *plantas* cujas raízes compartilham a mesma rede de fungos?[47]

6. Internet das árvores

> *Gradualmente, o observador percebe que esses organismos estão conectados uns aos outros, não de forma linear, mas em um tecido semelhante a uma rede emaranhada.*
> Alexander von Humboldt

No noroeste do Pacífico, na América do Norte, as florestas são intensamente verdes. Por isso, fico surpreso com os aglomerados de plantas brancas e brilhantes que crescem atravessando os montes de agulhas de pinheiro caídas. Essas plantas-fantasma não têm folhas. Parecem cachimbos de argila equilibrados nas pontas. Pequenas escamas envolvem suas hastes onde deveriam estar as folhas. Elas brotam em áreas altamente sombreadas do solo da floresta, onde nenhuma outra planta cresce, e se apertam em grupos, como fazem alguns cogumelos. Na verdade, se não fosse tão evidente que se trata de flores, os confundiríamos com cogumelos. Seu nome é *Monotropa uniflora* e são plantas, embora finjam não ser.

Há muito a *Monotropa* — "planta-cadáver" — desistiu de fazer fotossíntese. Com isso, abandonou as folhas e a cor verde. Mas como? A fotossíntese é um dos hábitos vegetais mais antigos. Na maioria dos casos, é uma característica intrínseca das plantas. No entanto, a *Monotropa* deixou isso para trás. Imagine descobrir uma espécie de macaco que, em vez de comer, abriga em seu pelo bactérias fotossintetizantes, que usa para produzir energia a partir da luz solar. Seria uma mudança radical.

A solução está nos fungos. A *Monotropa* — como a maioria das plantas verdes — depende de seus parceiros fúngicos micorrízicos para sobreviver. No entanto, sua simbiose é diferente. Plantas verdes "normais" fornecem compostos de carbono ricos em energia, sejam açúcares, sejam lipídios, para seus parceiros fúngicos, em troca de nutrientes minerais do solo. A *Monotropa* descobriu como pular essa troca. Recebe carbono *e* nutrientes de fungos micorrízicos sem, ao que parece, oferecer nada.

Então de onde vem o carbono da *Monotropa*? Os fungos micorrízicos obtêm todo o seu carbono das plantas verdes. Isso significa que o carbono que alimenta a *Monotropa* — o principal material com o qual ela é feita — deve necessariamente vir de outras plantas, por meio de uma rede micorrízica compartilhada: se o carbono não fluísse de uma planta verde para a *Monotropa* por meio dessas conexões fúngicas, a *Monotropa* não sobreviveria.

Havia muito a *Monotropa* intrigava os biólogos. No final do século 19, um botânico russo que lutava para entender como essas estranhas plantas eram capazes de sobreviver foi o primeiro a sugerir que as substâncias podiam passar entre as plantas por meio de conexões fúngicas. A ideia não pegou. Era uma conjectura lateral escondida em um artigo obscuro e desapareceu praticamente sem deixar vestígios. O enigma da *Monotropa* mofou por mais 75 anos antes de ser descoberto pelo botânico sueco Erik Björkman, que em 1960 injetou açúcares radioativos em árvores e mostrou que a radioatividade se acumulava nos espécimes de *Monotropa* das proximidades. Foi a primeira demonstração de que as substâncias podem passar entre as plantas por meio de uma via fúngica.[1]

Monotropa uniflora

A *Monotropa* levou os botânicos a descobrir uma possibilidade biológica inteiramente nova. Desde a década de 1980, ficou claro que a *Monotropa* não é uma anomalia. A maioria das plantas é promíscua e pode se envolver com muitos parceiros micorrízicos. Os fungos micorrízicos também são promíscuos em suas relações com as plantas. Redes fúngicas independentes podem se fundir umas com as outras. O resultado? Sistemas potencialmente vastos, complexos e colaborativos de redes micorrízicas compartilhadas.

"O fato de que há conexões no subsolo onde quer que andemos é surpreendente", disse Toby Kiers entusiasmada. "É importante demais. Todo mundo deveria estudar isso." Compartilho seu sentimento. Muitos organismos interagem. Se alguém fizer um mapa de quem interage com quem, verá uma rede. No entanto, as redes de fungos formam conexões físicas entre as plantas. É a diferença entre ter vinte conhecidos e ter vinte conhecidos com quem se compartilha o sistema circulatório. Essas redes micorrízicas compartilhadas — conhecidas pelos pesquisadores da área como "redes micorrízicas comuns" — incorporam o princípio mais básico da ecologia: os organismos se relacionam. O "tecido emaranhado em forma de rede" de Humboldt foi uma metáfora que ele usou para descrever o "todo vivo" do mundo natural — um complexo de relações nas quais os organismos estão inextricavelmente entranhados. As redes micorrízicas tornam a rede e o tecido reais.[2]

Uma das pessoas que avançaram no tema da *Monotropa* foi o inglês David Read, que está entre os pesquisadores mais ilustres da história da biologia micorrízica e é coautor do livro definitivo sobre o tema. Por seu trabalho com associações micorrízicas, recebeu o título de cavaleiro e foi nomeado membro da Royal Society, na Inglaterra. Conhecido por seus colegas nos Estados Unidos como Sir Dude, Read é famoso por seu charme e sua sagacidade feroz, e muitos pesquisadores o consideram um "personagem".

Em 1984, Read e seus colegas foram os primeiros a mostrar de forma conclusiva que o carbono podia passar entre as plantas verdes normais por meio de conexões fúngicas. Desde os estudos sobre a *Monotropa* na década de 1960, os pesquisadores haviam sugerido que essa transferência poderia ocorrer. Mas ninguém conseguiu demonstrar que os açúcares não haviam saído das raízes da planta para o solo, para em seguida ser absorvidos pelas raízes de outra planta. Em outras palavras, ninguém havia mostrado que o carbono se deslocava entre as plantas por meio de um canal fúngico.

Read concebeu uma abordagem que lhe permitiu observar a transferência de carbono de uma planta para outra. Cultivou plantas "doadoras" e "receptoras" próximas umas das outras, com e sem fungos micorrízicos. Após seis semanas, nutriu plantas doadoras com dióxido de carbono radioativo. Colheu então as plantas e expôs seus sistemas radiculares ao filme radiográfico. Onde não há fungo micorrízico, a radioatividade é visível apenas nas raízes da planta doadora. Onde se formam redes de fungos, a radioatividade é visível nas raízes da planta doadora, nas hifas do fungo e nas raízes das plantas receptoras. O avanço de Read foi fundamental. Ele mostrou que a transferência de carbono entre plantas não era um hábito exclusivo de plantas como a *Monotropa*. Apesar disso, questões maiores ficaram em aberto. Read realizou seus experimentos no laboratório, e nada sugeria que a transferência de carbono entre as plantas pudesse ocorrer em um ambiente natural.[3]

Treze anos depois, em 1997, uma aluna de doutorado canadense, Suzanne Simard, publicou o primeiro estudo sugerindo que o carbono passa entre as plantas em ambientes naturais. Em uma floresta, Simard expôs pares de plântulas de árvores ao dióxido de carbono radioativo. Depois de dois anos, descobriu que o carbono havia passado das bétulas para os abetos, que compartilhavam uma rede micorrízica, mas não entre a bétula e o cedro, que não o faziam. A quantidade de carbono obtida pelos abetos — em média 6% do carbono marcado absorvido pela bétula — era, pelos cálculos de Simard, uma transferência significativa: com o tempo, seria de esperar que isso fizesse diferença na vida das árvores. Além do mais, quando as plântulas de abetos estavam sombreadas — o que limitava a fotossíntese e as privava de seu suprimento de carbono —, elas recebiam mais carbono de seus doadores, as bétulas, do que quando não estavam. O carbono parecia fluir "ladeira abaixo" entre as plantas, da abundância à escassez.⁴

A descoberta de Simard chamou a atenção. Seu estudo foi aceito pela revista *Nature*, e o editor pediu a David Read que escrevesse um comentário. Em seu artigo "The ties that bind",* Read sugeriu que o estudo de Simard poderia "estimular-nos a examinar os ecossistemas florestais de um novo ponto de vista". Impressa em letras grandes na capa da revista estava uma nova frase que Read cunhou em suas discussões com o editor da *Nature*: "internet das árvores".⁵

Nas décadas de 1980 e 1990, antes do trabalho de Read, Simard e outros, as plantas eram consideradas entidades mais ou menos independentes. Há muito se sabe que algumas espécies de árvore formam enxertos de raiz, nos quais as raízes de uma árvore se fundem com as de outra. No entanto, os enxertos de raiz eram tidos como um fenômeno marginal, e considerava-se que a maioria das comunidades de plantas era composta de indivíduos que competiam por recursos. As descobertas de Simard e Read sugeriam que pode não ser apropriado pensar em plantas como unidades totalmente separadas. Como Read escreveu em seu comentário na *Nature*, a possibilidade de que recursos passassem entre as plantas levava a pensar que "deveríamos colocar menos ênfase na competição entre as plantas e mais na distribuição de recursos dentro da comunidade".⁶

Simard publicou suas descobertas em um momento importante no desenvolvimento da ciência de redes. A rede de cabos e roteadores que compõe a internet se expande desde a década de 1970. A world wide web — sistema de informação baseado em páginas da web com links entre elas, que se tornou possível graças ao hardware da internet — foi inventada em 1989 e tornou-se publicamente disponível dois anos depois. Quando a Fundação Nacional de Ciência dos Estados Unidos desistiu da gestão da internet em 1995, ela começou a se expandir de maneira descentralizada e descontrolada. Como me explicou o cientis-

---

* "Os laços que unem", em tradução livre.

ta de redes Albert-László Barabási, "foi em meados da década de 1990 que as redes começaram a entrar na consciência do público".[7]

Em 1998, Barabási e seus colegas embarcaram em um projeto para mapear a world wide web. Até então, os cientistas não tinham as ferramentas para analisar a estrutura e as propriedades de redes complexas, apesar de sua prevalência na vida humana. O ramo da matemática que modela redes — a teoria dos grafos — foi incapaz de descrever o comportamento da maioria das redes no mundo real, e muitas questões permaneceram sem resposta. Como as epidemias e os vírus de computador podem se espalhar tão rapidamente? Por que algumas redes conseguem continuar funcionando apesar dos grandes transtornos? Do estudo de Barabási sobre a world wide web surgiram novas ferramentas matemáticas. Alguns princípios-chave pareciam governar o comportamento de uma ampla gama de redes, desde as relações sexuais humanas até as interações bioquímicas no interior dos organismos. A world wide web, observou Barabási, parecia ter "mais em comum com uma célula ou um sistema ecológico que com um relógio suíço". Hoje, não há como evitar a ciência de redes. Em qualquer campo de estudo que se escolha — desde a neurociência, a bioquímica, os sistemas econômicos, as epidemias, as ferramentas de busca na web, os algoritmos de aprendizagem de máquina que sustentam grande parte da IA, até a astronomia e a estrutura do universo, uma teia cósmica entrecruzada com filamentos de gás e aglomerados de galáxias —, é provável que os fenômenos sejam elucidados por meio de um modelo de rede.[8]

Como explicou-me David Read, inspirado pelo artigo de Simard e estimulado pelo conceito cativante da internet das árvores, "toda a noção de redes micorrízicas compartilhadas se expandiu prolificamente" — e chegou ao filme *Avatar*, de James Cameron, assumindo a forma de uma rede viva e brilhante que ligava as plantas ao subsolo. Os estudos de Read e Simard suscitaram uma série de novas questões empolgantes. O que, além do carbono, poderia passar de uma planta a outra? Até que ponto esse fenômeno era comum na natureza? A influência dessas redes poderia se estender por florestas ou ecossistemas inteiros? E que diferença elas fizeram?

✳

Ninguém nega que as redes micorrízicas compartilhadas são amplamente difundidas na natureza. Elas são inevitáveis devido à promiscuidade de plantas e fungos e à prontidão das redes miceliais de se fundir. No entanto, nem todos estão convencidos de que essas redes fazem algo importante.

Por um lado, desde o artigo de Simard de 1997 na *Nature*, muitos estudos mediram a transferência de substâncias entre plantas. Alguns mostraram que não apenas o carbono, mas também o nitrogênio, o fósforo e a água passam entre as plantas em quantidades significativas por meio de redes fúngicas. Um estudo publicado em 2016 descobriu que 280 quilos de carbono por hectare de floresta poderiam ser transferidos entre árvores por meio de conexões fúngicas. Essa é uma quantidade substancial: 4% do carbono total retirado da atmosfera em um ano pelo mesmo hectare de floresta; é carbono suficiente para abastecer uma casa média por uma semana. Essas descobertas significam que as redes micorrízicas compartilhadas têm um papel ecológico importante.[9]

Por outro lado, vários estudos não conseguiram observar a transferência de substâncias entre plantas. Isso, por si só, não significa que as redes micorrízicas compartilhadas não tenham uma função: uma plântula em germinação que se conecta a uma grande rede preexistente de fungos não precisa fornecer o carbono necessário para que sua própria rede micorrízica cresça do zero. No entanto, essas descobertas sugerem que é arriscado fazer generalizações com base em um ecossistema ou em um tipo de fungo. Existem muitas situações em que redes micorrízicas compartilhadas parecem não fazer muito mais por suas plantas parceiras do que faria um parceiro micorrízico único — ou "privado".[10]

É esperado que o comportamento das redes micorrízicas compartilhadas seja variável. Existem muitos tipos de relações micorrízicas, e diferentes grupos de fungos podem se comportar de formas bastante distintas. Além disso, a conduta simbiótica entre uma única planta e o fungo pode variar muito dependendo das circunstâncias. A variedade dos resultados experimentais, contudo, deu origem a uma diversidade de opiniões dentro da comunidade científica. Para alguns, as evidências mostram que as redes micorrízicas compartilhadas possibilitam formas de interação que não aconteceriam de outra forma e podem ter uma influência profunda no comportamento dos ecossistemas. Outros interpretam as evidências de maneira diversa e concluem que as redes não propiciam possibilidades ecológicas únicas e não são mais importantes para as plantas do que compartilhar o espaço das raízes ou o espaço aéreo.[11]

A *Monotropa* ajuda a entender o debate. Na verdade, ela parece resolver o problema: sua dependência de redes micorrízicas compartilhadas é total. Mencionei o assunto a David Read, que se posicionou de forma inequívoca: "A ideia de que a transferência entre plantas por meio de uma via fúngica é insignificante é evidentemente absurda". As plantas *Monotropa* são receptoras em tempo integral, testamento vivo do fato de que as redes micorrízicas compartilhadas podem apoiar um modo de vida singular.

A *Monotropa* é conhecida como "mico-heterotrófica". "Mico" porque depende de um fungo para sua nutrição; "heterotrófica" (de *hetero*, que significa "outro", e *-trófico*, "alimentador") porque não produz sua própria energia a partir da luz solar e tem de obtê-la de outro lugar. É um nome nada simpático para essas plantas carismáticas. No Panamá, onde estudei a *Voyria*, a mico-heterotrófica de flor azul, comecei a chamá-la de "micohets" para abreviar, mas admito que não melhora muito.

A *Monotropa* e a *Voyria* não são as únicas a viver dessa maneira. Cerca de 10% das espécies de planta compartilham o mesmo hábito. Assim como os liquens e as relações micorrízicas, a mico-heterotrofia é um refrão evolutivo que surgiu de forma independente em pelo menos 46 linhagens de plantas. Alguns "micohets", como a *Monotropa* e a *Voyria*, nunca fotossintetizam. Outros se comportam como "micohets" quando jovens, e se tornam doadores quando ficam mais velhos e começam a fotossintetizar, uma abordagem que Katie Field chama de "leve agora, pague depois". Como Read salientou, *todas* as 25 mil espécies de orquídea — "a maior e mais bem-sucedida família de plantas na superfície da Terra" — são "micohets" em algum estágio do desenvolvimento e podem levar agora e pagar depois ou levar agora e continuar levando depois. O fato de os "micohets" terem aprendido diversas vezes a hackear a internet das árvores para seu benefício próprio sugere que não se trata de habilidade tão complexa. Na verdade, para Read e vários outros pesquisadores, os "micohets" não existem em uma categoria isolada. Eles são apenas o polo extremo de um contínuo simbiótico; levadores permanentes que perderam a capacidade de pagar mais tarde. As orquídeas que levam agora e pagam depois se situam mais próximas do centro do espectro, assim como as plântulas de abeto de Simard.[12]

"Micohets" são impressionantes. Conspícuos e dissonantes, destacam-se da vegetação ambiente. Sem nenhuma razão para ser verdes ou ter folhas, estão livres para que a evolução os leve a novas direções estéticas. Existe uma espécie de *Voyria* que é totalmente amarela. A planta-da-neve (*Sarcodes sanguinea*) é de um vermelho luminoso, "como uma coluna de fogo brilhante", escreveu o naturalista americano John Muir em 1912. É "mais admirada pelos turistas que qualquer outra [planta] na Califórnia [...] Sua cor é mais vermelha que o sangue". (Muir refletiu sobre os "mil cordões invisíveis" que interligavam a natureza, mas não observou que esse era exatamente o caso da planta-da-neve.) Foram sementes de poeira de *Voyria* que me causaram tanta admiração quando as encontrei germinando e formando feixes carnosos sob um microscópio. Marc-André Selosse, professor do Museu de História Natural em Paris, disse-me que foi a visão de uma orquídea "micohet" branca brilhante que acendeu seu fascínio vitalício pela simbiose quando tinha quinze anos. A orquídea foi um lembrete de como as plantas e os fungos eram inseparáveis. "A memória dessa planta me acompanhou durante toda a minha carreira", conta com ternura.[13]

Acho os "micohets" interessantes pelo que indicam sobre a vida dos fungos no subsolo. Em meio à agitação da vida vegetal na selva, a *Voyria* era um sinal das redes compartilhadas de fungo; é hackeando a internet das árvores que os mycohets conseguem sobreviver. Sem que fossem necessários experimentos complicados, a *Voyria* me permitiu avaliar se quantidades significativas de carbono estavam sendo transferidas entre as plantas. Tive a ideia quando conversei com amigos que caçavam cogumelos matsutake no Oregon. O matsutake é o esporoma de um fungo micorrízico, e às vezes é colhido antes de aparecer no chão da floresta. Frequentemente, há pistas de onde começar a busca. O matsutake se associa a um primo "micohet" da *Monotropa* que tem um estipe listrado de vermelho e branco, conhecido como "candystick"* (*Allotropa virgata*). O candystick só se associa com o matsutake, e sua presença é um indicador tão seguro de um fungo matsutake saudável quanto o próprio cogumelo matsutake. Os candystick, como muitos "micohets", funcionam como periscópios no subsolo micorrízico.[14]

Dado seu poder de atração, é provável que, ao longo dos anos, os "micohets" tenham sido interpretados como um sinal. Se o candystick é um indicador direto, usado por caçadores de matsutake para localizar redes subterrâneas do fungo, a *Monotropa* serviu como indicador conceitual para biólogos. Os liquens eram o organismo-modelo para a simbiose em geral; a *Monotropa* era o organismo-modelo para redes micorrízicas compartilhadas. Sua aparência peculiar dava a entender que as substâncias poderiam passar entre as plantas por meio de conexões fúngicas compartilhadas em quantidades suficientemente grandes para sustentar todo um modo de vida.

Em todos os sistemas físicos, a energia se desloca "para baixo", de onde há mais para onde há menos. O calor viaja do Sol quente para o espaço frio. O aroma de uma trufa vai de áreas de alta concentração para as de baixa concentração. Nenhum dos dois precisa ser transportado ativamente. Enquanto houver um gradiente energético, a energia se moverá da "fonte" (no topo) para o "escoadouro" (na parte inferior). O que mais importa é o quão íngreme é o declive entre os dois.

Em muitos casos, a transferência de recursos pelas redes micorrízicas ocorre em declive, de plantas maiores para plantas menores. Plantas maiores tendem a ter mais recursos, sistemas de raiz mais

---

* Traduzido literalmente, "bastão doce". Refere-se ao tradicional doce americano vermelho e branco, em forma de bengala.

desenvolvidos e mais acesso à luz. Em relação às plantas menores que crescem na sombra com sistemas de raízes menos desenvolvidos, essas plantas são as fontes. Plantas menores são os escoadouros. As orquídeas que levam agora e pagam depois começam como escoadouros e se tornam fontes quando ficam mais velhas. "Micohets" como a *Monotropa* e a *Voyria* são sempre escoadouros.[15]

O tamanho não é tudo. A dinâmica fonte-escoadouro pode se inverter, dependendo da atividade das plantas envolvidas. Quando Simard sombreou suas plântulas de abeto — reduzindo sua capacidade de fotossíntese e, portanto, tornando-as escoadouros maiores de carbono —, elas receberam mais carbono das bétulas, suas "doadoras". Em outro caso, os pesquisadores observaram que o fósforo passa das raízes das plantas moribundas para as raízes das plantas saudáveis próximas que compartilham a rede fúngica. As plantas prestes a morrer eram fontes de nutrientes, e as plantas vivas eram escoadouros.[16]

Em outro estudo com bétula e abeto-de-douglas nas florestas canadenses, a direção da transferência de carbono mudou *duas vezes* no decorrer de uma única estação de cultivo. Na primavera, quando o abeto — uma sempre-viva — estava fotossintetizando e a bétula estava sem folhas e abrindo seus botões, a bétula se comportou como um escoadouro, e o carbono que saiu do abeto fluiu para dentro dela. No verão, quando a bétula estava com folhagem plena e o abeto estava no sub-bosque sombreado, a direção do fluxo de carbono mudou, saindo da bétula e entrando no abeto. No outono, quando a bétula começou a perder suas folhas, as árvores inverteram os papéis novamente. Os recursos passaram de áreas de abundância para áreas de escassez.[17]

Esses comportamentos contêm um enigma. Basicamente, o problema é este: por que as plantas doariam recursos a um fungo que passa a doá-los a uma planta vizinha (um competidor em potencial)? À primeira vista, parece altruísmo. A teoria evolucionária não lida bem com o altruísmo porque o comportamento altruísta beneficia o receptor à custa do doador. Se um doador de planta ajuda um concorrente a um custo para si mesmo, é menos provável que seus genes cheguem à próxima geração. Se os genes do altruísta não chegarem à próxima geração, o comportamento altruísta logo será eliminado.[18]

Há várias maneiras de contornar esse impasse. Uma delas se baseia na ideia de que os "custos" para as plantas doadoras não são realmente custos. Muitas plantas têm bastante acesso à luz. Para elas, o carbono não é um recurso limitado. Se o carbono excedente de uma planta passa para uma rede micorrízica onde é usufruído por muitos como um "bem público", não se trata de altruísmo porque ninguém — seja doador, seja receptor — arcou com custos. Outra possibilidade é que *ambas*, plantas emissoras e plantas receptoras, se beneficiem, mas em momentos diferentes. Uma orquídea pode "levar agora", mas se "pagar mais tarde" ninguém terá arcado com um custo global. Uma bétula pode se beneficiar quando recebe carbono de um abeto na primavera, mas o abeto certamente se beneficiará do carbono que recebe da bétula durante o pico do verão, quando se encontra no sub-bosque sombreado.[19]

Há outras considerações. Em termos evolutivos, pode ser benéfico para uma planta ajudar um parente próximo a passar seus genes para a frente, mesmo com custos para si mesma — fenômeno conhecido como "seleção de parentesco". Alguns estudos investigaram essa possibilidade comparando a quantidade de carbono transferida entre duas plântulas-irmãs de abeto-de-douglas e duas não aparentadas. Como seria de esperar, o carbono desceu ladeira abaixo, de uma planta doadora maior para uma planta receptora menor. Mas, em alguns casos, mais carbono passou entre irmãos que entre estranhos: irmãos pareciam compartilhar mais conexões de fungos que estranhos, fornecendo mais caminhos para o carbono circular entre eles.[20]

O caminho mais rápido para resolver o enigma é mudar a perspectiva. Você notará que em todas essas histórias sobre redes micorrízicas compartilhadas as plantas foram as protagonistas. Os fungos recebem destaque na medida em que conectam as plantas e servem como um canal entre elas. Eles se tornam pouco mais que um sistema de encanamento que as plantas usam para bombear material entre si.

O nome disso é *fitocentrismo*.

As perspectivas fitocentradas tendem a ser distorcidas. Prestar mais atenção aos animais que às plantas contribui para a cegueira dos humanos em relação às plantas. Prestar mais atenção às plantas que aos fungos nos torna cegos aos fungos. "Acho que muitas pessoas fazem interpretações mais elaboradas dessas redes do que deveriam", disse-me Marc-André Selosse. "Algumas pessoas falam sobre árvores que se beneficiam de assistência social ou aposentadoria, descrevem árvores jovens que crescem em viveiros e dizem que a vida é fácil e barata para árvores que vivem em grupo. Não gosto muito dessas concepções porque retratam o fungo como um duto. Não é assim. O fungo é um organismo vivo com interesses próprios. É uma parte ativa do sistema. Talvez o fato de que é mais fácil investigar as plantas que os fungos explique por que muitas pessoas têm uma visão muito fitocentrada da rede."

Concordo com ele. Certamente caímos no fitocentrismo porque a relevância das plantas para nossas vidas é mais óbvia. Podemos tocá-las e prová-las. Os fungos micorrízicos são fugidios. A expressão "internet das árvores" não ajuda. É uma metáfora que nos leva ao fitocentrismo, dando a entender que as plantas são equivalentes às páginas da web, ou nós na rede, e os fungos são os hiperlinks que unem os nós entre si. Na linguagem do hardware que forma a internet, as plantas são os roteadores, e os fungos são os cabos.

Na verdade, os fungos estão longe de ser cabos passivos. Como vimos, as redes miceliais podem resolver problemas espaciais complexos e desenvolveram uma capacidade bem regulada de transportar substâncias ao seu redor. Embora o material tenda a se mover para baixo por redes de fungos, da fonte ao escoadouro, o transporte raramente ocorre apenas por difusão passiva: seria muito lento. Os rios de fluido celular que correm dentro das hifas permitem o transporte rápido, e, embora esse fluxo seja governado pela dinâmica fonte-escoadouro, os fungos conseguem direcionar o fluxo crescendo, engrossando e podando partes da rede — ou mesmo fundindo-se completamente com outra rede. Sem a capacidade de regular o fluxo em sua rede, grande parte da vida dos fungos — inclusive o desenvolvimento coordenado dos cogumelos — seria impossível.

Os fungos são capazes de gerenciar o transporte em suas redes de outras maneiras. Como os estudos de Toby Kiers sugerem, os fungos têm algum grau de controle sobre seus padrões de troca — eles podem "recompensar" parceiros vegetais mais cooperativos, "acumular" minerais em seus tecidos ou fazer os recursos circularem em torno de si mesmos para otimizar a "taxa de câmbio". No estudo de Kiers sobre a desigualdade de recursos, o fósforo desceu um gradiente das áreas de abundância para as áreas de escassez, mas fez isso de forma muito mais rápida que a difusão passiva permitiria — provavelmente ele foi transportado com "motores" de microtúbulos fúngicos. Esses sistemas de transporte ativo permitem que os fungos desloquem o material em torno de suas redes em qualquer direção — até mesmo em ambas as direções ao mesmo tempo —, não importando o gradiente entre a fonte e o escoadouro.[21]

A internet das árvores é uma metáfora problemática por outros motivos. A ideia de que existe um único tipo de internet das árvores é enganosa. Os fungos formam teias emaranhadas, ligando ou não as plantas. Redes micorrízicas compartilhadas são apenas um caso especial — redes fúngicas nas quais as plantas estão enredadas. Os ecossistemas estão repletos de teias de micélio fúngico não micorrízico que interligam os organismos. Os fungos decompositores que Lynne Boddy estuda, por exemplo, percorrem grandes distâncias nos ecossistemas e ligam folhas em decomposição a galhos caídos, grandes tocos de árvore apodrecidos a raízes em decomposição, assim como as redes recordistas mundiais de cogumelo-do-mel que se estendem por quilômetros. Esses fungos formam uma internet das árvores de um tipo diferente: redes organizadas para consumir plantas, em vez de sustentá-las.

Cada link em uma internet das árvores é um fungo com vida própria. É um pequeno ponto que faz uma grande diferença. Tudo muda quando vemos os fungos como participantes ativos. Incluir o fungo na história nos incentiva a adotar um ponto de vista mais fúngico. E um ponto de vista fúngico é útil para perguntar quais interesses são atendidos pelas redes micorrízicas compartilhadas. Quem pode se beneficiar?

Um fungo micorrízico que mantém suas várias plantas vivas tem uma vantagem: um portfólio diversificado de plantas parceiras protege-o contra a morte de uma delas. Se um fungo depende de várias orquídeas, e uma delas não é capaz de lhe fornecer carbono até que cresça, o fungo se beneficiará apoiando a jovem orquídea enquanto ela cresce — deixando-a "levar agora" —, desde que ela "pague depois". A adoção de uma perspectiva micocêntrica ajuda a evitar o problema do altruísmo. Também coloca os fungos no centro das atenções: intermediários de emaranhamento capazes de mediar as interações entre as plantas de acordo com suas próprias necessidades.

Independentemente de adotarmos uma perspectiva micocêntrica ou fitocêntrica, há muitas situações em que compartilhar uma rede micorrízica fornece claros benefícios para as plantas envolvidas: em geral, as plantas que compartilham uma rede com outras crescem mais rápido e sobrevivem melhor que as vizinhas excluídas da rede. Descobertas como essa alimentaram visões da internet das árvores como locais de cuidado, compartilhamento e ajuda mútua por meio dos quais as plantas podem se libertar das rígidas hierarquias de competição por recursos. Essas interpretações não são diferentes das fantasias deslumbradas da internet, proclamadas no fervor da década de 1990 como uma rota de fuga das rígidas estruturas de poder do século 20 e um caminho para a utopia digital.[22]

Os ecossistemas, como as sociedades humanas, raramente são tão unidimensionais. Alguns pesquisadores, como David Read, acham que as interpretações utópicas sobre o solo são uma projeção descarada de valores humanos em um sistema não humano; outros, como Toby Kiers, contra-argumentam que eles ignoram as muitas maneiras pelas quais a colaboração é sempre um amálgama de competição *e* cooperação. O principal problema para a micoutopia é que, como a internet, as redes micorrizais compartilhadas nem sempre são benéficas. As redes de internet das árvores são amplificadores complexos das interações entre plantas, fungos e bactérias.

Em sua maioria, os estudos que descobriram que as plantas se beneficiam de seu envolvimento com redes micorrízicas compartilhadas foram realizados em climas temperados com árvores que formam relações com um tipo particular de fungo micorrízico — os fungos "ectomicorrízicos". Outros tipos de fungo micorrízico podem se comportar de forma diferente. Em alguns casos, parece fazer pouca diferença para uma planta se ela tem sua própria rede particular de fungos ou se compartilha uma rede de fungos com outras plantas — embora, nessas situações, o fungo ainda se beneficie da formação de uma rede compartilhada, obtendo acesso a um maior número de plantas parceiras. Em alguns casos, pertencer a uma rede compartilhada pode trazer claras desvantagens para as plantas. Os fungos controlam o suprimento de minerais que obtêm do solo e podem trocar esses nutrientes dando preferência a suas plantas parceiras maiores, que são fontes mais abundantes de carbono e melhores escoadouros de minerais. Essas assimetrias podem ampliar a vantagem competitiva de plantas maiores sobre plantas menores. Nessas situações, as plantas menores começam a se beneficiar apenas quando suas conexões com a rede são cortadas, ou quando as plantas maiores que compartilham a rede — e que extraem uma quantidade desproporcional de nutrientes — são cortadas.[23]

Redes micorrízicas compartilhadas podem ter consequências ainda mais ambíguas. Várias espécies de planta produzem substâncias químicas que prejudicam ou matam outras plantas que crescem nas proximidades. Em condições normais, a passagem dessas substâncias químicas pelo solo é lenta e nem sempre atinge concentrações tóxicas. Redes micorrízicas podem ajudar a superar essas limitações, em alguns casos fornecendo uma "via rápida" ou "avenidas" para toxinas. Em um experimento, um composto tóxico liberado das folhas caídas de nogueiras viajou por redes micorrízicas e se acumulou ao redor das raízes de tomateiros, reduzindo seu crescimento.[24]

Em outras palavras, a internet das árvores vai muito além do deslocamento de recursos — sejam eles compostos de carbono ricos em energia, sejam nutrientes, ou ainda água. Além do veneno, os hormônios que regulam o crescimento e o desenvolvimento das plantas podem passar por redes micorrízicas compartilhadas. Em muitas espécies de fungo, núcleos com DNA e outros elementos genéticos, como vírus ou RNA, viajam livremente pelo micélio, indicando que material genético pode passar entre as plantas por meio de um canal fúngico — embora essa possibilidade tenha sido pouco explorada.[25]

Uma das propriedades mais surpreendentes da internet das árvores é a maneira como a rede envolve outros organismos além das plantas. Redes de fungos fornecem avenidas para as bactérias migrarem, contornando os obstáculos do solo. Em alguns casos, bactérias predadoras usam redes miceliais para perseguir e caçar suas presas. Algumas bactérias vivem dentro de hifas e aumentam seu crescimento, estimulam seu metabolismo, produzem vitaminas essenciais e até influenciam a relação do fungo com sua planta parceira. Uma espécie de fungo micorrízico, o "thick-footed morel"* (*Morchella crassipes*), cultiva as bactérias que vivem em suas redes: o fungo "planta" populações de bactérias, depois as cultiva, colhe e consome. Há uma divisão de trabalho em toda a rede, com algumas partes do fungo responsáveis pela produção alimentar e outras, pelo consumo.[26]

Existem possibilidades ainda mais esdrúxulas. As plantas eliminam todo tipo de substância química. Quando os pés de feijão são atacados por pulgões, por exemplo, eles liberam névoas de compostos voláteis que saem da ferida e atraem vespas parasitas que atacam os pulgões. Esses "infoquímicos" — assim chamados porque transmitem informações sobre a condição de uma planta — são uma das formas pelas quais ocorre a comunicação entre diferentes partes da planta e entre plantas e outros organismos.

Os infoquímicos passam entre as plantas pelo subsolo por meio de redes fúngicas compartilhadas? Essa questão mobilizou Lucy Gilbert e David Johnson, que trabalhavam na Universidade de Aberdeen, na Escócia. Para descobrir a resposta, eles montaram um experimento engenhoso. Os pés de feijão ficaram livres para se conectar a uma

---

* "Morel-de-pé-grosso", em tradução literal.

rede micorrízica compartilhada, ou impedidos de fazê-lo por uma malha fina de náilon. A malha permitia a passagem de água e substâncias químicas, mas impedia o contato direto com os fungos conectados a diferentes plantas. Depois que as plantas cresceram, os pulgões ficaram livres para atacar as folhas de uma das plantas da rede. Sacos plásticos colocados sobre as plantas impediam a transmissão de infoquímicos pelo ar.[27]

Gilbert e Johnson obtiveram uma clara confirmação de sua hipótese. As plantas que estavam conectadas à planta infestada por pulgões por meio de uma rede de fungos aumentaram sua produção de compostos de defesa voláteis, embora não tivessem tido contato com os pulgões. A névoa de compostos voláteis produzidos pelas plantas era grande o suficiente para atrair as vespas parasitas, sugerindo que a informação transmitida entre as plantas pelo canal fúngico faria diferença no mundo fora do laboratório. Gilbert descreveu isso para mim como uma descoberta "completamente nova". Ela revelava uma função até então desconhecida das redes micorrízicas compartilhadas. Não apenas uma planta doadora poderia influenciar uma receptora, mas sua influência poderia vazar para além do receptor na forma de substâncias químicas voláteis. Uma rede micorrízica compartilhada influenciou não apenas a relação entre duas plantas, mas também a relação entre duas plantas, a praga de pulgões e as vespas aliadas.[28]

Desde 2013, ficou claro que a descoberta de Gilbert e Johnson não é uma anomalia. Fenômeno semelhante foi observado em tomateiros atacados por lagartas e entre abetos e plântulas de pinheiros atacados por lagartas-da-macieira. Esses estudos abrem possibilidades novas e estimulantes. Muitos dos pesquisadores com os quais conversei compartilham a opinião de que a comunicação entre as plantas por meio de redes de fungos é um dos aspectos mais interessantes do comportamento micorrízico. No entanto, bons experimentos suscitam mais perguntas que respostas. "A que as plantas estão respondendo de fato e o que o fungo está realmente *fazendo*?", perguntou Johnson.[29]

Uma hipótese é que os infoquímicos transitam entre as plantas por meio de redes fúngicas compartilhadas. Isso parece mais provável, visto que as plantas são conhecidas por usar infoquímicos para se comunicar acima do solo. Impulsos elétricos que passam ao longo das hifas são outra possibilidade intrigante. Como Stefan Olsson e seus colegas neurocientistas descobriram, o micélio de alguns fungos — inclusive o de um fungo micorrízico — pode conduzir picos de atividade elétrica que são sensíveis ao estímulo. As plantas também usam sinalização elétrica para a comunicação entre diferentes partes de si mesmas. Ninguém investigou se os sinais elétricos podem passar da planta para o fungo e de volta para a planta, embora não seja uma ideia nada mirabolante. No entanto, Lucy Gilbert é firme: "Não sabemos. O fato de esses sinais existirem é uma descoberta nova. Estamos no início de uma nova área de pesquisa". Para ela, a prioridade é identificar a natureza do sinal. "Sem saber a que as plantas estão respondendo não podemos compreender como o sinal é controlado ou como ele está sendo enviado."[30]

Há muito mais a ser descoberto. Se a informação pode passar por redes de fungos que ligam pequenos pés de feijão nos vasos de uma estufa, o que acontece nos ecossistemas naturais? Comparado com o clamor de sinais químicos flutuando entre as plantas no ar, qual é o grau de importância das vias fúngicas? Até onde a informação viaja no subsolo por meio de redes de fungos? Johnson e Gilbert estão conduzindo experimentos nos quais ligam várias plantas em cadeia para verificar se as informações passam de planta para planta em um sistema de retransmissão. As consequências ecológicas podem ser profundas, mas Johnson é cauteloso. "Ampliar repentinamente a escala das descobertas de laboratório para aplicá-las a florestas inteiras com árvores que estariam conversando e se comunicando é um pouco demais", disse-me ele. "As pessoas extrapolam muito rápido de uma planta num vaso para o ecossistema como um todo."

O que exatamente passa de uma planta a outra pela rede fúngica é uma questão espinhosa entre os pesquisadores que investigam a internet das árvores. O desconhecimento leva a alguns impasses conceituais. Por exemplo, sem saber como as informações são transmitidas entre as plantas, é impossível saber se as plantas doadoras "enviam" ativamente uma mensagem de alerta, ou se as plantas receptoras simplesmente espionam o estresse de suas vizinhas. No cenário de espionagem, não há nada que possamos reconhecer como comportamento deliberado por parte do remetente. Como explicou Toby Kiers, "se uma árvore for atacada por um inseto, é claro que gritará em sua língua: produzirá algum tipo de substância química para se defender do ataque". Essas substâncias químicas podem facilmente passar de uma planta para outra por meio da rede. Nada é *enviado* ativamente. A planta receptora simplesmente percebe. David Johnson usa a mesma analogia. Se ouvimos alguém gritando, isso não significa que estejam gritando *com o objetivo* de nos avisar de algo. Claro, um grito pode fazer com que mudemos nosso comportamento, mas não implica nenhuma intenção por parte de quem grita. Estamos apenas escutando a resposta do outro a uma situação particular.

Pode parecer confuso, mas depende muito da maneira como lemos a interação. De qualquer forma, um estímulo passa de uma planta para outra e permite que o receptor se prepare para o ataque. No entanto, se as plantas enviam uma mensagem, vemos isso como um sinal. Se seus vizinhos estão espionando, vemos isso como um indício. A maneira de interpretar o comportamento de redes micorrízicas compartilhadas é um assunto delicado. Alguns pesquisadores estão preocupados com a forma como a internet das árvores costuma ser retratada. "Só porque descobrimos que as plantas podem responder a uma vizinha", disse-me Johnson, "não significa que haja alguma rede altruísta em operação." A ideia de que as plantas falam e avisam umas às outras sobre um ataque iminente é uma ilusão antropomórfica. "É muito atraente pensar dessa maneira", admitiu, mas, em última análise, é "uma bobagem completa."[31]

A metáfora dos gritos pode não ajudar muito. Ela pode significar duas coisas. Os humanos gritam quando estão angustiados, chocados, excitados ou com dor. Os humanos também gritam para alertar outros humanos sobre sua situação. Nem sempre é fácil separar causa e efeito, mesmo que se pergunte abertamente à pessoa angustiada. Com as plantas é ainda mais difícil. Talvez a complexa questão de saber se as plantas avisam umas às outras sobre um ataque de pulgões ou simplesmente ouvem os gritos químicos de seu vizinho seja a pergunta errada. Como observou Kiers: "É a narrativa que contamos que precisa ser examinada. Eu adoraria ir além da linguagem e tentar entender o *fenômeno*". Mais uma vez, pode ser mais útil perguntar por que esse comportamento surgiu na evolução. Quem pode se beneficiar?

O pé de feijão receptor certamente se beneficia do aviso: quando os pulgões chegarem, ele já terá ativado suas defesas. Mas por que seria benéfico para o remetente alertar os vizinhos? Encontramos novamente o problema do altruísmo. Mais uma vez, o caminho mais rápido pelo labirinto implica mudar de perspectiva. Por que pode ser benéfico para um *fungo* passar um aviso entre as várias plantas com as quais vive?

Se um fungo estiver conectado a várias plantas e uma delas for atacada por pulgões, o fungo sofrerá tanto quanto a planta. Se um grupo inteiro de plantas entrar em estado de alerta máximo, elas produzirão uma névoa maior de substâncias químicas que atraem vespas do que uma planta sozinha. Qualquer fungo que possa aumentar o sinal químico se beneficiará de sua capacidade de fazer isso — é claro, as plantas também se beneficiam, mas sem incorrer em custos. Da mesma forma, quando os sinais de estresse passam de uma planta doente para uma planta saudável, é o fungo que se beneficia ao manter viva a planta saudável. "Imagine que em uma floresta você tenha árvores que parecem estar dando recursos a outras árvores", explicou Gilbert. "Parece-me mais provável que o fungo perceba que a árvore A está um pouco doente, e a árvore B não, e então ele transfere alguns recursos para a árvore A. Se você tiver um ponto de vista micocêntrico, tudo faz sentido."

A maioria dos estudos de redes micorrízicas compartilhadas se limita a *pares* de plantas. David Read fez imagens de radioatividade passando das raízes de uma planta para outra. Simard rastreou rótulos radioativos de uma planta doadora para as receptoras. Esses experimentos só poderiam ser realizados se o escopo fosse limitado a um pequeno número de plantas. Mas é possível que a internet das árvores se espalhe por dezenas ou centenas de metros, talvez mais. O que acontece depois?

Olhe para fora. Árvores, arbustos, grama, vinhas, flores. Quem está conectado a quem e como? Como seria o mapa da internet das árvores?

Sem conhecer a arquitetura das redes fúngicas compartilhadas fica difícil entender o que está acontecendo. Sabemos que os recursos e os infoquímicos tendem a se mover pelas redes descendo a ladeira, da abundância à escassez, mas a história não se resume às fontes e escoadouros. Seu coração é uma bomba que faz com que o sangue flua "ladeira abaixo", criando áreas de alta pressão e áreas de baixa pressão. A dinâmica fonte-escoadouro explica por que o sangue circula, mas não a forma como ele chega aos órgãos. Isso tem relação com os vasos sanguíneos: depende do calibre, do número de ramificações e da rota que fazem pelo corpo. O mesmo acontece com as redes micorrízicas. As substâncias não podem passar da fonte para o escoadouro sem uma rede pela qual possam fluir.

Kevin Beiler, um ex-aluno de Simard, é o autor principal dos dois únicos estudos que, no final dos anos 2000, começaram a mapear a estrutura espacial de uma rede micorrízica compartilhada. Beiler escolheu um ecossistema relativamente simples — uma floresta na Colúmbia Britânica composta de abetos-de-douglas de diferentes idades. Implantou uma técnica usada para fazer testes de paternidade em humanos. Em um terreno de trinta por trinta metros, identificou impressões digitais genéticas de cada fungo e árvore individualmente, o que lhe permitiu descobrir exatamente quem se associava a quem. Esse é um nível de detalhe incomum. Muitos estudos observaram quais espécies de planta interagem com quais espécies de fungo, mas poucos vão além e perguntam quais são os indivíduos que estão realmente conectados entre si.[32]

Os mapas de Beiler são impressionantes. Redes de fungos se espalham por dezenas de metros, mas as árvores não estão conectadas uniformemente. As árvores jovens têm poucas conexões, e as árvores mais velhas têm muitas. A árvore mais bem conectada está ligada a 47 outras árvores e se conectaria a outras 250 se o terreno fosse maior. Se usarmos um dedo para pular de árvore em árvore pela rede — uma atitude obviamente fitocentrada — não é possível deslizar regularmente pela floresta. O caminho passa por um pequeno número de árvores antigas bem conectadas. Por meio desses *hubs* é possível chegar a qualquer outra árvore em não mais que três etapas.

Em 1999, quando Barabási e seus colegas publicaram o primeiro mapa da world wide web, descobriram um padrão semelhante. As páginas estão vinculadas a outras páginas, mas nem todas têm o mesmo número de links. A grande maioria das páginas tem apenas algumas conexões. Um pequeno número de páginas é extremamente bem conectado. A diferença entre as páginas que têm o maior número de links e as que têm o menor número é enorme: cerca de 80% dos links na web apontam para 15% das páginas. O mesmo se aplica a muitos outros tipos de rede — como rotas globais de viagens aéreas e redes neuronais no cérebro. Em cada uma delas, *hubs* bem conectados possibilitam atravessar a rede em um pequeno número de etapas. É em parte graças a essas propriedades das redes — conhecidas como propriedades "sem escala" — que doenças, notícias e moda se espalham rapidamente pelas populações. São as mesmas propriedades de rede sem escala de uma rede micorrízica compartilhada que podem permitir que uma planta jovem sobreviva em um sub-bosque muito sombreado, ou que os infoquímicos se propaguem por um grupo de árvores em uma floresta. "Uma muda jovem logo ficará presa a uma rede complexa, entrelaçada e estável", explicou Beiler. "Seria de esperar que isso aumentasse suas chances de sobrevivência e aumentasse a resiliência da floresta." Mas só até certo ponto. São as mesmas propriedades de rede sem escala que tornam a internet das árvores vulnerável a ataques direcionados. Elimine o Google, a Amazon e o Facebook da noite para o dia ou feche os três aeroportos mais movimentados do mundo, e você causará grande confusão. Remova seletivamente árvores grandes e centrais — como fazem muitas madeireiras para extrair as madeiras mais valiosas —, e haverá sérios distúrbios.[33]

Não existem leis fundamentais em operação nesse caso. Propriedades de rede sem escala tendem a surgir em qualquer rede em crescimento. "A maioria das redes que surgem no mundo é resultado de algum tipo de processo de crescimento", explicou Barabási. Existem mais maneiras de um novo ponto se conectar a um ponto bem conectado que a um ponto menos conectado. Portanto, pontos antigos com muitos links acabam tendo ainda mais ligações. Como afirmou Beiler, "podemos considerar essas redes micorrízicas como um processo *contagioso*. Temos algumas árvores fundadoras, e a rede cresce a partir delas. Árvores com mais links para outras árvores tendem a acumular mais links, de forma mais rápida".

Isso significa que a arquitetura da internet das árvores será semelhante em outras partes do mundo? É possível, mas não mapeamos redes suficientes para ter certeza. Extrapolar de uma planta em um vaso para um ecossistema inteiro traz problemas; extrapolar a partir de um terreno de trinta por trinta metros não é menos problemático. Existem muitas maneiras diferentes de ser uma planta e muitas maneiras diferentes de ser um fungo. Algumas plantas podem formar relacionamentos com milhares de espécies de fungo; outras formam relacionamentos com menos de dez e crescem em redes exclusivas com membros de sua própria espécie. Em certos tipos de fungo o micélio facilmente se enxerta em outras redes miceliais para formar grandes redes compostas; e há ainda fungos que têm maior probabilidade de se isolar. No Panamá, descobri que a *Voyria* dependia de uma única espécie de fungo, mas que sua especialidade estava longe de ser limitante: o parceiro da *Voyria* era o fungo micorrízico mais abundante da floresta e estabelecia relações com as espécies de árvore mais comuns, permitindo que a *Voyria* se conectasse com o maior número possível de outras plantas. Outros "micohets" que crescem na mesma floresta desenvolveram uma estratégia diferente e se associaram a uma gama de espécies de fungo.[34]

Mesmo na pequena área de floresta que Beiler escolheu para estudar — em parte por sua simplicidade — faltam muitas peças do quebra-cabeça. Seus mapas mostram como as árvores e os fungos se organizaram, mas não sabemos o que eles estavam realmente *fazendo*. "Investiguei apenas uma espécie de árvore e duas espécies de fungo — uma pequena fração da comunidade como um todo", ele ponderou. "Foi apenas um vislumbre; uma janela estreita em um sistema amplo e aberto. Tudo o que descrevi subestima de forma grosseira a conectividade real na floresta."

A *Voyria* perdeu a capacidade de formar sistemas complexos de raízes. Ela não precisa deles; suas redes fúngicas compartilhadas são como se fossem suas raízes. Onde antes elas estavam, há um aglomerado de apêndices carnosos. Se os cortarmos, veremos as hifas se enrolando e penetrando as células da *Voyria*. Às vezes, elas sequer estão enterradas e se apoiam como pequenos punhos na superfície do solo. É fácil colhê-las. Suas conexões fúngicas se rompem instantaneamente. É estranho cortar as conexões vitais de uma planta com tão pouco esforço. A conexão da *Voyria* com sua rede é uma questão de vida ou morte, mas as ligações físicas são fracas. Muitas vezes me perguntei como todo o material necessário para formar uma planta poderia cruzar uma passagem tão frágil.

Como na maior parte das pesquisas sobre redes micorrízicas, fazer perguntas sobre a *Voyria* implicava coletá-las, cortando sua conexão com a rede. Passei dias fazendo isso. E dias pensando na ironia de cortar as mesmas conexões que eu estava estudando. É claro que os biólogos muitas vezes destroem os organismos que pretendem entender. Eu estava, tanto quanto possível, acostumado com essa ideia. Mas cortar conexões em uma rede para estudar a rede parecia um total absurdo. Os físicos Ilya Prigogine e Isabelle Stengers observaram que as tentativas de desmontar sistemas complexos em seus componentes muitas vezes não fornecem explicações satisfatórias; raramente sabemos como juntar as peças novamente. A internet das árvores apresenta um desafio particular. Ainda não temos certeza de como as redes miceliais coordenam seu próprio comportamento e permanecem em contato consigo mesmas, muito menos como gerenciam suas interações com várias plantas em solos naturais. No entanto, conhecemos o suficiente para saber que as redes miceliais são acontecimentos contínuos, e não *coisas*. Sabemos que elas são capazes de se fundir umas com as outras e se podar, redirecionar o fluxo ao seu redor e liberar névoas de substâncias químicas — e responder a elas. Sabemos que os fungos micorrízicos formam e reformam suas conexões com as plantas, emaranhando-se, desembaraçando-se e voltando a se emaranhar. Sabemos, em suma, que a internet das árvores é um sistema dinâmico, em reorganização pulsante e incessante.[35]

As entidades que se comportam assim são chamadas informalmente de "sistemas adaptativos complexos": complexos porque seu comportamento é difícil de prever apenas com base no conhecimento de suas partes constituintes; adaptativos porque se auto-organizam em novas formas ou comportamentos em resposta às circunstâncias. Você — como todos os organismos — é um sistema adaptativo complexo. A internet das árvores também. O mesmo ocorre com o cérebro, a sociedade de cupins, o enxame de abelhas, a cidade e o mercado financeiro, para citar apenas alguns. Dentro de sistemas adaptativos complexos, pequenas mudanças podem trazer grandes efeitos só observáveis no sistema como um todo. Raramente se pode determinar uma ligação direta entre "causa" e "efeito". Estímulos — que, por si sós, podem ser gestos desimportantes — formam uma espiral de respostas muitas vezes surpreendentes. Os *crashes* financeiros são um bom exemplo desse tipo de processo não linear dinâmico. Assim como espirros e orgasmos.[36]

Qual é então a melhor forma de pensar sobre as redes micorrízicas compartilhadas? Seria um superorganismo? Uma metrópole? Uma internet viva? Creches para árvores? Socialismo no solo? Mercados desregulamentados do capitalismo tardio, com fungos se acotovelando no pregão da bolsa de valores florestal? Ou talvez seja o feudalismo fúngico, com senhores feudais micorrízicos presidindo a vida de seus vassalos para seu próprio benefício. Todas essas ideias são problemáticas. As questões suscitadas pela internet das árvores vão além do que esse limitado elenco de personagens permite representar. No entanto, precisamos de algumas ferramentas criativas. Para entender como as redes micorrízicas compartilhadas realmente se comportam em ecossistemas complexos — o que realmente estão fazendo, em vez de o que são capazes de fazer —, talvez tenhamos de começar a pensar nelas em termos análogos aos que usamos para entender outros sistemas adaptativos complexos potencialmente mais bem estudados.

Suzanne Simard traça paralelos entre redes micorrízicas compartilhadas em florestas e redes neurais no cérebro de animais. Ela argumenta que o campo da neurociência pode fornecer ferramentas para entender melhor como comportamentos complexos surgem em ecossistemas conectados por redes de fungos. A neurociência se debruça, há mais tempo que a micologia, sobre a questão de como redes dinâmicas e auto-organizadas podem dar origem a comportamentos adaptativos complexos. Simard não defende que as redes micorrízicas *sejam* cérebros. Há inúmeras diferenças entre os dois sistemas. Para começar, os cérebros são compostos de células pertencentes a um único organismo, em vez de uma infinidade de espécies diferentes. Os cérebros também são anatomicamente restritos e não podem percorrer uma paisagem da mesma forma que as redes de fungos. No entanto, a analogia é sedutora. Os desafios enfrentados pelos pesquisadores que estudam a internet das árvores e os cérebros não são diferentes, embora a neurociência esteja várias décadas e centenas de bilhões de dólares à frente. "Neurocientistas estão cortando fatias de cérebro para mapear redes neurais", brincou Barabási. "Vocês, ecólogos, precisam fatiar uma floresta para ver exatamente onde estão todas as raízes e todos os fungos e quem se conecta a quem."[37]

Simard observa que parece haver alguns pontos de sobreposição elucidativos, embora superficiais. O cérebro tem propriedades de rede sem escala, com alguns módulos bem conectados que permitem que as informações passem de A para B em poucas etapas. O cérebro, assim como as redes fúngicas, se reestruturam — ou se "reconfiguram de forma adaptativa" — em resposta a novas situações. Vias neuronais subutilizadas são podadas, assim como porções subutilizadas de micélio. Novas conexões entre neurônios — ou *sinapses* — se formam e se fortalecem, assim como as conexões entre fungos e raízes de árvores. Substâncias químicas conhecidas como neurotransmissores passam pelas sinapses, permitindo que as informações sejam transmitidas de um nervo a outro; similarmente, substâncias químicas passam por "sinapses" micorrízicas de fungo para planta ou de planta para fungo, em alguns casos transmitindo informações entre eles. De fato, sabe-se que os aminoácidos glutamato e glicina — as principais moléculas de sinalização em plantas e os neurotransmissores mais comuns no cérebro e na medula espinhal de animais — passam entre plantas e fungos nessas conexões.[38]

Mas, em última análise, o comportamento da internet das árvores é ambíguo, e nossas analogias cerebrais — como as analogias da internet ou da política — são limitantes. Seja como for, a maneira de essas redes coordenarem a si mesmas, e de esses indícios — ou seriam sinais? — passarem entre as plantas pelos canais fúngicos, as internets das árvores se sobrepõem umas às outras e têm limites indefinidos que se expandem de forma inclusiva. As bactérias, que migram de um lugar para outro dentro do micélio fúngico, estão incluídas. Os pulgões e as vespas parasitas atraídos para o banquete pelos compostos voláteis produzidos pelo pé de feijão também estão incluídos. Olhando em perspectiva, os humanos também estão. Conscientemente ou não, interagimos com redes micorrízicas desde que começamos a interagir com as plantas.[39]

Será que somos capazes de nos libertar dessas metáforas, pensar fora da caixa craniana e aprender a falar sobre a internet das árvores sem nos apoiar em um de nossos totens humanos desgastados? Podemos permitir que as redes micorrízicas compartilhadas sejam perguntas, em vez de respostas conhecidas de antemão? "Tento apenas olhar para o sistema e deixar que o líquen seja um líquen." A discussão sobre a internet das árvores muitas vezes me leva de volta às palavras de Toby Spribille, a pesquisadora que continua descobrindo novos parceiros na simbiose dos liquens. A internet das árvores não é líquen — embora pensar nela como enormes liquens sobre os quais caminhamos traga uma variação bem-vinda à gama de metáforas disponíveis.

Mesmo assim, me pergunto se podemos aprender algo com a paciência de Spribille. Será que somos capazes de olhar o sistema em perspectiva e permitir que os enxames polifônicos de plantas, fungos e bactérias que formam nossa casa e nosso mundo sejam eles mesmos, completamente *diferentes* de qualquer outra coisa? Como isso afetaria nossa mente?

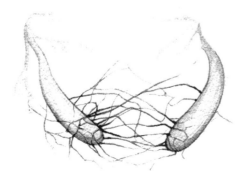

7. Micologia radical

> *Para usar bem o mundo, para evitar seu desperdício e o desperdício de nosso tempo, é preciso reaprender a forma como vivemos.*
> Ursula K. Le Guin

Deitei-me nu em um monte de serragem em decomposição e fui enterrado até o pescoço com uma pá. Estava quente, e o vapor cheirava a cedro e a pó de livros antigos. Inclinei-me para trás, suando sob o peso úmido, e fechei os olhos.

Estava na Califórnia, visitando um dos únicos banhos de fermentação fora do Japão. As aparas de madeira foram hidratadas e amontoadas. Depois de duas semanas apodrecendo, elas foram colocadas em uma grande banheira de madeira e amadureceram por mais uma semana antes de minha chegada. O banho agora estava cozinhando, aquecido por nada além da violenta energia da decomposição.

O calor intenso deixou-me sonolento e pensei nos fungos decompondo a madeira. Quando você não está ensopado em um monte de serragem apodrecida é fácil achar normal que tudo se deteriore. Vivemos e respiramos no espaço aberto pela decomposição. Suguei avidamente um pouco de água fria com um canudo e tentei piscar para tirar o suor dos meus olhos. Se pudéssemos interromper a decomposição, a partir de agora, pilhas de corpos com quilômetros de profundidade se acumulariam no planeta. Consideraríamos isso uma crise, mas do ponto de vista dos fungos seria um amontoado enorme de oportunidades.

Meu torpor se tornou mais profundo. Certamente não seria a primeira vez que os fungos prosperariam em um período de intensa transformação global. Os fungos são sobreviventes veteranos das perturbações ecológicas. Sua capacidade de perseverar — e muitas vezes prosperar — em períodos de mudanças catastróficas é uma de suas características definidoras. São criativos, flexíveis e colaborativos. Com grande parte da vida na Terra ameaçada pela atividade humana, haveria formas de nos associarmos aos fungos para que sejamos mais bem adaptados?

Talvez isso soe como as reflexões delirantes de alguém enterrado até o pescoço em aparas de madeira em decomposição, mas um número crescente de micólogos radicais pensa exatamente dessa maneira. Muitas simbioses se formaram em tempos de crise. A alga de um líquen não pode viver na rocha nua sem estabelecer um relacionamento com um fungo. Será que conseguiremos nos adaptar à vida em um planeta deteriorado sem cultivar novas relações com fungos?

No período Carbonífero, de 290 a 360 milhões de anos atrás, as primeiras plantas produtoras de madeira se espalharam em florestas pantanosas nos trópicos, sustentadas por seus parceiros micorrízicos. Essas florestas cresceram e morreram, retirando enorme quantidade de dióxido de carbono da atmosfera. E por dezenas de milhões de anos grande parte dessa matéria vegetal não se decompôs. Camadas de floresta morta e não apodrecida se acumularam armazenando tanto carbono que os níveis atmosféricos caíram, e o planeta entrou em um período de resfriamento. As plantas causaram a crise climática e foram as mais atingidas por ela: enormes áreas de floresta tropical foram destruídas em um evento de extinção conhecido como colapso das florestas tropicais do Carbonífero. Como a madeira se tornou um poluente indutor das mudanças climáticas?[1]

Do ponto de vista das plantas, a madeira foi, e continua sendo, uma inovação estrutural brilhante. À medida que as plantas proliferavam, a disputa pela luz se intensificou, e as plantas ficaram mais altas para alcançá-la. Quanto mais altas ficavam, maior era a necessidade de apoio estrutural. A madeira foi a resposta a esse problema. Hoje, a madeira de cerca de 3 trilhões de árvores — mais de 15 bilhões das quais são cortadas a cada ano — responde por cerca de 60% da massa total de todos os organismos vivos na Terra, cerca de 300 gigatoneladas de carbono.[2]

A madeira é um material híbrido. A celulose — presente em todas as células vegetais, lenhosas ou não — é um de seus ingredientes e o polímero mais abundante da Terra. A lignina é outro ingrediente e o segundo mais abundante. A lignina é o que torna a madeira lenhosa. É mais forte que a celulose e mais complexa. Enquanto a celulose é composta de cadeias ordenadas de moléculas de glicose, a lignina é uma macromolécula amorfa e irregular.[3]

Até hoje, apenas um pequeno número de organismos descobriu como decompor a lignina. De longe, o grupo mais prolífico é o dos fungos de podridão-branca — assim chamados porque, quando fazem a decomposição, deixam a madeira esbranquiçada. A maioria das enzimas — catalisadores biológicos que os organismos vivos usam para realizar reações químicas — se liga a formas moleculares específicas. No caso da lignina, essa abordagem é inútil: sua estrutura química é muito irregular. Os fungos de podridão-branca contornaram o problema usando enzimas não específicas que não dependem de forma. Essas "peroxidases" liberam uma torrente de moléculas altamente reativas, conhecidas como "radicais livres", que quebram a estrutura de ligações fortes da lignina em um processo conhecido como "combustão enzimática".[4]

Os fungos são decompositores prodigiosos, mas, entre suas muitas realizações bioquímicas, uma das mais impressionantes é a capacidade dos fungos de podridão-branca de decompor a lignina da madeira. Com base em sua habilidade de liberar radicais livres, as peroxidases produzidas pelos fungos de podridão-branca realizam o que é conhecido tecnicamente como "química radical". "Radical" é o termo perfeito. Essas enzimas mudaram para sempre a maneira como o carbono viaja em seus ciclos terrestres. Hoje, a decomposição fúngica — em grande parte de matéria vegetal lenhosa — é uma das maiores fontes de emissão de carbono, liberando cerca de 85 gigatoneladas para a atmosfera todos os anos. Em 2018, a queima de combustíveis fósseis por humanos emitiu cerca de dez gigatoneladas.[5]

Como florestas de dezenas de milhões de anos permaneceram intactas durante o período Carbonífero? As opiniões divergem. Alguns indicam fatores climáticos: as florestas tropicais eram lugares estagnados e alagados. Quando as árvores morriam, eram submersas em pântanos anóxicos, onde os fungos de podridão-branca não conseguiam entrar. Outros sugerem que, quando a lignina surgiu no início do período Carbonífero, os fungos de podridão-branca ainda não eram capazes de decompô-la e precisaram de vários milhões de anos para atualizar seu aparato de decomposição.[6]

O que aconteceu com a vasta área de florestas que não se decompuseram? É uma quantidade inconcebivelmente grande de matéria empilhada, com quilômetros de profundidade.

A resposta: carvão. A industrialização humana foi impulsionada por essas camadas de matéria vegetal não apodrecida, de alguma forma mantida fora do alcance dos fungos. (Havendo oportunidade, muitos tipos de fungo decompõem o carvão, e uma espécie conhecida como "fungo-querosene" cresce nos tanques de combustível das aeronaves.) O carvão fornece um negativo da história dos fungos: é um registro da ausência de fungos, daquilo que os fungos não digeriram. Desde então, raramente tal quantidade de matéria orgânica escapou da atenção deles.[7]

Fiquei enterrado entre os fungos de podridão-branca por vinte minutos, sendo cozido lentamente por sua química radical. Minha pele parecia se dissolver no calor, e perdi a noção de onde meu corpo começava e onde terminava; um abraço complexo, prazeroso e insuportável ao mesmo tempo. Não admira que o carvão possa emitir tanto calor: é feito de madeira que ainda não foi queimada. Quando consumimos o carvão, queimamos fisicamente o material que os fungos não conseguiram queimar por meio de enzimas. Decompomos termicamente aquilo que os fungos não foram capazes de decompor quimicamente.

Se a madeira raramente escapa da atenção dos fungos, é comum que os fungos escapem da nossa. Em 2009, o micólogo David Hawksworth referiu-se à micologia como "uma megaciência negligenciada". Por gerações, a biologia animal e vegetal teve seu próprio departamento nas universidades, mas o estudo dos fungos há muito foi agregado à ciência das plantas e, mesmo hoje, raramente é reconhecido como um campo distinto.[8]

"Negligência" é um termo relativo. Na China, os fungos são a principal fonte de alimento e medicamento há milhares de anos. Hoje, 75% da produção global de cogumelos — quase 40 milhões de toneladas — ocorre na China. Também na Europa Central e Oriental, há muito os fungos desempenham um papel cultural importante. Se as mortes ligadas a intoxicação por cogumelos são uma medida do entusiasmo nacional pelos fungos, compare uma ou duas mortes por ano nos Estados Unidos com as duzentas mortes na Rússia e na Ucrânia no ano 2000.[9]

No entanto, para grande parte do mundo, as observações de Hawksworth são verdadeiras. O primeiro relatório *State of the World's Fungi** publicado em 2018 revelou que na Lista Vermelha de Espécies Ameaçadas, compilada pela União Internacional para a Conservação da Natureza (IUCN, da sigla em inglês), apenas 56 espécies de fungo tiveram seu estado de conservação avaliado, comparado com mais de 25 mil plantas e mais de 68 mil animais. Hawksworth sugere várias soluções possíveis para essa omissão. Uma se destaca: "os recursos necessários para capacitar micólogos 'amadores'" devem aumentar. Suas aspas falam por si sós. Embora muitas áreas da ciência tenham redes de amadores dedicados e talentosos, eles são ainda mais proeminentes na micologia. Muitas vezes, não há outra forma de investigar os fungos.[10]

Um movimento científico de base pode parecer improvável, mas ele surge de uma rica tradição. O estudo acadêmico "profissional" dos organismos vivos só ganhou impulso no século 19. Muitos desenvolvimentos importantes na história da ciência foram alimentados pelo entusiasmo amador e ocorreram fora dos departamentos universitários especializados. Hoje, após um longo período de especialização e profissionalização, há uma rápida expansão de novas formas de

---

* "Situação mundial dos fungos".

fazer ciência. "Projetos de ciência cidadã", assim como *hackerspaces* e *makerspaces*, têm-se tornado cada vez mais populares desde a década de 1990, oferecendo a não especialistas dedicados oportunidades para realizar projetos de pesquisa. Como se devem chamar esses praticantes? Eles são parte do "público"? Cientistas cidadãos? Especialistas leigos? Ou apenas amadores?[11]

Peter McCoy é um anarquista, rapper, micólogo autodidata e fundador de uma organização chamada Micologia Radical, que desenvolve soluções fúngicas para problemas tecnológicos e ecológicos que enfrentamos. Como ele explica em seu livro *Radical Mycology* — um híbrido de manifesto fúngico, guia de viagem e guia do produtor —, seu objetivo é criar um "movimento micológico popular" versado no "cultivo de fungos e nas aplicações da micologia".

A Micologia Radical é parte de um movimento maior da micologia "faça você mesmo", que emergiu da cena psicodélica de cultivo de cogumelos iniciada na década de 1970 por Terence McKenna e Paul Stamets. O movimento assumiu sua forma moderna junto com os *hackerspaces*, projetos científicos de *crowdsourcing** e fóruns on-line. Embora seu centro de gravidade permaneça na Costa Oeste dos Estados Unidos, as organizações de micologia cidadã estão se espalhando rapidamente para outros países e continentes. A palavra "radical" deriva do latim *radix*, que significa "raiz". Numa interpretação literal, a base da Micologia Radical está nos micélios, na sua base.[12]

Foi para esses entusiastas de fungos que McCoy fundou uma escola de micologia on-line, a Mycologos. O conhecimento sobre fungos geralmente é inacessível e de difícil compreensão. O objetivo de McCoy é remodelar as relações humanos-fungos, distribuindo as informações de modo facilmente assimilável: "Vislumbro equipes de Micólogos Radicais Sem Fronteiras viajando pelo mundo, compartilhando suas habilidades e descobrindo novos meios de trabalhar com fungos. Se um micólogo radical treina outros dez, esses dez podem treinar cem e, a partir deles, mil — é assim que o micélio se espalha".[13]

* Contribuição colaborativa.

✻

No outono de 2018, viajei para uma fazenda na zona rural do Oregon para o encontro bianual Convergência de Micologia Radical. Ali encontrei mais de quinhentos nerds fúngicos, produtores de cogumelos, artistas, entusiastas iniciantes e ativistas sociais e ecológicos. Usando um boné de beisebol, tênis surrados e óculos de lentes grossas, McCoy definiu o cenário no discurso de abertura: "Micologia da Libertação".

Para cultivar cogumelos em qualquer escala, os produtores precisam desenvolver um faro apurado para materiais que satisfaçam o apetite voraz dos fungos. A maioria dos fungos produtores de cogumelos cresce na bagunça dos humanos. Cultivar safras comerciais nos rejeitos é uma espécie de alquimia. Os fungos transformam passivos em produtos de valor. Ganha o produtor de resíduos, ganha o produtor de cogumelos e ganha o fungo. A ineficiência de muitas indústrias é uma bênção para os produtores de cogumelos. A agricultura desperdiça muito: as plantações de óleo de palma e coco descartam 95% da biomassa produzida. As plantações de açúcar descartam 83%. A vida urbana não fica muito atrás. Na Cidade do México, as fraldas usadas representam entre 5% e 15%, em peso, dos resíduos sólidos. Pesquisadores descobriram que o micélio do onívoro *Pleurotus* — um gênero de fungo de podridão-branca que se transforma no comestível cogumelo-ostra — cresce vigorosamente com uma dieta de fraldas usadas. Ao longo de dois meses, as fraldas nas quais se cultivaram *Pleurotus*, tendo a cobertura plástica removida, perderam cerca de 85% de sua massa inicial, em comparação com meros 5% no controle em que não foi feito o cultivo de fungos. Além do mais, os cogumelos produzidos eram saudáveis e livres de doenças humanas. Projetos semelhantes estão em andamento na Índia. Ao cultivar *Pleurotus* em resíduos agrícolas — por combustão enzimática do material —, menos biomassa é queimada termicamente e a qualidade do ar melhora.[14]

Não é nenhuma grande surpresa que a bagunça dos humanos seja uma oportunidade do ponto de vista dos fungos. Afinal, eles persistiram depois dos cinco principais eventos de extinção da Terra, que eliminaram entre 75% e 95% das espécies do planeta a cada vez. Alguns fungos até prosperaram durante esses episódios calamitosos. Após a extinção do Cretáceo-Terciário, à qual se atribui o desaparecimento dos dinossauros e a destruição em massa de florestas em todo o mundo, a quantidade de fungos aumentou acentuadamente, alimentada por uma abundância de material lenhoso morto para ser decomposto. Fungos radiotróficos — capazes de coletar a energia emitida por partículas radioativas — multiplicaram-se nas ruínas de Chernobyl e são o exemplo mais recente em uma longa história que envolve fungos e empreendimentos nucleares humanos. Depois que Hiroshima foi destruída pela bomba atômica, dizem os relatos que a primeira coisa viva a emergir da devastação foi um cogumelo matsutake.[15]

Cogumelos-ostra, *Pleurotus ostreatus,* crescendo em resíduos agrícolas

O apetite dos fungos é variado, mas existem alguns materiais que eles não decompõem, a menos que precisem fazê-lo. Em uma de suas palestras, McCoy explicou como havia treinado o micélio de *Pleurotus* para digerir um dos itens mais comuns no mundo: bitucas de cigarro — são mais de 750 mil toneladas jogadas fora todos os anos. As pontas de cigarros não fumados se decompõem com o tempo, mas as pontas usadas ficam saturadas de resíduos tóxicos que bloqueiam o processo. McCoy acostumou o *Pleurotus* a uma dieta de bitucas usadas, gradualmente eliminando as alternativas. Com o tempo, o fungo "aprendeu" a usá-las como única fonte de alimento. Um vídeo com reprodução acelerada de fotos mostra o micélio subindo em um pote de geleia cheio de bitucas amassadas e manchadas de alcatrão. Logo se forma um aglomerado corpulento de cogumelos-ostra no topo, transbordando para fora do pote.[16]

Na verdade, isso está relacionado a "lembrar" tanto quanto a "aprender". Um fungo não produzirá uma enzima de que não precisa. Enzimas, ou mesmo vias metabólicas inteiras, podem ficar latentes no genoma dos fungos por gerações. Para digerir as bitucas de cigarro usadas, o micélio de *Pleurotus* talvez tenha ativado uma via metabólica não utilizada. Ou acionado uma enzima normalmente usada para outra situação e a pressionado a servir a uma causa nova. Muitas enzimas fúngicas, como as peroxidases de lignina, não são específicas. Isso significa que uma única enzima pode atuar como ferramenta multifuncional, permitindo que o fungo metabolize diferentes compostos com estruturas semelhantes. Acontece que muitos poluentes tóxicos — inclusive os da bituca — se assemelham aos subprodutos da decomposição da lignina. Nesse sentido, colocar o micélio de *Pleurotus* diante de bitucas usadas é oferecer-lhe um desafio corriqueiro.[17]

Grande parte da Micologia Radical é sustentada pela química radical dos fungos de podridão-branca. No entanto, nem sempre é fácil prever o que determinada cepa de fungo vai metabolizar. McCoy nos contou sobre suas tentativas de cultivar micélio de *Pleurotus* em pratos pontilhados com gotas do herbicida glifosato. Algumas das cepas evitaram as gotas. Outras cresceram por cima delas. E houve as que chegaram até a beira de uma gota e pararam de crescer. "Estas últimas levaram uma semana para descobrir como decompô-lo", lembrou McCoy. Ele comparou os fungos a carcereiros com molhos de chaves enzimáticas que podem desbloquear certas ligações químicas. Algumas cepas têm a chave certa pronta para o uso. Outras talvez a tenham escondida em algum lugar de seu genoma, mas preferem evitar a nova substância mesmo assim. Há, ainda, cepas que podem levar uma semana procurando a chave no molho, tentando chaves diferentes até encontrar uma que funcione.

McCoy, como muitos no movimento da micologia "faça você mesmo", recebeu sua primeira dose de entusiasmo fúngico de Stamets. Desde seu influente trabalho com os cogumelos da psilocibina nos anos 1970, Stamets se tornou um híbrido improvável entre missionário de fungos e magnata. Sua palestra no TED Talk — "Seis maneiras de salvar o mundo com cogumelos" — foi vista milhões de vezes. Ele dirige uma empresa multimilionária de fungos, a Fungi Perfecti, que vende de tudo, desde sprays antivirais para a garganta até biscoito de fungo para cães (*Mutt-rooms**). Seus livros sobre identificação e cultivo de cogumelos — inclusive o definitivo *Psilocybin Mushrooms of the World*** — continuam sendo referências cruciais para incontáveis micólogos, profissionais ou não.

Quando adolescente, Stamets sofreu de gagueira aguda. Um dia, tomou uma dose cavalar de cogumelo mágico e subiu ao topo de uma árvore alta, onde ficou preso por uma tempestade de raios. Quando desceu, sua gagueira havia sumido. Stamets foi convertido. Fez graduação na Universidade Estadual de Evergreen e desde então dedica a vida aos fungos. Stamets não é afiliado à Micologia Radical. No entanto, como McCoy, dedica-se a levar a mensagem dos fungos ao maior número possível de pessoas. Em seu site há uma carta de um produtor sírio que, inspirado por Stamets, desenvolveu formas de cultivar cogumelos-ostra em resíduos agrícolas. O produtor ensinou mais de mil pessoas a cultivar cogumelos no porão, o que forneceu alimento essencial durante seis anos sob o cerco e os bombardeios do regime de Assad.

Na verdade, não é exagero dizer que Stamets fez mais que qualquer outra pessoa pela popularização dos fungos fora dos departamentos de biologia das universidades. Apesar disso, sua relação com o mundo acadêmico não está livre de conflitos. De suas afirmações sensacionalistas a suas teorias especulativas, ele tem comportamen-

---

* Jogo de palavras com vira-lata (*mutt*) e cogumelo (*mushroom*).
** "Cogumelos da psilocibina de todo o mundo", em tradução livre.

tos considerados inapropriados para um cientista acadêmico. E, assim mesmo, sua abordagem independente é inegavelmente eficaz. É uma tensão que às vezes beira o absurdo. Certa vez, Stamets me contou da reclamação de um professor universitário conhecido. "Paul, você criou um grande problema. Queremos estudar as leveduras, e esses alunos querem salvar o mundo. O que fazer?"[18]

Uma das maneiras de os fungos contribuírem para salvar o mundo é ajudando a restaurar ecossistemas contaminados. Na "micorremediação", como é chamada, os fungos tornam-se colaboradores nas operações de limpeza ambiental.

Há milênios recrutamos fungos para decompor substâncias. As variadas populações microbianas em nossas entranhas nos lembram que, nos momentos de nossa história evolutiva em que não fomos capazes de digerir algo por nós mesmos, trouxemos os microrganismos de carona. Quando isso não era possível, terceirizamos o processo usando barris, potes, composteiras e fermentadores industriais. A vida humana depende de muitas formas de digestão externa realizadas por fungos, como o álcool, o molho de soja, as vacinas, a penicilina e o ácido cítrico usado em todas as bebidas gaseificadas. Esse tipo de parceria — diferentes organismos cantando juntos uma "canção" metabólica que nenhum deles poderia cantar sozinho — representa uma das mais antigas máximas evolutivas. A micorremediação é apenas um caso especial.

As aplicações são promissoras. Os fungos têm apetite notável por uma grande variedade de poluentes, além de bitucas de cigarro tóxicas e do herbicida glifosato. Em seu livro *Mycelium running*, Stamets escreveu sobre a colaboração com um instituto de pesquisa no estado de Washington, que se associou ao Departamento de Defesa dos Estados Unidos para desenvolver formas de decompor uma potente neurotoxina. O produto químico — metilfosfonato de dimetila, ou DMMP — foi um dos componentes mortais do gás VX, fabricado e implantado no final dos anos 1980 por Saddam Hussein durante a Guerra Irã-Iraque. Stamets enviou a seus colegas 28 espécies diferentes de fungo, que foram expostas ao composto em concentrações que cresciam de forma gradual. Depois de seis meses, duas das espécies "aprenderam" a consumir DMMP como fonte primária de nutrientes. Uma espécie era do gênero *Trametes*, ou cauda-de-peru, e a outra era o *Psilocybe azurescens*, maior produtor conhecido de psilocibina, descoberto por Stamets vários anos antes e nomeado devido ao tom azulado das hastes (mais tarde Stamets deu ao filho o nome de Azureus em homenagem ao cogumelo). Ambos são fungos de podridão-branca.[19]

A literatura micológica tem centenas de exemplos como esses. Os fungos podem transformar muitos poluentes comuns do solo e dos cursos de água que ameaçam a vida de humanos e de outros seres. São capazes de degradar pesticidas (como clorofenóis), corantes sintéticos, os explosivos TNT e RDX, óleo cru, alguns plásticos e uma variedade de medicamentos humanos e veterinários não removidos por estações de tratamento de esgoto, como antibióticos e hormônios sintéticos.[20]

Em princípio, os fungos são alguns dos organismos mais qualificados para a remediação ambiental. Ao longo de 1 bilhão de anos de evolução o micélio se adaptou a um propósito principal: consumir. É o apetite corporificado. Por centenas de milhões de anos antes do boom das plantas no Carbonífero, os fungos se sustentaram encontrando maneiras de decompor detritos que outros organismos deixavam para trás. Eles podem até aumentar a decomposição fornecendo "estradas" miceliais que permitem às bactérias viajar para locais de decomposição que de outra forma seriam inacessíveis. E, no entanto, a decomposição é apenas parte da história. Metais pesados se acumulam nos tecidos fúngicos, que podem ser removidos e descartados com segurança. A densa malha de micélio pode até ser usada para filtrar água poluída. A "micofiltração" remove agentes causadores de doenças infecciosas como *E. coli* e pode absorver metais pesados como uma esponja — uma empresa da Finlândia usa essa estratégia para extrair ouro do lixo eletrônico.[21]

Apesar do potencial, a micorremediação não é uma solução simples. O fato de que determinada cepa de fungo se comporta de certa forma em uma placa de Petri não significa que fará o mesmo quando introduzida na confusão de um ecossistema contaminado. Os fungos têm necessidades — como oxigênio ou fontes adicionais de nutrição — que devem ser levadas em consideração. Além disso, a decomposição ocorre em etapas, cumpridas por uma sucessão de fungos e bactérias, cada um capaz de continuar de onde os anteriores pararam. É ingênuo imaginar que uma cepa de fungo treinada em laboratório seja capaz de se movimentar com eficácia em um novo ambiente e remediar a área por conta própria. Os desafios enfrentados pelos micorremediadores são análogos aos enfrentados pelos enólogos — sem condições adequadas, as leveduras teriam dificuldade para transformar o açúcar do suco de uva de um barril em álcool; nesse caso, o barril é um ecossistema contaminado, e nós estamos dentro dele.[22]

McCoy defendia uma abordagem radical baseada no empirismo cidadão. Eu era cético. O campo da micorremediação, ocorreu-me, precisa de um grande impulso institucional. As soluções simples e caseiras são válidas, mas certamente são necessários estudos em grande escala. Como a área poderia progredir sem projetos pioneiros, grandes doações e apoio institucional? Achava difícil imaginar que um exército de cientistas cidadãos amadores, não importa o quão dedicado fosse, pudesse ser preparado ou confiável o suficiente para fazer avançar a área.

Logo percebi que McCoy defendia essa abordagem não por desconsiderar a pesquisa institucional, mas devido a sua escassez. Muitos fatores contribuem. Os ecossistemas são complexos, e não existe uma solução fúngica única que funcione em todos os locais e sob todas as condições. O desenvolvimento de protocolos de micorremediação em larga escala e prontos para uso exigiria grandes investimentos, o que é incomum no setor de remediação: em geral, a remediação é realizada por empresas relutantes, sob pressão para cumprir uma obrigação legal. Poucas estão interessadas em soluções experimentais ou alternativas. Além disso, existe uma indústria de remediação convencional em pleno funcionamento, que raspa o solo poluído às toneladas, transporta-o para outro lugar e o queima. Apesar dos custos e da perturbação ecológica que isso causa, é uma indústria que não pretende sair de cena tão cedo.

Micólogos radicais não têm muita escolha a não ser resolver o problema por conta própria. E desde o início dos anos 2000, inspirados em parte pelo proselitismo de Stamets, vários projetos foram criados para testar soluções fúngicas. Uma das maiores empresas, CoRenewal, pesquisa a capacidade dos fungos de degradar os subprodutos tóxicos da extração de petróleo bruto eliminados pela operação da Chevron na Amazônia equatoriana durante 26 anos. Em parceria com o Instituto Nacional de Pesquisa Agrícola do Equador, os cientistas estão pesquisando cepas locais de fungos "petrofílicos" e treinando comunidades locais em técnicas micológicas. É Micologia Radical clássica — micólogos locais aprendendo a fazer parceria com cepas fúngicas locais para resolver problemas locais. Há outros exemplos. Uma organização da sociedade civil na Califórnia instalou quilômetros de tubos cheios de palha e de micélio de *Pleurotus* na esperança de remediar o escoamento tóxico de casas destruídas nos incêndios florestais de 2017. Em 2018, barreiras flutuantes cheias de micélio de *Pleurotus* foram instaladas em um porto dinamarquês para ajudar a limpar derramamentos de combustível. A maioria desses projetos está apenas começando, outros estão em andamento. Nenhum atingiu a maturidade.[23]

A micorremediação vai decolar? É cedo para dizer. Mas está claro que agora, enquanto nos afligimos à beira de uma poça tóxica produzida por nós mesmos, soluções micológicas radicais baseadas na capacidade de certos fungos de decompor a madeira oferecem alguma esperança. O método mais comum para extrair a energia da madeira é queimá-la. Essa também é uma solução radical. Foi essa energia — os restos fossilizados da rápida expansão da madeira no Carbonífero — que contribuiu para nos deixar em apuros. Será que agora a química radical dos fungos de podridão-branca — que também é uma resposta evolutiva à expansão da madeira — pode nos ajudar a superar essas dificuldades?

Para Peter McCoy, a Micologia Radical vai além de resolver problemas específicos em locais específicos. Uma rede ampla de cientistas cidadãos também é capaz de fazer avançar o conhecimento dos fungos como um todo. Eles poderiam, por exemplo, descobrir e isolar novas cepas de fungos potentes. Fungos encontrados em ambientes contaminados podem ter aprendido a digerir determinado poluente e, como estão adaptados ao local, podem ser capazes não só de remediar o problema, mas *também* de prosperar. Essa foi a abordagem usada por uma equipe de pesquisadores no Paquistão que em 2017 examinou o solo de um aterro sanitário na cidade de Islamabad e encontrou uma nova cepa de fungo capaz de degradar o plástico de poliuretano.[24]

O *crowdsourcing* de cepas pode parecer implausível, mas resultou em algumas descobertas importantes. A produção industrial da penicilina só foi possível devido à descoberta de uma cepa de alto rendimento do fungo *Penicillium*. Em 1941, esse "lindo mofo dourado" foi encontrado em um melão podre em um mercado de Illinois pela assistente Mary Hunt depois que seu laboratório convocou as pessoas a enviar mofos. Antes disso, produzir penicilina era caro e ela estava quase sempre em falta.[25]

Encontrar cepas de fungos é uma coisa. Isolá-las e testar sua atividade é outra, bem mais difícil. Mary Hunt encontrou o mofo, mas precisou levá-lo ao laboratório para ser examinado. Essa foi minha principal dúvida sobre a abordagem de McCoy. Como os micólogos radicais poderiam isolar e cultivar novas cepas sem acesso a instalações bem equipadas? Bancadas estéreis bombeando ar limpo, produtos químicos ultrapuros, máquinas caras zumbindo nas salas de equipamentos — como obter progresso real sem isso?

Desejando mais informações, fiz um dos cursos de fim de semana sobre cultivo de cogumelos ministrados por McCoy no Brooklyn, em Nova York. A classe era uma mistura eclética: artistas, educadores, planejadores comunitários, programadores, um professor universitário, empresários e chefs. McCoy estava atrás de uma mesa com uma pilha alta de pratos, sacos plásticos cheios de grãos e caixas com seringas e bisturis — apetrechos básicos do moderno produtor de cogumelos. Uma grande panela de água fervia no fogão, cheia de cogumelos orelha-de-pau gelatinosos que colocamos em canecas durante o intervalo. Essa era a Micologia Radical em sua ponta de crescimento. Ou melhor, em uma de suas pontas de crescimento.

Ao longo do fim de semana, ficou claro que a área de cultivo amador de fungos está em estado de proliferação selvagem. Uma rede de entusiastas bem conectados e em experimentação ativa já está acelerando a produção do conhecimento sobre fungos. Técnicas como o sequenciamento de DNA ainda estão fora do alcance da maioria, mas avanços recentes possibilitam realizar operações que seriam impossíveis para amadores dez anos atrás. A maioria são soluções engenhosas de baixa tecnologia desenvolvidas por produtores de cogumelos mágicos que fazem tudo por conta própria. Muitas são melhorias e ajustes em métodos desenvolvidos e publicados por Terence McKenna e Paul Stamets em seus guias de cultivo. Embora a visão de McCoy sobre transformação micológica inclua laboratórios comunitários, muito pode ser feito sem eles.

A inovação mais revolucionária surgiu em 2009. O fundador do fórum de cultivo de cogumelos mágicos mycotopia.net, conhecido apenas pelo codinome "hippie3", desenvolveu um método para cultivar fungos sem risco de contaminação. Isso mudou tudo. A contaminação é a maior ameaça para todos os produtores de fungos. O material recém-esterilizado é um vácuo biológico; se exposto à agitação do ar livre, a vida se precipita sobre ele. Usando o método "porta de injeção" de hippie3, os produtores amadores de cogumelos podem se livrar do kit mais caro e dos procedimentos complicados. Bastam uma seringa e um pote de geleia adaptado. A informação espalhou-se rapidamente. Na opinião de McCoy, esse foi um dos desenvolvimentos mais importantes na história da micologia — "permite obter resultados de laboratório sem o laboratório" — e mudou o cultivo de cogumelos para sempre. Ele sorriu e expeliu uma pequena libação da seringa que segurava. "Essa é para hippie3."

Eu ri ao pensar em equipes de *micohackers* tentando contornar problemas, assim como o micélio do *Pleurotus* de McCoy parado na beira da poça de glifosato, tentando diferentes enzimas até encontrar um modo de passar. McCoy preparava micólogos radicais para cultivar fungos em casa, para que eles pudessem treinar cepas de fungos que transformariam mais um produto tóxico desenvolvido pelo ser humano em uma oportunidade. Mesmo com incentivos relativamente pequenos, a área poderia avançar rapidamente. Imaginei multidões de entusiastas reunidos para colocar suas cepas de fungos caseiros em uma disputa para atravessar coquetéis diabólicos de lixo tóxico, competindo por um prêmio anual de 1 milhão de dólares.[26]

O futuro reserva muitas possibilidades. A micologia, radical ou não, está em sua infância. Os humanos produzem e domesticam plantas há mais de 12 mil anos. Mas e os fungos? Os primeiros registros de cultivo de cogumelos datam de cerca de 2 mil anos atrás, na China. Wu San Kwung, reconhecido por ter descoberto como cultivar cogumelos shitake — outro fungo de podridão-branca — na China por volta do ano 1000, é celebrado com uma festa anual, e templos em todo o país relembram suas realizações. No final do século 19, nas catacumbas de calcário que atravessam o subsolo de Paris, centenas de fazendeiros produziam mais de mil toneladas de cogumelos "paris" todos os anos. No entanto, as técnicas baseadas em laboratório surgiram apenas cerca de cem anos atrás. Muitas das técnicas que McCoy ensina, inclusive o método de porta de injeção de hippie3, têm pouco mais de uma década.[27]

O curso de McCoy terminou com um alvoroço de entusiasmo e uma profusão de ideias. "Há muitas maneiras de atuar", ele sorriu, numa mistura tranquila de provocação e incentivo. "Há muita coisa que ainda não sabemos."

Desde que surgiram, os fungos provocaram mudanças "a partir da raiz". A participação dos seres humanos nessa história é recente. Ao longo de centenas de milhões de anos, diversos organismos formaram parcerias radicais com os fungos. Muitas delas — como a relação das plantas com os fungos micorrízicos — foram grandes realizações na história da vida e transformaram o mundo. Hoje, há muitos não humanos cultivando fungos de forma sofisticada, com resultados radicais. Será que essas relações podem ser consideradas precursoras antigas da Micologia Radical?[28]

O cupim africano *Macrotermes* é um dos exemplos mais marcantes. O *Macrotermes,* como a maioria dos cupins, passa grande parte da vida em busca de madeira, embora não seja capaz de comê-la. Porém, cultiva um fungo de podridão-branca — do gênero *Termitomyces* — capaz de decompor a madeira para ele. Os cupins mastigam a madeira até formar uma pasta que regurgitam em jardins fúngicos conhecidos como "favos de fungo", em alusão aos favos de mel das abelhas. O fungo usa química radical para decompor a madeira, e os cupins consomem o composto resultante. Para abrigar o fungo, o *Macrotermes* constrói cupinzeiros imponentes com até nove metros de altura, havendo alguns com mais de 2 mil anos de idade. Sociedades de *Macrotermes*, assim como as de formigas-cortadeiras, são as mais complexas entre os insetos.[29]

Os cupinzeiros de *Macrotermes* são intestinos externos gigantes — metabolismos protéticos que permitem que os cupins decomponham materiais complexos que eles não são capazes de quebrar. Assim como os fungos que cultiva, o *Macrotermes* torna o conceito de individualidade confuso. Um cupim individual não sobrevive isolado de sua sociedade. Uma sociedade de cupins não sobrevive separada da cultura de fungos e outros microrganismos que a alimentam e que ela alimenta. A parceria é fecunda: uma proporção substancial da madeira decomposta nos trópicos africanos passa pelos cupinzeiros do *Macrotermes*.[30]

Enquanto os humanos acessam a energia contida na lignina queimando-a fisicamente, o *Macrotermes* ajuda fungos de podridão-branca a queimá-la quimicamente. Os cupins mobilizam fungos da mesma forma que um micólogo radical recruta *Pleurotus* para decompor óleo cru ou pontas de cigarro. Ou da mesma forma que um micólogo não menos radical poderia terceirizar o metabolismo de fungos em barris usados para fermentar vinho, missô ou queijo. No entanto, não há dúvida sobre quem chegou primeiro. Os *Macrotermes* cultivavam fungos havia mais de 20 milhões de anos quando o gênero *Homo* surgiu. E, de fato, quando se trata de fungos *Termitomyces*, as técnicas de cultivo dos cupins superam em muito as dos humanos. Os cogumelos do *Termitomyces* são uma iguaria (e podem chegar a um metro de diâmetro, estando entre os maiores cogumelos do mundo). Mas, apesar de diversas tentativas, os humanos não encontraram uma forma de cultivá-lo. O fungo precisa do ajuste fino fornecido pelos cupins por meio de uma combinação de seus simbiontes bacterianos e da arquitetura de seus cupinzeiros.

A expertise dos cupins não passou ao largo dos humanos que viviam ao seu redor. A química radical dos fungos de podridão-branca — e sua força surpreendente — há muito está envolvida nas atividades humanas. Os cupins causam prejuízo anual de 1,5 bilhão a 20 bilhões de dólares em propriedades dos Estados Unidos. (Como observa Lisa Margonelli em *Underbug*,* geralmente se diz que os cupins norte-americanos comem a "propriedade privada" como se tivessem um sentimento anarquista ou anticapitalista.) Em 2011, cupins cavaram até chegar a um banco na Índia e comeram cédulas no valor de 10 milhões de rúpias — cerca de 225 mil dólares. Em uma reviravolta no tema das parcerias fúngicas, uma das "seis maneiras pelas quais os fungos podem salvar o mundo" de Paul Stamets consiste em ajustar a biologia de certos fungos causadores de doenças para que sejam capazes de contornar as defesas dos cupins e exterminar suas populações (um desses fungos — o bolor do gênero *Metarhizium* — mostrou potencial para eliminar populações de mosquitos da malária).[31]

Cupins do gênero *Macrotermes*

O antropólogo James Fairhead relata como os agricultores em muitas partes da África ocidental facilitam a instalação de cupins *Macrotermes* devido à maneira como eles "acordam" o solo. A terra do interior do cupinzeiro às vezes é ingerida por seres humanos ou espalhada em feridas, pois descobriu-se que tem uma série de benefícios: como su-

---

* "Insetos do subterrâneo", em tradução livre.

plemento mineral, antídoto para toxinas e antibiótico. Os *Macrotermes* cultivam dentro do cupinzeiro uma bactéria produtora de antibióticos do gênero *Streptomyces*. A parceria entre o *Macrotermes* e seus fungos foi transformada por humanos em armas para causas políticas radicais. No início do século 20, na costa oeste da África, os habitantes locais soltaram secretamente cupins no posto militar de um exército colonizador francês. Movidos pelo apetite voraz de seus parceiros fúngicos, os cupins destruíram os prédios e mastigaram os papéis dos burocratas. A guarnição francesa logo abandonou o posto.[32]

Em diversas culturas da África ocidental, os cupins estão acima dos humanos na hierarquia espiritual. Em algumas delas, os *Macrotermes* são retratados como mensageiros entre humanos e deuses. Em outras, Deus precisou da ajuda de um assistente cupim para criar o universo. Nesses mitos, os *Macrotermes* não são retratados como simples destruidores. Eles são construtores na maior escala possível.[33]

Em todo o mundo, a ideia de que os fungos podem ser usados tanto para construir como para destruir está começando a se popularizar. Um material feito de camadas externas de cogumelo portobello tem potencial para substituir o grafite nas baterias de lítio. O micélio de algumas espécies é um eficaz substituto da pele, usado por cirurgiões para ajudar na cicatrização de feridas. E nos Estados Unidos, uma empresa chamada Ecovative está cultivando materiais de construção a partir do micélio.[34]

Fui visitar as instalações de pesquisa e de manufatura da Ecovative em um parque industrial no interior do estado de Nova York. Entrando no saguão, vi-me cercado por produtos de micélio. Eram placas, tijolos, ladrilhos acústicos e embalagens moldadas para garrafas de vinho. Todos eram cinza-claros com uma textura áspera e pareciam papelão. Ao lado de um abajur de micélio e de um banquinho, uma caixa cheia de cubos brancos de espuma micelial mole. Ao lado dela um pedaço de couro fúngico. Senti-me como se estivesse diante de um trote, o cenário de um programa de tevê satírico que zomba de entusiastas para os quais os fungos seriam a salvação do mundo.

Eben Bayer, jovem diretor executivo da Ecovative, me viu cutucando um pedaço de micélio. "A Dell despacha seus servidores em embalagens como esta. Enviamos à empresa cerca de meio milhão de peças por ano." Apontou para um banquinho. "Móveis seguros, saudáveis e cultivados de forma sustentável." O assento era coberto com couro de micélio e acolchoado com espuma de micélio. Se você encomendasse um, ele chegaria em uma embalagem de micélio. Enquanto a micorremediação trata de decompor o resultado de nossas ações, a "micomanufatura" repensa os materiais que usamos. O yin e o yang da decomposição.

Assim como os micólogos radicais que conheci no Oregon e no Brooklyn, a Ecovative redireciona o fluxo de resíduos agrícolas para nutrir seus fungos. Na serragem ou no resíduo de milho crescia uma mercadoria valiosa. Era a famosa relação ganha-ganha-ganha: boa para o produtor de resíduos, para o produtor de cogumelos e para o fungo. No caso da Ecovative houve algumas vitórias adicionais. Uma das ambições de longa data de Bayer era desestabilizar as indústrias poluentes. Os materiais de embalagem que a Ecovative cultiva são projetados para substituir o plástico. Seus materiais de construção são projetados para substituir o tijolo, o concreto e o aglomerado de madeira. Seu tecido semelhante ao couro substitui o couro animal. Dezenas de metros quadrados de couro micelial podem ser cultivados em menos de uma semana em materiais que de outra forma seriam descartados. Ao fim de seu ciclo de vida, os produtos miceliais podem ser usados na compostagem. Os materiais da Ecovative são leves, resistentes à água e retardadores de fogo. São mais fortes que o concreto quando submetidos a forças de flexão e resistem à compressão melhor que as estruturas de madeira. São isolantes mais eficientes que o poliestireno expandido e podem ser cultivados em questão de dias em um número ilimitado de formas (pesquisadores na Austrália estão desenvolvendo um tijolo resistente a cupins combinando micélio de *Trametes* com vidro triturado — um produto que eliminaria a necessidade dos fungos assassinos de cupins de Paul Stamets).[35]

O potencial dos materiais de micélio não foi ignorado. A designer Stella McCartney está trabalhando com couro fúngico cultivado com os métodos da Ecovative. A empresa tem uma relação estreita com a

Ikea, que está desenvolvendo formas de substituir suas embalagens de poliestireno por uma alternativa micelial. Pesquisadores da Nasa se interessaram pela "micotetura" e seu potencial no desenvolvimento de estruturas na Lua. A Ecovative acaba de receber um financiamento de 10 milhões de dólares para pesquisa e desenvolvimento da Darpa, a Agência de Projetos de Pesquisa Avançada de Defesa, um setor das Forças Armadas dos Estados Unidos. A Darpa está interessada em cultivar barracas de micélio que se autorreparam quando danificadas e se decompõem quando descartadas. O cultivo de abrigo para soldados não fazia parte do projeto original de Bayer, mas as técnicas são adaptáveis. "Podemos usar esse método para cultivar abrigos em áreas de desastre", assinalou Eben Bayer. "Usando o micélio, pode-se cultivar abrigo para muitas pessoas a um custo muito baixo."[36]

A ideia básica é simples. O micélio se entrelaça formando um tecido denso. Depois, o micélio vivo é seco e se transforma em material morto. O produto final depende do tipo de estímulo que o micélio recebe enquanto cresce. O tijolo e o material de embalagem são formados conforme o micélio cresce em uma pasta de serragem úmida dentro de um molde. O material flexível é feito de micélio puro. Ao curti-lo, obtém-se o couro. Ao secá-lo, tem-se uma espuma que pode ser usada para fazer qualquer coisa, desde palmilhas para calçados esportivos até boias de ancoragem. Enquanto McCoy e Stamets tentam induzir os fungos a adotar novos comportamentos metabólicos, Bayer tenta induzi-los a novas formas de crescimento. O micélio sempre se espalha em seu ambiente, seja uma poça de neurotoxina, seja um molde em forma de abajur.[37]

Bayer e eu passamos por um conjunto de portas e entramos em um hangar tão grande que nele seria possível construir um avião. Lascas de madeira e outras matérias-primas desciam em esteiras e caíam em tambores, onde eram misturadas em proporções controladas digitalmente por meio de telas de computador enfileiradas. Parafusos de Arquimedes de seis metros de comprimento carregavam a serragem por câmaras de aquecimento e resfriamento a um ritmo de meia tonelada por hora. Pilhas gigantescas de moldes plásticos eram transportadas entre as câmaras de crescimento e prateleiras de secagem com dez metros de altura. Nas câmaras o microclima era controlado digitalmente — luz, umidade, temperatura, níveis de oxigênio e dióxido de carbono, todos variando em ciclos cuidadosamente programados. Era o equivalente industrial de um cupinzeiro *Macrotermes*.

Como as instalações de manufatura da Ecovative, os cupinzeiros de *Macrotermes* são microclimas cuidadosamente regulados, construídos em torno das necessidades do fungo. Abrindo e fechando túneis dentro de um sistema de chaminés e galerias, os cupins são capazes de regular a temperatura, a umidade e o nível de oxigênio e dióxido de carbono. Em pleno Saara, os cupins criam o clima fresco e úmido que permite o desenvolvimento do fungo.

Assim como nos cupinzeiros de *Macrotermes*, os fungos cultivados na Ecovative são espécies de fungos de podridão-branca. A maioria dos produtos é cultivada a partir do micélio de *Ganoderma*, gênero da espécie dos cogumelos reishi. Alguns usam *Pleurotus*, outros, *Trametes*, gêneros das espécies dos cogumelos-de-cauda-de-peru. Foi o *Pleurotus* que McCoy treinou para digerir glifosato e pontas de cigarro. Foi o *Trametes* que os colaboradores de Stamets treinaram para digerir o precursor tóxico do gás VX. Assim como diferentes cepas de fungo têm disposição diferente para decompor agentes neurotóxicos ou glifosato, as cepas variam na velocidade de crescimento e no tipo de material que seu micélio produz.[38]

A Ecovative detém a patente de seu processo de manufatura e produz mais de quatrocentas toneladas de móveis e embalagens por ano, mas para realizar seu modelo de negócio ela não precisa ser a principal produtora de materiais de micélio. Existem pessoas e organizações licenciadas para usar os kits "cultive você mesmo"* da Ecovative em 31 países, produzindo de tudo, de móveis a pranchas de surfe. Recentemente foi lançada a luminária MushLume. Um designer na Holanda está produzindo chinelos de micélio. A Administração Nacional Oceânica e Atmosférica dos Estados Unidos substituiu a espuma de plástico das boias usadas para apoiar os dispositivos de detecção de tsunami por uma alternativa micelial.[39]

---

* *Grow It Yourself* (GIY), na sigla em inglês.

Um dos projetos mais ambiciosos de uso do micélio na construção é a Fungal Architecture, ou Fungar, um consórcio internacional de cientistas e designers que pretende criar um edifício feito inteiramente por fungos, combinando compostos miceliais com "circuitos de computação" fúngicos que irão detectar e controlar os níveis de luz, temperatura e poluição. Um dos principais pesquisadores é Andrew Adamatzky, do Laboratório de Computação Não Convencional, o pesquisador que propõe o uso das redes miceliais para processar informações por meio de impulsos elétricos que percorrem suas hifas. Redes miceliais só geram impulsos elétricos quando estão vivas, um problema que Adamatzky espera superar estimulando o micélio vivo a absorver partículas eletricamente condutoras. Uma vez mortas e preservadas, essas redes criarão circuitos elétricos compostos de fios miceliais, transístores e capacitores — "uma rede de computação que preencherá cada milímetro cúbico do edifício".[40]

Caminhando pelas instalações de produção da Ecovative, é inevitável ter a sensação de que um punhado de espécies de fungo de podridão-branca está se dando muito bem nesse sistema. Claro, os fungos são mortos antes que os materiais sejam usados. Mas só depois de satisfazerem seu apetite. E depois de serem introduzidos, mais uma vez, em centenas de quilos de serragem recém-pasteurizada. Assim como McCoy e os micólogos radicais, que literalmente — e figurativamente — espalham esporos pelo mundo, a Ecovative serve como um sistema de dispersão global para várias espécies. Os fungos são ao mesmo tempo "tecnologia" e parceiros dos humanos em um novo tipo de relacionamento.

É cedo para dizer como serão as relações que estão sendo forjadas na Ecovative. Diante do desafio de extrair a energia da matéria vegetal, há 30 milhões de anos os cupins *Macrotermes* cultivam grandes quantidades de fungos de podridão-branca em instalações de produção construídas para esse fim. *Macrotermes* e *Termitomyces* vivem juntos há tanto tempo que nem podem sobreviver um sem o outro. Não se sabe se a micomanufatura atrairá ou não os humanos para uma simbiose codependente, mas já está claro que, mais uma vez, uma crise global está se transformando em um conjunto de oportunidades para os fungos. Novamente, o fluxo de dejetos humanos está sendo reinventado em função do apetite fúngico. Algumas tendências se tornam virais. Comecei a refletir sobre como seria a tendência fúngica.

Se há alguém que entende de tornar-se fúngico, é Paul Stamets. Muitas vezes me pergunto se ele foi infectado por um fungo que o enche de entusiasmo micológico — e um impulso incontrolável de persuadir os humanos de que os fungos desejam fazer parceria conosco de formas novas e peculiares. Fui visitá-lo em sua casa na costa oeste do Canadá. A casa fica equilibrada sobre uma falésia de granito, com vista para o mar. O telhado é suspenso por vigas que parecem lamelas de cogumelo. Fã de *Star Trek* desde os doze anos, Stamets batizou sua nova casa de Espaçonave Agarikon — "agarikon" é outro nome para *Laricifomes officinalis*, um fungo medicinal que apodrece madeira e cresce nas florestas do noroeste do Pacífico.

Conheço Stamets desde a adolescência, uma grande inspiração para meus estudos sobre os fungos. Cada vez que o vejo, sou recebido com uma enxurrada de notícias sobre o assunto. Em minutos, seu falatório micológico acelera e ele pula de um tema para outro quase mais rápido do que consegue falar, uma torrente incessante de entusiasmo. Em sua mente, as soluções fúngicas proliferam descontroladamente. Ofereça um problema insolúvel, e Stamets logo dirá como ele pode ser decomposto, intoxicado ou curado por um fungo. Na maior parte do tempo, usa um chapéu feito de amadou — um material parecido com o feltro, porém produzido com o esporoma do fungo-pavio, ou *Fomes fomentarius*, outro fungo de podridão-branca. O nome desperta associações adequadas. O amadou tem sido usado por seres humanos para fazer fogo há milhares de anos — o Homem do Gelo, o cadáver de 5 mil anos preservado no gelo glacial, carregava ele consigo. Como ferramenta de combustão — térmica — é um dos exemplos mais antigos da Micologia Radical humana.

Pouco antes de eu chegar, Stamets foi contatado pela equipe criativa da série de TV *Star Trek: Discovery*, que desejava saber mais sobre seu trabalho. Ele havia concordado em contar-lhes como os fungos poderiam ser usados para salvar o mundo. Como era de imaginar, *Star Trek: Discovery*, que estreou no ano seguinte, trazia temas micológicos em sua trama. Surgiu um novo personagem — um astromicólogo brilhante chamado tenente Paul Stamets — que usa fungos para desenvolver tecnologias poderosas que podem salvar a humanidade na luta contra uma série de ameaças de destruição total. A equipe de *Star Trek* usou muitas licenças poéticas, embora isso quase não fosse necessário. Ao explorar as redes miceliais intergalácticas — "um número infinito de estradas, levando a todos os lugares" —, Stamets (o fictício) e sua equipe descobrem como viajar no "plano micelial" mais rápido que a velocidade da luz. Após sua primeira imersão micelial, Stamets volta a si, confuso e transformado. "Passei a vida inteira tentando compreender a essência do micélio. E agora entendo. Vi a rede. Um universo de possibilidades que nunca sonhei que existisse."

Um dos problemas que Stamets (o real) esperava resolver colaborando com a equipe de *Star Trek* era o estado de negligência da micologia. A arte imita a vida e a vida imita a arte. Os heróis astromicólogos fictícios podem ser capazes de moldar o futuro não fictício do conhecimento dos fungos, inspirando uma geração a se empolgar com os fungos. Para (o verdadeiro) Stamets, um aumento de interesse alimentaria o desenvolvimento de tecnologias micológicas que podem "ajudar a salvar o planeta em perigo".

Quando cheguei à Espaçonave Agarikon, encontrei Stamets sentado no convés mexendo em uma jarra de vidro e um prato de plástico azul. Era o protótipo de um alimentador de abelhas que ele havia inventado. A jarra gotejava no prato água com açúcar e extratos de fungos, e as abelhas rastejavam por uma rampa para chegar até ela. Foi sua última realização e mais um modo de os cogumelos ajudarem a salvar o mundo. Mesmo para os padrões de Stamets, esse projeto recebeu grande destaque. Seu último estudo, em coautoria com entomologistas do laboratório apícola da Universidade Estadual de Washington, foi aceito pela prestigiosa revista *Nature Scientific Reports*. Ele e sua equipe mostraram que extratos de certos fungos de podridão-branca podem ser usados para reduzir drasticamente a mortalidade das abelhas.[41]

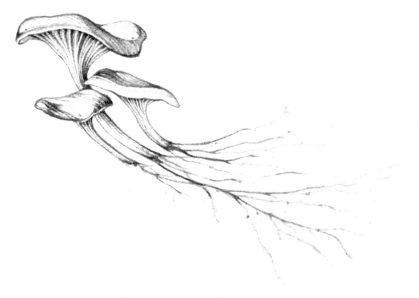

Cogumelo-ostra, *Pleurotus ostreatus*

Cerca de um terço da produção agrícola global depende da polinização de animais, especialmente de abelhas, e o declínio abrupto dessas populações é uma das muitas ameaças urgentes para a humanidade. Vários fatores contribuem para a síndrome conhecida como Distúrbio do Colapso da Colônia. O uso generalizado de inseticidas é um deles. A perda de habitat é outro. O problema mais insidioso, entretanto, é o ácaro varroa, apropriadamente denominado *Varroa destructor*. Os ácaros varroa são parasitas que sugam o fluido do corpo das abelhas e são vetores de diversos vírus mortais.[42]

Fungos da podridão da madeira são uma rica fonte de compostos antivirais, muitos deles usados como remédio há muito tempo, principalmente na China. Depois do 11 de Setembro, Stamets colaborou com o Instituto Nacional de Saúde e o Departamento de Defesa dos Estados Unidos no Projeto BioShield, uma busca por compostos que pudessem ser usados para combater tempestades virais provocadas por terrorismo biológico. Entre os milhares de compostos testados, alguns dos extratos de fungos da podridão da madeira de Stamets tiveram a maior eficácia contra diversos vírus mortais, inclusive varíola, herpes e gripe. Ele produzia esses extratos para consumo humano havia vários anos — em grande parte, foram esses produtos que transformaram a Fungi Perfecti em um negócio multimilionário. Mas a ideia de usá-los para tratar abelhas foi uma inspiração mais recente.[43]

O efeito do extrato fúngico na infecção viral das abelhas é evidente. Um extrato de 1% de amadou (ou *Fomes*) e reishi (*Ganoderma*, a espécie usada para produzir materiais na Ecovative) adicionado à água açucarada das abelhas reduziu o vírus da asa deformada em oitenta vezes. O extrato de *Fomes* reduziu o nível do vírus Lake Sinai em quase noventa vezes, e o extrato de *Ganoderma* reduziu-o em 45 mil vezes. Steve Sheppard, professor de entomologia da Universidade Estadual de Washington e um dos colaboradores de Stamets no estudo, observou que não havia encontrado nenhuma outra substância que pudesse prolongar a vida das abelhas dessa maneira.[44]

Stamets contou-me como teve a ideia. Ele estava sonhando acordado. De repente, linhas separadas de pensamento se juntaram e o atingiram "como um raio". Se os extratos fúngicos tinham propriedades antivirais, talvez ajudassem a reduzir a carga viral das abelhas — e, de fato, ele se lembrou de que, no final dos anos 1980, observou abelhas em suas colmeias visitando uma pilha de lascas de madeira podre em seu jardim e deslocando as lascas para se alimentar do micélio que estava embaixo. Stamets teve um sobressalto: "Oh, meu Deus. Acho que sei como salvar as abelhas". Foi um grande momento, mesmo para alguém que passou décadas sonhando com soluções fúngicas para problemas persistentes.

É fácil entender por que *Star Trek* convidou Stamets. Seu estilo narrativo é o mesmo de um filme norte-americano de sucesso. Muitos de seus relatos apresentam heróis fúngicos, prontos para salvar o planeta da destruição quase certa. *Tempestades virais sem precedentes ameaçam a segurança alimentar global. Polinizadores imprescindíveis lutam para sobreviver diante da grave ameaça de parasitas portadores de vírus, prestes a infligir a fome global. O futuro do mundo está em jogo. Mas espere. São eles...? Sim! Mais uma vez, os fungos vêm ao resgate com a ajuda de Stamets, seu parceiro humano.*

Será que os compostos antivirais produzidos por fungos da podridão realmente salvarão as abelhas? As descobertas de Stamets são promissoras, mas é cedo para dizer se o extrato diminuirá o colapso das colônias a longo prazo. Os vírus são apenas um dos muitos problemas que as abelhas enfrentam. Não se sabe se os antivirais fúngicos funcionam igualmente bem em outros países e contextos. E o mais importante é que, para salvar as populações de abelhas, a solução de Stamets precisa ser adotada amplamente, um feito que ele espera realizar recrutando milhões de cientistas cidadãos.

Viajei até a península Olympic, no estado de Washington, para visitar as unidades de produção de Stamets. A sede é um aglomerado de grandes galpões em forma de hangar, cercados por bosques, em um local isolado. Foi lá que Stamets cultivou e extraiu os fungos usados no estudo. Nesse local a produção logo seria expandida para levar ao mercado um produto de uso geral. Poucos meses após a publicação do estudo sobre as abelhas, ele recebeu dezenas de milhares de pedidos para o BeeMushroomed Feeder.* Incapaz de suprir a demanda, Stamets planeja abrir o código do design para impressão 3D, na esperança de que outros comecem a fabricá-lo.

Encontrei um dos diretores de operações de Stamets que concordou em me mostrar o local. O protocolo de vestimenta era rígido: estar descalço, usar um jaleco e uma rede no cabelo — também havia rede para barba. Preparamo-nos e passamos por um conjunto de portas duplas projetadas para reduzir a entrada de ar contaminado.

Entramos nas salas, que eram quentes e úmidas, com ar denso e cheiro enjoativo. Havia fileiras de prateleiras com sacos plásticos transparentes de cultivo bem vedados contendo micélio que exibiam tipos de saliência surpreendentes, desde cogumelos lenhosos reishi com a cabeça castanho-brilhante até os juba-de-leão, caindo dos sacos como delicados corais de cor creme. Na sala de produção do reishi, o ar estava tão denso com esporos que eu podia sentir seu gosto amar-

---

* Alimentador de extrato de cogumelos para abelhas.

go e úmido. Depois de apenas alguns minutos, minhas mãos ficaram cobertas de poeira cor de cappuccino.

Mais uma vez, os humanos estavam se esforçando para desviar toneladas de alimentos para redes de fungos. Mais uma vez, uma crise global transformava-se em um conjunto de oportunidades para os fungos. Como o desafio enfrentado pelo micélio de *Pleurotus* diante de uma poça de lixo tóxico, as soluções da Micologia Radical estão menos ligadas a inventar do que a lembrar. Em algum lugar no genoma do *Pleurotus*, provavelmente há uma enzima que vai dar conta do recado. Talvez ela já tenha feito isso antes. Talvez não tenha, mas possa ser redirecionada para servir a uma nova causa. Da mesma forma, em algum lugar da história da vida pode haver uma habilidade ou um relacionamento fúngicos capazes de inspirar uma nova/velha solução para um de nossos muitos problemas terríveis. Pensei na história das abelhas. O momento eureca de Stamets aconteceu quando ele se lembrou de algo que vira décadas antes — abelhas que pareciam se medicar com fungos. Não foi de Stamets a ideia de curar as abelhas com fungos. Foi das abelhas, durante uma disputa bioquímica com vírus em um canto úmido de sua história compartilhada. Em algum lugar nas profundezas da pilha de composto psicoespiritual de seu mundo de sonhos, Stamets metabolizou uma velha solução micológica radical transformando-a em uma nova.

Entrei nas salas de cultivo, repletas de estantes de três metros de altura. Esse era o favo de fungo. Milhares de sacos carregados de blocos macios de micélio peludo enchiam o espaço. Alguns eram brancos, outros amarelados, ou laranja-claros. Se os ventiladores que filtram o ar estivessem parados, creio que teria escutado o estalar de milhões de quilômetros de micélio crescendo entre seu alimento. Na coleta, os sacos de micélio eram extraídos em grandes barris cheios de álcool para produzir a cura das abelhas. Como tantas soluções micológicas radicais, essa ainda não é garantida; são os primeiros passos em direção à possibilidade de sobrevivência mutuamente assegurada, a simbiose em sua primeira infância.

8. Para entender os fungos

Importa quais histórias contam histórias, quais conceitos pensam conceitos [...] quais sistemas sistematizam sistemas.

Donna Haraway

Os fungos que compartilham a história de maior proximidade com os humanos são as leveduras. Elas vivem em nossa pele, em nossos pulmões e em nosso trato gastrointestinal e revestem nossos orifícios. Nosso corpo evoluiu para regular essas populações, e fez isso ao longo de nossa história evolutiva. Por milhares de anos as culturas humanas também desenvolveram maneiras sofisticadas de regular populações de leveduras fora do confinamento do corpo, em barris e tonéis.[1] Hoje, as leveduras são um dos organismos-modelo mais usados na biologia celular e na genética: constituem o envelope mais simples da vida eucariótica, e muitos genes humanos são equivalentes aos das leveduras. Em 1996, a *Saccharomyces cerevisiae*, a espécie de levedura usada na fabricação de cerveja e pão, tornou-se o primeiro organismo eucariótico a ter seu genoma sequenciado. Desde 2010, mais de um quarto dos Prêmios Nobel de Fisiologia ou Medicina foram concedidos a trabalhos feitos com leveduras. Mas foi apenas no século 19 que as leveduras foram descobertas como organismos microscópicos.[2]

Ainda não se sabe quando exatamente os humanos começaram a trabalhar com fermento. A primeira evidência inequívoca data de cerca de 9 mil anos na China, mas grãos microscópicos de amido foram descobertos no Quênia em ferramentas de pedra que datam de 100 mil anos. O formato dos grãos de amido sugere que as ferramentas foram utilizadas para processar a palmeira-africana, *Hyphaene petersiana*, que ainda é usada para fazer licor. Dado que qualquer líquido açucarado deixado por mais de um dia começa a fermentar sozinho, é provável que os seres humanos façam fermentação há muito mais tempo.[3]

As leveduras controlam a transformação do açúcar em álcool; o antropólogo Claude Lévi-Strauss defendeu que elas também controlaram uma das transformações culturais mais significativas da história da humanidade: a passagem de caçadores-coletores a agricultores. Ele considerava o hidromel — uma bebida feita de mel fermentado — a primeira bebida alcoólica e imaginou a transição da fermentação "natural" para a produção cultural de bebidas, usando o exemplo de uma árvore oca. O álcool faria parte da natureza se o mel fermentasse "por si mesmo", e da cultura se os humanos tivessem colocado o mel para fermentar em um tronco artificialmente oco. (É uma distinção interessante; por extensão, os cupins *Macrotermes* e as formigas-cortadeiras fizeram a transição da natureza para a cultura dezenas de milhões de anos antes dos humanos.)[4]

Lévi-Strauss pode estar certo ou não a respeito do hidromel. Sabemos que a levedura atual da cerveja teve origem na mesma época em que cabras e ovelhas foram domesticadas. A origem da agricultura há cerca de 12 mil anos — a chamada Transição Neolítica — pode ser entendida, pelo menos em parte, como uma resposta cultural às leveduras. Foi pelo pão ou pela cerveja que os humanos começaram a abandonar o nomadismo e a se estabelecer em sociedades sedentárias (a hipótese de que a cerveja surgiu antes do pão vem ganhando força entre os estudiosos desde os anos 1980). E, seja no pão, seja na cerveja, as leveduras foram as principais beneficiadas pelos primeiros esforços agrícolas humanos. Na preparação de qualquer um deles, os humanos alimentam o fermento antes de se alimentar. Os desenvolvimentos culturais associados à agricultura — plantações e cidades, acúmulo de riquezas, depósitos de grãos, novas doenças — fazem parte da história compartilhada com as leveduras. De muitas maneiras, pode-se argumentar, as leveduras nos domesticaram.[5]

Leveduras da cerveja, *Saccharomyces cerevisiae*

Minha relação com as leveduras passou por uma transformação na universidade. Uma de minhas vizinhas tinha um namorado que a visitava regularmente. Logo depois de ele chegar, impreterivelmente, grandes tigelas de plástico cheias de líquido e cobertas com filme plástico apareciam no peitoril da janela da cozinha. Era vinho, ele me contou. Ele aprendera a fazer álcool com um amigo que havia passado um tempo na prisão na Guiana Francesa. Fiquei fascinado e logo adquiri minha própria coleção de tigelas. Descobri que era muito simples. As leveduras fazem quase todo o trabalho. Elas preferem o calor, mas não quente demais, e reproduzem-se mais intensamente no escuro. A fermentação começa quando você adiciona o fermento a uma solução açucarada quente. Na ausência de oxigênio, o fermento converte o açúcar em álcool e libera dióxido de carbono. A fermentação termina quando as leveduras ficam sem açúcar ou morrem por envenenamento pelo álcool.

Enchi uma tigela com suco de maçã, polvilhei algumas colheres de chá de fermento seco de padeiro e deixei-a perto do aquecedor em meu quarto. Observei quando apareceram faixas de espuma e a cobertura de plástico inchou, formando uma bolha. De vez em quando, escapava um pequeno jato de gás, transportando vapores cada vez mais alcoólicos. Depois de três semanas, não consegui mais conter minha curiosidade e levei a tigela para uma festa, onde ela desapareceu em questão de minutos. A bebida era tragável, embora um pouco doce, e, a julgar por seus efeitos, tinha uma porcentagem de álcool próxima à de uma cerveja forte.

Rapidamente, a atividade se intensificou. Depois de alguns anos eu tinha vários recipientes grandes de cerveja, incluindo uma panela de cinquenta litros, e comecei a preparar bebidas com receitas que encontrei em textos históricos. Fiz hidroméis condimentados, tirados de *The Closet of Sir Kenelm Digby*,* publicado em 1669, e cervejas *gruit* medievais com murta-do-pântano que colhi em um brejo próximo. Logo vieram os vinhos de espinheiro, as cervejas de urtiga e uma cerveja medicinal registrada no século 17 por William Butler, o médico de Jaime I, considerada um remédio para tudo, desde a "praga de Londres" ao sarampo e "diversas outras doenças". Meu quarto ficava forrado de barris com líquido borbulhante, e meu guarda-roupa, cheio de garrafas.[6]

Preparava a mesma fruta com culturas de levedura coletadas em locais diferentes. Algumas eram aromáticas e saborosas. Outras eram turvas e deliciosas. E havia as com gosto de meia ou terebintina. Uma linha tênue separava o asqueroso do perfumado, mas não importava. A fermentação me deu acesso ao mundo invisível desses fungos, e fiquei encantado ao sentir a diferença entre leveduras obtidas na casca de uma maçã e em pratos de água com açúcar colocados na prateleira de velhas bibliotecas durante a noite.

O poder de transformação das leveduras há muito tempo é personificado como uma energia divina, um espírito ou um deus. Como poderia ser diferente? Álcool e embriaguez são algumas das mágicas mais antigas. Uma força invisível faz surgir o vinho a partir da fruta, a cerveja a partir dos grãos, o hidromel a partir do néctar. Esses líquidos alteram a mente e foram incluídos na cultura humana de muitas maneiras, nas festas rituais, na arte de governar e até como forma de pagamento pelo trabalho. Ao mesmo tempo, foram responsáveis por dissolver nossos sentidos, por selvageria e êxtase. As leveduras são tanto criadoras quanto destruidoras da ordem social.

---

* "O armário de Sir Kenelm Digby", em tradução livre.

Os antigos sumérios — que deixaram receitas de cerveja escritas há 5 mil anos — idolatravam Ninkasi, deusa da fermentação. No *Livro dos mortos* egípcio, as orações são dirigidas a "doadores de pão e cerveja". Entre o povo ch'orti da América do Sul, o início da fermentação era entendido como "o nascimento do bom espírito". Os antigos gregos tinham Dionísio: deus do vinho, da vinificação, da loucura, da embriaguez e das frutas domesticadas — uma personificação do poder do álcool tanto para forjar quanto para corroer as categorias culturais humanas.[7]

Hoje, as leveduras se tornaram ferramentas biotecnológicas projetadas para produzir medicamentos, como a insulina e as vacinas. A Bolt Threads, uma parceira da Ecovative na produção de couro micelial, usa leveduras geneticamente modificadas para produzir seda de aranha. Os pesquisadores procuram modificar o metabolismo das leveduras para que elas produzam açúcar a partir de plantas lenhosas para uso em biocombustíveis. Uma equipe está desenvolvendo a Sc2.0, uma levedura sintética, construída de baixo para cima — uma forma de vida artificial que os engenheiros serão capazes de programar para produzir diversos tipos de composto. Em todos esses casos, a levedura, com seu poder transformador, confunde o limite entre natureza e cultura, entre um organismo que se auto-organiza e uma máquina que é construída.[8]

Em meus experimentos, aprendi que a arte da cerveja envolve uma negociação sutil com as culturas de levedura. Fermentação é a decomposição domesticada — o apodrecimento realojado. Se for bem-sucedida, a mistura terminará no lado certo da linha. Mas, como tantas vezes acontece com os fungos, não há garantias. Cuidando da limpeza, da temperatura e dos ingredientes — fatores importantes para regular o processo —, eu era capaz de induzir a fermentação a caminhos promissores, mas sem coerção. Por isso o resultado sempre era surpreendente.

Muitas das cervejas históricas eram divertidas de beber. Os hidroméis provocavam risos. As *gruit ales* deixavam as pessoas tagarelas. A cerveja do dr. Butler induzia uma sensação peculiar de peso. Algumas eram uma catástrofe engarrafada. Qualquer que fosse o efeito, fiquei fascinado com o processo de transformar um texto histórico em algo vivo. Antigas receitas de cerveja são registros de como as leveduras ficaram gravadas na vida e na mente humanas nos últimos séculos. Em todas as páginas desses livros, a levedura é um companheiro silencioso, um participante invisível da cultura humana. No final das contas, essas receitas davam um sentido à forma como as substâncias se decompunham. Elas me lembravam que as histórias que usamos para dar sentido ao mundo fazem diferença. A história que você ouve sobre grãos determina se você terá pão ou cerveja. A história que você ouve sobre o leite determina se você terá iogurte ou queijo. A história que você ouve sobre maçãs determina se você terá molho ou sidra.

As leveduras são microscópicas, o que facilita o acúmulo de uma espessa camada de narrativas em torno delas. Os fungos que produzem cogumelos são geralmente interpretados de forma mais simples. Os cogumelos, como há muito tempo se sabe, podem ser deliciosos, mas também podem intoxicar, curar, alimentar ou provocar visões. Por centenas de anos, poetas do leste asiático escreveram rapsódias sobre cogumelos e seus sabores. "Oh, matsutake:/ Quanta emoção antes de encontrá-los", regozijou-se Yamaguchi Sodo no Japão do século 17. Os autores europeus, em geral, têm sido mais dúbios. Albertus Magnus, em seu livro de ervas *De vegetabilibus*, do século 13, advertia que os cogumelos "de humor úmido" podiam "bloquear na cabeça as passagens mentais das criaturas [que os comem] e provocar insanidade". John Gerard, escrevendo em 1597, alertou seus leitores para que mantivessem distância:

> Poucos cogumelos são bons para comer, e a maioria deles sufoca e estrangula o comensal. Portanto, aconselho aqueles que amam essas carnes estranhas, novas e salientes a tomar cuidado ao lamberem o mel entre os espinhos, para que a doçura de um não contrarie a agudeza e a picada do outro.

Mas os humanos nunca mantiveram distância.[9]

Em 1957, Gordon Wasson — o primeiro a popularizar os "cogumelos mágicos" em um artigo do mesmo ano na revista *Life* — e sua esposa Valentina desenvolveram um sistema binário pelo qual todas as culturas podem ser categorizadas: "micofílicas" (culturas que gostam de fungos) em oposição a "micofóbicas" (culturas que temem os fungos). As atitudes culturais da atualidade em relação aos cogumelos, especulavam os Wasson, são um "eco moderno" dos antigos cultos psicodélicos aos fungos. As culturas micofílicas descendem daqueles que adoravam cogumelos. As culturas micofóbicas descendem daqueles que consideravam seu poder diabólico. Atitudes micofílicas podem levar Yamaguchi Sodo a escrever poemas em louvor ao matsutake, ou incitar Terence McKenna a fazer proselitismo sobre os benefícios de ingerir grandes porções de cogumelos da psilocibina. As atitudes micofóbicas podem alimentar um pânico moral que resulta em sua proibição, ou levar Albertus Magnus e John Gerard a fazer advertências severas sobre os perigos dessas "novas carnes salientes". Ambas as vertentes reconhecem o poder dos cogumelos de afetar a vida das pessoas. Ambas dão sentido a esse poder de maneiras diferentes.[10]

O tempo todo enquadramos os organismos em categorias questionáveis. É uma das maneiras de entendê-los. No século 19, bactérias e fungos eram classificados como plantas.[11] Hoje, ambos possuem seus próprios reinos, embora só em meados da década de 1960 tenham conquistado sua independência. Na maior parte da história, houve pouco consenso sobre o que os fungos realmente são.[12]

Teofrasto, um aluno de Aristóteles, escreveu sobre as trufas — mas só conseguiu dizer o que elas não eram: descreveu-as como desprovidas de raízes, caule, galho, botão, folha, flor ou fruto, bem como de casca, medula, fibras ou veias. Na opinião de outros escritores clássicos, os cogumelos eram gerados espontaneamente pela queda de raios. Alguns consideravam tratar-se de brotos da Terra, ou "excrescências". Carlos Lineu, o botânico sueco do século 18 que criou o sistema taxonômico moderno, escreveu em 1751 que "a ordem dos fungos ainda é um caos em máximo grau, nenhum botânico sabe o que é uma espécie e o que é uma variedade".[13]

Até hoje, os fungos escapam aos sistemas de classificação que elaboramos para eles. O sistema taxonômico de Lineu foi projetado para animais e plantas, e não lida facilmente com fungos, liquens e bactérias. Uma única espécie de fungo pode assumir formas que não têm nenhuma semelhança entre si. Muitas espécies não têm características distintas que possam ser usadas para definir sua identidade. Os avanços no sequenciamento de genes possibilitaram ordenar os fungos em grupos que compartilham uma história evolutiva, em vez de grupos com base em características físicas. No entanto, decidir onde começa uma espécie e termina a outra com base em dados genéticos traz tanto problemas quanto soluções. Dentro do micélio de um único "indivíduo" fúngico, podem existir vários genomas. Dentro do DNA extraído de uma única pitada de poeira, pode haver dezenas de milhares de assinaturas genéticas únicas, sem que haja um modo de atribuí-las a grupos de fungos conhecidos. Em 2013, em um artigo intitulado "Contra a nomenclatura de fungos", o micólogo Nicholas Money chegou a sugerir que o conceito de espécie em fungos deveria ser totalmente abandonado.[14]

Os sistemas de classificação são apenas uma das maneiras de as pessoas darem sentido ao mundo. Os julgamentos de valor são outra. A neta de Charles Darwin, Gwen Raverat, descreveu a repulsa de sua tia Etty — filha de Darwin — pelo cogumelo stinkhorn,* o *Phallus impudicus*. Os stinkhorns são notórios por sua forma fálica. Produzem uma gosma de cheiro pungente e assim atraem moscas que ajudam a dispersar seus esporos. Em 1952, Raverat relembrou:[15]

> Em nossa floresta nativa, cresce uma espécie de cogumelo venenoso conhecido como stinkhorn (embora em latim tenha um nome mais grosseiro). O nome se justifica porque o fungo pode ser caçado apenas pelo cheiro, e essa foi a grande invenção de tia Etty. Armada com uma cesta e uma vara pontiaguda, e usando uma capa de caça especial e luvas, ela farejava pela floresta, parando aqui e ali, as narinas se contraindo quando sentia o cheiro da presa. Então, com um ataque mortal, capturava a vítima e colocava sua carcaça pútrida na cesta. No final de um dia dessa caçada, as presas eram trazidas e queimadas no mais profundo segredo no fogo da sala com a porta trancada — para preservar as criadas.

---

* Ver nota da p. 64 (cap. 2).

Cruzada ou fetiche? Micofobia ou micofilia enrustida? Nem sempre é fácil perceber a diferença. Para alguém com repulsa ao stinkhorn, tia Etty até que passava muito tempo atrás dele. Em sua "caçada", ela sem dúvida deve ter se saído melhor que as moscas ao espalhar os esporos. O odor fétido, presumivelmente irresistível para as moscas, também se mostrou irresistível para tia Etty — embora sua atração fosse filtrada pela aversão. Motivada por seu horror, ela via os stinkhorns com os olhos da moralidade vitoriana e tornou-se uma recruta apaixonada de uma causa fúngica.

As maneiras como tentamos dar sentido aos fungos costumam dizer tanto sobre nós mesmos quanto sobre os fungos que tentamos entender. O cogumelo agárico-amarelado (*Agaricus xanthodermus*) é descrito na maioria dos guias de campo como tóxico. Certa vez, um caçador de cogumelos dono de uma grande biblioteca micológica contou-me sobre um antigo guia de viagem no qual o mesmo cogumelo era descrito como "delicioso quando frito", embora o autor tenha observado depois que o cogumelo "pode causar um leve coma nas pessoas de constituição fraca". A forma como alguém reage ao agárico-amarelado depende de sua constituição fisiológica. Embora tóxico para a maioria das pessoas, algumas são capazes de comê-lo sem efeitos prejudiciais. A forma como ele é descrito dependerá da fisiologia da pessoa que o está descrevendo.[16]

Esse tipo de viés fica ainda mais evidente em discussões sobre relacionamentos simbióticos, que são vistos sob a óptica humana desde que a palavra foi cunhada no final do século 19. As analogias usadas para dar sentido aos liquens e fungos micorrízicos dizem tudo. Mestre e escravo, trapaceiro e trapaceado, humanos e organismos domesticados, homens e mulheres, as relações diplomáticas entre as nações... As metáforas mudam com o tempo, mas as tentativas de classificar relacionamentos mais que humanos em categorias humanas continuam até hoje.

Como me explicou o historiador Jan Sapp, o conceito de simbiose se comporta como um prisma através do qual nossos próprios valores sociais se dispersam. Sapp fala rápido e tem um sentido aguçado para detalhes irônicos. A história da simbiose é sua especialidade. Ele passou décadas com biólogos, em laboratórios, conferências, simpósios e florestas, enquanto eles procuravam entender como os organismos interagem uns com os outros. Amigo próximo de Lynn Margulis e Joshua Lederberg, ele acompanhou de camarote o crescimento da ciência moderna da microbiologia. A política da simbiose sempre foi preocupante. A natureza é fundamentalmente competitiva ou cooperativa? Essa questão envolve outras tantas. Para muitos, ela muda a maneira como entendemos a nós mesmos. Não é surpreendente que essas questões continuem sendo um barril de pólvora conceitual e ideológico.[17]

A narrativa dominante nos Estados Unidos e na Europa ocidental desde o desenvolvimento da teoria da evolução no final do século 19 é a do conflito e da competição, e reflete visões de progresso social dentro de um sistema capitalista industrial. Exemplos de organismos cooperando uns com os outros para seu benefício mútuo "permaneceram à margem da sociedade biológica educada", nas palavras de Sapp. Relações mútuas, como aquelas que dão origem a liquens, ou relações de plantas com fungos micorrízicos, eram exceções curiosas à regra — isso quando sua existência era reconhecida.[18]

A oposição a essa visão não dividia de forma clara o Leste e o Oeste. Ainda assim, as ideias de ajuda mútua e cooperação na evolução eram mais proeminentes na Rússia que nos círculos evolucionários da Europa ocidental. A réplica mais forte à visão da competição desenfreada na "natureza, vermelha nos dentes e nas garras",* veio do anarquista russo Peter Kropotkin em seu best-seller *Ajuda mútua: um fator de evolução*, de 1902. Nele, o autor enfatiza que a "sociabilidade" faz parte da natureza tanto quanto a luta pela sobrevivência. Com base em sua interpretação, Kropotkin defendeu uma mensagem clara: "Não entre em competição! Pratique a ajuda mútua! Esse é o meio mais seguro de dar a cada um e a todos a maior segurança, a melhor garantia de sobrevivência e progresso, corporal, intelectual e moral".[19]

Durante grande parte do século 20, o debate sobre as interações simbióticas foi marcado pela carga política. Sapp argumenta que a

---

* Verso do poeta inglês Alfred Tennyson (1809-92).

Guerra Fria levou os biólogos a levar mais a sério a questão da coexistência no mundo em geral. A primeira conferência internacional sobre simbiose foi realizada em Londres em 1963, seis meses após a Crise dos Mísseis em Cuba ter levado o mundo à beira da guerra nuclear. Não foi por acaso. Os editores do programa da conferência escreveram que "os problemas urgentes de coexistência nas relações internacionais podem ter influenciado o comitê na escolha do tema para o simpósio deste ano".[20]

Está bem estabelecido nas ciências que as metáforas podem ajudar a gerar novas formas de pensamento. O bioquímico Joseph Needham descreveu uma analogia como uma "rede de coordenadas" que poderia ser usada para organizar uma massa disforme de informações, do mesmo modo que um escultor usa uma estrutura de arame como suporte para a argila. O biólogo evolucionista Richard Lewontin argumentou que é impossível "fazer o trabalho da ciência" sem usar metáforas, visto que quase "toda a ciência moderna é uma tentativa de explicar fenômenos que não podem ser experimentados diretamente pelos seres humanos". Metáforas e analogias, por sua vez, vêm acompanhadas de histórias e valores, o que significa que nenhuma discussão de ideias científicas — inclusive estas — está livre de vieses culturais.[21]

Hoje, o estudo das redes micorrízicas compartilhadas é um dos campos mais afetados por inclinações políticas. Alguns retratam esses sistemas como uma forma de socialismo pela qual a riqueza da floresta pode ser redistribuída. Outros se inspiram em estruturas familiares de mamíferos e cuidado parental, em que árvores jovens são nutridas por suas conexões fúngicas com "árvores-mãe" mais velhas e maiores. Há os que descrevem as redes em termos de "mercados biológicos", nos quais plantas e fungos são retratados como indivíduos econômicos racionais negociando no pregão de uma bolsa de valores ecológica, envolvendo-se em "sanções", "investimentos comerciais estratégicos" e "ganhos de mercado".[22]

A internet das árvores é uma expressão não menos antropomórfica. Não apenas os humanos são os únicos organismos a construir máquinas, mas a internet e a world wide web são algumas das tecnologias mais politizadas que existem. Usar metáforas de máquina para entender outros organismos pode ser tão problemático quanto pegar emprestados conceitos da vida social humana. Na realidade, os organismos crescem; máquinas são construídas. Os organismos se refazem continuamente; as máquinas são mantidas por humanos. Os organismos se auto-organizam; as máquinas são organizadas por humanos. Metáforas de máquina são conjuntos de histórias e ferramentas que ajudaram inúmeras descobertas de importância vital. Mas elas não são fatos científicos e podem nos causar problemas quando priorizadas em relação a outros tipos de história. Se acreditarmos que os organismos são máquinas, estaremos mais propensos a tratá-los como tal.[23]

Apenas olhando em retrospectiva podemos perceber quais metáforas mais nos ajudam. Hoje seria absurdo tentar agrupar todos os fungos nas categorias "causadores de doenças" ou "parasitas", como era comum no final do século 19. No entanto, antes que os liquens tivessem inspirado Albert Frank a cunhar a palavra "simbiose", não havia outra maneira de descrever as relações entre diferentes tipos de organismo. Nos últimos anos, as narrativas em torno das relações simbióticas tornaram-se mais matizadas. Toby Spribille — a pesquisadora que descobriu que os liquens consistem em mais de duas partes — argumenta que eles devem ser entendidos como sistemas. Os liquens não parecem ser o produto de uma parceria fixa, como se pensou por muito tempo. Em vez disso, eles surgem de uma série de relações possíveis entre várias partes diferentes. Para Spribille, as relações que sustentam os liquens se tornaram uma pergunta, em vez de uma resposta conhecida de antemão.

Da mesma forma, o comportamento de plantas e fungos micorrízicos não é mais visto como mutualístico ou parasitário. Mesmo na relação entre um único fungo micorrízico e uma única planta, o dar e receber é dinâmico. Em vez de uma dicotomia rígida, os pesquisadores descrevem um continuum entre mutualismo e parasitismo. Redes micorrízicas compartilhadas podem facilitar a cooperação e também a competição. Os nutrientes podem passar através do solo por meio de conexões fúngicas, mas as toxinas também podem. As possibilidades narrativas são mais ricas. Temos de mudar a perspectiva e encontrar conforto na incerteza — ou apenas suportá-la.

Ainda assim, alguns gostam de politizar o debate. Sapp contou-me, achando graça, que um biólogo em especial "me chama de esquerda biológica e define a ele mesmo como direita biológica". Eles estavam discutindo a ideia de indivíduos biológicos. Na opinião de Sapp, o desenvolvimento das ciências microbianas tornou difícil definir os limites de um organismo individual. Para seu detrator, que se posicionou como direita biológica, precisam existir indivíduos separados. O pensamento capitalista moderno baseia-se na ideia de indivíduos racionais agindo em seu próprio interesse. Sem indivíduos, tudo desmorona. Na sua perspectiva, o argumento de Sapp escondia o gosto pelos coletivos e uma tendência socialista subjacente. Sapp riu. "Algumas pessoas gostam de fazer dicotomias artificiais."[24]

Em *Braiding Sweetgrass*,* a bióloga Robin Wall Kimmerer escreve sobre *puhpowee*, palavra na língua indígena norte-americana potawatomi. *Puhpowee* é traduzido como "a força que faz com que os cogumelos saiam da terra durante a noite". Kimmerer lembra que mais tarde soube que "*puhpowee* é usado não apenas para cogumelos, mas também para certas hastes que crescem misteriosamente durante a noite". Seria antropomórfico descrever o crescimento de um cogumelo na mesma linguagem usada para descrever a excitação sexual masculina? Ou é micomórfico descrever a excitação sexual masculina humana na mesma linguagem usada para descrever o crescimento de um cogumelo? Para onde aponta a flecha? Se você diz que uma planta "aprende", "decide", "comunica" ou "lembra", você está humanizando a planta, ou vegetalizando um conjunto de conceitos humanos? O conceito humano pode assumir novos significados quando aplicado a uma planta, assim como conceitos ligados a plantas podem assumir novos significados quando aplicados a um humano: brotar, florescer, robusto, enraizado, seiva, radical... [25]

---

* "Trançando grama", em tradução livre.

Natasha Myers, a antropóloga que introduziu a palavra "involução" para descrever a tendência dos organismos de se associarem, argumenta que o próprio Charles Darwin parecia pronto para a "vegetalização", praticando o "fitomorfismo". Ao escrever sobre flores de orquídea em 1862, Darwin observou que "a posição das antenas neste *Catasetum* pode ser comparada à de um homem com o braço esquerdo levantado e dobrado de modo que sua mão fique na frente do peito, e com o braço direito cruzando o corpo mais para baixo, de modo que os dedos se projetem um pouco além do lado esquerdo".[26] Estaria Darwin humanizando a flor ou sendo vegetalizado por ela? Ele descreve características das plantas em termos humanos, um sinal claro de antropomorfismo. Mas também está repensando o corpo masculino — o seu, inclusive — em forma floral, sugerindo que se dispõe a explorar a anatomia da flor em seus próprios termos.

Essa é uma história antiga. É difícil dar sentido a alguma coisa sem fazer uma pequena parte dela se encostar em você. Às vezes, é intencional. A Micologia Radical, por exemplo, é uma organização sem forma definida. Isso não acontece por acaso. Seu fundador, Peter McCoy, destaca que os fungos têm o poder de mudar a forma como pensamos e usamos a imaginação. Árvores aparecem em toda parte, como na representação de genealogias e de relacionamentos (famílias humanas, biológicas ou linguísticas), ou nas estruturas de dados semelhantes a árvores na ciência da computação e nos "dendritos" do sistema nervoso (*dendron* significa "árvore" em grego). Por que o mesmo não aconteceria com os micélios? A Micologia Radical se organiza usando a lógica micelial descentralizada. As redes regionais se associam livremente ao movimento mais amplo. Periodicamente, a rede da Micologia Radical se aglutina em um esporoma, como a Convergência de Micologia Radical da qual participei no Oregon. Quão diferentes seriam nossas sociedades e instituições se pensássemos em fungos, em vez de animais ou plantas, como formas "típicas" de vida?[27]

Às vezes, imitamos o mundo sem querer. Os donos de cães muitas vezes se parecem com eles; biólogos muitas vezes passam a se comportar como seu objeto de estudo. Desde que o termo "simbiose" foi cunhado por Frank no final do século 19, os pesquisadores que estudam as relações entre os organismos têm sido persuadidos a formar colaborações interdisciplinares incomuns. Como explicou-me Jan Sapp, a relutância em dar saltos ousados através das fronteiras institucionais contribuiu para a desatenção com as relações simbióticas durante grande parte do século 20. Conforme as ciências se profissionalizaram, o abismo disciplinar separou geneticistas de embriologistas, botânicos de zoólogos, microbiologistas de fisiologistas.

As interações simbióticas ultrapassam o limite das espécies; estudos de interações simbióticas precisam ultrapassar as fronteiras disciplinares. Isso se aplica aos dias de hoje. "Compartilhando recursos para o benefício mútuo: o diálogo entre disciplinas aprofunda a compreensão da simbiose micorrízica [...]" Assim começava um artigo da conferência internacional de 2018 sobre biologia micorrízica. O estudo de fungos micorrízicos requer a formação de uma simbiose acadêmica entre micólogos e botânicos. O estudo das bactérias que vivem em hifas requer interações simbióticas entre micólogos e bacteriologistas.[28]

Meu comportamento se parece muito com o dos fungos quando faço pesquisa e entro em mutualismo acadêmico na troca de favores e dados. No Panamá, agi como as pontas crescentes do micélio micorrízico, enterrado até o nariz na lama vermelha por dias a fio. Ansiosamente, carregava grandes refrigeradores com amostras, passando pela alfândega, verificação de raios-x e cães farejadores de outros países. Fiquei horas no microscópio na Alemanha, debrucei-me sobre perfis de lipídios de fungos na Suécia e extraí e sequenciei DNA de fungos na Inglaterra. Enviei gigabytes de dados expelidos por uma máquina em Cambridge para serem processados na Suécia e depois para colaboradores nos Estados Unidos e na Bélgica. Se meus movimentos tivessem deixado um rastro, eles teriam traçado uma rede complexa, completada com o movimento bidirecional de informações e recursos. Como as plantas, meus colaboradores na Suécia e na Alemanha tiveram acesso a um volume maior de solo ao fazer parceria comigo. Eles não podiam viajar para os trópicos, então estendi seu alcance. Em troca, como um fungo, obtive acesso a provisões e técnicas que, de outra forma, estariam fora de meu alcance. Meus colaboradores no Panamá se beneficiaram com os subsídios e conhecimentos técnicos de meus colegas na Inglaterra. Da mesma forma, meus colegas na Inglaterra se beneficiaram com os subsídios e da experiência de meus colaboradores panamenhos. Para estudar uma rede flexível, tive de montar uma rede flexível. É um tema recorrente: olhe para a rede, e ela começa a olhar para você.

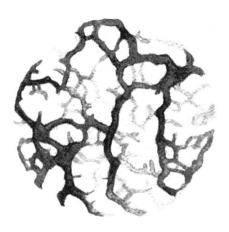

"Embriaguez", escreve o teórico francês Gilles Deleuze, é "uma erupção triunfante da planta em nós". Da mesma forma, ela é a erupção triunfante do fungo em nós. Será que a intoxicação pode nos ajudar a redescobrir partes de nós mesmos no mundo fúngico? Haveria maneiras de dar sentido aos fungos afrouxando nosso controle sobre nossa humanidade ou encontrando nela um quê de outra coisa, algo fúngico? Essa outra coisa podem ser um ou outro fragmento de uma época em que éramos mais próximos dos fungos. Ou talvez algo que aprendemos em nossa longa e emaranhada história com essas criaturas extraordinárias.[29]

Há cerca de 10 milhões de anos, a enzima que nosso corpo usa para desintoxicar o álcool, conhecida como álcool desidrogenase, ou ADH_4, sofreu uma única mutação que a deixou quarenta vezes mais eficiente. A mutação ocorreu no último ancestral comum que compartilhamos com gorilas, chimpanzés e bonobos. Sem uma ADH_4 modificada, mesmo pequenas quantidades de álcool seriam tóxicas.

Com a ADH₄ modificada, o álcool pode ser consumido com segurança e usado pelo corpo como fonte de energia. Muito antes de nossos ancestrais se tornarem humanos, e muito antes de elaborarmos histórias para dar um sentido cultural e espiritual ao álcool e às culturas de levedura que o produzem, as enzimas surgiram para dar-lhes um sentido metabólico.[30]

Por que a capacidade de metabolizar o álcool surgiu tantos milhões de anos antes que os humanos desenvolvessem tecnologias de fermentação? Os pesquisadores argumentam que a ADH₄ foi atualizada em uma época em que nossos ancestrais primatas passavam menos tempo nas árvores e se adaptavam à vida no solo. A capacidade de metabolizar o álcool, especulam, desempenhou um papel crucial na capacidade dos primatas de viver no solo da floresta, abrindo um novo nicho alimentar: frutas muito maduras caídas das árvores que passavam do ponto e fermentavam.

A mutação ADH₄ serve de apoio para a "hipótese do macaco bêbado", proposta pelo biólogo Robert Dudley para explicar as origens do apreço dos humanos pelo álcool. Segundo ele, o álcool é uma tentação para os humanos porque também era para nossos ancestrais. O cheiro de álcool produzido por leveduras era uma maneira confiável de encontrar frutas maduras que apodreciam no solo. Nossa atração pelo álcool, assim como toda a ecologia dos deuses e deusas que supervisionam a fermentação e a intoxicação, são resquícios de uma paixão muito mais antiga.[31]

Os primatas não são os únicos animais atraídos pelo álcool. Os musaranhos-arborícolas da Malásia — pequenos mamíferos com cauda plumada — sobem nos botões de flor da palmeira *Eugeissona* e bebem néctar fermentado em quantidades que, dimensionadas para o peso corporal, intoxicariam um ser humano. A névoa de vapores alcoólicos produzida pelas leveduras atrai os musaranhos-arborícolas para as flores. As palmeiras *Eugeissona* dependem deles para serem polinizadas, e seus botões de flor se tornaram vasos de fermentação especializados — estruturas que abrigam comunidades de leveduras e promovem uma fermentação tão rápida que seu néctar forma espuma e borbulha. Os musaranhos-arborícolas, por sua vez, desenvolveram uma notável capacidade de se desintoxicar do álcool e não parecem sofrer os efeitos negativos da embriaguez.[32]

A mutação na ADH$_4$ ajudou nossos ancestrais primatas a extrair energia do álcool. Em uma reviravolta na hipótese do macaco bêbado, os humanos continuam procurando maneiras de extrair energia do álcool, embora o queimemos como biocombustível em motores, em vez de usá-lo como combustível metabólico em nosso corpo. A cada ano são produzidos bilhões de galões de etanol biocombustível a partir do milho nos Estados Unidos e da cana-de-açúcar no Brasil. Nos Estados Unidos, uma área maior que a da Inglaterra é usada para o cultivo de milho, que é processado e usado para alimentar as leveduras. A taxa de conversão de pastagens em plantações de biocombustíveis é comparável à taxa de desmatamento no Brasil, Malásia e Indonésia, em porcentagem de cobertura do solo. As consequências ecológicas do boom dos biocombustíveis são de longo alcance. São necessários grandes subsídios dos governos; a conversão de pastagens em terras agrícolas libera enorme quantidade de carbono na atmosfera; uma profusão de fertilizantes escorre para córregos e rios e é responsável pela zona morta no golfo do México. Mais uma vez, as leveduras e o poder ambíguo do álcool que elas produzem estão participando da transformação agrícola humana.[33]

Inspirado pela hipótese do macaco bêbado, resolvi fermentar algumas frutas muito maduras. Seria um modo de consumir uma narrativa, deixá-las modificar minhas percepções do mundo, tomar decisões sob sua influência, ficar intoxicado por elas. A embriaguez pode ser a erupção do fungo em nós; essa seria a erupção de uma história fúngica. Frequentemente as histórias mudam nossas percepções, e muitas vezes não notamos.

A ideia me ocorreu durante um passeio pelo Jardim Botânico de Cambridge, oferecido por seu carismático diretor. Em sua companhia, um novelo de histórias emanava até mesmo do arbusto mais banal. Uma planta, uma grande macieira perto da entrada, se destacava. Ela cresceu, disseram-nos, de uma muda tirada de uma macieira de quatrocentos anos no jardim de Woolsthorpe Manor, a casa da família de Isaac Newton. Era a única macieira que crescia ali e tinha idade suficiente para ter existido quando Newton formulou sua lei da gravitação universal. Se alguma árvore deixou cair uma maçã que inspirou Newton, foi aquela.

Por ter crescido a partir de uma muda, a árvore à nossa frente era, como nos lembrou o diretor, um clone da famosa árvore. Isso a tornava, pelo menos geneticamente, a mesma árvore do acontecimento. Ou melhor, isso a *teria* tornado a mesma árvore se ele tivesse de fato acontecido. Dado que a história da maçã não tinha base em fatos concretos, logo nos garantiram que a teoria da gravitação provavelmente não envolvia uma maçã. Ainda assim, essa era de longe a candidata mais provável a ser a árvore que *não* derrubou a maçã que inspirou a Teoria da Gravidade.

Esse não era o único clone. O diretor nos informou que havia mais dois: um no local do laboratório de alquimia de Newton, em frente ao Trinity College, e outro no lado externo da faculdade de matemática. (Posteriormente descobriu-se que há mais alguns — um deles no jardim do presidente do Instituto de Tecnologia de Massachusetts, entre outros lugares.) O mito era forte o suficiente para fazer com que três comitês acadêmicos — conhecidos acima de tudo por sua cautela e indecisão — decidissem plantar as árvores em lugares auspiciosos da cidade. O tempo todo, a posição oficial permaneceu inalterada: a história da maçã de Newton era apócrifa e não tinha base em fatos concretos.

Esse é o teatro da botânica em sua melhor forma. O envolvimento de uma planta em um dos avanços teóricos mais significativos da história do pensamento ocidental estava sendo negado e afirmado *ao mesmo tempo*. Dessa ambiguidade cresceram árvores reais, com maçãs reais, que caíram no chão e apodreceram em uma confusão pungente de álcool.

A história da maçã de Newton é apócrifa porque o próprio Newton não deixou nenhum relato escrito sobre ela. Apesar disso, existem várias versões da história registradas por seus contemporâneos. O relato mais detalhado foi escrito por William Stukeley, jovem membro da Royal Society e antiquário hoje conhecido por seu trabalho sobre os círculos de pedra da Grã-Bretanha. Em 1726, lembrou Stukeley, ele e Newton jantaram em Londres:[34]

> Depois do jantar, como o tempo estava quente, fomos ao jardim e bebemos chá à sombra de uma macieira; apenas eu e ele [...] Entre outras histórias, ele me disse que estava exatamente na mesma situação de quando a noção de gravitação lhe veio à mente. "Por que motivo deveria aquela maçã sempre descer perpendicularmente ao chão?", pensou consigo mesmo; instigado pela queda de uma maçã, sentava-se em estado de contemplação. "Por que não deveria ir para o lado ou para cima? Mas constantemente para o centro da Terra? Certamente a razão é que a Terra a atrai. Deve haver um poder de atração na matéria."

A história moderna da maçã de Newton é uma história sobre uma história sobre o que Newton disse. Era isso que tornava as árvores tão ricas em termos narrativos. Não havia como verificar se a história era verdadeira ou falsa. Em resposta a esse dilema, os acadêmicos agiram como se fosse verdadeira e falsa. A história passeava para dentro e para fora do universo das lendas. As árvores estavam sobrecarregadas com uma narrativa impossível, um exemplo de como os organismos não humanos esgarçam as costuras de nossas categorias até o ponto de ruptura. Fazia tempo que não importava mais se uma maçã havia realmente inspirado Newton a elaborar sua lei da gravitação. As árvores cresceram; a história prosperou.

Educadamente, perguntei ao diretor se poderia colher algumas maçãs. Não me ocorreu que isso pudesse ser um problema. Disseram-nos que as maçãs — uma variedade rara chamada "flor-de-kent" — tinham sabor notoriamente desagradável. Isso se devia a uma combinação particular de azedume e amargura, explicou o diretor, uma combinação que alguns compararam ao temperamento de Newton em seus últimos anos. Fiquei surpreso ao receber um belo "não" e perguntei o motivo. "Os turistas precisam ver as maçãs caindo da árvore", confessou o diretor, desculpando-se, "para dar verossimilhança ao mito."

Quem estava brincando com quem? Como tantas pessoas respeitáveis ficavam tão intoxicadas por uma história, tão confortadas por ela, limitadas por ela, arrebatadas por ela, cegas por ela? Mas, por outro lado, como poderiam não ficar? As histórias são contadas para modificar nossas percepções do mundo, então raramente elas *não* fazem tudo isso conosco. Mas não é comum encontrar uma situação em que o absurdo seja tão aparente, em que uma planta seja usada para fazer troça de forma tão explícita. Peguei uma das maçãs já caídas em decomposição, cheirei o álcool e decidi que aquela seria minha fruta podre.

O problema era que eu não tinha como espremer maçãs para fazer suco. Procurei na internet e li sobre comunidades em um subúrbio de Cambridge afligidas por problemas com suas maçãs. As macieiras dos moradores ficavam inclinadas sobre a estrada, e as frutas caíam na rua. A garotada da região as usava como mísseis. Janelas foram quebradas e carros, amassados. Em uma jogada política inspirada, uma associação de moradores forneceu uma prensa de maçãs comunitária para gerenciar o problema e reduzir o desperdício. Parecia ter funcionado. A violência na comunidade foi transformada em suco. O suco foi fermentado em sidra. E a sidra, ingerida com espírito comunitário. O princípio era sólido. Uma crise humana estava sendo decomposta por um fungo. Mais uma vez, os humanos se organizavam e desviavam resíduos para o apetite dos fungos. Por sua vez, o metabolismo dos fungos estava atuando na vida e na cultura humanas. Cerveja, penicilina, psilocibina, LSD, biocombustíveis... quantas vezes isso já acontecera?

Comuniquei-me com o responsável pela prensa para pedi-la emprestada. A demanda era alta, e ela tinha de ser transferida diretamente entre as pessoas que a usavam. Puseram-me em contato com um padre da comunidade, que alguns dias depois estacionou um Volvo todo amassado, com o elegante aparelho a reboque. Havia engrenagens dentadas de aparência cruel para transformar as maçãs em polpa, um grande parafuso para aplicar pressão e um bico para a saída do suco.

Colhi as maçãs de Newton à noite em grandes mochilas de acampamento com a ajuda de um amigo. Deixamos algumas maçãs na árvore em respeito ao mito, mas lamento dizer que fugimos com a maioria delas. Mais tarde, descobri que estávamos *scrumping* — termo do dialeto de West Country usado originalmente para descrever ganhos indevidos e, mais tarde, a colheita de frutas sem permissão. A diferença é que no West Country as maçãs forneciam sidra, e a sidra tinha valor: os proprietários de terra costumavam incluir meio litro de sidra todos os dias como parte do salário de seus trabalhadores, uma das muitas formas pelas quais o metabolismo das leveduras realimentava os sistemas agrícolas feitos para abrigá-las. Sob a árvore de Newton, porém, maçãs significavam desordem e um incômodo para o jardineiro. A prensa estava fazendo sua mágica. Os resíduos eram transformados em suco, e o suco fermentado, em sidra. Uma situação em que todos ganham.

Prensar as maçãs era um trabalho árduo. Duas ou três pessoas seguravam a prensa, enquanto outra girava a manivela. Como as maçãs estavam cobertas com matéria orgânica do solo, duas pessoas as lavavam e cortavam. A atividade cresceu até se tornar uma linha de produção. A sala ficou tomada pelo cheiro forte e azedo de maçãs esmagadas. Havia maçãs em toda parte, sob várias formas. Nosso cabelo tinha polpa, e nossas roupas ficaram encharcadas. Os tapetes ficaram pegajosos e úmidos, e as paredes, manchadas. No final do dia, eram trinta litros de suco.

Ao fermentar a sidra, você precisa escolher. Ou adiciona uma cultura de levedura comercial vendida em pacotes, ou você não adiciona nada e deixa que as leveduras naturais da casca da maçã assumam a tarefa. Diferentes variedades de maçã têm suas próprias culturas de leveduras nativas na casca, cada uma fermentando em seu próprio ritmo, preservando e transformando diferentes elementos do sabor da fruta. Como toda fermentação, há uma linha tênue. Se leveduras ou bactérias nocivas se estabelecerem, o suco apodrece. Uma sidra feita com uma única cepa cultivada de pacote teria menos risco de guinar para a podridão, mas não representaria a cultura de levedura própria da maçã. Não havia dúvida de que as leveduras selvagens teriam de entrar em ação. As maçãs de Newton vinham pulverizadas com as leveduras de Newton. Eu não teria como saber exatamente quais linhagens de levedura acabariam gerando a bebida, mas foi assim durante a maior parte da história humana.

O suco fermentou em cerca de duas semanas, resultando em um líquido turvo e intenso, que engarrafei. Depois de alguns dias, quando a bebida decantou, provei uma taça. Para minha surpresa, estava delicioso. O amargor e o azedume das maçãs se transformaram. O sabor era floral e delicado, seco com uma efervescência suave. Ingerido em grande quantidade, provocava animação e uma leve euforia. Não senti a emoção confusa que experimentara depois de beber algumas sidras. Também não me sentia descoordenado, mas as leveduras me levaram para o nonsense. Eu estava intoxicado com uma história, confortado por ela, limitado por ela, dissolvido nela, sem sentido por causa dela, esmagado por ela. Chamei a sidra de Gravidade e me entreguei cambaleante à influência do prodigioso metabolismo das leveduras.

EPÍLOGO

A composteira

> *Nossas mãos bebem como raízes,*
> *então as coloco sobre o que é belo neste mundo.*
> São Francisco de Assis

Quando criança, eu amava o outono. As folhas caíam de uma grande castanheira e se amontoavam no jardim. Eu as juntava com um ancinho e zelava por elas cuidadosamente, adicionando novos punhados com o passar das semanas. Em pouco tempo as pilhas ficavam grandes o suficiente para encher várias banheiras. Então, repetidamente, eu subia nos galhos baixos da árvore e dali pulava nas folhas. Uma vez lá dentro, eu me contorcia até ficar totalmente submerso e escondido no meio do farfalhar, perdido em cheiros singulares.

Meu pai incentivou-me a mergulhar no mundo de cabeça. Ele costumava me carregar nos ombros e enterrar meu rosto em flores como se eu fosse uma abelha. Devemos ter polinizado inúmeras flores enquanto passávamos de planta em planta, minhas bochechas manchadas de amarelo e laranja, meu rosto contraído em novas formas para caber melhor dentro dos pavilhões que as pétalas faziam, ambos encantados com as cores, os cheiros e a bagunça.

Minhas pilhas de folhas eram ao mesmo tempo lugares para me esconder e mundos para explorar. Mas com o passar dos meses as pilhas diminuíam. Ficava mais difícil submergir. Investiguei, alcançando as regiões mais profundas do monte, retirando punhados úmidos do que parecia cada vez menos com folhas e cada vez mais com o solo. Começavam a aparecer vermes. Eles estavam carregando o solo para a pilha ou as folhas para o solo? Nunca tive certeza. Minha sensação era de que a pilha de folhas estava afundando; mas, se estava afundando, estava afundando para onde? Qual a profundidade do solo? O que fazia o mundo flutuar naquele mar sólido?

Perguntei a meu pai. Ele me deu uma resposta. Respondi com outro "Por quê?". Não importava quantas vezes eu perguntasse, ele sempre tinha uma resposta. Esses jogos de "por quê?" continuavam até que eu me exaurisse. Foi em uma dessas brincadeiras que aprendi sobre a decomposição. Fiz um esforço para imaginar as criaturas invisíveis que comiam todas as folhas e pensava como seres tão pequenos podiam ter um apetite tão voraz. Tentei imaginar como poderiam devorar minhas pilhas de folhas enquanto eu estava submerso nelas. Por que eu não conseguia ver isso acontecendo? Se a fome deles era tão grande, certamente eu seria capaz de pegá-los em flagrante se me enterrasse no monte de folhas e ficasse ali em silêncio, não? Mas eles sempre escapavam.

Meu pai propôs um experimento. Cortamos a tampa de uma garrafa plástica transparente. Na garrafa colocamos camadas alternadas de solo, areia, folhas mortas e, finalmente, um punhado de minhocas. Nos dias seguintes, observei os vermes abrindo caminho entre as camadas. Eles se mexiam e misturavam tudo. Nada ficou onde estava. A areia penetrou no solo e as folhas penetraram na areia. Os limites entre as camadas se dissolveram uns nos outros. Os vermes podem ser visíveis, meu pai explicou, mas há muitas outras criaturas que você não pode ver e que se comportam assim. Vermes minúsculos. E criaturas menores que vermes minúsculos. E criaturas ainda menores que não parecem vermes, mas são capazes de mexer, misturar e dissolver uma coisa na outra, exatamente como esses vermes fazem. Os compositores fazem peças musicais. Estes eram decompositores, que desfazem pedaços de vida. Nada acontece sem eles.

Esse era um conceito muito útil. Era como se eu tivesse aprendido a voltar atrás, a pensar de trás para frente. Agora havia flechas que apontavam em ambas as direções ao mesmo tempo. Compositores fazem; decompositores desfazem. E, a menos que decompositores desfaçam, não há *o que* os compositores possam fazer. Essa ideia mudou minha maneira de entender o mundo. E desse pensamento, da minha atração pelas criaturas que fazem a decomposição, surgiu meu interesse pelos fungos.

Foi dessa pilha de compostagem de questões e deslumbramentos que este livro se formou. Foram tantas perguntas e tão poucas respostas — e isso é emocionante. A ambiguidade não é tão irritante quanto antes; é mais fácil para mim resistir à tentação de remediar a incerteza com a certeza. Em minhas conversas com pesquisadores e entusiastas, encontrei-me no lugar de um intermediário involuntário, respondendo a perguntas sobre o que as pessoas estão fazendo em campos diferentes e distantes da investigação micológica, às vezes carregando alguns grãos de areia para o solo, às vezes alguns torrões de solo para a areia. Há mais pólen em meu rosto do que quando comecei. Novos porquês se sobrepuseram a antigos porquês. Há uma pilha maior na qual mergulhar, e ela tem um cheiro tão misterioso quanto no início. Mas há mais umidade, mais espaço para me enterrar e mais coisas a explorar.

Os fungos podem gerar cogumelos, mas primeiro devem desfazer outra coisa. Agora que este livro está feito, posso entregá-lo aos fungos para que o desfaçam. Vou umedecer uma cópia e semear com micélio *Pleurotus*. Quando ele tiver comido palavras, páginas e orelhas, e cogumelos-ostra tiverem nascido da capa, eu os comerei. De outra cópia, vou remover as páginas, amassá-las e, com um ácido fraco, quebrar a celulose do papel em açúcares. À solução de açúcar adicionarei uma levedura. Depois de fazer cerveja por fermentação, vou beber e fechar o ciclo.

Os fungos fazem de tudo; e também desfazem. Há muitas maneiras de pegá-los em flagrante: quando você cozinha ou toma sopa de cogumelos; quando você coleta ou compra cogumelos; quando você fermenta o álcool, semeia uma planta ou enterra as mãos no solo. E, se você deixar um fungo entrar em sua mente, ou se maravilhar com a maneira como ele entra na mente dos outros; se você for curado por um fungo ou observar como ele cura outra pessoa; se você construir sua casa com fungos, ou começar a cultivar cogumelos em sua casa, os fungos vão pegar *você* em flagrante. Se você está vivo, eles já o fizeram.

Agradecimentos

Sem a orientação, os ensinamentos e a ajuda paciente de muitos especialistas, estudiosos, pesquisadores e entusiastas, este livro seria inconcebível. Em especial, gostaria de agradecer: Ralph Abraham, Andrew Adamatzky, Phil Ayres, Eben Bayer, Kevin Beiler, Luis Beltran, Michael Beug, Martin Bidartondo, Lynne Boddy, Ulf Büntgen, Duncan Cameron, Keith Clay, Yves Couder, Bryn Dentinger, Julie Deslippe, Katie Field, Emmanuel Fort, Mark Fricker, Maria Giovanna Galliani, Lucy Gilbert, Rufino Gonzales, Trevor Goward, Christian Gronau, Omar Hernandez, Allen Herre, David Hibbett, Stephan Imhof, David Johnson, Toby Kiers, Callum Kingwell, Albert László--Barabási, Natuschka Lee, Charles Lefevre, Egbert Leigh, David Luke, Scott Mangan, Michael Marder, Peter McCoy, Dennis McKenna, Pål Axel Olsson, Stefan Olsson, Magnus Rath, Alan Rayner, David Read, Dan Revillini, Marcus Roper, Jan Sapp, Carolina Sarmiento, Justin Schaffer, Jason Scott, Marc-André Selosse, Jason Slot, Sameh Soliman, Toby Spribille, Paul Stamets, Michael Stusser, Anna Tsing, Raskal Turbeville, Ben Turner, Milton Wainwright, Håkan Wallander, Joe Wright e Camilo Zalamea.

Minha agente Jessica Woollard e meus editores Will Hammond na Bodley Head e Hilary Redmon na Random House forneceram um fluxo constante de incentivos, opiniões esclarecidas e conselhos sábios, pelos quais sou imensamente grato. Na Bodley Head/Vintage tive a sorte de trabalhar com Graham Coster, Suzanne Dean, Sophie Painter e Joe Pickering, e na Random House tive uma excelente equipe com Karla Eoff, Lucas Heinrich, Tim O'Brian, Simon Sullivan, Molly Turpin e Ada Yonenaka. Collin Elder fez experiências com tinta feita de cogumelo preto e produziu um belo conjunto de ilustrações de fungos. Pela ajuda com diversos trechos de tradução, agradeço a Xavier Buxton, Julia Hart, Anna Westermeier, Simi Freund e Pete Riley. Pam Smart forneceu ajuda valiosa com a transcrição, e Chris Morris, da "Spores for Thought", coletou impressões de esporos. Christian Ziegler estava comigo na floresta do Panamá e fotografou a estranha magia das plantas mico-heterotróficas.

Sou imensamente grato aos que leram o livro inteiro ou partes dele em vários estágios de seu desenvolvimento: Leo Amiel, Angelika Cawdor, Nadia Chaney, Monique Charlesworth, Libby Davy, Tom Evans, Charles Foster, Simi Freund, Stephan Harding, Ian Henderson, Johnny Lifschutz, Robert Macfarlane, Barnaby Martin, Uta Paszkowski, Jeremy Prynne, Jill Purce, Pete Riley, Erin Robinsong, Nicholas Rosenstock, Will Sapp, Emma Sayer, Rupert Sheldrake, Cosmo Sheldrake, Sara Sjölund, Teddy St Aubyn, Erik Verbruggen e Flora Wallace. Seu insight e sensibilidade foram fundamentais.

Pelo humor, cuidado e inspiração ao longo do caminho, agradeço: David Abram, Mileece Abson, Matthew Barley, Fawn Baron, Finn Beames, Gerry Brady, Dean Broderick, Caroline Casey, Udavi Cruz-Márquez, Mike de Danann Datura, Lindy Dufferin, Andréa de Keijzer, Zac Embree, Amanda Feilding, Johnny Flynn, Tom Fortes Mayer, Viktor Frankel, Dana Frederick, Charlie Gilmour, Lucy Hinton, Rick Ingrasci, James Keay, Oliver Kelhammer, Erica Kohn, Natalie Lawrence, Sam Lee, Andy Letcher, Jane Longman, Luis Eduardo Luna, Robert Macfarlane, Vahakn Matossian, Sean Matteson, Evan McGown, Zayn Mohammed, Mark Morey, Misha Mullov-Abbado, Viktoria Mullova, Charlie Murphy, Dan Nicholson, Richard Perl, Sara Perl Egendorf, John Preston, Jeremy Prynne, Anthony Ramsay, Vilma Ramsay, Steve Rooke, Gryphon Rower Upjohn, Matt Segall, Rupinder Sidhu, Wayne Silby, Paulo Roberto Silva e Souza, Joel Solomon, Anne Stillman, Peggy Taylor, Robert Temple, Jeremy Thres,

Mark Vonesch, Flora Wallace, Andrew Weil, Khari Wendell-McClelland, Kate Whitley, Heather Wolf e Jon Young. Devo muito aos vários professores e mentores maravilhosos que me ajudaram ao longo dos anos, em especial: Patricia Fara, William Foster, Howard Griffiths, David Hanke, Nick Jardine, Mike Majerus, Oliver Rackham, Fergus Read, Simon Schaffer, Ed Tanner e Louis Vause.

Agradeço o apoio de várias instituições: Clare College e os Departamentos de Ciências Vegetais e de História e Filosofia da Ciência de Cambridge, onde passei vários anos emocionantes; o Smithsonian Tropical Research Institute, por seu apoio enquanto morei no Panamá e por cuidar continuamente do Monumento Natural de Barro Colorado; e Hollyhock, na Colúmbia Britânica, por me acolher durante o inverno enquanto trabalhava.

Incontáveis horas de música me ajudaram a pensar e sentir meu caminho ao longo deste livro. De especial importância foram os sons de: o povo aka, Johann Sebastian Bach, William Byrd, Miles Davis, João Gilberto, Billie Holiday, Charles Mingus, Thelonius Monk, Moondog, Bud Powell, Thomas Tallis, Fats Waller e Teddy Wilson. Os dois lugares que mais influenciaram o desenvolvimento deste livro foram Hampstead Heath e Cortes Island. A esses lugares, e a todos aqueles que os habitam e os protegem, devo mais do que posso dizer. Acima de tudo, por sua inspiração, amor, sagacidade, sabedoria, generosidade e paciência infinita, agradeço a Erin Robinsong, Cosmo Sheldrake e meus pais Jill Purce e Rupert Sheldrake.

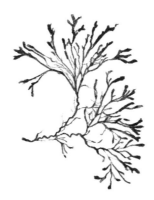

    O autor e o editor agradecem aos detentores dos direitos autorais por concederem permissão para reproduzir trechos do seguinte material: "Heaven is Jealous", de *A Year with Hafiz: Daily Contemplations*, tradução © Daniel Ladinsky 2011; "Like Roots", de *Love Poems from God: Twelve Sacred Voices from the East and West*, tradução © Daniel Ladinsky 2002; "Fayan Wenyi", de "The Book of Silences", de *Selected Poems* © Robert Bringhurst 2009; "Green Grass", letra e música de Kathleen Brennan & Thomas Waits © 2004 Jalma Music. Universal Music Publishing MGB Limited. Todos os direitos reservados. Direitos autorais internacionais garantidos. Usado com permissão de Hal Leonard Europe Limited; "Uma saudação de ano novo" © Propriedade de WH Auden.

    Ilustrações de texto © Collin Elder 2020. Agradecimentos pela permissão para reproduzir a imagem da página 59, redesenhada por Collin Elder a partir de uma imagem original © Symbolae.

Notas

INTRODUÇÃO: COMO É SER UM FUNGO? [PP. 11-32]

Epígrafe: Hafiz (1315-1390), em Ladinsky, *A Year with Hafiz* (2010).

1. Ferguson et al., 2003. Existem diversos relatos de redes enormes de *Armillaria*. Um estudo publicado por Anderson et al. (2018) investigou uma rede de micélios em Michigan com idade estimada de 2 500 anos e peso de pelo menos quatrocentas toneladas, espalhando-se por uma área de 75 hectares. Os pesquisadores descobriram que o fungo tinha uma taxa extremamente baixa de mutação genética, um indício de que ele tem alguma forma de se proteger contra danos ao DNA. Não se sabe exatamente como o fungo é capaz de manter um genoma tão estável, mas isso provavelmente ajuda a explicar sua capacidade de viver até idade tão avançada. Além de *Armillaria*, alguns dos maiores organismos são as ervas marinhas de crescimento clonal (Arnaud-Haond et al., 2012).

2. Moore et al. (2011), cap. 2.7; Honegger et al. (2018). Os restos fossilizados de *Prototaxites* foram encontrados na América do Norte, Europa, África, Ásia e Austrália. Desde meados do século 19, os biólogos tentam descobrir o que eram os *Prototaxites*. Inicialmente acreditava-se que fossem árvores podres. Pouco depois, foram promovidos ao status de alga marinha gigante, apesar de evidências contundentes de que cresciam em terra. Em 2001, após décadas de debate, argumentou-se que eles eram na verdade o esporoma de um fungo. É um argumento convincente: os *Prototaxites* eram formados a partir de um emaranhado denso de filamentos que se parece mais com hifas de fungo do que com qualquer outra coisa. A análise de isótopos de carbono indica que ele sobrevivia decompondo o que estava por perto, e não pela fotossíntese. Mais recentemente, Selosse (2002) sustentou que é mais plausível que os *Prototaxites* fossem estruturas gigantes parecidas com liquens, compostas pela união de fungos e algas fotossintetizantes. Ele argumenta que os *Prototaxites* eram grandes demais para se manterem pela decomposição de plantas. Se eles fizessem fotossíntese de modo parcial, seriam capazes de suplementar a dieta de plantas mortas com a energia da fotossíntese. Eles teriam os meios e o incentivo para crescer formando

estruturas mais altas que qualquer outra coisa ao redor. Além do mais, os *Prototaxites* continham polímeros resistentes encontrados nas algas da época, indicando que as células das algas viviam entrelaçadas com as hifas do fungo. A hipótese do líquen também ajuda a explicar por que eles foram extintos. Após 40 milhões de anos de domínio global, os *Prototaxites* morreram misteriosamente, enquanto as plantas evoluíram e se transformaram em árvores e arbustos. Essa observação condiz com a hipótese de que os *Prototaxites* eram organismos semelhantes a liquens, porque mais plantas significava menos luz.

3. Para uma ampla discussão sobre diversidade e distribuição de fungos, ver Peay (2016); para fungos marinhos, ver Bass et al. (2007); para fungos endofíticos, ver Mejía et al. (2014), Arnold et al. (2003), Rodriguez et al. (2009). Para um relato de fungos especializados encontrados em destilarias, onde crescem nos eflúvios do álcool que evapora dos barris de uísque à medida que envelhecem, ver Alpert (2011).

4. Para fungos que decompõem rochas, ver Burford et al. (2003) e Quirk et al. (2014); para plásticos e TNT, ver Peay et al. (2016), Harms et al. (2011), Stamets (2011), Khan et al. (2017); para fungos resistentes à radiação, ver Tkavc et al. (2018); para fungos radiotróficos, ver Dadachova e Casadevall (2008), Casadevall et al. (2017).

5. Para liberação de esporos, ver Money (1998); Money (2016); Dressaire et al. (2016). Para massa de esporos e influência no clima, ver Fröhlich-Nowoisky et al. (2009). Para uma revisão das muitas formas coloridas que os fungos desenvolveram em resposta aos problemas da dispersão de esporos, ver Roper et al. (2010); Roper e Seminara (2017).

6. Para fluxo, ver Roper e Seminara (2017); para impulsos elétricos, ver Harold et al. (1985), Olsson e Hansson (1995). As leveduras constituem cerca de 1% do reino dos fungos e se multiplicam por "brotamento" ou se dividem em dois. Algumas leveduras podem formar estruturas de hifa sob certas condições (Sudbery et al., 2004).

7. Para relatos de fungos que atravessam o asfalto e levantam pedras do pavimento, ver Moore (2013b), cap. 3.

8. As formigas-cortadeiras não apenas alimentam e abrigam seus fungos: elas também os medicam. O jardim de fungos das formigas-cortadeiras são monoculturas compostas por um único tipo de fungo. Como as monoculturas humanas, os fungos são vulneráveis. Uma das maiores ameaças é um tipo de fungo parasita especialista que pode destruir o jardim de fungos. As cortadeiras abrigam bactérias em intrincadas câmaras na cutícula e são alimentadas por glândulas especializadas. Cada ninho cultiva sua própria cepa de bactéria, reconhecida e favorecida pelas formigas em detrimento de outras cepas, mesmo as aparentadas. Essas bactérias domesticadas produzem antibióticos potentes contra o fungo parasita e aumentam o crescimento do fungo cultivado. Sem esses fungos, as sociedades de formigas-cortadeiras não seriam capazes de se tornar tão grandes. Ver Currie et al. (1999; 2006); Zhang et al. (2007).

9. Sobre o deus romano Robigus, ver Money (2007), cap. 6; Kavaler (1967), cap. 1. Para superpraga fúngica, ver Fisher et al. (2012; 2018); Casadevall et al. (2019); Engelthaler et al. (2019). Para doenças fúngicas de anfíbios, ver Yong (2019); para doença da banana, ver Maxman (2019). Entre os animais, as doenças causadas por bactérias representam uma ameaça maior que as causadas por fungos. Em contraste, entre as plantas as doenças causadas por fungos representam uma ameaça maior que as causadas por bactérias. É um padrão que se mantém na saúde e na doença: o microbioma dos animais tende a ser dominado por bactérias, enquanto o microbioma dos vegetais tende a

ser dominado por fungos. Isso não quer dizer que os animais não sofram de doenças fúngicas. Casadevall (2012) elabora a hipótese de que a ascensão dos mamíferos e o declínio dos répteis após o evento que exterminou os dinossauros — a extinção do Cretáceo-Terciário (K-T) — deveram-se à capacidade dos mamíferos de combater doenças fúngicas. Comparados com os répteis, os mamíferos têm uma série de desvantagens: é dispendioso do ponto de vista energético ter o sangue quente, e ainda mais dispendioso produzir leite e fornecer cuidado parental intensivo. Mas talvez tenha sido justamente a temperatura corporal elevada dos mamíferos que lhes permitiu substituir os répteis como os animais terrestres dominantes. A temperatura corporal elevada dos mamíferos ajuda a deter o crescimento de patógenos fúngicos que, segundo hipóteses, proliferavam na "grande pilha de compostagem global" que se formou após a morte generalizada das florestas durante a extinção do K-T. Até hoje, os mamíferos são mais resistentes às doenças fúngicas comuns do que répteis ou anfíbios.

10. Para estudo dos neandertais, ver Weyrich et al. (2017); para Homem do Gelo, ver Peintner et al. (1998). Não se sabe ao certo como o Homem do Gelo usava o pólipo-de-bétula (*Fomitopsis betulina*), mas eles são amargos e indigestos como a cortiça, então não são "nutritivos" no sentido convencional. A forma cuidadosa como o Homem do Gelo preparava esses fungos — que eram montados como argolas para chaveiros em tiras de couro — indica conhecimento avançado de seu valor e aplicação.

11. Para bolores que curam, ver Wainwright (1989a e b). Descobriu-se que restos humanos de sítios arqueológicos no Egito, Sudão e na Jordânia, datados de cerca de 400 d.C., apresentam altos níveis do antibiótico tetraciclina nos ossos, indicando ingestão contínua de longo prazo, provavelmente em contexto terapêutico. A tetraciclina é produzida por uma bactéria, não por um fungo, mas sua provável fonte eram grãos mofados, possivelmente usados para fazer cerveja medicinal (Bassett et al., 1980; Nelson et al., 2010). O trajeto da primeira observação de Fleming até o surgimento da penicilina no cenário mundial não foi direto e exigiu muito esforço humano: experimentos, conhecimento industrial, investimento, apoio político. Para começar, era difícil para Fleming convencer alguém a se interessar por sua descoberta. Nas palavras de Milton Wainwright, microbiologista e historiador da ciência, Fleming era excêntrico, um "arruaceiro". "Ele tinha a reputação de ser maluco e fazer coisas tolas, como criar fotos da Rainha em uma placa de Petri usando diferentes culturas bacterianas." A impressionante demonstração do valor terapêutico da penicilina só foi feita doze anos depois das primeiras observações de Fleming. Na década de 1930, um grupo de pesquisa em Oxford desenvolveu um método para extrair e purificar a penicilina, e em 1940 realizou testes que demonstraram sua surpreendente capacidade de combater infecções. No entanto, sua produção ainda era difícil. Na ausência de um produto amplamente disponível, as instruções sobre como cultivar o bolor foram publicadas na imprensa médica. Extratos brutos caseiros, junto com micélio picado sobre gaze cirúrgica — "chumaços miceliais" —, foram usados por alguns médicos para tratar infecções, tratamento que se mostrou notavelmente eficaz (Wainwright, 1989a; 1989b). Foi nos Estados Unidos que se produziu penicilina industrialmente. Isso se deveu não só aos métodos norte-americanos bem desenvolvidos para cultivo de fungos em fermentadores industriais, mas também à descoberta de cepas de fungos *Penicillium* de maior rendimento, cepas que depois foram aprimoradas por ciclos de mutação. A industrialização da penicilina levou a um esforço massivo na busca de novos antibióticos, e milhares de fungos e bactérias foram testados.

12. Para medicamentos, ver Linnakoski et al. (2018), Aly et al. (2011), Gond et al. (2014). Para psilocibina, ver Carhart-Harris et al. (2016a), Griffiths et al. (2016), Ross et al. (2016).

Para vacinas e ácido cítrico, ver *State of the World's Fungi* (2018). Para mercado de cogumelos comestíveis e medicinais, ver: www.knowledge-sourcing.com/report/global-edible-mushrooms-market (acesso em: 29 out. 2019). Em 1993, um estudo publicado na revista *Science* relatou que o paclitaxel (vendido sob a marca Taxol) foi produzido por um fungo endofítico isolado da casca do teixo-do-pacífico (Stierle et al., 1993). Depois, descobriu-se que o paclitaxel é produzido de forma muito mais ampla por fungos que por plantas — é produzido por cerca de duzentos fungos endofíticos, espalhados por várias famílias de fungos (Kusari et al., 2014). Antifúngico potente, ele desempenha um importante papel defensivo: os fungos que são capazes de produzir paclitaxel são capazes de deter outros fungos. Ele age contra os fungos da mesma forma que age contra o câncer, interrompendo a divisão celular. Os fungos produtores de paclitaxel são imunes aos seus efeitos, assim como outros fungos endofíticos do teixo (Soliman et al., 2015). Muitas outras drogas fúngicas anticancerígenas entraram na prática farmacêutica convencional. Descobriu-se que o Lentinan, um polissacarídeo do shitake, estimula a capacidade do sistema imunológico de combater o câncer e é um medicamento aprovado no Japão para o tratamento de câncer gástrico e de mama (Rogers, 2012). PSK, um composto isolado de cogumelos-cauda-de-peru, aumenta o tempo de sobrevivência de pacientes acometidos por uma variedade de cânceres e é usado junto com tratamentos convencionais para câncer na China e no Japão (Powell, 2014).

13. Para melaninas fúngicas, ver Cordero (2017).

14. Para estimativas do número de espécies de fungo, ver Hawksworth (2001); Hawksworth e Lücking (2017).

15. Entre os neurocientistas, o envolvimento das expectativas na percepção é conhecido como "influência de cima para baixo", às vezes chamada de "inferência bayesiana" (em homenagem a Thomas Bayes, matemático que deu uma contribuição seminal para a matemática das probabilidades, ou "a doutrina das chances"). Ver Gilbert e Sigman (2007); Mazzucato et al. (2019).

16. Adamatzky (2016); Latty e Beekman (2011); Nakagaki et al. (2000); Bonifaci et al. (2012); Tero et al. (2010); Oettmeier et al. (2017). Em *Advances in Physarum Machines*, os pesquisadores detalham muitas propriedades surpreendentes dos mixomicetos. Alguns usam mixomicetos para fazer pontos de decisão e osciladores, outros simulam migrações humanas históricas e modelam possíveis padrões futuros de migração humana na Lua. Modelos matemáticos inspirados em mixomicetos incluem a implementação não quântica da fatoração de Shor, cálculo do caminho mais curto e o desenho de redes de cadeia de suprimentos (Adamatzky, 2016). Oettmeier et al. (2017) observa que Hirohito, imperador do Japão entre 1926 e 1989, era fascinado por mixomicetos e em 1935 publicou um livro sobre o assunto. Desde então, os mixomicetos são objeto de pesquisa de alto prestígio no Japão.

17. O sistema de classificação elaborado por Carl Lineu e publicado em seu *Systema Naturae* em 1735, cuja versão modificada é usada atualmente, estendeu essa hierarquia às raças humanas. No topo da tabela do grupo humano estavam os europeus: "Muito inteligentes, criativos. Cobertos por roupas justas. Regulados pela lei". Os americanos aparecem em seguida: "Governados pelos costumes". Depois os asiáticos — "governados pela opinião" —, depois os africanos: "preguiçosos, vadios [...] arteiros, lentos, descuidados. Cobertos de graxa. Governados pelo capricho" (Kendi, 2017). O modo como os sistemas de classificação hierárquica ordenam as diferentes espécies pode ser considerado, por extensão, como racismo de espécie.

18. Para diferentes comunidades microbianas em diferentes partes do corpo, ver Costello et al. (2009); Ross et al. (2018). Para comparação com estrelas da galáxia, ver Yong (2016), cap. 1. W. H. Auden, em seu *New year greeting*, oferece os ecossistemas de seu corpo para seus habitantes microbianos:*

> Para criaturas de seu tamanho, ofereço
> Liberdade de escolha de habitats,
> portanto, instalem-se na zona
> que mais lhes aprouver, nas piscinas
> de meus poros ou nas florestas
> tropicais de axilas e virilhas,
> nos desertos de meus antebraços,
> ou nas florestas frescas de meu couro cabeludo.

19. Para transplantes de órgãos e culturas de células humanas, ver Ball (2019). Para uma estimativa do tamanho de nosso microbioma, ver Bordenstein e Theis (2015). Para vírus dentro de vírus, ver Stough et al. (2019). Para uma introdução geral ao microbioma, ver Yong (2016) e a edição especial da *Nature* sobre o microbioma humano (maio de 2019) disponível em: www.nature.com/collections/fiabfcjbfj (acesso em: 29 out. 2019).

20. De certo modo, agora todos os biólogos são ecólogos — mas os ecólogos de fato têm uma vantagem, e seus métodos estão começando a se infiltrar em novos campos: diversos biólogos estão começando a exigir a aplicação de métodos ecológicos em campos tradicionalmente não ecológicos da biologia. Ver Gilbert e Lynch (2019); Venner et al. (2009). Há vários exemplos do efeito dominó dos microrganismos que vivem dentro dos fungos. Um estudo publicado por Márquez et al. (2007) na revista *Science*, em 2007, descreveu "um vírus em um fungo em uma planta". A planta — uma gramínea tropical — cresce naturalmente do solo em altas temperaturas. Mas, sem um fungo associado que cresce em suas folhas, a gramínea não sobrevive em temperaturas altas. Quando cultivado sozinho, sem a planta, o fungo também não consegue sobreviver. No entanto, não é o fungo que confere a capacidade de sobrevivência às altas temperaturas, e sim um vírus que vive dentro dele. Quando cultivado sem o vírus, nem o fungo nem a planta sobrevivem às altas temperaturas. O microbioma do fungo, em outras palavras, determina o papel que ele desempenha no microbioma da planta. O resultado é claro: vida ou morte. Um dos exemplos mais impressionantes de microrganismos que vivem dentro de microrganismos vem do notório fungo da brusone-do-arroz (*Rhizopus microsporus*). As principais toxinas produzidas pelo *Rhizopus* são, na verdade, produzidas por uma bactéria que vive em suas hifas. Em uma evidência significativa de como o destino dos fungos e de seus associados bacterianos pode estar interligado, o *Rhizopus* não apenas requer que a bactéria cause a doença, mas também precisa dela para produzir esporos. Curar experimentalmente o *Rhizopus* de seus residentes bacterianos impede que o fungo se reproduza. A bactéria é responsável pelas características mais importantes do estilo de vida do *Rhizopus*, da alimentação aos hábitos sexuais. Ver Araldi-Brondolo et al. (2017); Mondo et al. (2017); Deveau et al. (2018).

21. Para um comentário sobre a perda da identidade própria, ver Relman (2008). A questão de saber se os humanos são singulares ou plurais não é nova. Na fisiologia do século 19, o corpo dos organismos multicelulares era concebido como uma comunidade

---

* Tradução livre.

de células, sendo que cada célula era um indivíduo por si só, por analogia com os indivíduos humanos de um Estado-nação. Essas questões se tornam mais complicadas pelo desenvolvimento das ciências microbianas, porque, em sua multiplicidade, as células de seu corpo não estão estritamente relacionadas umas às outras, como, por exemplo, uma célula média do fígado estaria relacionada a uma célula média do rim. Ver Ball (2019), cap. 1.

1. A ISCA [PP. 33-54]

Epígrafe: Prince, "Illusion, Coma, Pimp & Circumstance", álbum *Musicology* (2004).

1. "Trufas" psicoativas vendidas em Amsterdã não são, como o nome sugere, esporomas. São estruturas de armazenamento conhecidas como "esclerócios", chamadas de trufas devido à semelhança superficial.

2. Para trilhões de odores, ver Bushdid et al. (2014); para orientação olfativa, ver Jacobs et al. (2015); para *flashbacks* olfativos e discussão geral sobre habilidades olfativas humanas, ver McGann (2017). Alguns humanos são classificados como "supersensíveis ao cheiro" ou indivíduos com hiperosmia. Um estudo publicado por Trivedi et al. (2019) relatou que um indivíduo "supersensível ao cheiro" foi capaz de detectar a doença de Parkinson usando apenas o olfato.

3. Para uma discussão sobre o cheiro de diferentes ligações químicas, ver Burr (2012), cap. 2.

4. Esses receptores pertencem a uma grande família denominada "receptores acoplados à proteína G", ou GPCRs.* Para estudo de sensibilidade olfativa humana, ver Sarrafchi et al. (2013), que relatam que os humanos podem detectar alguns odores em concentrações de 0,001 partes por trilhão.

5. Para *turmas de tierra,* ver Ott (2002). A trufa, segundo Aristóteles, era "uma fruta consagrada a Afrodite". Segundo relatos, foi usada como afrodisíaco por Napoleão e pelo Marquês de Sade, e George Sand descreveu-a como a "maçã do amor da magia negra". O gastrônomo francês Jean Anthelme Brillat-Savarin escreveu que "a trufa conduz ao prazer erótico". Na década de 1820, ele se dedicou a investigar essa crença comum e fez uma série de entrevistas com mulheres ("todas as respostas que recebi foram irônicas ou evasivas") e homens ("que são investidos de particular confiança em suas profissões"). Ele concluiu que "a trufa não é um afrodisíaco verdadeiro, mas em certas circunstâncias pode tornar as mulheres mais afetuosas e os homens mais atenciosos" (Hall et al., 2007, p. 33).

6. Para Laurent Rambaud, ver Chrisafis (2010). O repórter Ryan Jacobs documenta os crimes que ocorrem ao longo de toda linha de produção de trufa. Alguns envenenadores usam almôndegas com um toque de estricnina, outros colocam veneno na água de poças na floresta para que mesmo cães com focinheira sejam envenenados, ou carne com cacos de vidro, veneno de rato ou anticongelante. Com base em relatórios de veterinários, centenas de cães envenenados recebem tratamento a cada temporada

---

* Da sigla em inglês.

de trufa. As autoridades passaram a usar cães farejadores de veneno para patrulhar certas florestas (Jacobs, 2019, pp. 130-4). Em 2003, o jornal *The Guardian* relatou que Michel Tournayre, especialista francês em trufa, teve seu cachorro de trufas roubado. Tournayre suspeitava de que os ladrões não haviam vendido o cachorro, mas o estariam usando para roubar trufa da terra de outras pessoas (Hall et al., 2007, p. 209). Há melhor maneira de roubar trufa do que com um cachorro roubado?

7. Para alces com narizes ensanguentados, ver Tsing (2015), cap. "Interlude. Smelling"; para orquídeas polinizadas por moscas, ver Policha et al. (2016); para a abelha-de--orquídea que coleta compostos aromáticos complexos, ver Vetter e Roberts (2007); para semelhança com compostos produzidos por fungos, ver De Jong et al. (1994). A abelha-de-orquídea secreta uma substância gordurosa que aplica ao objeto perfumado. Depois que o cheiro é absorvido, ela raspa a gordura de volta e a armazena em bolsos nas patas traseiras. O princípio dessa abordagem é idêntico ao *enfleurage*, método usado por humanos por centenas de anos para capturar fragrâncias como o jasmim, que são delicadas demais para serem extraídas com calor (Eltz et al., 2007).

8. Naef (2011).

9. Para De Bordeu, ver Corbin (1986), p. 35.

10. Para trufa recordista, consultar: news.bbc.co.uk/1/hi/world/europe/7123414.stm (acesso em: 29 out. 2019).

11. Para uma discussão sobre o papel do microbioma da trufa na produção de odores, ver Vahdatzadeh et al. (2015). Quando saí com Daniele e Paride, notei que uma trufa escavada no solo de silte perto de um rio tinha cheiro bem diferente de outra encontrada em solo mais argiloso, mais acima no vale. É pouco provável que essa diferença seja levada em conta por um musaranho faminto. Mas uma trufa branca encontrada em Alba é vendida quatro vezes mais caro que uma trufa branca encontrada perto de Bolonha (embora o fato de que alguns comerciantes de trufa vendem as de Bolonha como se fossem de Alba sugira que nem todos são capazes de notar a diferença). Diferenças regionais nos perfis de volatilidade das trufas foram confirmadas em estudos formais (Vita et al., 2015).

12. Para um estudo original de que a trufa produz androstenol, ver Claus et al. (1981); para um estudo subsequente feito nove anos depois, ver Talou et al. (1990).

13. O número de compostos voláteis produzidos por uma única espécie de trufa aumentou gradativamente ao longo dos anos à medida que a sensibilidade dos métodos de detecção melhorou. Esses métodos são ainda menos sensíveis que o nariz humano, e o número de substâncias voláteis na trufa provavelmente aumentará ainda mais no futuro. Para compostos voláteis da trufa branca, ver Pennazza et al. (2013), Vita et al. (2015); para outras espécies, ver Splivallo et al. (2011). Há uma série de razões pelas quais é arriscado atribuir todo o encanto da trufa a um único composto. No estudo de Talou et al. (1990), usou-se uma pequena amostra de animais e testou-se uma única espécie de trufa, em profundidade rasa e em um único local. Diferentes subconjuntos de perfil de compostos voláteis podem se sobressair em diferentes profundidades ou em diferentes locais. Além disso, na natureza, vários animais são atraídos pelas trufas, como porcos selvagens, ratazanas e insetos. Pode ser que diferentes elementos do coquetel de compostos voláteis que a trufa produz atraiam diferentes animais. Pode ser que o androstenol atue nos animais de maneiras mais sutis. Talvez não seja eficaz isoladamente, conforme testado no estudo, mas apenas em conjunto com outros

compostos. Alternativamente, pode ser menos importante para encontrar as trufas e mais importante para a experiência dos animais ao comê-las. Para mais informações sobre trufas tóxicas, consulte Hall et al. (2007). Além de *Gautieria*, segundo relatos, a espécie de trufa *Choiromyces meandriformis* tem cheiro "avassalador e nauseante" e é considerada tóxica na Itália (embora seja popular no norte da Europa). *Balsamia vulgaris* é outra espécie considerada levemente tóxica, embora os cães pareçam gostar de seu cheiro de "gordura rançosa".

14. Para exportação e embalagem de trufas, consulte Hall et al. (2007), pp. 219 e 227.

15. Nas áreas em que os micélios estão se expandindo, as hifas crescem distanciando-se umas das outras, sem nunca se tocar. Em partes mais maduras do micélio, a inclinação das hifas muda. As pontas em crescimento se atraem e começam a "ir para casa" (Hickey et al., 2002). A forma como as hifas se atraem e se repelem ainda é pouco compreendida. Pesquisas com mofo de pão, *Neurospora crassa*, um organismo-modelo, estão começando a fornecer algumas pistas. Cada ponta de hifa libera, de forma alternada, um feromônio que atrai e "excita" a outra. Por meio desse vaivém — "como se estivessem jogando bola", escrevem os autores de um dos estudos —, ao entrar no ritmo, as hifas conseguem arrastar as demais e alinhar-se mutuamente. É essa oscilação — um chamado químico — que lhes permite atrair a outra sem estimular a si mesmas. Quando fazem o passe, não são capazes de detectar o feromônio. Quando é o outro que faz, são estimuladas (Read et al., 2009; Goryachev et al., 2012).

16. Para uma discussão sobre os tipos de parceiro sexual do *Schizophyllum commune*, ver McCoy (2016), p. 13; para a fusão entre hifas sexualmente incompatíveis, ver Saupe (2000), Moore et al. (2011), cap. 7.5. A capacidade das hifas de se fundir é determinada por sua "compatibilidade somática". Depois que a fusão das hifas ocorre, um sistema separado de tipos de parceiro sexual determina que núcleos podem sofrer recombinação sexual. Esses dois sistemas são regulados de maneiras diferentes, embora a recombinação sexual não possa acontecer a menos que as hifas tenham se fundido e compartilhado material genético. O resultado de fusões somáticas entre diferentes redes miceliais pode ser complexo e imprevisível (Rayner et al., 1995; Roper et al., 2013).

17. Para mais detalhes sobre o sexo das trufas, ver Selosse et al. (2017), Rubini et al. (2007), Taschen et al. (2016); para exemplos de intersexualidade no mundo animal, ver Roughgarden (2013). Se os produtores de trufas realmente quiserem entender o cultivo da trufa, devem entender como o sexo das trufas funciona. O problema é que eles não fazem isso. As trufas nunca foram pegas no ato da fertilização. Talvez isso não seja tão surpreendente, dado seu estilo de vida inacessível. Mais peculiar é que jamais alguém encontrou uma hifa paterna. Apesar de procurar, os pesquisadores encontraram apenas hifas maternas crescendo nas raízes das árvores e no solo, seja "+" ou "-". As trufas paternas parecem ter vida curta e desaparecem após a fertilização: "nascem, depois um pingo de sexo, e nada mais" (Dance, 2018).

18. As hifas de alguns tipos de fungo micorrízico podem voltar para seus esporos e germinar novamente em uma data posterior (Wipf et al., 2019).

19. Para influência de fungos nas raízes das plantas, ver Ditengou et al. (2015); Li et al. (2016); Splivallo et al. (2009); Schenkel et al. (2018); Moisan et al. (2019).

20. Para uma discussão sobre a evolução da comunicação em simbioses micorrízicas, inclusive a suspensão da resposta imune, ver Martin et al. (2017); para uma discussão

sobre a sinalização planta-fungo e sua base genética, ver Bonfante (2018); para comunicação planta-fungo em outros tipos de associação micorrízica, ver Lanfranco et al. (2018). As proposições químicas liberadas pelos fungos são matizadas e possuem uma ampla faixa dinâmica. As substâncias voláteis usadas para se comunicar com as plantas também podem ser usadas para se comunicar com as populações bacterianas do entorno (Li et al., 2016; Deveau et al., 2018). Os fungos usam compostos voláteis para deter os fungos rivais; plantas usam compostos voláteis para deter fungos indesejados (Li et al., 2016; Quintana-Rodriguez et al., 2018). O mesmo composto volátil pode ter efeitos diferentes nas plantas, dependendo de sua concentração. Os hormônios vegetais produzidos por algumas trufas para manipular a fisiologia dos hospedeiros, em concentrações mais altas, podem matar as plantas e servir como armas competitivas para deter plantas que podem competir com suas próprias plantas parceiras (Splivallo et al., 2007, 2011). Algumas espécies de trufas são parasitadas por outros fungos, provavelmente atraídos por suas mensagens químicas. O parasita da trufa, *Tolypocladium capitata*, é primo do fungo *Ophiocordyceps*, que parasita insetos e é conhecido por parasitar certas espécies de trufa, como a trufa-de-veado, *Elaphomyces* (Rayner et al., 1995; para fotos, ver: mushroaming.com/cordyceps-blog; acesso em: 29 out. 2019).

21. Para o primeiro relato de formação do esporoma de *Tuber melanosporum* nas Ilhas Britânicas — provavelmente devido às mudanças climáticas —, ver Thomas & Büntgen (2017). O método "moderno" usado para cultivar *Tuber melanosporum* só foi desenvolvido em 1969 e resultou no primeiro lote de trufas inoculadas artificialmente em 1974. As plântulas de raízes são incubadas com o micélio de *Tuber melanosporum* e plantadas quando as raízes estão repletas de fungo. Depois de vários anos, em condições adequadas, o fungo começa a produzir trufas. A área dedicada ao cultivo de trufa cresce cada vez mais (mais de 40 mil hectares em todo o mundo), e os pomares de trufa de Périgord estão produzindo com sucesso em diversos países, como Estados Unidos e Nova Zelândia (Büntgen et al., 2015). Charles Lefevre explicou que, mesmo descrevendo seu método em detalhes, seria difícil para outras pessoas replicá-lo. Há muito conhecimento intuitivo que é difícil de explicar e controlar. Os menores detalhes — como os caprichos da estação e as condições do viveiro — fazem grande diferença. O sigilo é parte do problema. Os cultivadores de trufas passam a maior parte do tempo em uma névoa de incertezas, desviando-se de "insights de direitos reservados" protegidos com zelo. "É uma tradição com raízes antigas na coleta de cogumelos", disse-me Ulf Büntgen. "Muitos saem para coletar cogumelos na floresta mas não dizem nada. Se você perguntar a alguém como foi seu dia e ele disser: 'Ah, encontrei uma safra enorme!', provavelmente não encontrou nada. É uma atitude que persiste por gerações e torna a pesquisa muito lenta." Intrépido, Lefevre ainda cultiva, todos os anos, várias árvores com o micélio do evasivo *Tuber magnatum*, na esperança de que algo, de alguma forma, possa levá-lo a formar cogumelos. Munido do mesmo otimismo, continua tentando emparelhar espécies de trufas europeias com árvores americanas (o *Tuber magnatum* acabou desenvolvendo uma parceria saudável — embora infrutífera — com álamo). Outros cultivadores isolam as bactérias das trufas na esperança de que estimulem o crescimento do micélio de *Tuber* (alguns grupos de bactérias parecem ser úteis). "Muitas pessoas compraram suas árvores *Tuber magnatum* para seus pomares de trufas?", pergunto. "Não muitas", respondeu ele, "mas vendemos as árvores acreditando que, se ninguém tentar, ninguém vai conseguir".

22. Para uma discussão sobre espionagem química, ver Hsueh et al. (2013).

23. Nordbring-Hertz (2004); Nordbring-Hertz et al. (2011).

24. Nordbring-Hertz (2004).

25. Hoje, o campo da biologia mais inflamado pelos debates sobre antropomorfismo é o estudo das plantas e a maneira como elas percebem o ambiente e respondem a ele. Em 2007, 36 proeminentes cientistas de plantas assinaram uma carta que rejeitava o campo nascente da "neurobiologia de plantas" (Alpi et al., 2007). Os que propuseram a expressão argumentaram que as plantas possuem sistemas de sinalização elétrica e química equivalentes aos encontrados em humanos e outros animais. Os 36 autores da carta argumentaram que essas eram "analogias superficiais e extrapolações questionáveis". Seguiu-se um debate acalorado (Trewavas, 2007). De uma perspectiva antropológica, essas controvérsias são fascinantes. Natasha Myers, antropóloga da York University, no Canadá, entrevistou vários cientistas de plantas sobre sua visão do comportamento das plantas (Myers, 2014). Ela descreve a problemática política do antropomorfismo e as diferentes formas como os pesquisadores lidaram com a questão.

26. Kimmerer (2013), cap. "Learning the grammar of animacy".

27."Sua relação com as árvores hospedeiras é muito malcompreendida", explicou Charles Lefevre: "Mesmo em lugares onde a produtividade da trufa é alta, a proporção de raízes de árvores colonizadas pelo fungo costuma ser extremamente baixa. Isso significa que a produtividade não pode ser explicada em termos da quantidade de energia que o fungo recebe da árvore hospedeira".

28. Para cheiros e suas semelhanças, ver Burr (2012), cap. 2. A antropóloga Anna Tsing escreve que no período Edo no Japão (1603-1868) o cheiro de cogumelos matsutake passou a ser um assunto popular na poesia. Viagens para coletar matsutake tornaram-se mais frequentes no outono até se converterem no equivalente da Festa da Flor de Cerejeira na primavera, e referências ao "aroma do outono" ou "aroma do cogumelo" tornaram-se referências poéticas comuns.

2. LABIRINTOS VIVOS [PP. 55-81]

Epígrafe: Cixous (1991).

1. Para fuga de fungos em labirintos, ver Hanson et al. (2006); Held et al. (2009, 2010, 2011, 2019). Para excelentes vídeos, consultar as informações complementares de Held et al. (2011) disponíveis em: www.sciencedirect.com/science/article/pii/S1878614611000249 (acesso em: 29 out. 2019); Held et al. (2019), disponível em: www.pnas.org/content/116/27/13543/tab-figures-data (acesso em: 29 out. 2019).

2. Para fungos marinhos, consultar Hyde et al. (1998), Sergeeva e Kopytina (2014), Peay (2016); para fungos em pó, ver Tanney et al. (2017); para uma estimativa do comprimento de hifas no solo, ver Ritz e Young (2004).

3. Esse é um fenômeno observado com frequência. Ver Boddy et al. (2009); Fukusawa et al. (2019).

4. Fukusawa et al. (2019). O novo bloco de madeira mudou a concentração química ou a expressão gênica em toda a rede? Ou o micélio se redistribuiu rapidamente dentro

do bloco original de madeira, tornando a regeneração unidirecional mais provável? Lynne Boddy e seus colegas não têm certeza. Os pesquisadores que colocam fungos em labirintos microscópicos observaram que algumas estruturas dentro das pontas de crescimento fúngicas se comportam como giroscópios internos e fornecem às hifas uma memória direcional que lhes permite recuperar a direção original de crescimento após serem reorientadas para desviar de um obstáculo (Held et al., 2019). No entanto, é pouco provável que esse mecanismo seja responsável pelo efeito que Boddy e seus colegas observaram porque todas as hifas — inclusive as pontas — foram removidas do bloco original de madeira antes de serem colocadas na placa nova.

5. As hifas são diferentes das células de corpos animais ou vegetais, que (geralmente) têm limites claros. Na verdade, estritamente falando, as hifas não deveriam ser descritas como células. Muitos fungos têm hifas com divisões ao longo de seu comprimento, conhecidas como "septos", mas eles podem ser abertos ou fechados. Quando aberto, o conteúdo das hifas pode fluir entre as "células", e as redes miceliais são referidas como estando em um estado "supracelular" (Read, 2018). Uma rede micelial pode se fundir com muitas outras para formar "associações" extensas, nas quais o conteúdo de uma rede pode ser compartilhado com outras. Onde uma célula começa e onde termina? Onde uma rede começa e onde termina? Frequentemente, essas perguntas não podem ser respondidas. Para um estudo recente sobre enxames, ver Bain e Bartolo (2019) e o comentário de Ouellette (2019). Esse estudo trata os enxames como entidades em si, em vez de uma coleção de agentes individuais que se comportam de acordo com as regras locais. Ao tratar o enxame como um padrão de fluxo de fluido, seu comportamento pode ser modelado de forma mais eficaz. É provável que esses modelos "hidrodinâmicos" de abordagem de cima para baixo possam ser usados para modelar o crescimento das pontas hifais de forma mais eficaz que os modelos de enxame baseados em regras locais de interação.

6. Para mixomicetos, ver Tero et al. (2010), Watanabe et al. (2011), Adamatzky (2016); para fungos, ver Asenova et al. (2016), Held et al. (2019).

7. Para uma discussão sobre opções miceliais, ver Bebber et al. (2007).

8. Para uma discussão sobre a seleção natural de ligações em redes miceliais, ver Bebber et al. (2007).

9. Para uma discussão sobre o papel da bioluminescência fúngica e da dispersão de esporos por insetos, ver Oliveira et al. (2015); para *foxfire* e o *Turtle*, consultar: www.cia.gov/library/publications/intelligence-history/intelligence/intelltech.html (acesso em: 29 out. 2019); Diamant (2004), p. 27. Em um guia para fungos publicado em 1875, Mordecai Cooke escreveu que fungos bioluminescentes eram comumente encontrados em suportes de madeira usados em minas de carvão. Os mineiros "conhecem bem os fungos fosforescentes, e os homens afirmam que a luz fornecida é suficiente 'para enxergar as mãos'". Os espécimes de *Polyporus* eram tão luminosos que podiam ser vistos no escuro a uma distância de dezoito metros.

10. Os vídeos de Stefan Olsson estão disponíveis on-line em: doi.org/10.6084/m9.figshare.c.4560923.v1 (acesso em: 29 out. 2019).

11. Um estudo publicado por Oliveira et al. (2015) revelou que o micélio bioluminescente de *Neonothopanus gardneri* era regulado por um relógio circadiano ajustado pela temperatura. Os autores formulam a hipótese de que aumentar a bioluminescência à noite aumenta a capacidade dos fungos de atrair insetos que dispersam seus esporos.

Os fenômenos que Stefan Olsson observou não podem ser explicados com base em um ritmo circadiano porque ocorreram apenas uma vez ao longo de várias semanas.

12. Para o diâmetro hifal, ver Fricker et al. (2017). O ecólogo R. H. Whittaker observou que a evolução animal é uma história de "mudanças e extinções", enquanto a evolução dos fungos é uma história de "conservadorismo e continuidade". A grande diversidade de planos do corpo animal no registro fóssil ilustra as muitas maneiras que os animais encontraram para ingerir recursos. O mesmo não pode ser dito sobre os fungos. Os fungos miceliais tiveram muito mais tempo para evoluir que muitos organismos, mas os fungos fossilizados antigos são notavelmente semelhantes aos que vivem hoje. Parece que existe um número limitado de formas de vida em rede. Ver Whittaker (1969).

13. Para redes miceliais que capturam folhas que caem, ver Hedger (1990).

14. Para medida da pressão exercida pelo patógeno da brusone-do-arroz, ver Howard et al. (1991); para o cálculo de ônibus escolares de oito toneladas e para uma discussão geral sobre crescimento de fungos invasivos, ver Money (2004a). Para exercer pressões tão altas, as hifas de penetração devem colar-se à planta para evitar que se afastem da superfície. Fazem isso produzindo um adesivo que pode resistir a pressões de mais de dez megapascais (MPa) — a superbonder pode resistir a pressões de 15-25 MPa, mas, provavelmente, não na superfície cerosa de uma folha de planta (Roper e Seminara, 2017).

15. As "bexigas" celulares são conhecidas como "vesículas". O crescimento da ponta fúngica é gerenciado por uma estrutura celular ou "organela" chamada *Spitzenkörper*, ou "corpo da ponta". Ao contrário da maioria das organelas, o *Spitzenkörper* não tem um limite claramente definido. Não é uma estrutura singular como o núcleo, embora pareça se mover como uma unidade. O *Spitzenkörper* é considerado um "centro de fornecimento de vesículas", recebendo e classificando as vesículas de dentro das hifas e distribuindo-as para a ponta hifal. O *Spitzenkörper* pilota a si mesmo e sua hifa. A ramificação hifal é acionada quando o *Spitzenkörper* se divide. Quando o crescimento para o *Spitzenkörper* desaparece. Se alguém muda a posição do *Spitzenkörper* dentro da ponta crescente, pode mudar a direção da hifa. O que o *Spitzenkörper* faz, ele também pode desfazer, dissolvendo as paredes das hifas para permitir a fusão entre as diferentes partes de uma rede micelial. Para uma introdução ao *Spitzenkörper* e "seiscentas vesículas por segundo", ver Moore (2013a), cap. 2; para uma discussão mais aprofundada do *Spitzenkörper*, ver Steinberg (2007); para observação de que as hifas de algumas espécies podem se estender em tempo real, ver Roper e Seminara (2017).

16. O filósofo francês Henri Bergson descreveu a passagem do tempo em termos que lembram uma hifa: "Duração é o progresso contínuo do passado que rói o futuro e que aumenta à medida que avança" (Bergson, 1911, p. 7). Para o biólogo J. B. S. Haldane, a vida não era povoada de coisas, mas de processos estabilizados. Haldane chegou ao ponto de considerar "a concepção de uma 'coisa' ou unidade material" como "inútil" no pensamento biológico (Dupré e Nicholson, 2018). Para uma introdução geral à biologia processual, ver Dupré e Nicholson (2018); para a citação de William Bateson, ver Bateson (1928), p. 209.

17. Para cogumelos stinkhorn rompendo o asfalto, consultar Niksic et al. (2004); sobre Mordecai Cooke, ver Moore (2013b), cap. 3. O crescimento da ponta ocorre em outros organismos além dos fungos, mas é uma exceção, não a regra. Os neurônios animais crescem alongando-se nas pontas, assim como alguns tipos de célula vegetal, como

os tubos polínicos. Mas nenhum dos dois pode se prolongar indefinidamente, como as hifas fazem nas condições certas (Riquelme, 2012).

18. Frank Dugan descreve as "esposas das ervas" ou "mulheres sábias" da Reforma Europeia como "parteiras" da micologia moderna (Dugan, 2011). Diversas evidências sugerem que as mulheres eram detentoras primárias da tradição dos fungos. Essas mulheres foram a fonte de muitas das informações sobre os cogumelos formalmente descritos por estudiosos do sexo masculino da época, inclusive Carolus Clusius (1526- -1609) e Francis van Sterbeeck (1630-1693). Diversas pinturas, como *The Mushroom Seller* (Felice Boselli, 1650-1732), *Women Gathering Mushrooms* (Camille Pissarro, 1830- -1903) e *The Mushroom Gatherers* (Felix Schlesinger, 1833-1910), retratam mulheres trabalhando com cogumelos. Numerosos relatos de viajantes europeus dos séculos 19 e 20 descrevem mulheres vendendo ou colhendo cogumelos.

19. Para uma discussão e definição ampla de polifonia, ver Bringhurst (2009), cap. 2: "Singing with the frogs: the theory and practice of literary polyphony".

20. Para estimativas de taxas de fluxo por cordões e rizomorfos, consultar Fricker et al. (2017). Em geral, pensa-se que os fungos usam produtos químicos para regular seu desenvolvimento, mas pouco se sabe sobre essas substâncias reguladoras de crescimento (Moore et al., 2011, cap. 12.5; Moore, 2005). Como essas formas bem definidas podem surgir a partir de uma massa uniforme de fios hifais? O dedo de um animal é uma forma elaborada. Mas é feito de uma combinação elaborada de diferentes tipos de célula, com células sanguíneas, ósseas e nervosas entre outras. O cogumelo também é uma forma elaborada, mas é um tufo esculpido com um único tipo de célula: as hifas. Como os fungos produzem cogumelos é um mistério antigo. Em 1921, o biólogo russo de desenvolvimento Alexander Gurwitsch ficou intrigado com o desenvolvimento dos cogumelos. O estipe de um cogumelo, o anel em torno de seu estipe e seu chapéu são feitos de hifas, amarrotadas como "cabelo despenteado e desgrenhado". Foi isso que o deixou perplexo. Construir um cogumelo apenas com hifas é como tentar construir um rosto apenas com células musculares. Para Gurwitsch, a maneira como as hifas juntas dão origem a formas complexas era um dos enigmas centrais de toda a biologia do desenvolvimento. A organização de um animal é especificada no ponto inicial de seu desenvolvimento. A forma animal surge de partes altamente organizadas; a regularidade dá origem a mais regularidade. Mas a forma dos cogumelos surge de partes *menos* organizadas. Uma forma regular surge de um material irregular (Von Bertalanffy, 1933, pp. 112-7). Inspirado parcialmente pelo crescimento do cogumelo, Gurwitsch formulou a hipótese de que o desenvolvimento dos organismos era guiado por campos. A limalha de ferro pode ser reorganizada usando um campo magnético. De maneira análoga, afirma Gurwitsch, o arranjo de células e tecidos dentro de um organismo pode ser moldado por campos biológicos que dão origem a formas. A teoria de campo do desenvolvimento de Gurwitsch foi adotada por vários biólogos contemporâneos. Michael Levin, pesquisador da Tufts University em Boston, afirma que todas as células são banhadas por um "rico campo de informações", seja ele feito de pistas físicas, químicas ou elétricas. Esses campos de informação ajudam a explicar como surgem as formas complexas (Levin, 2011 e 2012). Um estudo publicado em 2004 construiu um modelo matemático que simulou o crescimento micelial de um fungo — um *cyberfungus* (Meskkauskas et al., 2004; Money, 2004b; Moore, 2005). No modelo, cada ponta hifal é capaz de influenciar o comportamento de outras pontas hifais. O estudo relata que formas semelhantes a cogumelos podem surgir quando todas as pontas hifais seguem exatamente as mesmas regras de crescimento. Essas

descobertas indicam que a forma dos cogumelos pode emergir do "comportamento de multidões" das hifas sem a necessidade do tipo de coordenação de desenvolvimento de cima para baixo encontrada em animais e plantas. Mas, para que isso funcione, dezenas de milhares de pontas hifais devem obedecer ao mesmo conjunto de regras ao mesmo tempo e mudar para diferentes conjuntos de regras ao mesmo tempo — uma reformulação moderna do enigma de Gurwitsch. Os pesquisadores que criaram o fungo cibernético formularam a hipótese de que as mudanças no desenvolvimento podem ser coordenadas por meio de um dispositivo de "relógio", mas nenhum mecanismo desse tipo foi identificado por enquanto, e os meios pelos quais os fungos vivos coordenam seu desenvolvimento permanecem um mistério.

21. Para motores de microtúbulos, consultar Fricker et al. (2017); para *Serpula* em Haddon Hall, ver Moore (2013b), cap. 3; para uma discussão sobre o papel do fluxo no desenvolvimento de fungos, ver Alberti (2015), Fricker et al. (2017). As taxas de fluxo em hifas variam de três a setenta micrômetros por segundo, chegando a cem vezes mais rápido que apenas a difusão passiva (Abadeh e Lew, 2013). Alan Rayner gosta muito da analogia do rio porque os rios são "sistemas que moldam sua paisagem e são moldados por ela". Um rio corre entre suas margens. No processo, molda as margens por onde flui. Rayner entende que as hifas são rios de ponta romba que fluem dentro de margens que eles próprios constroem. Como em qualquer sistema de fluxo, a pressão é tudo. As hifas absorvem água de seus arredores. O fluxo de entrada da água aumenta a pressão na rede. Mas a pressão em si não leva ao fluxo. Para que o material flua pelo micélio, as hifas precisam abrir espaço. Esse é o crescimento hifal. Os conteúdos hifais fluem para as pontas de crescimento das hifas. A água flui por uma rede micelial em direção a um cogumelo que infla rapidamente. Se os gradientes de pressão forem invertidos, inverte-se o fluxo (Roper et al., 2013). No entanto, as hifas parecem ser capazes de regular o fluxo de formas mais precisas. Um estudo publicado em 2019 rastreou em tempo real o movimento de nutrientes e compostos de sinalização por meio de hifas. Em certas hifas grandes, o fluxo do fluido celular muda de direção a cada poucas horas, permitindo que compostos de sinalização e nutrientes fluam ao longo da rede em ambas as direções. Por cerca de três horas, o fluxo segue em uma direção. Nas três horas seguintes, segue na outra. Não se sabe como as hifas são capazes de controlar o fluxo de material dentro delas, mas, ao mudarem ritmicamente a direção do fluxo celular, as substâncias são distribuídas de forma mais eficiente pela rede. Os autores especulam que a abertura e o fechamento coordenados dos poros das hifas são o "fator principal" na coordenação do fluxo bidirecional ao longo das hifas de transporte (Schmieder et al., 2019; ver também o comentário de Roper e Dressaire, 2019). "Vacúolos contráteis" são outra maneira como os fungos podem direcionar o fluxo interno. Trata-se de tubos dentro de hifas ao longo dos quais passam ondas de contração e que, de acordo com relatos, desempenham um papel no transporte por redes miceliais (Shepherd et al., 1993; Rees et al., 1994; Allaway e Ashford, 2001; Ashford e Allaway, 2002).

22. Roper et al. (2013); Hickey et al. (2016); Roper e Dressaire (2019). Vídeos disponíveis no YouTube: "Nuclear dynamics in a fungal chimera", www.youtube.com/watch?v=_FSuUQP_BBc (acesso em: 29 out. 2019); "Nuclear traffic in a filamentous fungus", www.youtube.com/watch?v=AtXKcro5o3o (acesso em: 29 out. 2019).

23. Cerdá-Olmeda (2001); Ensminger (2001), cap. 9.

24. Para "o mais inteligente [...]", ver Cerdá-Olmeda (2001); para resposta de evitação, consultar Johnson e Gamow (1971), Cohen et al. (1975).

25. Muitos aspectos da vida micelial são influenciados pela luz, como o desenvolvimento de cogumelos e os relacionamentos com outros organismos — o temido fungo da brusone-do-arroz infecta apenas seus hospedeiros vegetais à noite (Deng et al., 2015). Para detecção de luz em fungos, ver Purschwitz et al. (2006), Rodriguez-Romero et al. (2010), Corrochano e Galland (2016); para detecção da topografia de superfície, ver Hoch et al. (1987), Brand e Gow (2009); para sensibilidade à gravidade, ver Moore (1996), Moore et al. (1996), Kern (1999), Bahn et al. (2007), Galland (2014).

26. Darwin e Darwin (1880), p. 573. Para argumentos a favor do "cérebro de raiz", ver Trewavas (2016), Calvo Garzón e Keijzer (2011); para argumentos contra analogias cerebrais, ver Taiz et al. (2019); para uma introdução ao debate da "planta inteligente", ver Pollan (2013).

27. Para o comportamento das pontas hifais, ver Held et al. (2019).

28. Para anéis de fadas, ver Gregory (1982).

29. Alguns pesquisadores relataram contrações hifais repentinas, ou espasmos, que podem ser usados para transmitir informações. Mas não são regulares o suficiente para que possam ser úteis seguidamente. Ver McKerracher e Heath (1986 a e b); Jackson e Heath (1992); Reynaga-Peña e Bartnicki-García (2005). Alguns propõem que a informação pode ser transmitida por redes miceliais alterando-se os padrões de fluxo dentro da rede, em alguns casos mudando a direção do fluxo com oscilações rítmicas (Schmieder et al., 2019; Roper e Dressaire, 2019). Essa é uma linha de pesquisa promissora, e pode ser útil pensar em redes miceliais como um tipo de "computador líquido", que teve muitas versões construídas e implantadas em sistemas de caça e sistemas de controle de reatores nucleares (Adamatzky, 2019). No entanto, as mudanças no fluxo micelial ainda são muito lentas para explicar diversos fenômenos. Os pulsos regulares de atividade metabólica que passam pelas redes miceliais são uma forma plausível para elas coordenarem seu comportamento, mas também são muito lentos para explicar certos fenômenos (Tlalka et al., 2003, 2007; Fricker et al., 2007a e b; Fricker et al., 2008). O organismo-propaganda da vida em rede é o mixomiceto, capaz de resolver problemas. Embora não seja um fungo, o mixomiceto desenvolveu maneiras de coordenar o corpo que se espalha e muda de forma; fornece um modelo útil para pensar sobre os desafios e oportunidades enfrentados pelos fungos miceliais. Ele cresce mais rápido que o micélio fúngico, o que o torna mais fácil de estudar. O mixomiceto se comunica entre diferentes partes de si mesmo usando pulsos rítmicos que formam ondas de contração ao longo dos ramos de sua rede. Ramos que encontraram comida produzem uma molécula sinalizadora que aumenta a força de contração. Contrações mais fortes fazem com que um volume maior de conteúdo celular flua ao longo desse ramo da rede. Para determinada contração, mais material passará por uma rota mais curta que por outra mais longa. Quanto mais material passa ao longo de uma rota, mais ela é fortalecida. É um ciclo de *feedback* que permite ao organismo se redirecionar ao longo das rotas de "sucesso" à custa de outras menos "bem-sucedidas". Pulsos de diferentes partes da rede se combinam, interferem e reforçam uns aos outros. Dessa forma, os mixomicetos podem integrar informações de seus vários ramos e resolver problemas complexos de rota sem a necessidade de um local especial para fazê-lo (Zhu et al., 2013; Alim et al., 2017; Alim, 2018).

30. Em meados da década de 1980, um pesquisador observou que "a eletrobiologia fúngica é a área mais distante que existe das atuais tendências da pesquisa biológica" (Harold et al., 1985). No entanto, desde então descobriu-se que os fungos respondem ao estímulo elétrico de maneiras surpreendentes. O tratamento do micélio com rajadas

de corrente elétrica pode aumentar substancialmente as coletas de cogumelos (Takaki et al., 2014). As coletas do altamente valorizado cogumelo matsutake — uma espécie micorrízica que até agora resistiu ao cultivo — podem ser quase duplicadas sacudindo-se o solo ao redor de suas árvores parceiras com um pulso de cinquenta quilovolts de eletricidade. Os pesquisadores conduziram o estudo após relatos de catadores de matsutake de que coletas abundantes de cogumelos podem ser encontradas na área ao redor de um relâmpago vários dias depois que ele caiu (Islam e Ohga, 2012). Para potenciais de ação em plantas, ver Brunet e Arendt (2015); para relatos iniciais de potencial de ação em fungos, ver Slayman et al. (1976); para uma discussão geral sobre eletrofisiologia fúngica, ver Gow e Morris (2009); para "bactérias-cabo", ver Pfeffer et al. (2012); para ondas de atividade parecidas com potencial de ação em grupos bacterianos, ver Prindle et al. (2015), Liu et al. (2017), Martinez-Corral et al. (2019) e o resumo em Popkin (2017).

31. Olsson mediu a velocidade de deslocamento cronometrando a diferença entre o estímulo e a medida da resposta. Essa velocidade estimada, portanto, inclui o tempo necessário para o fungo sentir o estímulo, para o estímulo ser transmitido de A para B e para a resposta ser registrada com os microeletrodos. A velocidade real de deslocamento do impulso pode, portanto, ser consideravelmente mais rápida que essa estimativa. A taxa mais rápida de fluxo em massa medida no micélio fúngico é de cerca de 180 milímetros por hora (Whiteside et al., 2019). Os impulsos semelhantes a potenciais de ação que Stefan Olsson mediu propagaram-se a 1 800 milímetros por hora.

32. Olson e Hansson (1985); Olsson (2009). Para o registro de Olsson sobre a mudança na taxa de disparos semelhantes ao potencial de ação, ver: doi.org/10.6084/m9.figshare.c.4560923.v1 (acesso em: 29 out. 2019).

33. Em um artigo intitulado "O cérebro: um conceito em fluxo", Oné Pagán (2019) argumenta que não existe uma definição de cérebro amplamente aceita. Ele afirma que faz mais sentido definir o cérebro em termos do que ele *faz* do que com base em detalhes específicos de sua anatomia. Para regulação de poros em redes fúngicas, ver Jedd e Pieuchot (2012); Lai et al. (2012).

34. Adamatzky (2018a; 2018b).

35. Para exemplos de computação em rede, ver Van Delft et al. (2018); Adamatzky (2016).

36. Adamatzky (2018a; 2018b).

37. Em *Radical Mycology*, conto que Andrew Adamatzky atua em uma colaboração interdisciplinar chamada Fungal Architectures (Fungar), que busca incorporar circuitos de computação fúngica a estruturas arquitetônicas.

38. Perguntei a Olsson por que ninguém havia continuado seus estudos da década de 1990. "Quando apresentei o trabalho nos congressos, as pessoas ficaram extremamente interessadas", disse Olsson, "mas acharam estranho". Todos os pesquisadores aos quais perguntei sobre seu estudo ficaram fascinados e querem saber mais. O estudo já foi citado várias vezes. Mas ele não conseguiu financiamento para se debruçar sobre o assunto. Considerava-se muito provável que não desse em nada — "muito arriscado", na linguagem técnica.

39. Para "mito arcaico", ver Pollan (2013); para processos celulares antigos subjacentes ao comportamento do cérebro, ver Manicka e Levin (2019). A "hipótese móvel" postula que os

cérebros evoluíram como causa e consequência da necessidade de locomoção dos animais. Organismos que não se movem não enfrentam o mesmo tipo de desafio e desenvolveram outros tipos de rede para lidar com os problemas que enfrentam (Solé et al., 2019).

40. Darwin (1871), citado em Trewavas (2014), cap. 2. Para "cognição mínima", consultar Calvo Garzón e Keijzer (2011); para "cognição biologicamente incorporada", ver Keijzer (2017); para cognição das plantas, ver Trewavas (2016); para cognição "basal" e graus de cognição, ver Manicka e Levin (2019); para uma discussão sobre inteligência microbiana, ver Westerhoff et al. (2014); para uma discussão sobre os diferentes tipos de "cérebro", ver Solé et al. (2019).

41. Para "neurociência de rede", ver Bassett e Sporns (2017); Barbey (2018). Os avanços científicos que permitem criar culturas de tecido cerebral humano em uma placa — conhecidas como "organoides" cerebrais — complicam ainda mais nossa compreensão da inteligência. As questões filosóficas e éticas levantadas por essas técnicas — e a ausência de respostas claras — são um lembrete de como os limites de nosso próprio eu biológico ainda estão longe de ser claros. Em 2018, vários neurocientistas e bioeticistas importantes publicaram um artigo na *Nature* no qual levantaram algumas dessas questões (Farahany et al., 2018). Nas próximas décadas, os avanços na cultura de tecido cerebral possibilitarão o cultivo de "minicérebros" artificiais que simulam o funcionamento do cérebro humano. Os autores escrevem que:

> à medida que os substitutos do cérebro se tornarem maiores e mais sofisticados, a possibilidade de terem capacidades semelhantes à sensibilidade humana pode se tornar menos remota. Essas capacidades podem incluir a habilidade de sentir certo grau de prazer, dor ou angústia; armazenar e recuperar memórias; ou até mesmo apresentar algum grau de iniciativa ou ter consciência de si mesmo.

Alguns se preocupam que os organoides cerebrais possam um dia superar nossa inteligência (Thierry, 2019).

42. Para experimento com platelmintos, consultar Shomrat e Levin (2013); para sistema nervoso dos polvos, ver Hague et al. (2013), Godfrey-Smith (2017), cap. 3.

43. Bengtson et al. (2017); Donoghue e Antcliffe (2010). Com deliberada cautela, Bengtson e colegas afirmam que seus espécimes podem não ser fungos *reais*, mas talvez pertençam a uma linhagem independente de organismos que se assemelham a fungos modernos em todos os aspectos visíveis. Pode-se entender sua hesitação. Os autores ressaltam que, se esses fósseis miceliais fossem fungos verdadeiros, eles "derrubariam" nosso entendimento atual de onde e como os fungos evoluíram pela primeira vez. Os fungos não se fossilizam bem, e há discussões sobre o momento exato em que se ramificaram pela primeira vez na árvore da vida. Métodos baseados em DNA — usando o chamado "relógio molecular" — sugerem que os primeiros fungos divergiram há cerca de 1 bilhão de anos. Em 2019, pesquisadores encontraram micélio fossilizado no xisto ártico que data de cerca de 1 bilhão de anos atrás (Loron et al., 2019; Ledford, 2019). Antes dessa descoberta, os primeiros fósseis de fungos amplamente reconhecidos como tal datam de cerca de 450 milhões de anos atrás (Taylor et al., 2007). O *Schizophyllum commune* fossilizado mais antigo data de cerca de 120 milhões de anos atrás (Heads et al., 2017).

44. Para Barbara McClintock, ver Keller (1984).

45. Ibid.

46. Von Humboldt (1849), v. 1, p. 20.

3. A INTIMIDADE DE ESTRANHOS [PP. 82-107]

Epígrafe: Rich (1994).

1. Biomex é um dos vários projetos astrobiológicos. Para Biomex, ver De Vera et al. (2019); para instalação Expose, ver Rabbow et al. (2009).

2. Para citação de "limites e limitações", ver Sancho et al. (2008); para uma revisão dos organismos enviados ao espaço, inclusive liquens, ver Cottin et al. (2017); para liquens como modelos para pesquisa astrobiológica, ver Meessen et al. (2017), De la Torre Noetzel et al. (2018).

3. Wulf (2015), cap. 22.

4. Para uma discussão sobre Schwendener e a "hipótese dual", ver Sapp (1994), cap. 1.

5. Sapp (1994), cap. 1; para "romance sensacionalista", ver Ainsworth (1976), cap. 4. Alguns biógrafos de Beatrix Potter sugeriram que ela era uma defensora da hipótese dual de Schwendener, e é possível que ela tenha mudado de ideia ao longo da vida. No entanto, em 1897, em uma carta a Charles MacIntosh, um carteiro rural e naturalista amador, ela parecia ter uma posição clara sobre a questão:

> Veja bem, não acreditamos na teoria de Schwendener, e os livros mais antigos dizem que os liquens se transformam gradualmente em hepáticas, passando pelas espécies foliáceas. Gostaria muito de cultivar o esporo de um daqueles grandes liquens achatados e também o esporo de uma verdadeira hepática para comparar as duas formas de germinação. Os nomes não importam, pois posso secá-los. Se você conseguisse me dar mais esporos de líquen e de hepática quando o tempo mudar, eu ficaria muito grata. (Kroken, 2007.)

6. A árvore é uma das imagens fundamentais na teoria moderna da evolução e, notoriamente, a única ilustração em *A origem das espécies*, de Darwin. Darwin não foi, de forma alguma, o primeiro a adotar a imagem. Durante séculos, a forma ramificada das árvores forneceu uma estrutura para o pensamento humano em áreas como a teologia e a matemática. Talvez mais familiares sejam as árvores genealógicas, que têm suas raízes no Antigo Testamento ("a Árvore de Jessé").

7. Para debate sobre a representação de liquens de Schwendener, ver Sapp (1994), cap. 1, Honegger (2000); sobre Albert Frank e "simbiose", ver Sapp (1994), cap. 1, Honegger (2000), Sapp (2004). Albert Frank usou pela primeira vez a palavra "simbiotysmus" (que se traduz literalmente como "simbiotismo").

8. Ancestrais da lesma-do-mar — *Elysia viridis* — ingeriam algas que continuavam vivendo dentro de seus tecidos. A lesma-do-mar obtém sua energia da luz do sol, como faria uma planta. Para novas descobertas simbióticas, ver Honegger (2000); para "liquens animais", ver Sapp (1994), cap. 1; para "microliquens", ver Sapp (2016).

9. Para a citação de Huxley, ver Sapp (1994), p. 21.

10. Para estimativa de 8%, ver Ahmadjian (1995); para uma área maior que as florestas tropicais, ver Moore (2013a), cap. 1; para "pendurados em hashtags", ver Hillman (2018); para a diversidade de habitats de líquen, inclusive liquens errantes e que vivem em insetos, ver Seaward (2008); para uma entrevista com Kerry Knudsen, consultar: //aeon.co/videos/how-lsd-helped-a-scientist-find-beauty-in-a-peculiar-and-overlooked-form-of-life (acesso em: 29 out. 2019).

11. Para a citação de "todo monumento", ver: twitter.com GlamFuzz (acesso em: 29 out. 2019); para Monte Rushmore, ver Perrottet (2006); para cabeças da ilha de Páscoa, ver: www.theguardian.com/world/2019/mar/01/easter-island-statues-leprosy (acesso em: 29 out. 2019).

12. Para liquens e intemperismo, ver Chen et al. (2000), Seaward (2008), Porada et al. (2014); para liquens e formação de solo, ver Burford et al. (2003).

13. Para história da panspermia e ideias relacionadas, ver Temple (2007); Steele et al. (2018).

14. Em resposta às preocupações de Lederberg sobre infecção interplanetária, a Nasa desenvolveu formas de esterilizar a nave espacial antes da partida da Terra. Elas não foram totalmente bem-sucedidas: há uma população consolidada de bactérias e fungos acidentais a bordo da Estação Espacial Internacional (Novikova et al., 2006). Quando a missão Apollo 11 retornou da primeira viagem à Lua em 1969, os astronautas ficaram isolados em quarentena rigorosa por três semanas em um trailer Airstream convertido (Scharf, 2016).

15. Sabia-se que as bactérias são capazes de adquirir DNA de seus arredores desde o trabalho de Frederick Griffith em 1920, o que foi confirmado por Oswald Avery e seus colegas no início dos anos 1940. O que Lederberg mostrou foi que as bactérias trocavam ativamente material genético umas com as outras — um processo conhecido como "conjugação". Para uma discussão das descobertas de Lederberg, ver Lederberg (1952); Sapp (2009), cap. 10; Gontier (2015a). O DNA viral teve uma influência profunda na história da vida animal: acredita-se que os genes virais tenham desempenhado papel importante na evolução dos mamíferos placentários a partir de seus ancestrais ovíparos (Gontier, 2015a; Sapp, 2016).

16. O DNA bacteriano é encontrado no genoma dos animais (para uma discussão geral, ver Yong, 2016, cap. 8). O DNA bacteriano e fúngico é encontrado em genomas de plantas e algas (Pennisi, 2019b). O DNA fúngico é encontrado em algas formadoras de líquen (Beck et al., 2015). A transferência horizontal de genes é comum em fungos (Gluck-Thaler e Slot, 2015; Richards et al., 2011; Milner et al., 2019). Pelo menos 8% do genoma humano teve origem em vírus (Horie et al., 2010).

17. Para DNA estrangeiro causando "curto-circuito" na evolução na Terra, ver Lederberg e Cowie (1958).

18. Para condições hostis no espaço, ver De la Torre Noetzel et al. (2018).

19. Sancho et al. (2008).

20. Mesmo com dezoito quilograys de irradiação gama, as amostras do líquen *Circinaria gyrosa* sofreram redução de apenas 70% na atividade fotossintetizante. Com 24 quilograys, a atividade fotossintetizante foi reduzida em 95%, mas não foi totalmente eliminada (Meessen et al., 2017). Para contextualizar esses resultados, um dos organismos mais radiotolerantes já documentados, uma arquea isolada de fontes hidrotermais profundas (apropriadamente denominada *Thermococcus gammatolerans*) suporta níveis de irradiação gama de até trinta quilograys (Jolivet et al., 2003). Para um resumo dos estudos espaciais do líquen, consultar Cottin et al. (2017), Sancho et al. (2008), Brandt et al. (2015); para efeitos da irradiação de altas doses em liquens, ver Meessen et al. (2017), Brandt et al. (2017), De la Torre et al. (2017); para tardígrados no espaço, ver Jönsson et al. (2008).

21. Algumas disciplinas se apoiam rotineiramente nos liquens. Os liquens são tão sensíveis a algumas formas de poluição industrial que são usados como indicadores confiáveis da qualidade do ar — "desertos de liquens" se estendem na direção a favor do vento nas áreas urbanas e podem ser usados para mapear regiões afetadas pela poluição industrial. Em alguns casos, os liquens servem como indicadores em um sentido mais literal. São usados por geólogos para determinar a idade das formações rochosas (uma disciplina conhecida como "liquenometria"). E tornassol, o corante sensível a pH usado para fazer o "papel indicador" encontrado em todos os laboratórios de ciências das escolas, vem de um líquen.

22. Um trabalho recente de Thijs Ettema e seu grupo na Universidade de Uppsala indica que os eucariotos surgiram dentro das arqueas. A sequência exata de eventos ainda é muito debatida (Eme et al., 2017). Há muito se pensa que as bactérias não possuem estruturas celulares internas, conhecidas como "organelas". Essa visão está mudando. Muitas bactérias parecem ter estruturas semelhantes a organelas que executam funções especializadas. Para uma discussão, ver Cepelewicz (2019).

23. Margulis (1999); para "intimidade entre estranhos", ver Mazur (2009).

24. Para "fusão e combinação", ver Margulis (1996); para origens da endossimbiose, ver Sapp (1994), caps. 4 e 11; para citação de Stanier, ver Sapp (1994), p. 179; para "teoria da endossimbiose seriada", ver Sapp (1994), p. 174; para bactérias dentro de bactérias dentro de insetos, ver Bublitz et al. (2019); para o artigo original de Margulis (com o nome Sagan), ver Sagan (1967).

25. Para citação de "bastante análoga", ver Sagan (1967); para citação de "exemplos notáveis", ver Margulis (1981), p. 167. Para De Bary, em 1879, a implicação mais significativa da simbiose era que poderia resultar em novidade evolutiva (Sapp, 1994, p. 9). "Simbiogênese" — "dar origem vivendo junto" —, processo pelo qual a simbiose poderia dar origem a novas espécies, foi o termo cunhado por seus primeiros proponentes russos Konstantin Mereschkowsky (1855-1921) e Boris Mikhaylovich Kozo-Polyansky (1890-1957) (Sapp, 1994, pp. 47-8). Kozo-Polyansky incluiu várias referências a liquens em sua obra.

> Não se deve pensar que os liquens são uma simples soma de certas algas e fungos. Eles têm muitas características específicas não encontradas em algas ou em fungos [...] em toda parte — em sua composição química, sua forma, sua estrutura, sua vida, sua distribuição — o compósito do líquen exibe novos atributos, e não as características de seus componentes separados (Kozo-Polyansky, trad. 2010, pp. 55-6).

26. Para citações de Dawkins e Dennett, entre outros, ver Margulis (1996).

27. "A 'árvore da vida' evolutiva parece ser a metáfora errada", observou o geneticista Richard Lewontin. "Talvez devêssemos pensar nisso como um elaborado pedaço de *macramé*" (Lewontin, 2001). Não é totalmente justo com as árvores. Os ramos de algumas espécies podem se fundir. É um processo conhecido como "inosculação", do latim *osculare*, que significa "beijar". Mas olhe para a árvore mais próxima de você. É provável que se bifurque mais do que se funda. Os galhos da maioria das árvores não são como hifas, que se fundem como parte de sua prática diária. Por décadas tem-se debatido se a árvore é uma metáfora apropriada para a evolução. O próprio Darwin tinha dúvidas se o "coral da vida" não seria uma imagem melhor, embora ao final tenha decidido que ela tornaria as coisas "excessivamente complicadas" (Gontier, 2015b). Em 2009, em uma das eclosões mais picantes da questão da árvore, a *New Scientist* publicou uma edição que proclamava na capa: "Darwin estava

errado". "É preciso arrancar a árvore de Darwin pela raiz", exclamava o editorial. Previsivelmente, isso gerou uma reação furiosa (Gontier, 2015b). Em meio à tempestade de reações, destaca-se uma carta enviada por Daniel Dennett: "O que diabos vocês estavam pensando quando produziram uma capa estrondosa proclamando que 'Darwin estava errado...?'". Pode-se entender por que Dennett ficou zangado. Darwin não estava errado. Acontece que ele propôs sua teoria da evolução antes que o DNA, os genes, as fusões simbióticas e a transferência horizontal de genes fossem conhecidos. Nossa compreensão da história da vida foi transformada por essas descobertas. Mas a tese central de Darwin, de que a evolução procede por seleção natural, não é contestada — embora seja debatido até que ponto ela é a principal força motriz na evolução (O'Malley, 2015). A simbiose e a transferência horizontal de genes fornecem outras maneiras de gerar novidades; elas são novas *coautoras* da evolução. Mas a seleção natural continua sendo o editor. No entanto, à luz das fusões simbióticas e da transferência horizontal de genes, muitos biólogos começaram a repensar a árvore da vida como uma rede reticulada formada à medida que as linhagens se ramificam, se fundem e se enredam: uma "rede" ou "teia", um "emaranhado", um "rizoma" ou uma "teia de aranha" (Gontier, 2015b; Sapp, 2009, cap. 21). As linhas desses diagramas se enlaçam e se fundem, conectando diferentes espécies, reinos e até domínios da vida. Diversas relações se estabelecem com o mundo dos vírus, entidades genéticas nem sequer consideradas vivas. Se alguém queria um novo organismo-modelo para a evolução, não precisava procurar muito. Essa é uma visão da vida que se assemelha ao micélio fúngico mais que a qualquer outra coisa.

28. Em alguns liquens, formam-se estruturas de dispersão especializadas, denominadas "sorédios", que consistem em células de fungos e algas. Em alguns casos, o fungo de líquen recém-germinado pode se unir a um fotobionte que não satisfaz totalmente suas necessidades e sobreviver como uma pequena "mancha fotossintetizante" conhecida como pré-talo até que apareça sua cara-metade (Goward, 2009a). Alguns liquens podem se desmontar e remontar sem produzir esporos. Se certos liquens são colocados em uma placa de Petri com os tipos certos de nutriente, os parceiros se soltam e se separam. Uma vez separados, podem reconstruir o relacionamento (embora geralmente de forma imperfeita). Nesse sentido, os liquens são reversíveis. Pelo menos em alguns casos, pode-se separar a unha da carne. No entanto, até o momento, apenas no caso de um único líquen — *Endocarpon pusillum* — os parceiros foram separados um do outro, cresceram separados e, em seguida, foram reunidos para formar todos os estágios do líquen, inclusive os esporos funcionais — processo conhecido como ressíntese "de esporo a esporo" (Ahmadjian e Heikkilä, 1970).

29. A natureza simbiótica do líquen apresenta alguns problemas técnicos interessantes. Os liquens sempre foram pequenos pesadelos para os taxonomistas. Na situação atual, eles são referidos pelo nome do parceiro fúngico. Por exemplo, o líquen que surge da interação do fungo *Xanthoria parietina* e da alga *Trebouxia irregularis* é conhecido como *Xanthoria parietina*. Da mesma forma, a combinação do fungo *Xanthoria parietina* e da alga *Trebouxia arboricola* é conhecida como *Xanthoria parietina*. Os nomes dos liquens são sinédoques, no sentido de que se referem a um todo por meio do nome de uma parte (Spribille, 2018). O sistema atual implica que o componente fúngico do líquen *é o líquen*. Mas isso não é verdade. Os liquens surgem de uma negociação entre vários parceiros. "Ver os liquens como fungos", lamenta Trevor Goward, "é não ver os liquens juntos" (Goward, 2009a). É como se os químicos designassem qualquer composto que contivesse carbono — diamante, metano ou metanfetamina — de *carbono*. Seríamos

forçados a admitir que está faltando alguma coisa. Isso é mais que uma reclamação semântica. Nomear algo é reconhecer que ele existe. Quando qualquer nova espécie é encontrada, ela é "descrita" e recebe um nome. E os liquens têm nome, muitos deles. Os liquenólogos não são ascetas da taxonomia. Acontece que os únicos nomes que eles podem dar desviam do fenômeno que pretendem descrever. É uma questão estrutural. A biologia é construída em torno de um sistema taxonômico que não tem como reconhecer o status simbiótico dos liquens. Eles são literalmente inomináveis.

30. Sancho et al. (2008).

31. De la Torre Noetzel et al. (2018).

32. Para compostos de líquen únicos e usos humanos, consultar Shukla et al. (2010) e *State of the World Fungi* (2018); para legados metabólicos de relações de liquens, ver Lutzoni et al. (2001).

33. Para o relatório do Observatório do Carbono Profundo, ver Watts (2018).

34. Para liquens em desertos, ver Lalley e Viles (2005) e *State of the World Fungi* (2018); para liquens dentro de rochas, ver De los Ríos et al. (2005), Burford et al. (2003); para Vales Secos da Antártida, ver Sancho et al. (2008); para nitrogênio líquido, ver Oukarroum et al. (2017); para longevidade do líquen, ver Goward (1995).

35. Sancho et al. (2008).

36. Para choque de ejeção, ver Sancho et al. (2008); Cockell (2008). Em vários estudos, as bactérias provaram ser mais resistentes a altas temperaturas e pressões de choque que os liquens. Para reentrada, ver Sancho et al. (2008).

37. Sancho et al. (2008); Lee et al. (2017).

38. Para a origem dos liquens, ver Lutzoni et al. (2018); Honegger et al. (2012). Há muito debate sobre a identidade de antigos fósseis semelhantes a liquens e sua relação com as linhagens existentes. Foram encontrados organismos semelhantes a liquens marinhos datados de 600 milhões de anos atrás (Yuan et al., 2005), e alguns argumentam que esses liquens marinhos foram relevantes no movimento dos ancestrais dos liquens para a terra (Lipnicki, 2015). Para a evolução múltipla de liquens e reliquenização, ver Goward (2009a); para desliquenização, ver Goward (2010); para liquenização opcional, ver Selosse et al. (2018).

39. Hom e Murray (2014).

40. Para "a canção, não o cantor", ver Doolittle e Booth (2017).

41. A *Hydropunctaria maura* era conhecida como *Verrucaria maura* (ou "verruga da meia-noite"). Para um estudo de longo prazo sobre a chegada de liquens a uma ilha recém-nascida, ver o caso de Surtsey: www.anbg.gov.au/lichen/case-studies/surtsey.html (acesso em: 29 out. 2019).

42. Para "todo" e "coleção de partes", ver Goward (2009b).

43. Spribille et al. (2016).

44. Para uma discussão sobre a diversidade de fungos dentro dos liquens, ver Arnold et al. (2009); para parceiros adicionais em líquen-lobo, ver Tuovinen et al. (2019), Jenkins e Richards (2019).

45. Para "não importa como você os chame", ver Hillman (2018). Goward formulou uma definição de liquens que leva em conta essas descobertas recentes: "o subproduto físico duradouro da liquenização definido como um processo pelo qual um sistema não linear consistindo em um número não especificado de táxons de fungos, algas e bactérias dá origem a um talo [o corpo compartilhado do líquen] visto como uma propriedade emergente de suas partes constituintes" (Goward 2009c).

46. Para liquens como reservatórios microbianos, ver Grube et al. (2015); Aschenbrenner et al. (2016); Cernava et al. (2019).

47. Para a teoria queer dos liquens, ver Griffiths (2015).

48. Ver Gilbert et al. (2012) para uma análise mais detalhada de como os microrganismos confundem as diferentes definições de individualidade biológica. Para mais informações sobre microrganismos e imunidade, ver McFall-Ngai (2007); Lee e Mazmanian (2010). Alguns propõem definições alternativas de individualidade biológica com base no "destino comum" do sistema vivo. Por exemplo, Frédéric Bouchard propõe que "um indivíduo biológico é uma entidade funcionalmente constituída cuja integração está ligada ao destino comum do sistema quando confrontado com pressões seletivas do meio ambiente" (Bouchard, 2018).

49. Gordon et al. (2013); Bordenstein e Theis (2015).

50. Para infecções causadas por bactérias intestinais, ver Van Tyne et al. (2019).

51. Gilbert et al. (2012).

4. MENTES MICELIAIS [PP. 108-39]

Epígrafe: Sabina, M., a partir da gravação de Gordon Wasson. Citado em Schultes et al. (2001), p. 156.

1. Para um breve resumo dos estudos clínicos sobre psicodélicos, ver Winkelman (2017); para uma discussão ampla, ver Pollan (2018).

2. Hughes et al. (2016).

3. Para o momento e a altura da mordida mortal das formigas, ver Hughes et al. (2011), Hughes (2013); para orientação, ver Chung et al. (2017). Existem muitas espécies diferentes de fungos *Ophiocordyceps* e muitas espécies diferentes de formigas-carpinteiras, mas cada formiga hospeda apenas uma espécie de fungo, e cada espécie de fungo pode controlar apenas uma espécie de formiga (De Bekker et al., 2014). Diferentes pares fungo-formiga fazem escolhas específicas do local da morte. Alguns fungos fazem seus avatares de inseto morderem galhos; outros, a casca; e outros, as folhas (Andersen et al., 2009; Chung et al., 2017).

4. Para a proporção de fungos na biomassa de formigas, ver Mangold et al. (2019); para visualização da rede fúngica dentro do corpo das formigas, ver Fredericksen et al. (2017).

5. Para a hipótese de que a manipulação de fungos ocorre por meios químicos, ver Fredericksen et al. (2017); para substâncias químicas produzidas por *Ophiocordyceps*,

ver De Bekker et al. (2014); para uma discussão sobre *Ophiocordyceps* e alcaloides do ergot, ver Mangold et al. (2019).

6. Para as cicatrizes de folhas fossilizadas, ver Hughes et al. (2011).

7. Para a citação de McKenna, ver Letcher (2006), p. 258.

8. Schultes et al. (2001), p. 9. Para discussões abrangentes, embora às vezes acríticas, sobre a intoxicação no mundo animal, ver Siegel (2005); Samorini (2002).

9. Para uma discussão sobre *Amanita muscaria,* ver Letcher (2006), caps. 7-9. Alguns propõem a hipótese de que os acusadores nos julgamentos das bruxas de Salem foram atingidos por ergotismo convulsivo (Caporael, 1976; Matossian, 1982), embora seus argumentos tenham sido fortemente contestados por Spanos e Gottleib (1976). Conhecidas na Idade Média e na Renascença como fogo de Santo Antônio, acredita-se que as visões induzidas pelo ergot e a angústia psicoespiritual inspiraram as visões contemporâneas do inferno. Para Heironymus Bosch, ver Dixon (1984). O gado também é vulnerável à intoxicação por ergot. "Grama sonolenta", "grama bêbada" e "azevém cambaleante"* são todas nomeadas por seu efeito no gado, cavalos e ovelhas (Clay, 1988). Os fungos ergot também têm efeitos medicinais poderosos; são usados por parteiras há centenas de anos para interromper o sangramento pós-parto. Henry Wellcome, o empresário que ajudou a fundar o Wellcome Trust, pesquisou relatórios sobre os efeitos medicinais do ergot, o fungo do grão. Ele registrou que o ergot era considerado, por parteiras na Escócia, Alemanha e França do século 16, como tendo "eficácia notável e garantida" na indução de contrações uterinas e no controle do sangramento pós-parto. Foi com essas parteiras ou erva-parteiras que os médicos — homens — aprenderam sobre as propriedades terapêuticas do ergot, que constituem a base do medicamento ergometrina, usado ainda hoje para tratar sangramento intenso após o parto (Dugan, 2011, pp. 20-1). Graças a sua reputação como droga obstétrica, Albert Hofmann começou a investigá-lo nos Laboratórios Sandoz na década de 1930 em um programa de pesquisa que levou à síntese do LSD em 1938. Para uma discussão sobre alcaloides de ergot, sua história e usos, ver Wasson et al. (2009), cap. 2: "A challenging question and my answer".

10. Para uma discussão sobre a história do uso do cogumelo da psilocibina no México, ver Letcher (2006), cap. 5; Schultes (1940); Schultes et al. (2001), "Little flowers of the Gods"; para a citação de Sahagún, ver Schultes (1940).

11. Letcher (2006), p. 76.

12. Para a pintura e a citação de McKenna e Tassili, ver McKenna (1992), cap. 6; para uma discussão sobre McKenna e a pintura de Tassili, ver Metzner (2005), pp. 42-3; para uma análise mais crítica, ver Letcher (2006), pp. 37-8.

13. Um artigo publicado em 2019 analisou os resíduos dentro de uma bolsa feita com focinho de raposa encontrada em uma coleção de objetos rituais escavados na Bolívia, datados de mais de mil anos atrás. Os pesquisadores encontraram traços de vários compostos psicoativos — inclusive cocaína (da coca), DMT, harmina e bufotenina. A análise forneceu evidências provisórias de psilocina — um produto psicoativo que resulta da degradação da psilocibina —, o que, se for verdade, sugere que os cogumelos com psilocibina estavam presentes na coleção (Miller et al., 2019). Os

---

* Tradução literal de *sleepy grass, drunk grass* e *ryegrass staggers.*

Mistérios de Elêusis — uma celebração a Deméter, deusa dos grãos e da colheita, e sua filha Perséfone — eram um dos principais festivais religiosos da Grécia antiga. Como parte das comemorações, os iniciados bebiam uma xícara de um líquido conhecido como *kykeon*. Após ingerir a bebida, os iniciados viam aparições fantasmagóricas e passavam por estados visionários e inspiradores de êxtase. Muitos afirmaram ter sido transformados de modo permanente pela experiência (Wasson et al., 2009, cap. 3). Embora a composição do *kykeon* fosse um segredo bem guardado, é muito provável que fosse uma mistura que alterava a mente — um escândalo notório surgiu quando foi descoberto que aristocratas atenienses e seus convidados bebiam *kykeon* em casa em jantares (Wasson et al., 1986, p. 155). Não havia listas de inscritos para os ritos de Elêusis, portanto não se sabe ao certo quem eram os frequentadores. Porém, os cidadãos atenienses eram em sua maioria iniciados, e acredita-se que muitas figuras notáveis compareciam, inclusive Eurípides, Sófocles, Píndaro e Ésquilo. Platão escreveu sobre a experiência de iniciação ao mistério com algum detalhe em seu *Simpósio* e em *Fedro*, usando uma linguagem que se refere claramente aos ritos em Elêusis (Burkett, 1987, pp. 91-3). Aristóteles não se referiu explicitamente aos mistérios de Elêusis, mas sim à iniciação ao mistério — uma referência provavelmente compatível com os Mistérios de Elêusis, dada a preeminência dos ritos de Elêusis em meados do século 4 a.C. Hofmann, junto com Gordon Wasson e Carl Ruck, elaborou a hipótese de que o *kykeon* era feito de fungos ergot que cresciam em grãos, purificados de alguma forma para evitar os sintomas terríveis associados a seu consumo acidental (Wasson et al., 2009). Terence McKenna (1992, cap. 8) especulou que os sacerdotes de Elêusis distribuíam cogumelos com psilocibina. Outros sugeriram um preparado feito com papoula, a planta do ópio. Existem outros exemplos de uso provável de cogumelos em contextos religiosos antigos. Na Ásia central, surgiu um culto religioso em torno do uso de um preparado para alterar a mente chamado "soma". Estados de êxtase induzidos pelo soma e hinos devocionais ao soma estão registrados no Rig Veda, um texto antigo que data de cerca de 1500 a.C. Como o *kykeon*, a identidade da bebida permanece desconhecida. Alguns — principalmente Gordon Wasson — argumentaram que era o cogumelo manchado de vermelho e branco, *Amanita muscaria* (para uma discussão, ver Letcher, 2008, cap. 8). Terence McKenna — como esperado — sugeriu que os cogumelos com psilocibina são os candidatos mais prováveis. Outros sugeriram *Cannabis*. Não há nenhuma evidência inequívoca para qualquer um deles.

14. Para uma referência aos monstros fictícios, ver Yong (2017). Em 2018, pesquisadores da Universidade de Ryukyus, no Japão, descobriram que várias espécies de cigarra haviam domesticado fungos *Ophiocordyceps* que viviam em seu corpo (Matsuura et al., 2018). Como muitos insetos que vivem principalmente de seiva, as cigarras dependem de bactérias simbióticas para produzir vários nutrientes e vitaminas essenciais, sem os quais não podem sobreviver. Mas em várias espécies de cigarras japonesas a bactéria foi substituída por uma espécie de *Ophiocordyceps*. É a última coisa que se esperava. *Ophiocordyceps* são assassinos brutalmente eficazes que aprimoraram suas habilidades ao longo de dezenas de milhões de anos. No entanto, de alguma forma, ao longo de sua longa história juntos, os *Ophiocordyceps* se tornaram parceiros essenciais para a vida das cigarras. Aliás, isso aconteceu pelo menos três vezes em três linhagens distintas de cigarras. Os *Ophiocordyceps* domesticados são um lembrete de que a distinção entre microrganismo "benéfico" e "parasita" nem sempre é clara.

15. Para medicamentos imunossupressores, consultar *State of the World Fungi* (2018), "Useful fungi"; sobre a panaceia para a juventude eterna, ver Adachi e Chiba (2007).

16. Coyle et al. (2018); para "uma das descobertas mais incríveis", ver: //twitter.com/mbeisen/status/1019655132940627969 (acesso em: 29 out. 2019).

17. Para uma descrição do comportamento das moscas infectadas, ver Hughes et al. (2016), Cooley et al. (2018); para "saleiros voadores da morte", ver Yong (2018).

18. Para o estudo de Kasson, ver Boyce et al. (2019) e uma discussão em Yong (2018). Não é o primeiro relato de que fungos manipuladores de insetos podem controlar seus hospedeiros usando substâncias químicas que também podem alterar a mente humana; primos dos fungos *Ophiocordyceps* são ingeridos junto com cogumelos da psilocibina em algumas cerimônias indígenas no México (Guzmán et al., 1998).

19. Foi relatado que a catinona aumenta a agressividade em formigas e pode ser responsável pelo comportamento hiperativo observado em cigarras infectadas (Boyce et al., 2019).

20. Ver Ovídio (1958), p. 186; sobre o xamanismo amazônico, ver Viveiros de Castro (2004); para o povo yukaghir, ver Willerslev (2007).

21. Para "fungo na pele de formiga", ver Hughes et al. (2016). A neuromicrobiologia é um campo relativamente novo, e a compreensão da influência dos microrganismos intestinais no comportamento animal, na cognição e nos estados psicológicos ainda é preliminar (Hooks et al., 2018). No entanto, estão começando a surgir alguns padrões. Camundongos, por exemplo, requerem uma microbiota intestinal saudável para desenvolver um sistema nervoso funcional (Bruce-Keller et al., 2018). Se o microbioma de ratos adolescentes é eliminado antes que eles tenham a chance de desenvolver um sistema nervoso funcional, eles desenvolvem problemas cognitivos. Isso inclui problemas de memória e dificuldade de identificar objetos (De la Fuente-Nunez et al., 2017). As demonstrações mais significativas disso vêm de estudos que transferem a microbiota entre camundongos de diferentes linhagens. Quando linhagens de camundongos "tímidos" recebem transplantes fecais de cepas "normais", elas perdem o acanhamento. Da mesma forma, se as linhagens "normais" são inoculadas com os microrganismos das cepas "tímidas", elas adquirem "cautela e hesitação exageradas" (Bruce-Keller et al., 2018). Diferenças na microbiota intestinal em camundongos afetam sua capacidade de esquecer a experiência de dor (Pennisi, 2019a; Chu et al., 2019). Muitos microrganismos intestinais produzem substâncias químicas que influenciam a atividade do sistema nervoso, incluindo neurotransmissores e ácidos graxos de cadeia curta (AGCCs). Mais de 90% da serotonina em nosso corpo — o neurotransmissor que nos faz sentir felizes e, em sua falta, nos faz sentir deprimidos — é produzida no intestino, e os microrganismos intestinais desempenham um papel importante na regulação de sua produção (Yano et al., 2015). Dois estudos investigaram o efeito do transplante da microbiota fecal de pacientes humanos deprimidos para camundongos e ratos livres de germes. Os animais desenvolveram sintomas de depressão, inclusive ansiedade e perda de interesse por comportamentos prazerosos. Esses estudos sugerem que os desequilíbrios na microbiota intestinal podem resultar em depressão não só em camundongos, mas também em humanos (Zheng et al., 2016; Kelly et al., 2016). Outros estudos em humanos mostraram que certos tratamentos probióticos podem reduzir os sintomas de depressão e ansiedade e a ocorrência de pensamentos negativos (Mohajeri et al., 2018; Valles-Colomer et al., 2019). No entanto, uma indústria multibilionária de probióticos paira sobre o campo da neuromicrobiologia, e vários pesquisadores chamaram a atenção para uma tendência de exagerar na importância das descobertas. Comunidades intestinais são complexas, e manipulá-las é um desafio.

São tantas as variáveis envolvidas que poucos estudos são capazes de identificar relações causais entre a ação de microrganismos específicos e determinados comportamentos (Hooks et al., 2018).

22. Para uma explicação completa do "fenótipo estendido", ver Dawkins (1982); para "especulação com limites estreitos", ver Dawkins (2004); para uma discussão sobre a manipulação fúngica do comportamento de inseto em termos de fenótipos estendidos, ver Andersen et al. (2009); Hughes (2013; 2014); Cooley et al. (2018).

23. Para uma discussão sobre a "primeira onda" de pesquisas psicodélicas nas décadas de 1950 e 1960, ver Dyke (2008); Pollan (2018), cap. 3.

24. Para o estudo da Johns Hopkins, ver Griffiths et al. (2016); para o estudo da NYU, ver Ross et al. (2016); para a entrevista com Griffiths, ver *Fantastic fungi: the magic beneath us*, dirigido por Louis Schwartzberg; para uma discussão geral, incluindo o tamanho recorde do "efeito de tratamento", ver Pollan (2018), cap. 1.

25. Para um estudo sobre a experiência mística propiciada pela psilocibina, ver Griffiths et al. (2008); para o papel do deslumbramento na psicoterapia psicodélica assistida, ver Hendricks (2018).

26. Para o papel da psilocibina no tratamento do tabagismo, ver Johnson et al. (2014; 2015); para a "abertura" induzida por psilocibina e a satisfação com a vida, ver MacLean et al. (2011); para uma discussão geral sobre o papel dos psicodélicos no tratamento do vício, ver Pollan (2018), cap. 6, parte 2; para o senso de conexão com o mundo natural, ver Lyons e Carhart-Harris (2018); Studerus et al. (2011). Há uma extensa tradição nas comunidades nativas americanas de usar o cacto psicodélico peiote como tratamento para o alcoolismo. Entre os anos 1950 e 1970, vários estudos investigaram a possibilidade de a psilocibina e o LSD serem usados para tratar o vício em drogas. Foram relatados diversos efeitos positivos. Em 2012, uma meta-análise reuniu os dados dos estudos controlados de forma mais rigorosa. A análise relatou que uma única dose de LSD teve um efeito benéfico no alcoolismo que durou até seis meses (Krebs e Johansen, 2012). Em uma pesquisa on-line projetada para investigar a "ecologia natural" do fenômeno, Matthew Johnson e seus colegas (2017) analisaram relatos de mais de trezentas pessoas que afirmavam ter reduzido o consumo de tabaco ou parado totalmente após uma experiência com psilocibina ou LSD.

27. Para "absolutamente convictos", ver Pollan (2018), cap. 4; para a realidade imaterial como base da crença religiosa, ver Pollan (2018), cap. 2. Até mesmo os assistentes que orientam e observam as sessões na Johns Hopkins relataram mudanças inesperadas em sua visão de mundo. Um guia que assistiu a dezenas de sessões de psilocibina descreveu sua experiência:

> Quando comecei era ateu, mas, todos os dias, comecei a ver coisas em meu trabalho que estavam em desacordo com essa crença. Meu mundo se tornou cada vez mais misterioso quando acompanhava pessoas tomando psilocibina (Pollan, 2018, cap. 1).

28. Para a influência dos psicodélicos no crescimento e na arquitetura dos neurônios, ver Ly et al. (2018).

29. Para a psilocibina e o RMP, ver Carhart-Harris et al. (2012), Petri et al. (2014); para os efeitos do LSD na conectividade do cérebro, ver Carhart-Harris et al. (2016b).

30. Para a citação de Hoffer, ver Pollan (2018), cap. 3.

31. Para a citação de Johnson, ver Pollan (2018), cap. 6; para o papel da psilocibina no tratamento do "pessimismo inflexível" da depressão, ver Carhart-Harris et al. (2012).

32. Para uma discussão sobre a dissolução e a "fusão" do ego, ver Pollan (2018), prólogo, cap. 5.

33. Para "noite fria da mente" e "barroco", ver McKenna e McKenna (1976), pp. 8-9.

34. Para a citação de Whitehead, ver Russell (1956), p. 39; para especulações "com limites rígidos", ver Dawkins (2004).

35. Não é fácil estimar quando exatamente os primeiros cogumelos se tornaram "mágicos". A abordagem mais simples é presumir que a capacidade de produzir psilocibina se originou no ancestral comum mais recente de todos os fungos que produzem a psilocibina. No entanto, isso não funciona porque:

    1) a psilocibina foi transferida horizontalmente entre linhagens fúngicas (Reynolds et al., 2018) e
    2) a biossíntese de psilocibina evoluiu mais de uma vez (Awan et al., 2018).

Jason Slot, pesquisador da Universidade do Estado de Ohio, fez a estimativa de 75 milhões de anos com base na hipótese de que, primeiramente, os genes necessários para fazer a psilocibina formaram agrupamentos em um ancestral dos gêneros *Gymnopilus* e *Psilocybe*. Slot acredita que isso tenha acontecido porque as outras ocorrências de clusters de genes da psilocibina surgiram por meio de transferência horizontal de genes.

36. Para a transferência horizontal de genes do cluster gênico da psilocibina, ver Reynolds et al. (2018); para as múltiplas origens da biossíntese de psilocibina, ver Awan et al. (2018).

37. Algumas relações entre insetos e fungos envolvem manipulação mais ambígua, como o "fungo-cuco", que capitaliza o comportamento social dos cupins produzindo pequenas bolas que parecem ovos de cupins e produzem um feromônio encontrado em ovos de cupins verdadeiros. Os cupins carregam os ovos falsos para o ninho, onde cuidam deles. Quando não germinam, os "ovos" dos fungos são jogados em pilhas de lixo. Cercados por um composto rico em nutrientes, os fungos-cuco germinam e conseguem viver livres da competição com outros fungos (Matsuura et al., 2009).

38. Para formigas-cortadeiras em busca de cogumelos da psilocibina, ver Masiulionis et al. (2013); para mosquitos e outros insetos que comem cogumelo da psilocibina e a hipótese da "isca" de psilocibina, ver Awan et al. (2018). A psilocibina cristalina pura é cara, e a regulamentação severa dificulta a pesquisa. Há algumas evidências de que a psilocibina bloqueia o comportamento de insetos e outros invertebrados. Em uma conhecida série de experimentos da década de 1960, os pesquisadores deram uma série de drogas às aranhas para estudar as teias que elas teciam. Altas doses de psilocibina impediram completamente a formação da teia. Aranhas sob doses mais baixas teciam teias mais soltas, comportando-se "como se fossem mais pesadas". Em contraste, o LSD fez com que as aranhas produzissem teias "mais regulares que o normal" (Witt, 1971). Mais recentemente, estudos descobriram que as moscas-das-frutas que receberam metitepina, uma substância química que bloqueia os receptores de serotonina estimulados pela psilocibina, perderam o apetite. Isso levou alguns pesquisadores a sugerir que a psilocibina pode servir para *aumentar* o apetite das moscas — servindo, talvez, para dispersar os esporos de fungos (Awan et al., 2018). Michael

Beug, bioquímico e micólogo do Evergreen State College, está entre os pesquisadores que argumentam contra a hipótese da psilocibina como elemento dissuasor. Os cogumelos são uma fruta. Assim como uma macieira torna seus frutos conspícuos para facilitar a dispersão de suas sementes, os fungos produzem cogumelos para facilitar a dispersão de seus esporos. A psilocibina, como Beug argumenta, é encontrada em altas concentrações em cogumelos de espécies produtoras de psilocibina, mas em quantidades insignificantes no micélio da maioria delas (embora não todas: relata-se que o *Psilocybe caerulescens* e o *Psilocybe hoogshagenii/semperviva* contêm concentrações significativas de psilocibina no micélio). No entanto, é o micélio, não os cogumelos, que mais precisa de defesa. Por que os cogumelos da psilocibina se dariam ao trabalho de defender seus frutos enquanto deixam seu micélio desprotegido (Pollan, 2018, cap. 2)?

39. Outros mamíferos também são conhecidos por comer espécies de cogumelo da psilocibina sem efeitos prejudiciais. Michael Beug, o bioquímico e micólogo responsável pelos relatórios de intoxicação arquivados na North American Mycological Association, recebeu muitos desses relatos. "Com cavalos ou vacas, pode ou não ser acidental", disse-me Beug. Em alguns casos, entretanto, os animais parecem procurá-los. "Alguns cães veem seus donos colhendo cogumelos da psilocibina e ficam interessados — e então comem repetidamente os cogumelos, com efeitos que parecem familiares ao observador humano." Uma única vez, recebeu o relato de um gato "que comia cogumelos sem parar e parecia ter entrado em 'estado de cogumelo'".

40. Schultes (1940).

41. Para uma discussão do artigo de Wasson na revista *Life* e sua repercussão, ver Pollan (2018), cap. 2; Davis (1996), cap. 4.

42. Para "seguindo nossa mãe", ver McKenna (2012). Talvez o primeiro relato de viagem em um veículo amplamente lido tenha sido escrito pelo jornalista Sidney Katz, que publicou um artigo na popular revista canadense *Maclean's* intitulado "My twelve hours as a madman". Para uma discussão, consultar Pollan (2018), cap. 3.

43. Para uma discussão sobre a "viagem visionária" de Leary e o Projeto Psilocibina de Harvard, ver Letcher (2006), pp. 198-201; Pollan (2018), cap. 3. Para a citação de Leary, ver Leary (2005).

44. Letcher (2006), pp. 201, 254-5; Pollan (2018), cap. 3.

45. Para uma discussão sobre o crescente interesse pelos cogumelos mágicos, ver Letcher (2006), cap. 13, "Underground, overground"; para uma discussão sobre o desenvolvimento de técnicas de cultivo, ver Letcher (2006), cap. 15, "Muck and brass"; para o guia do produtor, ver McKenna e McKenna (1976).

46. Para uma discussão sobre *The Mushroom Cultivator* e o cenário de cogumelos mágicos na Holanda e Inglaterra, ver Letcher (2006), cap. 15, "Muck and brass".

47. Nas pastagens da América Central, os cogumelos se desenvolvem rapidamente e não há nada que sugira que as pessoas os tenham cultivado deliberadamente.

48. Para liquens contendo psilocibina, ver Schmull et al. (2014); para a distribuição global de cogumelos da psilocibina, ver Stamets (1996; 2005); para "ocorrem em abundância", ver Allen e Arthur (2005); para um relato da descoberta de cogumelos

de psilocibina em todo o mundo, ver Letcher (2006), pp. 221-5; para "parques, conjuntos habitacionais [...]", ver Stamets (2005).

49. Schultes et al. (2001), p. 23.

50. Ver James (2002), p. 300.

5. ANTES DAS RAÍZES [PP. 140-67]

Epígrafe: Kathleen Brennan & Tom Waits, "Green Grass", em *Real Gone* (2004).

1. Para a evolução das plantas terrestres, ver Lutzoni et al. (2018); Delwiche e Cooper (2015); Pirozynski e Malloch (1975). Para a biomassa das plantas, ver Bar-On et al. (2018).

2. Para as primeiras biocrostas, ver Beerling (2019), p. 15; Wellman e Strother (2015); para a vida ordoviciana, ver: web.archive.org/web/20071221094614/http://www.palaeos.com/Paleozoic/Ordovician/Ordovician.htm#Life (acesso em: 29 out. 2019).

3. Para os incentivos dos ancestrais das plantas à vida terrestre, ver Beerling (2019), p. 155. Não surpreende, talvez, que nem sempre houve consenso sobre esse tópico. A ideia foi proposta pela primeira vez por Kris Pirozynski e David Malloch em 1975 em seu artigo "The origin of land plants: a matter of mycotropism". Nele, os autores afirmavam que "as plantas terrestres nunca tiveram nenhuma independência [dos fungos], pois, se tivessem, nunca teriam colonizado a terra". Era uma ideia radical na época porque postulava que a simbiose teria sido uma força importante em um dos desenvolvimentos evolutivos mais importantes da história da vida. Lynn Margulis apoiou a ideia e descreveu a simbiose como "a lua que puxou a maré da vida de suas profundezas oceânicas para a terra seca e para o ar" (Beerling, 2019, pp. 126-7). Para uma discussão sobre fungos e seu papel na evolução das plantas terrestres, ver Lutzoni et al. (2018); Hoysted et al. (2018); Selosse et al. (2015); Strullu-Derrien et al. (2018).

4. Para a proporção de espécies de plantas que formam associações micorrízicas, ver Brundrett e Tedersoo (2018). Os 7% de espécies de planta terrestre que não formam associações micorrízicas desenvolveram estratégias alternativas, como parasitismo ou carnivoria. Esse número talvez seja ainda menor que 7%: estudos recentes descobriram que plantas tradicionalmente consideradas "não micorrízicas" — as da família do repolho, por exemplo — formam relações com fungos não micorrízicos que fornecem à planta benefícios semelhantes aos das associações micorrízicas (Van der Heijden et al., 2017; Cosme et al., 2018; Hiruma et al., 2018).

5. Para fungos em algas marinhas — "micoficobiose" —, ver Selosse e Tacon (1998); para "bolas verdes macias", ver Hom e Murray (2014).

6. Acredita-se que um grupo de plantas chamadas hepáticas seja a primeira linhagem divergente de plantas terrestres e remonte a mais de 400 milhões de anos. As hepáticas dos gêneros *Treubia* e *Haplomitrium* podem nos fornecer os melhores indícios do início da vida das plantas (Beerling, 2019, p. 25). Existem várias linhas de evidência além dos fósseis. O aparato genético responsável pelos sinais químicos usados pelas plantas para se comunicar com os fungos micorrízicos é idêntico em todos os grupos de plantas vivas, o que implica que ele estava presente no ancestral

comum de todas as plantas (Wang et al., 2010; Bonfante e Selosse, 2010; Delaux et al., 2015). Os ancestrais das primeiras plantas terrestres que sobreviveram — as hepáticas — formam relacionamentos com as linhagens mais antigas de fungos micorrízicos (Pressel et al., 2010). Além disso, as estimativas mais recentes sugerem que os fungos fizeram a transição para a terra antes dos ancestrais das plantas terrestres modernas, indicando que teria sido quase impossível para as primeiras plantas não terem encontrado os fungos (Lutzoni et al., 2018).

7. Para a evolução das raízes, ver Brundrett et al. (2002); Brundrett e Tedersoo (2018).

8. Para a evolução de raízes mais finas e oportunistas, ver Ma et al. (2018). O diâmetro das raízes finas varia, mas normalmente fica entre cem e quinhentos micrômetros. Em uma das mais antigas linhagens de fungos micorrízicos — os fungos micorrízicos arbusculares —, as hifas de transporte têm cerca de vinte a trinta micrômetros de diâmetro, e suas hifas de absorção fina chegam a ter de dois a sete micrômetros (Leake et al., 2004).

9. Para biomassa do solo (entre um terço e metade), ver Johnson et al. (2013); para estimativas de comprimento de fungos micorrízicos nos primeiros dez centímetros do solo, ver Leake e Read (2017). Essas estimativas são baseadas no comprimento de micélio micorrízico encontrado em diferentes ecossistemas e levam em consideração o tipo de micorrízio e o tipo de uso da terra. Os dados vêm de Leake et al. (2004).

10. Para o trabalho de Frank sobre fungos micorrízicos, ver Frank (2005); para uma discussão do trabalho de Frank, ver Trappe (2005).

11. Um dos maiores críticos de Frank foi o botânico e mais tarde reitor da Harvard Law School, Roscoe Pound, que denunciou suas propostas como "decididamente duvidosas". Pound tomou o partido de autores mais "sóbrios", que sustentavam que os fungos micorrízicos "provavelmente eram prejudiciais por ingerirem alimento pertencente à árvore". "Em todos os casos", trovejou Pound, a simbiose "é vantajosa para uma das partes, e nunca teremos certeza de que a outra estaria em situação pior se estivesse por conta própria" (Sapp, 2004).

12. Para uma descrição das experiências de Frank, consultar Beerling (2019), p. 129.

13. Tolkien (2014): para "Para você, pequeno jardineiro [...]", ver v. II, cap. 8: "Farewell to Lórien"; para "Sam Gamgi plantou [...]", ver v. III, cap. 9: "The Grey Havens".

14. Para a evolução rápida no Devoniano, ver Beerling (2019), pp. 152, 155; para queda no dióxido de carbono, ver Johnson et al. (2013), Mills et al. (2017). Existem hipóteses alternativas sobre as causas da queda do dióxido de carbono atmosférico. Por exemplo, dióxido de carbono e outros gases do efeito estufa são emitidos pelo vulcanismo e outras atividades tectônicas. Se o nível de emissão vulcânica de dióxido de carbono caísse, o nível de dióxido de carbono atmosférico também cairia, possivelmente desencadeando um período de resfriamento global (McKenzie et al., 2016).

15. Para ajuda das micorrizas à expansão de plantas no Devoniano, ver Beerling (2019), p. 162; para uma discussão sobre intemperismo à luz da atividade micorrízica, ver Taylor et al. (2009).

16. Mills usou o modelo COPSE (Carbono, Oxigênio, Fósforo, Enxofre e Evolução), que examina o ciclo de todos esses elementos em longos períodos de tempo evolutivo

em relação a uma "representação simplificada da biota terrestre, da atmosfera, dos oceanos e dos sedimentos" (Mills et al., 2017).

17. Mills et al. (2017); para os experimentos de Katie Field sobre respostas micorrízicas a climas antigos, ver Field et al. (2012).

18. Para uma discussão geral da evolução micorrízica, ver Brundrett e Tedersoo (2018). Acredita-se que o grupo de fungos que ajudaram as plantas a chegar à terra e que se desenvolveram em pastagens e florestas tropicais — os fungos micorrízicos arbusculares — surgiram apenas uma vez na evolução. Esses fungos crescem em lóbulos com penugem dentro das células vegetais. O tipo que predomina nas florestas temperadas — fungos ectomicorrízicos — surgiu em mais de sessenta ocasiões distintas (Hibbett et al., 2000). Esses fungos — que incluem as trufas — se entrelaçam na forma de bainha de micélio em torno das pontas das raízes das plantas, como Frank observou no final do século 19. As orquídeas têm seu próprio tipo de relação micorrízica, com sua própria história evolutiva. O mesmo acontece com as plantas da família do mirtilo, as *Ericaceae* (Martin et al., 2017). Katie Field e seus colegas estão estudando um grupo completamente diferente de fungo micorrízico que só foi descoberto no final dos anos 2000, conhecido como *Mucoromycotina*. Ele ocorre em todo o reino vegetal e é considerado tão antigo quanto as primeiras plantas terrestres, mas passou totalmente despercebido, apesar de décadas de estudo. É bem possível que outros fungos estejam escondidos à vista de todos (Van der Heijden et al., 2017; Cosme et al., 2018; Hiruma et al., 2018; Selosse et al., 2018).

19. Para experiências com morango, ver Orrell (2018); para um estudo mais aprofundado sobre a influência de fungos micorrízicos nas interações planta-polinizador, ver Davis et al. (2019).

20. Para manjericão, ver Copetta et al. (2006); para tomates, ver Copetta et al. (2011), Rouphael et al. (2015); para hortelã, ver Gupta et al. (2002); para alface, ver Baslam et al. (2011); para alcachofras, ver Ceccarelli et al. (2010); para erva-de-são-joão e equinácea, ver Rouphael et al. (2015); para pão, ver Torri et al. (2013).

21. Rayner (1945).

22. Para a função social do intelecto, ver Humphrey (1976).

23. Para "recompensas recíprocas", ver Kiers et al. (2011). Kiers e seus colegas conseguiram ser tão precisos porque ela usou um sistema artificial. As plantas não eram plantas normais, mas "cultura de raízes" — raízes que crescem sem brotos ou folhas. No entanto, a capacidade das plantas e fungos de transferir de forma preferencial nutrientes ou carbono para parceiros mais favoráveis foi demonstrada com plantas inteiras crescendo no solo (Bever et al., 2009; Fellbaum et al., 2014; Zheng et al., 2015). Não se sabe exatamente como as plantas e os fungos regulam esses fluxos, mas parece ser uma característica geral da relação (Werner e Kiers, 2015).

24. Nem todas as espécies de planta e fungo são capazes de controlar suas trocas da mesma forma. Algumas espécies de planta herdam a capacidade de fornecer carbono de modo preferencial a parceiros fúngicos favoráveis. Certas espécies simplesmente não têm esse talento (Grman, 2012). Há plantas que dependem mais de seus parceiros fúngicos que outras. Algumas espécies, como as orquídeas, que produzem sementes microscópicas, não germinam sem a presença de um fungo; muitas plantas conseguem. Outras plantas não devolvem nada ao fungo quando são jovens, mas começam a

recompensá-lo quando ficam mais velhas, um estilo de vida que Katie Field chama de abordagem "pegue agora, pague mais tarde" (Field et al., 2015).

25. Para estudos sobre desigualdade de recursos, ver Whiteside et al. (2019).

26. Kiers e seus colegas mediram a velocidade de transporte pela rede, observando velocidades máximas de mais de cinquenta micrômetros por segundo — cerca de cem vezes mais rápido que a difusão passiva —, bem como mudanças regulares, ou oscilações, na direção do fluxo pela rede (Whiteside et al., 2019).

27. Para o papel do contexto nas associações micorrízicas, ver Hoeksema et al. (2010), Alzarhani et al. (2019); para o impacto do fósforo na "seletividade" da planta, ver Ji e Bever (2016). Mesmo entre espécies de planta e de fungo, há uma grande variação de comportamento nos indivíduos (Mateus et al., 2019).

28. Para estimativa do número de árvores na Terra, consultar Crowther et al. (2015).

29. Para uma discussão sobre as lacunas de conhecimento na pesquisa micorrízica, ver Lekberg e Helgason (2018).

30. Para uma discussão sobre a troca entre plantas e fungos e como isso é controlado, consultar Wipf et al. (2019). Em um estudo, um único fungo conectado a duas espécies diferentes de planta ao mesmo tempo — linho e sorgo — fornecia mais nutrientes ao linho, embora o sorgo fornecesse mais carbono ao fungo. Com base em uma análise de custo-benefício, seria de esperar que o fungo fornecesse mais nutrientes ao sorgo (Walder et al., 2012; ver também Hortal et al., 2017). Algumas espécies de planta são ainda mais radicais e não fornecem nada de carbono aos parceiros micorrízicos. Nesses casos, a troca entre parceiros parece não ser baseada em recompensas recíprocas pagas na mesma moeda. Claro que pode haver muitos outros custos e benefícios que não estão sendo levados em consideração, mas é difícil medir tantas variáveis ao mesmo tempo. Por isso, a maioria dos estudos concentra-se em um pequeno número de parâmetros fáceis de manipular, como carbono e fósforo. Isso fornece detalhes refinados, mas torna difícil estender as descobertas a cenários complexos do mundo real (Walder e Van der Heijden, 2015; Van der Heijden e Walder, 2016).

31. Para a influência de fungos micorrízicos na dinâmica da floresta em escala continental, ver Phillips et al. (2013), Bennett et al. (2017), Averill et al. (2018), Zhu et al. (2018), Steidinger et al. (2019), Chen et al. (2019); para a migração de árvores após o recuo da camada de gelo Laurentide, ver Pither et al. (2018).

32. Para o estudo na Universidade da Colúmbia Britânica, ver Pither et al. (2018) e comentário de Zobel (2018); para um estudo sobre a invasão de plantas micorriza-dependentes nas charnecas, ver Collier e Bidartondo (2009); para comigração de plantas e seus parceiros micorrízicos, ver Peay (2016).

33. Rodriguez et al. (2009).

34. Osborne et al. (2018), com comentários de Geml e Wagner (2018).

35. Para involução, ver Hustak e Myers (2012).

36. Para uma discussão do papel das relações planta-fungo na adaptação às mudanças climáticas, ver Pickles et al. (2012), Giauque e Hawkes (2013), Kivlin et al. (2013), Mohan et al. (2014), Fernandez et al. (2017), Terrer et al. (2016); para "deterioração alarmante", ver Sapsford et al. (2017), Van der Linde et al. (2018). Relacionamentos micorrízicos

podem criar padrões acima do solo de diversas maneiras, por exemplo, por meio de sua influência nos ciclos de nutrientes do solo. Pode-se pensar nos ciclos de nutrientes do solo como sistemas climáticos químicos. O "clima" químico estabelecido por diferentes tipos de fungo ajuda a determinar que tipo de planta cresce e onde ela o faz. A influência de diferentes plantas, por sua vez, retroalimenta o comportamento dos fungos micorrízicos. Fungos micorrízicos arbusculares (FMA) — a linhagem antiga que cresce dentro das células vegetais — conduzem os sistemas climáticos químicos em uma direção completamente diferente dos fungos ectomicorrízicos (FEM) — o tipo que evoluiu várias vezes e cresce ao redor das raízes das plantas formando uma capa de micélio. Ao contrário dos fungos FMA, os fungos FEM descendem de fungos decompositores de vida livre. Consequentemente, eles são melhores na decomposição de matéria orgânica que os fungos FMA. Em termos de ecossistema, isso faz grande diferença. Os fungos FEM desenvolvem-se em climas mais frios, em que a decomposição é mais lenta. Os FMA crescem em climas mais quentes e úmidos, em que a decomposição é mais rápida. Os FEM tendem a competir com os decompositores de vida livre e a reduzir a taxa do ciclo de carbono. Os FMA tendem a promover a atividade de decompositores de vida livre e aumentar a taxa de ciclo do carbono. Os FEM fazem com que mais carbono fique imobilizado nas camadas superiores do solo. Os FMA fazem com que mais carbono desça para as camadas inferiores do solo, onde fica imobilizado (Phillips et al., 2013; Craig et al., 2018; Zhu et al., 2018; Steidinger et al., 2019). As relações micorrízicas também podem influenciar a maneira pela qual as plantas interagem entre si. Em algumas situações, os fungos micorrízicos aumentam a diversidade da vida vegetal, facilitando as interações competitivas entre as plantas e permitindo que espécies de plantas menos dominantes se estabeleçam (Van der Heijden et al., 2008; Bennett e Cahill, 2016; Bachelot et al., 2017; Chen et al., 2019). Em outras situações, eles reduzem a diversidade, permitindo que as plantas excluam os concorrentes. Em alguns casos, o feedback das plantas às comunidades micorrízicas abrange gerações, constituindo o chamado "efeito de legado" (Mueller et al., 2019). Um estudo sobre os efeitos do besouro-mortal-do-pinheiro na costa oeste da América do Norte descobriu que a sobrevivência de plântulas jovens de pinheiro variava dependendo da origem de suas comunidades micorrízicas. Quando cultivadas com fungos micorrízicos retirados de áreas onde pinheiros adultos foram mortos por besouros-do-pinheiro, as plântulas tinham taxas de mortalidade mais altas. As comunidades micorrízicas permitiram que os efeitos dos besouros-do-pinheiro se propagassem por gerações de árvores (Karst et al., 2015).

37. Para "casamento [...]", ver Howard (1945), cap. 2; para "fios vivos de fungos", ver Howard (1945), cap. 1; para "será que a humanidade consegue regular [...]?", ver Howard (1940), cap. 1.

38. Para duplicação da produção agrícola, ver Tilman et al. (2002); para emissões agrícolas e estabilidade da produtividade das colheitas, ver Foley et al. (2005), Godfray et al. (2010); para a disfunção de uso de fertilizante de fósforo, ver Elser e Bennett (2011); para a perda de safras, ver King et al. (2017); para trinta campos de futebol, ver Arsenault (2014); para o número de colheitas restantes no Reino Unido, ver Van der Zee (2017); para projeções da demanda global de alimentos, ver Tilman et al. (2011).

39. Para um estudo das práticas agrícolas tradicionais na China, ver King (1911); para a preocupação de Howard sobre a "vida do solo", ver Howard (1940); para danos às comunidades microbianas do solo pela agricultura, ver Wagg et al. (2014), De Vries et al. (2013), Toju et al. (2018).

40. Para o estudo da Agroscope, ver Banerjee et al. (2019); para o impacto da aração em comunidades micorrízicas, ver Helgason et al. (1998); para uma comparação de práticas orgânicas e inorgânicas em comunidades micorrízicas, ver Verbruggen et al. (2010), Manoharan et al. (2017), Rillig et al. (2019).

41. Para "engenheiros de ecossistema", consultar Banerjee et al. (2018); para o papel dos fungos micorrízicos na estabilidade do solo, ver Leifheit et al. (2014), Mardhiah et al. (2016), Delavaux et al. (2017), Lehmann et al. (2017), Powell e Rillig (2018), Chen et al. (2018); para o impacto de fungos micorrízicos na absorção de água pelo solo, ver Martínez-García et al. (2017); para carbono armazenado no solo, ver Swift (2001), Scharlemann et al. (2014); para uma análise do carbono do solo preso nos fungos, ver Clemmensen et al. (2013), Lehmann et al. (2017); para estimativas do número de organismos no solo, ver Berendsen et al. (2012); para uma estimativa do número total de pessoas que já viveram, consultar: www.prb.org/howmanypeoplehaveeverlivedonearth/ (acesso em: 29 out. 2019).

42. Para o impacto dos fungos micorrízicos na resistência das plantas ao estresse, ver Zabinski e Bunn (2014); Delavaux et al. (2017); Brito et al. (2018); Rillig et al. (2018); Chialva et al. (2018). Outros estudos descobriram que inocular safras com fungos endofíticos que vivem no broto das plantas pode aumentar drasticamente a tolerância das safras à seca e ao estresse térmico (Redman e Rodriguez, 2017).

43. Para resultados imprevisíveis de associações micorrízicas no rendimento das safras, ver Ryan e Graham (2018) (mas ver Rillig et al., 2019 e Zhang et al., 2019); para os estudos de Katie Field sobre a resposta das culturas aos fungos micorrízicos, ver Thirkell et al. (2017); para a variabilidade da resposta micorrízica entre variedades de culturas, ver Thirkell et al. (2019).

44. Para uma discussão sobre a eficácia dos produtos micorrízicos comerciais, ver Hart et al. (2018); Kaminsky et al. (2018). Há um número crescente de produtos que usam fungos endofíticos para proteger as plantações. Em 2019, a Agência de Proteção Ambiental dos Estados Unidos aprovou um pesticida fúngico projetado para ser aplicado nas plantas pelas abelhas (Fritts, 2019).

45. Para a abordagem de Kiers, ver Kiers e Denison (2014).

46. Para uma "explicação científica completa", ver Howard (1940), cap. 11.

47. Bateson (1987), cap. 4.94; Merleau-Ponty (2002), parte 1, cap. 3, "The spatiality of one's own body and motility".

6. INTERNET DAS ÁRVORES [PP. 168-95]

Epígrafe: Von Humboldt (1845), v. 1, p. 33. Tradução original: Anna Westermeier. A frase contendo a expressão "tecido semelhante a uma rede" (*Eine allgemeine Verkettung, nicht in einfacher linearer Richtung, sondern in netzartig verschlugenem Gewebe [...] stellt sich allmählich dem forschenden Natursinn dar*) não aparece na tradução inglesa de 1849.

1. O botânico russo era F. Kamienski, que publicou suas especulações sobre a *Monotropa* em 1882 (Trappe, 2015); para o estudo com glicose radioativa, ver Björkman (1960).

2. Para uma discussão sobre o "tecido emaranhado em forma de rede" de Humboldt, ver Wulf (2015), cap. 18, "Humboldt's Cosmos".

3. Para o estudo de Read com dióxido de carbono radioativo, ver Francis e Read (1984). Em 1988, El Newman, autor de uma crítica clássica sobre o assunto de redes micorrízicas compartilhadas, comentou que "se esse fenômeno for generalizado, pode ter implicações profundas para o funcionamento dos ecossistemas". Newman identificou cinco rotas pelas quais as redes micorrízicas compartilhadas podem causar impacto:

> 1) As plântulas podem se ligar rapidamente a uma grande rede hifal e começar a se beneficiar dela desde os estágios iniciais.
>
> 2) Uma planta pode receber material orgânico (como compostos de carbono ricos em energia) de outra por meio de ligações hifais, talvez o suficiente para aumentar o crescimento do receptor e a chance de sobrevivência.
>
> 3) O equilíbrio da competição entre as plantas pode ser alterado se elas estiverem obtendo nutrientes minerais de uma rede micelial comum, em vez de retirá-los do solo individualmente.
>
> 4) Os nutrientes minerais podem passar de uma planta para outra, com possível redução do domínio competitivo.
>
> 5) Os nutrientes liberados pelas raízes mortas podem passar diretamente através de ligações hifais para as raízes vivas, sem nunca entrar na solução do solo.

4. Simard et al. (1997). Simard cultivou plântulas de três espécies de árvore em uma floresta na província canadense da Colúmbia Britânica. Duas das espécies — bétula-do-papel e abeto-de-douglas — formam relações com o mesmo tipo de fungo micorrízico. A terceira espécie — cedro-vermelho-ocidental — forma relações com um tipo de fungo micorrízico totalmente diferente. Isso significa que ela poderia ter certeza de que a bétula e o abeto compartilhavam uma rede, enquanto o cedro apenas compartilhava o espaço da raiz sem conexões fúngicas diretas (embora essa abordagem não demonstre com segurança que as plantas permanecem desconectadas — um ponto do seu estudo que foi criticado posteriormente). Em uma reviravolta importante nos estudos anteriores de Read, Simard expôs pares de plântulas de árvores a dois isótopos diferentes de dióxido de carbono marcado. Com um único isótopo, é impossível seguir o movimento *bidirecional* do carbono entre as plantas. Pode-se muito bem descobrir que uma planta receptora absorveu carbono marcado de uma planta doadora. Mas a planta doadora pode ter absorvido a mesma quantidade de carbono do receptor, e ninguém perceberia. A abordagem de Simard permitiu-lhe calcular o movimento líquido entre as plantas.

5. Read (1997).

6. Para enxertos de raiz, ver Bader e Leuzinger (2019); para "deveríamos colocar [...]", ver Read (1997). Os enxertos radiculares têm recebido comparativamente pouca atenção nas últimas décadas, mas são responsáveis por uma série de fenômenos interessantes, como "tocos vivos", que sobrevivem por muito tempo depois de cortados. O enxerto de raiz pode ocorrer entre raízes de um único indivíduo, indivíduos da mesma espécie e até indivíduos de espécies diferentes.

7. Barabási (2001).

8. Para estudos sobre a internet das árvores, ver Barabási e Albert (1999); para uma discussão geral dos avanços na ciência de redes em meados da década de 1990, ver

Barabási (2014); para "mais em comum [...]", ver Barabási (2001); para "teia cósmica" e estrutura em rede do universo, ver resumo acessível por Ferreira (2019), também Gott (2016), cap. 9, Govoni et al. (2019) e Umehata et al. (2019), com comentários de Hamden (2019).

9. Para um resumo dos estudos que encontraram transferência de recursos biologicamente significativa entre plantas, ver Simard et al. (2015). Para "280 quilos", ver Klein et al. (2016) e comentário de Van der Heijden (2016). O estudo de Klein et al. (2016) diferenciou-se ao medir a transferência de carbono entre árvores maduras em uma floresta. As árvores tinham idades semelhantes, o que significa que não havia gradientes óbvios de fonte-escoadouro entre elas.

10. Para estudos que relatam benefícios pequenos ou variáveis, ver Van der Heijden et al. (2009); Booth (2004). No geral, experimentos que encontraram benefícios claros para as plantas analisaram espécies que formam relações com um grupo conhecido como "fungos ectomicorrízicos". Estudos que encontraram efeitos mais ambíguos examinaram um dos grupos mais antigos, os "fungos micorrízicos arbusculares".

11. Para uma discussão sobre a variedade de opiniões dentro da comunidade científica e as diferenças de interpretação das evidências, ver Hoeksema (2015). Parte do problema reside no fato de que é complicado fazer experimentos com redes micorrízicas compartilhadas em condições controladas de laboratório; imagine-se em solos selvagens. Para começar, é muito difícil mostrar que duas plantas estão conectadas pelo mesmo fungo. Os sistemas vivos costumam vazar. Há inúmeras maneiras de um marcador radioativo aplicado a uma planta acabar em outra. Além do mais, qualquer experimento em rede deve comparar plantas em rede com plantas não conectadas em rede. O problema é que a rede é o modo padrão. Alguns pesquisadores cortam os laços fúngicos entre as plantas mudando a posição de barreiras de malha fina entre elas. Outros cavam trincheiras para separar as plantas, mas é difícil saber se essas intervenções causam danos colaterais.

12. Para as múltiplas origens da mico-heterotrofia, ver Merckx (2013). Charles Darwin era um grande entusiasta das orquídeas e passava muito tempo tentando entender como elas sobreviviam com sementes tão pequenas. Em 1863, em uma carta a Joseph Hooker, diretor do Kew Gardens, Darwin escreveu que, embora não tivesse "evidências", tinha uma "firme convicção" de que as sementes de orquídea em germinação "são, na fase inicial, parasitas de criptógamos [ou fungos]". Somente três décadas depois os fungos se mostraram cruciais para a germinação de sementes de orquídea (Beerling, 2019, p. 141).

13. Para a "planta-da-neve", ver Muir (1912), cap. 8; para os "mil cordões invisíveis", ver Wulf (2015), cap. 23. Esse foi um tema recorrente para Muir, que também escreveu sobre "inúmeros cordões inquebráveis", além de sua frase mais conhecida: "Quando tentamos destacar qualquer coisa por si mesma, descobrimos que está ligada a tudo o mais no universo".

14. Para uma discussão sobre *Allotropa* e matsutake, ver Tsing (2015), "Interlude. Dancing".

15. A dinâmica fonte-escoadouro regula a fotossíntese das plantas. Quando os produtos da fotossíntese se acumulam, a taxa de fotossíntese é reduzida. Redes de fungos micorrízicos aumentam a taxa de fotossíntese das plantas, agindo como escoadouros de carbono e evitando assim o acúmulo de produtos da fotossíntese que normalmente retarda o processo (Gavito et al., 2019).

16. Para o sombreamento de plântulas de abeto por Simard, ver Simard et al. (1997); para plantas moribundas, ver Eason et al. (1991).

17. Para a mudança de direção do fluxo de carbono, ver Simard et al. (2015).

18. Para uma discussão sobre o enigma evolutivo, ver Wilkinson (1998); Gorzelak et al. (2015).

19. Para o compartilhamento dos recursos excedentes como um "bem público", ver Walder e Van der Heijden (2015). Outra possibilidade é que as plantas receptoras abriguem uma diversidade de espécies de fungo. A planta A pode se beneficiar da comunidade de fungos da planta B quando as condições mudam. Diversas comunidades fúngicas oferecem seguro contra incertezas ambientais (Moeller e Neubert, 2016).

20. Para a seleção de parentesco mediada por conexões micorrízicas compartilhadas, ver Gorzelak et al. (2015); Pickles et al. (2017); Simard (2018). Várias espécies de samambaia empregaram uma forma de seleção de parentesco, ou "cuidado" parental, usando redes micorrízicas compartilhadas, e provavelmente o fizeram por milhões de anos (Beerling, 2019, pp. 138-40). Essas espécies de samambaia (dos gêneros *Lycopodium, Huperzia, Psilotum, Botrychium* e *Ophioglossum*) têm duas fases em seu ciclo de vida. Os esporos germinam em uma estrutura chamada "gametófito", que são pequenas estruturas subterrâneas não fotossintetizantes. Nelas ocorre a fertilização. Depois que um gametófito é fertilizado, ele se desenvolve na fase "adulta", chamada de "esporófito", acima do solo. É no esporófito que ocorre a fotossíntese. Os gametófitos só conseguem sobreviver no subsolo porque são abastecidos com carbono por redes micorrízicas, compartilhadas com os esporófitos adultos. É um caso de "leve agora, pague depois".

21. Para o transporte bidirecional, ver Lindahl et al. (2001); Schmieder et al. (2019).

22. Para estudos que mostram os benefícios da participação das plantas em redes micorrízicas compartilhadas, ver Booth (2004); McGuire (2007); Bingham e Simard (2011); Simard et al. (2015).

23. Para um estudo mostrando que não há benefício na participação em redes micorrízicas compartilhadas, ver Booth (2004); para amplificação da competição por redes micorrízicas compartilhadas, ver Weremijewicz et al. (2016), Jakobsen e Hammer (2015).

24. Para "avenida de fungos" e transporte fúngico de toxinas, ver Barto et al. (2011; 2012); Achatz e Rillig (2014).

25. Para hormônios, ver Pozo et al. (2015); para transporte nuclear por redes micorrízicas fúngicas, ver Giovannetti et al. (2004, 2006); para transporte de RNA entre uma planta parasita e seu hospedeiro, ver Kim et al. (2014); para interação entre plantas e patógenos fúngicos mediada por RNA, ver Cai et al. (2018).

26. Para uso bacteriano de redes fúngicas, ver Otto et al. (2017), Berthold et al. (2016), Zhang et al. (2018); para influência de bactérias "endo-hifais" no metabolismo fúngico, ver Vannini et al. (2016), Bonfante e Desirò (2017), Deveau et al. (2018); para cultivo de bactérias no *thick-footed morel*, ver Pion et al. (2013), Lohberger et al. (2019).

27. Babikova et al. (2013).

28. Ibid.

29. Para transferência de informações planta-planta entre tomateiros, consultar Song e Zeng (2010); para sinalização de estresse entre as plântulas de pinheiro e abeto--de-douglas, consultar Song et al. (2015a); para transferência entre as plântulas de pinheiro e abeto-de-douglas, ver Song et al. (2015b).

30. Para sinalização elétrica em plantas, ver Mousavi et al. (2013), Toyota et al. (2018) e comentários de Muday e Brown-Harding (2018); para resposta elétrica das plantas à herbivoria, ver Salvador-Recatalà et al. (2014). Persistem ainda muitas dúvidas sobre as conversas químicas entre as raízes das plantas e os fungos que lhes permitem começar o relacionamento. Certa vez David Read tentou cultivar a mico-heterotrófica planta--da-neve — a "coluna de fogo brilhante" de John Muir — e fez alguns progressos antes de "dar de cara com a parede". "Foi fascinante", lembrou Read:

> o fungo cresceu em direção à semente e mostrou grande entusiasmo e interesse — parecia uma penugem e "disse oi". Há uma sinalização clara acontecendo. A tristeza é que nunca tivemos plantas grandes o suficiente para deixá-lo avançar. Essas questões de sinalização são algo que a próxima geração de pesquisadores terá de investigar.

31. David Read tem opinião semelhante. Como ele me contou: "alguém de um programa de rádio queria me entrevistar algumas semanas atrás sobre plantas conversando entre si e esse tipo de bobagem".

32. Beiler et al. (2009; 2015). Outros estudos analisaram a arquitetura de redes micorrízicas compartilhadas nas quais as espécies interagem, mas não foram explícitos sobre o arranjo espacial das árvores dentro do ecossistema. Isso inclui Southworth et al. (2005); Toju et al. (2014; 2016); Toju e Sato (2018).

33. Se alguém traçasse linhas aleatórias entre as árvores no terreno florestal de Beiler, as árvores terminariam com um número semelhante de ligações. Árvores com um número excepcionalmente alto ou baixo de ligações seriam raras. Seria possível calcular um número médio de ligações por árvore, e a maioria das árvores ficaria próxima desse número. Na linguagem das redes, este nó típico representaria a "escala" da rede. Na realidade, observamos algo diferente. Nas tramas de Beiler, no mapa da web de Barabási ou em uma rede de rotas de avião, alguns *hubs* altamente conectados respondem pela grande maioria das conexões na rede. Os nós nesse tipo de rede são tão diferentes uns dos outros que não existe um nó típico. As redes não têm "escala" e são descritas como "sem escala". A descoberta de redes sem escala por Barabási no final da década de 1990 ajudou a fornecer um padrão para modelar o comportamento de sistemas complexos. Para a diferença entre *hubs* bem e malconectados, ver Barabási (2014), cap. "The sixth link: the 80/20 rule"; para a vulnerabilidade de redes sem escala, ver Albert et al. (2000), Barabási (2001); para uma discussão sobre redes sem escala no mundo natural, ver Bascompte (2009).

34. Para uma discussão sobre os diferentes tipos de redes micorrízicas compartilhadas e suas arquiteturas variadas, ver Simard et al. (2012); para uma discussão sobre a fusão entre diferentes redes micorrízicas arbusculares, ver Giovannetti et al. (2015). O fato de duas árvores estarem conectadas não significa que estejam conectadas da mesma maneira. Alguns tipos de amieiro, por exemplo, associam-se a um número muito baixo de espécies de fungos que, por sua vez, tendem a não se associar a outras plantas além do amieiro. Isso significa que os amieiros têm uma tendência isolacionista e formam entre si redes fechadas e voltadas para dentro. Em termos da arquitetura geral de um pedaço de floresta, um bosque de amieiros seria um "módulo" — bem conectado por dentro, mas *interligado* de forma esparsa (Kennedy et al., 2015). Conhecemos bem essa ideia. Trace

uma rede de conhecidos em um pedaço de papel. Então, considere que cada ligação é um relacionamento. Quantos de seus relacionamentos são equivalentes? O que você perde ao considerar seu relacionamento com sua irmã, seu primo de terceiro grau, seu amigo do trabalho e seu senhorio como ligações equivalentes em sua rede social? Os cientistas de rede Nicholas Christakis e James Fowler descrevem a influência de determinada ligação em uma rede social em termos de seu contágio. Você pode ter um vínculo social entre sua irmã e seu senhorio, mas a quantidade de influência, o "contágio" que cada um desses vínculos carrega, será diferente. Christakis e Fowler têm uma teoria conhecida como "três graus de influência" para descrever como a influência social diminui após três graus de separação (Christakis e Fowler, 2009, cap. 1).

35. Prigogine e Stengers (1984), cap. 1.

36. Para ecossistemas como sistemas adaptativos complexos, ver Levin (2005); para o comportamento não linear dinâmico dos ecossistemas, ver Hastings et al. (2018).

37. Para os paralelos de Simard entre redes micorrízicas compartilhadas e redes neurais, ver Simard (2018). Pesquisadores de outros campos concordam com essa visão. Manicka e Levin (2019) argumentam que as ferramentas usadas até agora para estudar apenas a função cerebral devem ser transferidas para outras áreas da biologia, a fim de superar o problema de "compartimentos temáticos" que segregam campos de investigação biológica. Na neurociência, um "conectoma" é o mapa de conexões neurais do cérebro. Seria possível traçar o conectoma micorrízico de um ecossistema? "Se eu tivesse financiamento ilimitado", disse-me Beiler, "tiraria um monte de amostras de uma floresta. Assim, você pode ter uma visão precisa da rede — quem exatamente está se associando com quem e *onde* —, bem como uma visão ampla do sistema como um todo". Para um exemplo de estudo de neurociência que segue abordagem análoga, ver Markram et al. (2015).

38. Simard (2018).

39. "Muitos fungos interagem com as raízes de forma livre", explicou-me Marc-André Selosse. "Veja as trufas, por exemplo. Claro que podemos encontrar micélio de trufa crescendo na raiz de suas árvores 'hospedeiras' oficiais. Mas também podemos encontrá--lo na raiz das plantas vizinhas, que normalmente não são suas hospedeiras e geralmente não formam associações micorrízicas. Essas relações casuais não são estritamente micorrízicas, mas mesmo assim existem." Para obter mais informações sobre fungos não micorrízicos que ligam diferentes plantas, consultar Toju e Sato (2018).

7. MICOLOGIA RADICAL [PP. 196-225]

Epígrafe: Le Guin (2017).

1. Muitas dessas primeiras plantas — classificadas como licófitas e pteridófitas — produziram comparativamente pouca madeira "de verdade", e acredita-se que eram feitas principalmente de um material semelhante a uma casca conhecido como "periderme" (Nelsen et al., 2016).

2. Para 3 trilhões de árvores, consultar Crowther et al. (2015). Segundo as estimativas atuais de distribuição global de biomassa, as plantas representam cerca de 80% da

biomassa total da Terra. Estima-se que cerca de 70% dessa fração seja composta de caule e tronco "lenhosos", de modo que a madeira representa cerca de 60% da biomassa global (Bar-On et al., 2018).

3. Para a composição da madeira e a abundância relativa de lignina e celulose, ver Moore (2013a), cap. 1.

4. Para uma introdução à decomposição da madeira e combustão enzimática, ver Moore et al. (2011), cap. 10.7; Watkinson et al. (2015), cap. 5.

5. Para 85 gigatoneladas, ver Hawksworth (2009); para o orçamento global de carbono de 2018, ver Quéré et al. (2018). O outro grupo principal de fungos decompositores é o da "podridão-marrom", assim chamado porque faz com que a madeira fique marrom. Os fungos da podridão-marrom digerem principalmente os componentes de celulose da madeira. Mas também são capazes de usar a química radical para acelerar a degradação da lignina. Sua abordagem é um pouco diferente da que realizam os fungos de podridão-branca. Em vez de usar radicais livres para quebrar as moléculas de lignina, produzem radicais que reagem com a lignina e a tornam vulnerável à decomposição bacteriana (Tornberg e Olsson, 2002).

6. Como tanta madeira não apodreceu por tanto tempo é assunto de considerável debate. Em um artigo publicado na *Science* em 2012, uma equipe liderada por David Hibbett argumentou que o surgimento das peroxidases de lignina nos fungos de podridão-branca coincidiu aproximadamente com a "acentuada queda" de soterramento de carbono no final do período Carbonífero, sugerindo que os depósitos do Carbonífero podem ter surgido porque os fungos ainda não haviam desenvolvido a capacidade de degradar a lignina (Floudasetal., 2012, com comentário de Hittinger, 2012). Esses resultados apoiaram a hipótese proposta inicialmente por Jennifer Robinson (1990). Em 2016, Matthew Nelsen et al. publicaram um artigo refutando essa hipótese, por vários motivos:

> 1) Muitas das plantas que formaram os depósitos do Carbonífero, quando enorme quantidade de carbono foi soterrada, não eram grandes produtoras de lignina.
>
> 2) Fungos e bactérias que degradam a lignina poderiam existir antes do período Carbonífero.
>
> 3) Camadas significativas de carvão foram formadas depois do momento em que, segundo estimativas, os fungos de podridão-branca desenvolveram enzimas que degradam a lignina.
>
> 4) Se não houvesse degradação da lignina antes do período Carbonífero, todo o dióxido de carbono da atmosfera teria sido removido em menos de 1 milhão de anos (Nelsen et al., 2016, com comentário de Montañez, 2016).

A resposta não está clara. As taxas relativas de decomposição versus soterramento de carbono são difíceis de medir, e é difícil imaginar que a capacidade dos fungos de podridão-branca de degradar a lignina e outros componentes resistentes da madeira, como a celulose cristalina, não teria tido impacto no nível global de soterramento de carbono (Hibbett et al., 2016).

7. Para a degradação fúngica do carvão, ver Singh (2006), pp. 14-5; o "fungo-querosene" é uma levedura, a *Candida keroseneae* (Buddie et al., 2011).

8. Hawksworth (2009). Ver também Rambold et al. (2013), que argumentam que "a micologia deve ser reconhecida como um campo da biologia no mesmo nível de outras disciplinas importantes".

9. Para a micologia na China antiga, ver Yun-Chang (1985); para o estado da micologia na China moderna e a produção global de cogumelos, ver *State of the World Fungi* (2018); para mortes ligadas a intoxicação por cogumelos, ver Marley (2010).

10. *State of the World's Fungi* (2018); Hawksworth (2009).

11. Para uma discussão da história recente da ciência cidadã e do "zooniverso" — uma plataforma digital que permite que as pessoas participem de projetos de pesquisa em um grande número de áreas —, ver Lintott (2019), revisado por West (2019); para uma discussão clássica de "especialistas leigos" em relação à crise da Aids, ver Epstein (1995); para uma discussão sobre a participação moderna do *crowdsourcing* na ciência, ver Kelty (2010); para a ciência cidadã em ecologia, ver Silvertown (2009); para uma discussão sobre a história da ciência experimental "econômica" praticada em casa, ver Werrett (2019). A obra de Charles Darwin é um exemplo notável. Durante a maior parte de sua vida, ele realizou quase todo o seu trabalho em casa. Criava orquídeas no peitoril das janelas, maças no pomar, pombos-correios e minhocas no terraço. Muitas das evidências que Darwin coletou em apoio a sua teoria da evolução vieram de redes de amadores que cultivavam plantas e criavam animais, e ele manteve intensa correspondência com redes bem-organizadas de colecionadores e entusiastas diletantes (Boulter, 2010). Hoje, as plataformas digitais abrem novas possibilidades. No final de 2018, um zumbido sísmico de baixa frequência viajou ao redor do mundo, escapando aos principais sistemas de detecção de terremotos. Sua trajetória e características foram descritas em uma colaboração improvisada entre sismólogos acadêmicos e "cidadãos" interagindo no Twitter (Sample, 2018).

12. Para uma história da micologia "faça você mesmo", consultar Steinhardt (2018).

13. McCoy (2016).

14. Para números sobre resíduos agrícolas, ver Moore et al. (2011), cap. 11.6; para fraldas na Cidade do México, ver Espinosa-Valdemar et al. (2011) — quando o plástico não foi removido, a perda de massa ainda chegou a impressionantes 70%. Para resíduos agrícolas na Índia, ver Prasad (2018).

15. Para proliferação de fungos na extinção do Cretáceo-Terciário, ver Vajda e McLoughlin (2004); para matsutake depois de Hiroshima, ver Tsing (2015), "Prologue". Tsing escreve nas notas que é difícil localizar a fonte dessa história.

16. Para um vídeo de *Pleurotus* em pontas de cigarro, consultar: radicalmycology.com/publications/videos/cogumelos-can-diger-cigarro-filtros/ (acesso em: 29 out. 2019).

17. Para uma discussão sobre enzimas fúngicas inespecíficas e o potencial para quebrar toxinas, consultar Harms et al. (2011).

18. Em 2015, Stamets recebeu um prêmio da Mycological Society of America. No anúncio oficial, ele foi descrito como um "membro autodidata e muito original da comunidade micológica, que teve enorme impacto no campo da Micologia" (fungi.com/blogs/articles/paul-receives-the-gordon-and-tina-wasson-award. Acesso em: 29 out. 2019). Em uma entrevista de 2018 com Tim Ferris, Stamets explicou que recebeu o prêmio por "trazer mais alunos para a micologia do que qualquer pessoa na história" (tim.blog/2018/10/15/the-tim-ferriss-show-transcripts-paul-stamets/. Acesso em: 29 out. 2019).

19. Para DMMP, consultar Stamets (2011), parte II, "Mycorestoration". Observe que o *Psilocybe azurescens* não é mencionado aqui — Stamets falou-me sobre isso pessoalmente.

20. Para um resumo da capacidade dos fungos de decompor toxinas, consultar Harms et al. (2011); para uma discussão mais ampla sobre micorremediação, ver McCoy (2016), cap. 10.

21. Para estradas miceliais, ver Harms et al. (2011); para micofiltração de *E. coli*, ver Taylor et al. (2015); para a empresa finlandesa que extrai ouro com micélio, ver: www.vttresearch.com/media/news/filter-developed-by-vtt-helps-recover-80-of-gold-in-mobile-phone-scrap (acesso em: 29 out. 2019). Vários estudos descreveram cogumelos enriquecidos com o metal pesado radioativo césio após a explosão nuclear em Chernobyl (Oolbekkink e Kuyper, 1989; Kammerer et al., 1994; Nikolova et al., 1997).

22. Para uma discussão sobre as necessidades adicionais de fungos, ver Harms et al. (2011); para desafios, ver McCoy (2016), cap. 10.

23. Para CoRenewal, ver: corenewal.org (acesso em: 29 out. 2019); para limpeza com fungos após incêndios na Califórnia, ver: newfoodeconomy.org/mycoremediation-radical-mycology-mushroom-natural-disaster-pollution-clean-up/ (acesso em: 29 out. 2019); para barreiras flutuantes de *Pleurotus* no porto dinamarquês, ver: www.sailing.org/news/87633.php#.XCkcIc9KiOE (acesso em: 29 out. 2019).

24. Para fungos capazes de degradar poliuretano, ver Khan et al. (2017); para outro exemplo de fungo capaz de degradar plástico, ver Brunner et al. (2018). O micólogo Tradd Cotter, da empresa Mushroom Mountain, lidera uma iniciativa de *crowdsourcing* para coletar cepas de fungos de lugares incomuns: newfoodeconomy.org/mycoremediation-radical-mycology-mushroom-natural-disaster-pollution-clean-up/ (acesso em: 29 out. 2019).

25. Para Mary Hunt, ver Bennett e Chung (2001). A "multidão"* não é composta necessariamente de "não cientistas". Em 2017, um estudo publicado pelo Earth Microbiome Project na *Nature* chamou a atenção por sua metodologia inusitada. Pesquisadores pediram a cientistas de todo o mundo amostras ambientais bem preservadas para que fossem incluídas no levantamento de diversidade microbiana global (Raes, 2017).

26. Todos os anos, Charles Darwin competia com seu primo, um vigário, para ver quem cultivaria as maiores peras cruzando as variedades mais recentes. O concurso tornou-se fonte de muito entretenimento para a família. Ver Boulter (2010), p. 31.

27. Para Wu San Kwung, ver McCoy (2016), p. 71; para cogumelos "paris", ver Mônaco (2017); para uma história geral do cultivo na Europa, ver Ainsworth (1976), cap. 4. Há uma reviravolta contemporânea na história do cultivo subterrâneo de cogumelos em Paris. A frota de carros em Paris está diminuindo, e vários estacionamentos subterrâneos foram convertidos com sucesso em fazendas de cogumelos comestíveis; consultar: www.bbc.co.uk/news/av/business-49928362/transform-paris-s-underground-car-parks-into-mushrooms-farms (acesso em: 29 out. 2019).

28. O preparo de cogumelos certamente não se limita aos humanos. Várias espécies de esquilo norte-americano são conhecidas por secar e armazenar cogumelos (O'Regan et al., 2016).

* De *crowdsourcing*, literalmente "multidão de fornecedores".

29. Para a idade dos cupinzeiros de *Macrotermes*, ver Erens et al. (2015); para a complexidade das sociedades de *Macrotermes,* ver Aanen et al. (2002).

30. Para uma discussão sobre a digestão dos *Macrotermes* e seu metabolismo prodigioso, ver Aanen et al. (2002); Poulsen et al. (2014); Yong (2014).

31. Para cupins que comem a "propriedade privada", ver Margonelli (2018), cap. 1; para cupins que comem cédulas, ver: www.bbc.co.uk/news/world-south-asia-13194864 (acesso em: 29 out. 2019); para uma discussão sobre os produtos fúngicos de Stamets que matam insetos, ver Stamets (2011), cap. 8: "Mycopesticides". Um estudo publicado na *Science* em 2019 relatou que uma cepa geneticamente modificada de *Metarhizium* eliminou quase todos os mosquitos em um ambiente experimental "quase natural" em Burkina Faso. Os autores propõem o uso da cepa modificada de *Metarhizium* para combater a propagação da malária (Lovett et al., 2019).

32. Para "acordar" o solo, ver Fairhead e Scoones (2005); para benefícios das terras de cupins, ver Fairhead (2016); sobre a destruição da guarnição francesa, ver Fairhead e Leach (2003).

33. Para hierarquia espiritual, ver Fairhead (2016). Em partes da Guiné, as pessoas aplicam reboco nas paredes das casas com terra colhida do interior do cupinzeiro de *Macrotermes* (Fairhead, 2016).

34. Para uma discussão sobre materiais feitos de fungos, ver Haneef et al. (2017), Jones et al. (2019); para baterias de portobello, ver Campbell et al. (2015); para substitutos fúngicos da pele, ver Suarato et al. (2018).

35. Para micomateriais resistentes a cupins, ver: phys.org/news/2018-06-scientists-material-fungus-rice-glass.html (acesso em: 29 out. 2019). Material de construção micelial foi usado em várias exposições importantes, inclusive no pavilhão da galeria PS1 no Museu de Arte Moderna de Nova York, em 2014, e na Instalação Shell Mycelium em Kochi, na Índia.

36. Para estruturas em crescimento da Nasa no espaço, consultar: www.nasa.gov/directorates/spacetech/niac/2018_Phase_I_Phase_II/Myco-architecture_off_planet/ (acesso em: 29 out. 2019); para concreto "autorreparador" de fungos, ver Luo et al. (2018).

37. Para fazer o produto composto de madeira e micélio, misturam-se serragem e milho em uma pasta úmida. A mistura é inoculada com micélio fúngico e despejada em moldes de plástico. O micélio cresce através do substrato, formando uma massa entrelaçada de micélio e madeira parcialmente digerida. É bem diferente no caso do couro e da espuma macia. Em vez de despejar o substrato inoculado em moldes, ele é espalhado em folhas planas. Com o controle das condições de crescimento, o micélio é induzido a crescer para cima no ar. Em menos de uma semana, a camada esponjosa pode ser colhida. Quando comprimida e curtida, produz um material que se parece muito com o couro. Se for secada como está, forma uma espuma.

38. O objetivo de longo prazo de Eben Bayer é entender o processo biofísico por meio do qual o micélio cria estruturas físicas. "Penso nos fungos como montadores de peças de nanotecnologia capazes de encaixar as moléculas", explicou ele. "Estamos tentando entender como a orientação 3D das microfibras influencia as propriedades dos materiais; sua resistência, durabilidade e flexibilidade." O objetivo de Bayer é desenvolver fungos geneticamente programáveis. Com esse nível de controle, explicou,

"poderemos idealizar um material diferente. Pode-se até fazê-lo excretar um composto plastificante como a glicerina. Assim ter-se-ia algo que é naturalmente mais flexível e resistente à água. Há tanta coisa que poderia ser feita". "Poderia" é a palavra-chave. A genética dos fungos é bizantina e malcompreendida. Inserir um gene e fazer com que o fungo o expresse é uma coisa. Inserir um gene e fazer com que o fungo o expresse de maneira estável e previsível é outra. Programar o comportamento dos fungos por meio de um fluxo de comandos genéticos é ainda mais desafiador.

39. Não há precedentes para a construção com fungos, por isso muitas pesquisas precisam começar do zero. Esse é um foco mais importante para Bayer que a produção direta. Nos últimos dez anos, eles investiram 30 milhões de dólares em pesquisa. Trabalhar com o micélio dessa maneira requer novos métodos, novas formas de induzir o fungo a crescer e a se comportar de forma diferente.

40. Para a Fungar, ver: info.uwe.ac.uk/news/uwenews/news.aspx?id=3970 (acesso em: 29 out. 2019) e www.theregister.co.uk/2019/09/17/like_computers_love_fungus/ (acesso em: 29 out. 2019).

41. Stamets et al. (2018).

42. Para a importância e o declínio dos polinizadores, ver Klein et al. (2007), Potts et al. (2010); para problemas causados por ácaros varroa, ver Stamets et al. (2018).

43. Para uma revisão dos compostos antivirais fúngicos, ver Linnakoski et al. (2018); para a discussão do Projeto BioShield, ver Stamets (2011), cap. 4. Stamets disse-me que os fungos com atividade antiviral mais forte eram *agarikon* (*Lacrifomes officinalis*), chaga (*Inonotus obliquus*), reishi (*Ganoderma* spp.), pólipo-de-bétula (*Fomitopsis betulina*) e cauda-de--peru (*Trametes versicolor*). As histórias mais bem documentadas de cura por fungos vêm da China, onde os cogumelos medicinais ocupam um lugar central na farmacopeia há pelo menos 2 mil anos. O clássico livro sobre ervas de 200 d.C., o *Shennong Ben Cao*, considerado uma compilação de tradições orais muito mais antigas, inclui vários fungos medicinais ainda em uso atualmente, como o reishi (*Ganoderma lucidum*) e o pólipo guarda--chuva (*Polyporus umbellatus*). O reishi foi um dos mais venerados e está representado em inúmeras pinturas, esculturas e bordados (Powell, 2014).

44. Stamets et al. (2018).

8. PARA ENTENDER OS FUNGOS [PP. 226-48]

Epígrafe: Haraway (2016), cap. 4.

1. Para leveduras no microbioma humano, ver Huffnagle e Noverr (2013).

2. Para o sequenciamento do genoma da levedura, ver Goffeau et al. (1996); para o Prêmio Nobel sobre leveduras, ver *State of the World's Fungi* (2018), cap. "Useful fungi".

3. Para uma discussão sobre as evidências das primeiras práticas de fabricação de cerveja, ver Money (2018), cap. 2.

4. Lévi-Strauss (1973), p. 473.

5. Para a domesticação das leveduras, ver Money (2018), cap. 1, Legras et al. (2007); para o pão antes da cerveja, ver Wadley e Hayden (2015), Dunn (2012). O desenvolvimento da agricultura afetou várias relações entre humanos e fungos. Considera-se que muitos patógenos fúngicos de plantas evoluíram paralelamente às culturas domesticadas. Como acontece hoje, a domesticação e o cultivo oferecem novas oportunidades aos patógenos fúngicos de plantas (Dugan, 2008, p. 56).

6. Fui inspirado pelo excelente livro *Sacred Herbal and Healing Beers* (Buhner, 1998).

7. Para os sumérios e o *Livro dos mortos* egípcio, ver Katz (2003), cap. 2; sobre Ch'orti, ver Aasved (1988), p. 757; sobre Dionísio, ver Kerényi (1976), Paglia (2001), cap. 3.

8. Para uma discussão sobre a levedura na biotecnologia, ver Money (2018), cap. 5; para Sc.2.0, ver: syntheticyeast.org/sc2-0/introduction/ (acesso em: 29 out. 2019).

9. Para rapsódias, ver Yun-Chang (1985); Yamaguchi Sodo, citado em Tsing (2015), "Prologue"; Albertus Magnus, citado em Letcher (2006), p. 50; John Gerard, citado em Letcher (2006), p. 49.

10. Wasson e Wasson (1957), v. II, cap. 18. Os Wasson dividiram grande parte do mundo em categorias. Os Estados Unidos (Wasson era norte-americano) eram micofóbicos, assim como os anglo-saxões e os escandinavos. A Rússia (Valentina era russa) era micofílica, assim como os eslavos e os catalães. "Os gregos", observaram os Wasson com desdém, "sempre foram micofóbicos [...] Do início ao fim, nos escritos dos gregos antigos, não encontramos sequer uma palavra de entusiasmo para cogumelos." Claro que as coisas raramente são tão diretas. Os Wasson criaram um sistema binário e foram os primeiros a eliminar suas arestas. Eles observaram que os finlandeses eram "micofóbicos por tradição", mas nas áreas em que os russos costumavam passar as férias aprenderam a "conhecer e amar muitas espécies". Onde exatamente os finlandeses reformados se situavam entre os dois polos de seu sistema, os Wasson se esqueceram de dizer.

11. Para reclassificação de fungos e bactérias, ver Sapp (2009), p. 47.

12. Para uma discussão sobre a história da taxonomia dos fungos, ver Ainsworth (1976), cap. 10.

13. Para Teofrasto, ver Ainsworth (1976), p. 35; para associação de fungos com relâmpagos e discussão geral sobre a compreensão europeia dos fungos, ver Ainsworth (1976), cap. 2; para "a ordem dos fungos" e uma boa história geral da taxonomia fúngica, ver Ramsbottom (1953), cap. 3.

14. Money (2013).

15. Raverat (1952), p. 136.

16. Uma das primeiras tentativas taxonômicas documentadas de ordenar os fungos foi feita em 1601 e dividiu as espécies de cogumelos nas categorias de "comestíveis" e "venenosos", isto é, a relação potencial que eles teriam com um corpo humano (Ainsworth, 1976, p. 183). Essas classificações raramente são significativas. O fermento de cerveja pode ser usado para fazer pão e álcool, mas pode causar uma infecção fatal se entrar no sangue.

17. A palavra "mutualismo" foi explicitamente política durante as primeiras décadas de sua existência, descrevendo uma incipiente escola de pensamento anarquista. O conceito de "organismo" também foi entendido em termos explicitamente políticos pelos biólogos alemães do final do século 19. Rudolf Virchow entendia que o organismo era composto de uma comunidade de células cooperativas, cada uma trabalhando para o bem do todo, assim como uma população de cidadãos cooperativos interdependentes sustentava o funcionamento de um estado-nação saudável (Ball, 2019, cap. 1).

18. Para "à margem", ver Sapp (2004). Tem recebido considerável atenção acadêmica a relação entre a teoria da evolução por seleção natural, de Darwin; a análise sobre a oferta de alimentos e as populações humanas, de Thomas Malthus; e a teoria do mercado, de Adam Smith. Ver, por exemplo, Young (1985).

19. Sapp (1994), cap. 2.

20. Sapp (2004).

21. Para Needham, ver Haraway (2004), p. 106; Lewontin (2000), p. 3.

22. Toby Kiers, professora da Universidade Livre de Amsterdã, é um dos principais proponentes da aplicação de "estruturas de mercado biológico" para plantas e interações fúngicas. Os mercados biológicos não são em si uma ideia nova — há décadas eles são usados para pensar sobre o comportamento animal. Mas Kiers e seus colaboradores são os primeiros a aplicá-los a organismos que não têm cérebro (ver, por exemplo, Werner et al., 2014; Wyatt et al., 2014; Kiers et al., 2016; Noë e Kiers, 2018). Para Kiers, as metáforas econômicas sustentam os modelos econômicos, que são ferramentas úteis de investigação. "Não se trata de tentar fazer analogia com os mercados humanos", disse-me a pesquisadora. Porém, isso "nos permite fazer previsões testáveis". Em vez de enquadrar a vertiginosa variabilidade das trocas entre plantas e fungos em noções vagas de "complexidade" ou "dependência de contexto", os modelos econômicos possibilitam decompor densas redes de interações e testar hipóteses básicas. Kiers interessou-se por mercados biológicos depois que descobriu que plantas e fungos micorrízicos usam "recompensas recíprocas" para regular sua troca de carbono e fósforo. As plantas que recebem mais fósforo de um fungo fornecem mais carbono; fungos que recebem mais carbono fornecem à planta mais fósforo (Kiers et al., 2011). Para Kiers, os modelos de mercado permitem entender como esses "comportamentos comerciais estratégicos" podem ter evoluído e como podem mudar em diferentes condições. "Até agora tem sido uma ferramenta muito útil, inclusive na forma como nos ajuda a configurar diferentes experimentos", explicou. "Poderíamos dizer: 'A teoria sugere que, à medida que aumentamos o número de parceiros, a estratégia comercial mudará de certa forma, dependendo desses recursos'. Isso nos permite configurar um experimento: vamos tentar alterar o número de parceiros e ver se essa estratégia realmente muda. É mais uma caixa de ressonância do que um protocolo rígido." Nesse caso, as estruturas de mercado são uma ferramenta, um conjunto de histórias baseadas em interações humanas que ajudam a formular questões sobre o mundo, para gerar novas perspectivas. Isso não quer dizer, como disse Kropotkin, que os seres humanos devam basear seu comportamento no comportamento de organismos não humanos. Nem quer dizer que as plantas e os fungos sejam realmente indivíduos capitalistas que tomam decisões racionais. Evidentemente, mesmo se fossem, é improvável que seu comportamento se encaixasse perfeitamente em determinado modelo econômico humano. Como qualquer economista admitirá, na prática os mercados humanos não se comportam

como mercados "ideais". A complexidade desordenada da vida econômica humana não se encaixa perfeitamente nos modelos construídos para abrigá-la. E, de fato, vidas de fungos também não se encaixam perfeitamente na teoria do mercado biológico. Para começar, os mercados biológicos dependem — como os mercados capitalistas humanos dos quais eles derivam — de ser capazes de identificar "comerciantes" individuais que agem em seu próprio interesse. A verdade é que não está claro o que seria um "comerciante" individual (Noë e Kiers, 2018). O micélio de um "único" fungo micorrízico pode se fundir com outro e terminar com vários tipos diferentes de núcleo — vários genomas diferentes — percorrendo sua rede. O que conta como um indivíduo? Um único núcleo? Uma única rede interconectada? Um pedaço da rede? Kiers é direta sobre esses desafios. "Se a teoria do mercado biológico não for uma forma útil de estudar as interações entre plantas e fungos, vamos parar de usá-la." Estruturas de mercado são ferramentas cuja utilidade não é conhecida de antemão. Apesar disso, os mercados biológicos são um problema para alguns pesquisadores da área. Como observou Kiers, "esse debate pode ser emocional, sem nenhuma razão particular para ser emocional". Talvez o problema seja o fato de que as estruturas do mercado biológico tocam em sensibilidades sociopolíticas. Há muitos e variados sistemas econômicos humanos. No entanto, o corpo teórico conhecido como estruturas de mercado biológico tem uma semelhança impressionante com o capitalismo de livre mercado. Seria útil comparar o valor de modelos econômicos baseados em diferentes sistemas culturais? Há muitas maneiras de atribuir valor. Talvez algumas delas não tenham sido levadas em consideração.

23. A internet e a world wide web são um sistema mais auto-organizado que muitas tecnologias humanas (nas palavras de Barabási, a world wide web parece ter "mais em comum com uma célula ou um sistema ecológico que com um relógio suíço"). No entanto, essas redes são construídas a partir de máquinas e protocolos que não são auto-organizáveis e que deixariam de funcionar sem constante atenção humana.

24. Jean de Sapp contou-me uma história que ilustra como as metáforas dos biólogos podem facilmente despertar discussões acaloradas. Ele notou que muitos retratavam organismos maiores e mais complexos, como animais e plantas, como mais "bem-sucedidos" que as bactérias ou os fungos com os quais se associaram. Sapp não prestou muita atenção a esse argumento. "Qual a definição de sucesso considerada? A última vez que olhei, o mundo era basicamente microbiano. Este planeta pertence aos microrganismos. Os microrganismos existiam no começo e estarão presentes no final, muito depois de os complexos animais 'superiores' terem desaparecido. Eles criaram a atmosfera e a vida como a conhecemos, constituem a maior parte de nosso corpo." Sapp contou como o biólogo evolutivo John Maynard Smith minimizava os microrganismos mudando uma metáfora. Se um microrganismo estava ganhando com um relacionamento, Maynard Smith chamava-o de "parasita microbiano", e o organismo grande, de "hospedeiro". No entanto, se o organismo grande estava manipulando o microrganismo, Maynard Smith não o chamava de "parasita". Ele mudava as metáforas e chamava o organismo grande de "mestre", e o microrganismo, de "escravo". A preocupação de Sapp estava no fato de que o microrganismo não era um parasita ou um escravo, mas para Maynard Smith ele nunca poderia ser visto como um parceiro dominante manipulando o "hospedeiro". O microrganismo nunca estaria no controle.

25. Para *puhpowee*, ver Kimmerer (2013), caps. "Learning the grammar of animacy" e "Allegiance to gratitude". O primatologista holandês Frans de Waal, frustrado com pessoas que usavam o termo "antropomorfismo" para defender o excepcionalismo

humano, reclama de "antronegação": "a rejeição a priori de características compartilhadas entre humanos e animais que podem de fato existir" (De Waal, 1999).

26. Hustak e Myers (2012).

27. Ingold (2003) reflete sobre como o pensamento humano seria diferente se os fungos, não os animais, tivessem sido considerados a "instância paradigmática de uma forma de vida". Ele trabalha as implicações da adoção de um "modelo de vida fúngico", argumentando que os humanos estão igualmente inseridos em redes: o que acontece é que nossos "caminhos de relacionamento" são mais difíceis de enxergar que os dos fungos.

28. Para "Compartilhando recursos [...]", ver Waller et al. (2018).

29. Deleuze e Guattari (2005), p. 11.

30. Carrigan et al. (2015). Álcool desidrogenase é diferente de acetaldeído desidrogenase, outra enzima responsável pelo metabolismo do álcool que varia entre as populações humanas e pode fazer com que as pessoas tenham dificuldades de metabolizar o álcool.

31. Para a "hipótese do macaco bêbado", ver Dudley (2014). Foi demonstrado que as infestações fúngicas aumentam o aroma das frutas e a coleta por animais e pássaros (Peris et al., 2017).

32. Wiens et al. (2008); Money (2018), cap. 2.

33. Para as consequências da produção de biocombustíveis nos Estados Unidos, ver Money (2018), cap. 5; para mudanças no uso da terra e biocombustíveis, ver Wright e Wimberly (2013); para subsídios e liberação de carbono, ver Lu et al. (2018).

34. Stukeley (1752).

EPÍLOGO: A COMPOSTEIRA [PP. 249-51]

Epígrafe: São Francisco de Assis (1181/2-1216). Em Ladinsky (2002).

Bibliografia

AANEN, D. K.; EGGLETON, P.; ROULAND-LEFEVRE, C. et al. "The evolution of fungus-growing termites and their mutualistic fungal symbionts". *Proceedings of the National Academy of Sciences*, 99 (2002), pp. 14887-92.

AASVED, M. J. *Alcohol, drinking and intoxication in preindustrial societies: theoretical, nutritional, and religious considerations*. University of California at Santa Barbara, 1988. Tese de doutorado.

ABADEH, A.; LEW. R. R. "Mass flow and velocity profiles in *Neurospora hyphae*: partial plug flow dominates intra-hyphal transport". *Microbiology*, 159 (2013), pp. 2386-94.

ACHATZ, M.; RILLIG, M. C. "Arbuscular mycorrhizal fungal hyphae enhance transport of the allelochemical juglone in the field". *Soil Biology and Biochemistry*, 78 (2014), pp. 76-82.

ADACHI, K.; CHIBA, K. "FTY720 story. Its discovery and the following accelerated development of sphingosine 1-phosphate receptor agonists as immunomodulators based on reverse pharmacology". *Perspectives in Medicinal Chemistry*, 1 (2007), pp. 11-23.

ADAMATZKY, A. *Advances in Physarum Machines*. Springer, 2016.

_____. "Towards fungal computer". *Journal of the Royal Society Interface Focus*, 8 (2018a), 20180029.

_____. "On spiking behaviour of oyster fungi *Pleurotus djamor*". *Scientific Reports*, 8 (2018b), 7873.

_____. "A brief history of liquid computers", *Philosophical Transactions of the Royal Society B*, 374 (2019), 20180372.

AHMADJIAN, V.; HEIKKILÄ, H. "The culture and synthesis of *Endocarpon pusillum* and *Staurothele clopima*". *Lichenologist*, 4 (1970), pp. 259-67.

_____. "Lichens are more important than you think". *BioScience*, 45 (1995), p. 123.

AINSWORTH, G. C. *Introduction to the History of Mycology*. Cambridge: Cambridge University Press, 1976.

ALBERT, R.; JEONG, H.; BARABÁSI, A-L. "Error and attack tolerance of complex networks". *Nature*, 406 (2000), pp. 378-82.

ALBERTI, S. "Don't go with the cytoplasmic flow". *Developmental Cell*, 34 (2015), pp. 381-2.

ALIM, K. "Fluid flows shaping organism morphology". *Philosophical Transactions of the Royal Society B*, 373 (2018), 20170112.

_____; ANDREW, N.; PRINGLE, A. et al. "Mechanism of signal propagation in *Physarum polycephalum*". *Proceedings of the National Academy of Sciences*, 114 (2017), pp. 5136-41.

ALLAWAY, W.; ASHFORD, A. "Motile tubular vacuoles in extramatrical mycelium and sheath hyphae of ectomycorrhizal systems". *Protoplasma*, 215 (2001), pp. 218-25.

ALLEN, J.; ARTHUR, J. "Ethnomycology and distribution of psilocybin mushrooms". In: Metzner, R. (Org.). *Sacred Mushroom of Visions: Teonanacatl*. Rochester, VT: Park Street, 2005. pp. 49-68.

ALPERT, C. "Unraveling the mysteries of the Canadian whiskey fungus". *Wired* (2011). Disponível em: www.wired.com/2011/05/ff-angelsshare/. Acesso em: 29 out. 2019.

ALPI, A.; AMRHEIN, N.; BERTL, A. et al. "Plant neurobiology: no brain, no gain?". *Trends in Plant Science*, 12 (2007), pp. 135-6.

ALY, A.; DEBBAB, A.; PROKSCH, P. "Fungal endophytes: unique plant inhabitants with great promises". *Applied Microbiology and Biotechnology*, 90 (2011), pp. 1829-45.

ALZARHANI, K. A.; CLARK, D. R.; UNDERWOOD, G. J. et al. "Are drivers of root-associated fungal community structure context specific?". *ISME Journal*, 13 (2019), pp. 1330-44.

ANDERSEN, S. B.; GERRITSMA, S.; YUSAH, K. M. et al. "The life of a dead ant: the expression of an adaptive extended phenotype". *American Naturalist*, 174 (2009), pp. 424-33.

ANDERSON, J. B.; BRUHN, J. N.; KASIMER, D. et al. "Clonal evolution and genome stability in a 2,500-year-old fungal individual". *Proceedings of the Royal Society B*, 285 (2018), 20182233.

ARALDI-BRONDOLO, S. J.; SPRAKER, J.; SHAFFER, J. P. et al. "Bacterial endosymbionts: master modulators of fungal phenotypes". *Microbiology Spectrum*, 5 (2017), FUNK-0056-2016.

ARNAUD-HAOND, S.; DUARTE, C. M.; DIAZ-ALMELA, E. et al. "Implications of extreme life span in clonal organisms: millenary clones in meadows of the threatened seagrass *Posidonia oceanica*". *PLOS ONE*, 7 (2012), e30454.

ARNOLD, E. A.; MEJÍA, L.; KYLLO, D. et al. "Fungal endophytes limit pathogen damage in a tropical tree". *Proceedings of the National Academy of Sciences*, 100 (2003), pp. 15649-54.

_____; MIADLIKOWSKA, J.; HIGGINS, L. K. et al. "A phylogenetic estimation of trophic transition networks for ascomycetous fungi: are lichens cradles of symbiotrophic fungal diversification?". *Systematic Biology*, 58 (2009), pp. 283-97.

ARSENAULT, C. "Only 60 years of farming left if soil degradation continues". *Scientific American* (2014). Disponível em: www.scientificamerican.com/article/only-60-years-of-farming-left-if-soil-degradation-continues/. Acesso em: 29 out. 2019.

ASCHENBRENNER, I. A.; CERNAVA, T.; BERG, G. et al. "Understanding microbial multi-species symbioses". *Frontiers in Microbiology*, 7 (2016), 180.

ASENOVA, E.; LIN, H.-Y.; FU, E. et al. "Optimal fungal space searching algorithms". *IEEE Transactions on NanoBioscience*, 15 (2016), pp. 613-18.

ASHFORD, A. E.; ALLAWAY, W. G. "The role of the motile tubular vacuole system in mycorrhizal fungi". *Plant and Soil*, 244 (2002), pp. 177-87.

AVERILL, C.; DIETZE, M. C.; BHATNAGAR, J. M. "Continental-scale nitrogen pollution is shifting forest mycorrhizal associations and soil carbon stocks". *Global Change Biology*, 24 (2018), pp. 4544-53.

AWAN, A. R.; WINTER, J. M.; TURNER, D. et al. "Convergent evolution of psilocybin biosynthesis by psychedelic mushrooms". *bioRxiv* (2018), 374199.

BABIKOVA, Z.; GILBERT, L.; BRUCE, T. J. et al. "Underground signals carried through common mycelial networks warn neighbouring plants of aphid attack". *Ecology Letters*, 16 (2013), pp. 835-43.

BACHELOT, B.; URIARTE, M.; MCGUIRE, K. L. et al. "Arbuscular mycorrhizal fungal diversity and natural enemies promote coexistence of tropical tree species". *Ecology*, 98 (2017), pp. 712-20.

BADER, M.K.-F.; LEUZINGER, S. "Hydraulic coupling of a leafless kauri tree remnant to conspecific hosts". *iScience*, 19 (2019), pp. 1238-43.

BAHN, Y.-S.; XUE, C.; IDNURM, A. et al. "Sensing the environment: lessons from fungi". *Nature Reviews Microbiology*, 5 (2007), pp. 57-69.

BAIN, N.; BARTOLO, D. "Dynamic response and hydrodynamics of polarized crowds". *Science*, 363 (2019), pp. 46-9.

BALL, P. *How to Grow a Human*. Londres: William Collins, 2019.

BANERJEE, S.; SCHLAEPPI, K.; VAN DER HEIJDEN, M. G. "Keystone taxa as drivers of microbiome structure and functioning". *Nature Reviews Microbiology*, 16 (2018), p. 567-76.

_____; WALDER, F.; BÜCHI, L. et al. "Agricultural intensification reduces microbial network complexity and the abundance of keystone taxa in roots". *ISME Journal*, 13 (2019), pp. 1722-36.

BAR-ON, Y. M.; PHILLIPS, R.; MILO, R. "The biomass distribution on Earth". *Proceedings of the National Academy of Sciences*, 115 (2018), pp. 6506-11.

BARABÁSI, A.-L.; ALBERT, R. "Emergence of scaling in random networks". *Science*, 286 (1999), pp. 509-12.

_____. "The physics of the Web". *Physics World*, 14 (2001), pp. 33-8. Disponível em: physicsworld.com/a/the-physics-of-the-web/. Acesso em: 29 out. 2019.

_____. *Linked: How Everything is Connected to Everything Else and What it Means for Business, Science, and Everyday Life*. Nova York: Basic, 2014.

BARBEY, A. K. "Network neuroscience theory of human intelligence". *Trends in Cognitive Sciences*, 22 (2018), pp. 8-20.

BARTO, K. E.; HILKER, M.; MÜLLER, F. et al. "The fungal fast lane: common mycorrhizal networks extend bioactive zones of allelochemicals in soils". *PLOS ONE*, 6 (2011), e27195.

_____; WEIDENHAMER, J. D.; CIPOLLINI, D.; RILLIG, M. C. "Fungal superhighways: do common mycorrhizal networks enhance below ground communication?". *Trends in Plant Science*, 17 (2012), pp. 633-7.

BASCOMPTE, J. "Mutualistic networks". *Frontiers in Ecology and the Environment*, 7 (2009), pp. 429-36.

BASLAM, M.; GARMENDIA, I.; GOICOECHEA, N. "Arbuscular mycorrhizal fungi (AMF) improved growth and nutritional quality of greenhouse-grown lettuce". *Journal of Agricultural and Food Chemistry*, 59 (2011), pp. 5504-15.

BASS, D.; HOWE, A.; BROWN, N. et al. "Yeast forms dominate fungal diversity in the deep oceans". *Proceedings of the Royal Society B*, 274 (2007), pp. 3069-77.

BASSETT, D. S.; SPORNS, O. "Network neuroscience". *Nature Neuroscience*, 20 (2017), pp. 353-64.

BASSETT, E.; KEITH, M. S.; ARMELAGOS, G. et al. "Tetracycline-labeled human bone from ancient Sudanese Nubia (ad 350)". *Science*, 209 (1980), pp. 1532-4.

BATESON, B. *William Bateson, Naturalist*. Cambridge: Cambridge University Press, 1928.

BATESON, G. *Steps to an Ecology of Mind*. Northvale, NJ: Jason Aronson, 1987.

BEBBER, D. P.; HYNES, J.; DARRAH, P. R. et al. "Biological solutions to transport network design". *Proceedings of the Royal Society B*, 274 (2007), pp. 2307-15.

BECK, A.; DIVAKAR, P.; ZHANG, N. et al. "Evidence of ancient horizontal gene transfer between fungi and the terrestrial alga *Trebouxia*". *Organisms Diversity & Evolution*, 15 (2015), pp. 235-48.

BEERLING, D. *Making Eden*. Oxford: Oxford University Press, 2019.

BEILER, K. J.; DURALL, D. M.; SIMARD, S. W. et al. "Architecture of the wood-wide web: *Rhizopogon* spp. genets link multiple Douglas-fir cohorts. *New Phytologist*, 185 (2009), pp. 543-53.

_____; SIMARD, S. W.; DURALL, D. M. "Topology of tree-mycorrhizal fungus interaction networks in xeric and mesic Douglas-fir forests". *Journal of Ecology*, 103 (2015), pp. 616-28.

BENGTSON, S.; RASMUSSEN, B.; IVARSSON, M. et al. "Fungus-like mycelial fossils in 2.4-billion-year-old vesicular basalt". *Nature Ecology & Evolution*, 1 (2017), 0141.

BENNETT, J. A.; CAHILL, J. F. "Fungal effects on plant-plant interactions contribute to grassland plant abundances: evidence from the field". *Journal of Ecology*, 104 (2016), pp. 755-64.

_____; MAHERALI, H.; REINHART, K. O.; LEKBERG, Y. et al. "Plant-soil feedbacks and mycorrhizal type influence temperate forest population dynamics". *Science*, 355 (2017), pp. 181-4.

BENNETT, J. W.; CHUNG, K. T. "Alexander Fleming and the discovery of penicillin". *Advances in Applied Microbiology*, 49 (2001), pp. 163-84.

BERENDSEN, R. L.; PIETERSE, C. M. J.; BAKKER, P. A. "The rhizosphere microbiome and plant health". *Trends in Plant Science*, 17 (2012), pp. 478-86.

BERGSON, H. *Creative Evolution*. Nova York: Henry Holt, 1911.

BERTHOLD, T.; CENTLER, F.; HÜBSCHMANN, T. et al. "Mycelia as a focal point for horizontal gene transfer among soil bacteria". *Scientific Reports*, 6 (2016), 36390.

BEVER, J. D.; RICHARDSON, S. C.; LAWRENCE, B. M. et al. "Preferential allocation to beneficial symbiont with spatial structure maintains mycorrhizal mutualism". *Ecology Letters*, 12 (2009), pp. 13-21.

BINGHAM, M. A.; SIMARD, S. W. "Mycorrhizal networks affect ectomycorrhizal fungal community similarity between conspecific trees and seedlings". *Mycorrhiza*, 22 (2011), pp. 317-26.

BJÖRKMAN, E. "*Monotropa hypopitys* L.: an epiparasite on tree roots. *Physiologia Plantarum*, 13 (1960), pp. 308-27.

BODDY, L.; HYNES, J.; BEBBER, D. P. et al. "Saprotrophic cord systems: dispersal mechanisms in space and time". *Mycoscience*, 50 (2009), pp. 9-19.

BONFANTE, P. "The future has roots in the past: the ideas and scientists that shaped mycorrhizal research. *New Phytologist*, 220 (2018), pp. 982-95.

―――――; DESIRÒ, A. "Who lives in a fungus? The diversity, origins and functions of fungal endobacteria living in Mucoromycota". *ISME Journal*, 11 (2017), pp. 1727-35.

―――――; SELOSSE, M.-A. "A glimpse into the past of land plants and of their mycorrhizal affairs: from fossils to evo-devo". *New Phytologist*, 186 (2010), pp. 267-70.

BONIFACI, V.; MEHLHORN, K.; VARMA, G. "*Physarum* can compute shortest paths". *Journal of Theoretical Biology*, 309 (2012), pp. 121-33.

BOOTH, M. G. "Mycorrhizal networks mediate overstorey-understorey competition in a temperate forest". *Ecology Letters*, 7 (2004), pp. 538-46.

BORDENSTEIN, S. R.; THEIS, K. R. "Host biology in light of the microbiome: ten principles of holobionts and hologenomes". *PLOS Biology*, 13 (2015), e1002226.

BOUCHARD, F. "Symbiosis, transient biological individuality, and evolutionary process". In: DUPRÉ, J.; NICHOLSON, J. (Orgs.). *Everything Flows: Towards a Processual Philosophy of Biology*. Oxford: Oxford University Press, 2018. pp. 186-98.

BOULTER, M. *Darwin's Garden: Down House and the Origin of Species*. Londres: Counterpoint, 2010.

BOYCE, G. R.; GLUCK-THALER, E.; SLOT, J. C. et al. "Psychoactive plant- and mushroom--associated alkaloids from two behaviour-modifying cicada pathogens". *Fungal Ecology*, 41 (2019), pp. 147-64.

BRAND, A.; GOW, N. A. "Mechanisms of hypha orientation of fungi". *Current Opinion in Microbiology*, 12 (2009), pp. 350-7.

BRANDT, A.; DE VERA, J. P.; ONOFRI, S. et al. "Viability of the lichen *Xanthoria elegans* and its symbionts after 18 months of space exposure and simulated Mars conditions on the ISS". *International Journal of Astrobiology*, 14 (2014), pp. 411-25.

_____; MEESSEN, J.; JÄNICKE, R. U. et al. "Simulated space radiation: impact of four different types of high-dose ionizing radiation on the lichen *Xanthoria elegans*". *Astrobiology*, 17 (2017), pp. 136-44.

BRINGHURST, R. *Everywhere Being Is Dancing*. Berkeley, CA: Counterpoint, 2009.

BRITO, I.; GOSS, M. J.; ALHO, L. et al. "Agronomic management of AMF functional diversity to overcome biotic and abiotic stresses — the role of plant sequence and intact extraradical mycelium". *Fungal Ecology*, 40 (2018), pp. 72-81.

BRUCE-KELLER, A. J.; SALBAUM, M. J.; BERTHOUD, H.-R. "Harnessing gut microbes for mental health: getting from here to there". *Biological Psychiatry*, 83 (2018), pp. 214-23.

BRUGGEMAN, F. J.; VAN HEESWIJK, W. C.; BOOGERD, F. C. et al. "Macromolecular intelligence in micro-organisms". *Biological Chemistry*, 381 (2000), pp. 965-72.

BRUNDRETT, M. C. "Co-evolution of roots and mycorrhizas of land plants". *New Phytologist*, 154 (2002), pp. 275-304.

_____; TEDERSOO, L. "Evolutionary history of mycorrhizal symbioses and global host plant diversity". *New Phytologist*, 220 (2018), pp. 1108-15.

BRUNET, T.; ARENDT, D. "From damage response to action potentials: early evolution of neural and contractile modules in stem eukaryotes". *Philosophical Transactions of the Royal Society B*, 371 (2015), 20150043.

BRUNNER, I.; FISCHER, M.; RÜTHI, J. et al. "Ability of fungi isolated from plastic debris floating in the shoreline of a lake to degrade plastics". *PLOS ONE*, 13 (2018), e0202047.

BUBLITZ, D. C.; CHADWICK, G. L.; MAGYAR, J. S. et al. "Peptidoglycan production by an insect-bacterial mosaic". *Cell*, 179 (2019), pp. 1-10.

BUDDIE, A. G.; BRIDGE, P. D.; KELLEY, J. et al. "*Candida keroseneae* sp. nov., a novel contaminant of aviation kerosene". *Letters in Applied Microbiology*, 52 (2011), pp. 70-5.

BÜDEL, B.; VIVAS, M.; LANGE, O. L. "Lichen species dominance and the resulting photosynthetic behavior of Sonoran Desert soil crust types (Baja California, Mexico)". *Ecological Processes*, 2 (2013), p. 6.

BUHNER, S. H. *Sacred Herbal and Healing Beers*. Boulder, CO: Siris, 1998.

BULLER, A. H. R. *Researches on Fungi*. Londres: Longmans, Green, and Co., 1931. v. 4.

BÜNTGEN, U.; EGLI, S.; SCHNEIDER, L. et al. "Long-term irrigation effects on Spanish holm oak growth and its black truffle symbiont". *Agriculture, Ecosystems & Environment*, 202 (2015), pp. 148-59.

BURFORD, E. P.; KIERANS, M.; GADD, G. M. "Geomycology: fungi in mineral substrata". *Mycologist*, 17 (2003), pp. 98-107.

BURKETT, W. *Ancient Mystery Cults*. Cambridge, MA: Harvard University Press, 1987.

BURR, C. *The Emperor of Scent*. Nova York: Random House, 2012.

BUSHDID, C.; MAGNASCO, M.; VOSSHALL, L. et al. "Humans can discriminate more than 1 trillion olfactory stimuli". *Science*, 343 (2014), pp. 1370-2.

CAI, Q.; QIAO, L.; WANG, M. et al. "Plants send small RNAs in extracellular vesicles to fungal pathogen to silence virulence genes". *Science*, 360 (2018), pp. 1126-9.

CALVO GARZÓN, P.; KEIJZER, F. "Plants: adaptive behavior, root-brains, and minimal cognition". *Adaptive Behavior*, 19 (2011), pp. 155-71.

CAMPBELL, B.; IONESCU, R.; FAVORS, Z. et al. "Bio-derived, binderless, hierarchically porous carbon anodes for Li-ion batteries". *Scientific Reports*, 5 (2015), 14575.

CAPORAEL, L. "Ergotism: the Satan loosed in Salem?". *Science*, 192 (1976), pp. 21-6.

CARHART-HARRIS, R. L.; BOLSTRIDGE, M.; RUCKER, J. et al. "Psilocybin with psychological support for treatment-resistant depression: an open-label feasibility study". *Lancet Psychiatry*, 3 (2016a), 619-27.

_____; ERRITZOE, D.; WILLIAMS, T. et al. "Neural correlates of the psychedelic state as determined by fMRI studies with psilocybin". *Proceedings of the National Academy of Sciences*, 109 (2012), pp. 2138-43.

_____; MUTHUKUMARASWAMY, S.; ROSEMAN, L. et al. "Neural correlates of the LSD experience revealed by multimodal neuroimaging". *Proceedings of the National Academy of Sciences*, 113 (2016b), pp. 4853-8.

CARRIGAN, M. A.; URYASEV, O.; FRYE, C. B. et al. "Hominids adapted to metabolize ethanol long before human-directed fermentation". *Proceedings of the National Academy of Sciences*, 112 (2015), pp. 458-63.

CASADEVALL, A. "Fungi and the rise of mammals". *Pathogens*, 8 (2012), e1002808.

_____; CORDERO, R. J.; BRYAN, R. et al. "Melanin, radiation, and energy transduction in fungi". *Microbiology Spectrum*, 5 (2017), FUNK-0037-2016.

_____; KONTOYIANNIS, D. P.; ROBERT, V. "On the emergence of *Candida auris*: climate change, azoles, swamps and birds". *mBio*, 10 (2019), e01397-19.

CECCARELLI, N.; CURADI, M.; MARTELLONI, L. et al. "Mycorrhizal colonization impacts on phenolic content and antioxidant properties of artichoke leaves and flower heads two years after field transplant". *Plant and Soil*, 335 (2010), pp. 311-23.

CEPELEWICZ, J. "Bacterial complexity revises ideas about 'which came first?'". *Quanta* (2019). Disponível em: www.quantamagazine.org/bacterial-organelles-revise-ideas-about-which-came-first-20190612/. Acesso em: 29 out. 2019.

CERDÁ-OLMEDO, E. "*Phycomyces* and the biology of light and color". *FEMS Microbiology Reviews*, 25 (2001), pp. 503-12.

CERNAVA, T.; ASCHENBRENNER, I.; SOH, J. et al. "Plasticity of a holobiont: desiccation induces fasting-like metabolism within the lichen microbiota". *SME Journal*, 13 (2019), pp. 547-56.

CHEN, J.; BLUME, H.; BEYER, L. "Weathering of rocks induced by lichen colonization — a review". *Catena*, 39 (2000), pp. 121-46.

CHEN, L.; SWENSON, N. G.; JI, N. et al. "Differential soil fungus accumulation and density dependence of trees in a subtropical forest". *Science*, 366 (2019), pp. 124-8.

CHEN, M.; ARATO, M.; BORGHI, L. et al. "Beneficial services of arbuscular mycorrhizal fungi — from ecology to application". *Frontiers in Plant Science*, 9 (2018), 1270.

CHIALVA, M.; DI FOSSALUNGA, A.; DAGHINO, S. et al. "Native soils with their microbiotas elicit a state of alert in tomato plants". *New Phytologist*, 220 (2018), pp. 1296-308.

CHRISAFIS, A. "French truffle farmer shoots man he feared was trying to steal 'black diamonds'". *Guardian* (2010). Disponível em: www.theguardian.com/world/2010/dec/22/french-truffle-farmer-shoots-trespasser. Acesso em: 29 out. 2019.

CHRISTAKIS, N. A.; FOWLER, J. H. *Connected: The Surprising Power of Our Social Networks and How They Shape Our Lives*. Londres: Harper, 2009.

CHU, C.; MURDOCK, M. H.; JING, D. et al. "The microbiota regulate neuronal function and fear extinction learning". *Nature*, 574 (2019), pp. 543-8.

CHUNG, T.-Y.; SUN, P.-F.; KUO, J.-I. et al. "Zombie ant heads are oriented relative to solar cues". *Fungal Ecology*, 25 (2017), pp. 22-8.

CIXOUS, H. *The Book of Promethea*. Lincoln: University of Nebraska Press, 1991.

CLAUS, R.; HOPPEN, H.; KARG, H. "The secret of truffles: a steroidal pheromone?". *Experientia*, 37 (1981), pp. 1178-9.

CLAY, K. "Fungal endophytes of grasses: a defensive mutualism between plants and fungi". *Ecology*, 69 (1988), pp. 10-6.

CLEMMENSEN, K.; BAHR, A.; OVASKAINEN, O. et al. "Roots and associated fungi drive long--term carbon sequestration in boreal forest". *Science*, 339 (2013), pp. 1615-8.

COCKELL, C. S. "The interplanetary exchange of photosynthesis". *Origins of Life and Evolution of Biospheres*, 38 (2008), pp. 87-104.

COHEN, R.; JAN, Y.; MATRICON, J. et al. "Avoidance response, house response, and wind responses of the sporangiophore of *Phycomyces*". *Journal of General Physiology*, 66 (1975), pp. 67-95.

COLLIER, F. A.; BIDARTONDO, M. I. "Waiting for fungi: the ectomycorrhizal invasion of lowland heathlands". *Journal of Ecology*, 97 (2009), pp. 950-63.

COLLINGE, A.; TRINCI, A. "Hyphal tips of wild-type and spreading colonial mutants of *Neurospora crassa*". *Archive of Microbiology*, 99 (1974), pp. 353-68.

COOKE, M. *Fungi: Their Nature and Uses*. Nova York: D. Appleton and Company, 1875.

COOLEY, J. R.; MARSHALL, D. C.; HILL, K. B. R. "A specialized fungal parasite (*Massospora cicadina*) hijacks the sexual signals of periodical cicadas (Hemiptera: Cicadidae: Magicicada). *Scientific Reports*, 8 (2018), 1432.

COPETTA, A.; BARDI, L.; BERTOLONE, E. et al. "Fruit production and quality of tomato plants (*Solanum lycopersicum* L.) are affected by green compost and arbuscular mycorrhizal fungi". *Plant Biosystems*, 145 (2011), pp. 106-15.

_____; LINGUA, G.; BERTA, G. "Effects of three AM fungi on growth, distribution of glandular hairs, and essential oil production in *Ocimum basilicum* L. var. Genovese". *Mycorrhiza*, 16 (2006), pp. 485-94.

CORBIN, A. *The Foul and the Fragrant: Odor and the French Social Imagination.* Leamington Spa: Berg, 1986.

CORDERO, R. J. "Melanin for space travel radioprotection". *Environmental Microbiology*, 19 (2017), pp. 2529-32.

CORRALES, A.; MANGAN, S. A.; TURNER, B. L. et al. "An ectomycorrhizal nitrogen economy facilitates monodominance in a neotropical forest". *Ecology Letters*, 19 (2016), pp. 383-92.

CORROCHANO, L. M.; GALLAND, P. "Photomorphogenesis and gravitropism in fungi". In: WENDLAND, J. (Org.). *Growth, Differentiation, and Sexuality*. Springer, 2016. pp. 235-66.

COSME, M.; FERNÁNDEZ, I.; VAN DER HEIJDEN, M. G. et al. "Non-mycorrhizal plants: the exceptions that prove the rule". *Trends in Plant Science*, 23 (2018), pp. 577-87.

COSTELLO, E. K.; LAUBER, C. L.; HAMADY, M. et al. "Bacterial community variation in human body habitats across space and time". *Science*, 326 (2009), pp. 1694-7.

COTTIN, H.; KOTLER, J.; BILLI, D. et al. "Space as a tool for astrobiology: review and recommendations for experimentations in earth orbit and beyond". *Space Science Reviews*, 209 (2017) pp. 83-181.

COYLE, M. C.; ELYA, C. N.; BRONSKI, M. J. et al. "Entomophthovirus: an insect-derived iflavirus that infects a behavior manipulating fungal pathogen of dipterans". *bioRxiv* (2018), 371526.

CRAIG, M. E.; TURNER, B. L.; LIANG, C. et al. "Tree mycorrhizal type predicts within-site variability in the storage and distribution of soil organic matter". *Global Change Biology*, 24 (2018), pp. 3317-30.

CROWTHER, T.; GLICK, H.; COVEY, K. et al. "Mapping tree density at a global scale". *Nature*, 525 (2015), pp. 201-68.

CURRIE, C. R.; POULSEN, M.; MENDENHALL, J. et al. "Coevolved crypts and exocrine glands support mutualistic bacteria in fungus-growing ants". *Science*, 311 (2006), pp. 81-3.

_____; SCOTT, J. A.; SUMMERBELL, R. C. et al. "Fungus-growing ants use antibiotic--producing bacteria to control garden parasites". *Nature*, 398 (1999), pp. 701-4.

DADACHOVA, E.; CASADEVALL, A. "Ionizing radiation: how fungi cope, adapt and exploit with the help of melanin". *Current Opinion in Microbiology*, 11 (2008), pp. 525-31.

DANCE, A. "Inner workings: the mysterious parentage of the coveted black truffle". *Proceedings of the National Academy of Sciences*, 115 (2018), pp. 10188-90.

DARWIN, C.; DARWIN, F. *The Power of Movement in Plants*. Londres: John Murray, 1880.

DAVIS, J.; AGUIRRE, L.; BARBER, N. et al. "From plant fungi to bee parasites: mycorrhizae and soil nutrients shape floral chemistry and bee pathogens". *Ecology*, 100 (2019), e02801.

DAVIS, W. *One River: Explorations and Discoveries in the Amazon Rainforest.* Nova York: Simon and Schuster, 1996.

DAWKINS, R. *The Extended Phenotype.* Oxford: Oxford University Press, 1982.

_____. "Extended phenotype — but not too extended. A reply to Laland, Turner and Jablonka". *Biology and Philosophy*, 19 (2004), pp. 377-96.

DE BEKKER, C.; QUEVILLON, L. E.; SMITH, P. B. et al. "Species-specific ant brain manipulation by a specialized fungal parasite". *BMC Evolutionary Biology*, 14 (2014), p. 166.

DE GONZALO, G.; COLPA, D. I.; HABIB, M. et al. "Bacterial enzymes involved in lignin degradation". *Journal of Biotechnology*, 236 (2016), pp. 110-9.

DE JONG, E.; FIELD, J. A.; SPINNLER, H. E. et al. "Significant biogenesis of chlorinated aromatics by fungi in natural environments". *Applied and Environmental Microbiology*, 60 (1994) pp. 264-70.

DE LA FUENTE-NUNEZ, C.; MENEGUETTI, B.; FRANCO, O. et al. "Neuromicrobiology: how microbes influence the brain". *ACS Chemical Neuroscience*, 9 (2017), pp. 141-50.

DE LA TORRE, R.; MILLER, A. Z.; CUBERO, B. et al. "The effect of high-dose ionizing radiation on the astrobiological model lichen *Circinaria gyrosa*". *Astrobiology*, 17 (2017), pp. 145-53.

DE LA TORRE NOETZEL, R.; MILLER, A. Z.; DE LA ROSA, J. M. et al. "Cellular responses of the lichen *Circinaria gyrosa* in Mars-like conditions". *Frontiers in Microbiology*, 9 (2018), 308.

DE LOS RÍOS, A.; SANCHO, L.; GRUBE, M. et al. "Endolithic growth of two *Lecidea* lichens in granite from continental Antarctica detected by molecular and microscopy techniques". *New Phytologist*, 165 (2005), pp. 181-90.

DE VERA, J. P.; ALAWI, M.; BACKHAUS, T. et al. "Limits of life and the habitability of Mars: the ESA space experiment BIOMEX on the ISS". *Astrobiology*, 19 (2019), pp. 145-57.

DE VRIES, F. T.; THÉBAULT, E.; LIIRI, M. et al. "Soil food web properties explain ecosystem services across European land use systems". *Proceedings of the National Academy of Sciences*, 110 (2013), pp. 14296-301.

DE WAAL, F. B. M. "Anthropomorphism and anthropodenial". *Philosophical Topics*, 27 (1999), pp. 255-80.

DELAUX, P.-M.; RADHAKRISHNAN, G. V.; JAYARAMAN, D. et al. "Algal ancestor of land plants was preadapted for symbiosis". *Proceedings of the National Academy of Sciences*, 112 (2015), pp. 13390-5.

DELAVAUX, C. S.; SMITH-RAMESH, L.; KUEBBING, S. E. "Beyond nutrients: a meta-analysis of the diverse effects of arbuscular mycorrhizal fungi on plants and soils". *Ecology*, 98 (2017), pp. 2111-9.

DELEUZE, G.; GUATTARI, F. *A Thousand Plateaus: Capitalism and Schizophrenia.* Minneapolis: University of Minnesota Press, 2005.

DELWICHE, C.; COOPER, E. "The evolutionary origin of a terrestrial flora". *Current Biology*, 25 (2015), pp. R899-R910.

DENG, Y.; QU, Z.; NAQVI, N. I. "Twilight, a novel circadian-regulated gene, integrates phototropism with nutrient and redox homeostasis during fungal development". *PLOS Pathogens*, 11 (2015), e1004972.

DEVEAU, A.; BONITO, G.; UEHLING, J. et al. "Bacterial-fungal interactions: ecology, mechanisms and challenges". *FEMS Microbiology Reviews*, 42 (2018), pp. 335-52.

DI FOSSALUNGA, A.; LIPUMA, J.; VENICE, F. et al. "The endobacterium of an arbuscular mycorrhizal fungus modulates the expression of its toxin-antitoxin systems during the life cycle of its host". *ISME Journal*, 11 (2017), pp. 2394-8.

DIAMANT, L. *Chaining the Hudson: The Fight for the River in the American Revolution*. Nova York: Fordham University Press, 2004.

DITENGOU, F. A.; MÜLLER, A.; ROSENKRANZ, M. et al. "Volatile signalling by sesquiterpenes from ectomycorrhizal fungi reprogrammes root architecture". *Nature Communications*, 6 (2015), 6279.

DIXON, L. S. "Bosch's *St Anthony Triptych* — an apothecary's apotheosis". *Art Journal*, 44 (1984), pp. 119-31.

DONOGHUE, P. C.; ANTCLIFFE, J. B. "Early life: origins of multicellularity". *Nature*, 466 (2010), p. 41.

DOOLITTLE, F. W.; BOOTH, A. "It's the song, not the singer: an exploration of holobiosis and evolutionary theory". *Biology & Philosophy*, 32 (2017), pp. 5-24.

DRESSAIRE, E.; YAMADA, L.; SONG, B. et al. "Mushrooms use convectively created airflows to disperse their spores". *Proceedings of the National Academy of Sciences*, 113 (2016), pp. 2833-8.

DUDLEY, R. *The Drunken Monkey: Why We Drink and Abuse Alcohol*. Berkeley: University of California Press, 2014.

DUGAN, F. M. *Fungi in the Ancient World*. St Paul, MN: American Phytopathological Society, 2008.

_____. *Conspectus of World Ethnomycology*. St Paul, MN: American Phytopathological Society, 2011.

DUNN, R. "A Sip for the Ancestors". *Scientific American* (2012). Disponível em: blogs.scientificamerican.com/guest-blog/a-sip-for-the-ancestors-the-true-story-of-civilizations-stumbling-debt-to-beer-and-fungus/. Acesso em: 29 out. 2019.

DUPRÉ, J.; NICHOLSON, D. J. "A manifesto for a processual biology". In: DUPRÉ, J.; NICHOLSON, D. J. (Orgs.). *Everything Flows: Towards a Processual Philosophy of Biology*. Oxford: Oxford University Press, 2018. pp. 3-48.

DYKE, E. *Psychedelic Psychiatry: LSD from Clinic to Campus*. Baltimore, MD: Johns Hopkins University Press, 2008.

EASON, W.; NEWMAN, E.; CHUBA, P. "Specificity of interplant cycling of phosphorus: the role of mycorrhizas". *Plant and Soil*, 137 (1991), pp. 267-74.

ELSER, J.; BENNETT, E. "A broken biogeochemical cycle". *Nature* (2011). Disponível em: www.nature.com/articles/478029a. Acesso em: 29 out. 2019.

ELTZ, T.; ZIMMERMANN, Y.; HAFTMANN, J. et al. "Enfleurage, lipid recycling and the origin of perfume collection in orchid bees". *Proceedings of the Royal Society B*, 274 (2007), pp. 2843-8.

EME, L.; SPANG, A.; LOMBARD, J. et al. "Archaea and the origin of eukaryotes". *Nature Reviews Microbiology*, 15 (2017), pp. 711-23.

ENGELTHALER, D. M.; CASADEVALL, A. "On the Emergence of *Cryptococcus gattii* in the Pacific Northwest: ballast tanks, tsunamis, and black swans". *mBio*, 10 (2019), e02193-19.

ENSMINGER, P. A. *Life under the Sun*. New Haven, CT: Yale Scholarship Online, 2001.

EPSTEIN, S. "The construction of lay expertise: AIDS activism and the forging of credibility in the reform of clinical trials". *Science, Technology, Human Values*, 20 (1995), pp. 408-37.

ERENS, H.; BOUDIN, M.; MEES, F. et al. "The age of large termite mounds — radiocarbon dating of *Macrotermes falciger* mounds of the Miombo woodland of Katanga, DR Congo". *Palaeogeography, Palaeoclimatology, Palaeoecology*, 435 (2015), pp. 265-71.

ESPINOSA-VALDEMAR, R.; TURPIN-MARION, S.; DELFÍN-ALCALÁ, I. et al. "Disposable diapers biodegradation by the fungus *Pleurotus ostreatus*". *Waste Management*, 31 (2011), pp. 1683-8.

FAIRHEAD, J.; LEACH, M. "Termites, society and ecology: perspectives from West Africa". In: MOTTE-FLORAC, E.; THOMAS, J. (Orgs.). *Insects in Oral Literature and Traditions*. Leuven: Peeters, 2003.

_____; SCOONES, I. "Local knowledge and the social shaping of soil investments: critical perspectives on the assessment of soil degradation in Africa". *Land Use Policy*, 22 (2005), pp. 33-41.

FAIRHEAD, J. R. "Termites, mud daubers and their earths: a multispecies approach to fertility and power in West Africa". *Conservation and Society*, 14 (2016), pp. 359-67.

FARAHANY, N. A.; GREELY, H. T.; HYMAN, S. et al. "The ethics of experimenting with human brain tissue". *Nature*, 556 (2018), pp. 429-32.

FELLBAUM, C. R.; MENSAH, J. A.; CLOOS, A. J. et al. "Fungal nutrient allocation in common mycorrhizal networks is regulated by the carbon source strength of individual host plants". *New Phytologist*, 203 (2014) pp. 646-56.

FERGUSON, B. A.; DREISBACH, T.; PARKS, C. et al. "Coarse-scale population structure of pathogenic *Armillaria* species in a mixed-conifer forest in the Blue Mountains of northeast Oregon". *Canadian Journal of Forest Research*, 33 (2003), pp. 612-23.

FERNANDEZ, C. W.; NGUYEN, N. H.; STEFANSKI, A. et al. "Ectomycorrhizal fungal response to warming is linked to poor host performance at the boreal-temperate ecotone". *Global Change Biology*, 23 (2017), pp. 1598-609.

FERREIRA, B. "There's growing evidence that the universe is connected by giant structures". *Vice* (2019). Disponível em: www.vice.com/en_us/article/zmj7pw/theres-growing-evidence-that-the-universe-is-connected-by-giant-structures. Acesso em: 16 nov. 2019.

FIELD, K. J.; CAMERON, D. D.; LEAKE, J. R. et al. "Contrasting arbuscular mycorrhizal responses of vascular and non-vascular plants to a simulated Palaeozoic CO_2 decline". *Nature Communications*, 3 (2012), 835.

_____; LEAKE, J. R.; TILLE, S. et al. "From mycoheterotrophy to mutualism: mycorrhizal specificity and functioning in *Ophioglossum vulgatum* sporophytes". *New Phytologist*, 205 (2015), pp. 1492-1502.

FISHER, M. C.; HAWKINS, N. J.; SANGLARD, D. et al. "Worldwide emergence of resistance to antifungal drugs challenges human health and food security". *Science*, 360 (2018), pp. 739-42.

_____; HENK, D. A.; BRIGGS, C. J. et al. "Emerging fungal threats to animal, plant and ecosystem health". *Nature*, 484 (2012), pp. 186-94.

FLOUDAS, D.; BINDER, M.; RILEY, R. et al. "The Paleozoic origin of enzymatic lignin decomposition reconstructed from 31 fungal genomes". *Science*, 336 (2012), pp. 1715-19.

FOLEY, J. A.; DEFRIES, R.; ASNER, G. P. et al. "Global consequences of land use". *Science*, 309 (2005), pp. 570-4.

FRANCIS, R.; READ, D. J. "Direct transfer of carbon between plants connected by vesicular-arbuscular mycorrhizal mycelium". *Nature*, 307 (1984), pp. 53-6.

FRANK, A. B. "On the nutritional dependence of certain trees on root symbiosis with belowground fungi (an English translation of A. B. Frank's classic paper of 1885)". *Mycorrhiza*, 15 (2005), pp. 267-75.

FREDERICKSEN, M. A.; ZHANG, Y.; HAZEN, M. L. et al. "Three-dimensional visualization and a deep-learning model reveal complex fungal parasite networks in behaviorally manipulated ants". *Proceedings of the National Academy of Sciences*, 114 (2017), pp. 12590-5.

FRICKER, M. D.; HEATON, L. L.; JONES, N. S. et al. "The mycelium as a network". *Microbiology Spectrum*, 5 (2017), FUNK-0033-2017.

_____; BODDY, L.; BEBBER, D. P. "Network organisation of mycelial fungi". In: HOWARD, R. J.; GOW, N. A. R. (Orgs.). *Biology of the Fungal Cell*. Springer, 2007a. pp. 309-30.

_____; LEE, J.; BEBBER, D. et al. "Imaging complex nutrient dynamics in mycelial networks". *Journal of Microscopy*, 231 (2008), pp. 317-31.

_____; LEE, J.; TLALKA, M. et al. "Fourier-based spatial mapping of oscillatory phenomena in fungi". *Fungal Genetics and Biology*, 44 (2007b), pp. 1077-84.

FRIES, N. "Untersuchungen über Sporenkeimung und Mycelentwicklung bodenbewohnender Hymenomyceten". *Symbolae Botanicae Upsaliensis*, 6 (1943), pp. 633-64.

FRITTS, R. "A new pesticide is all the buzz". *Ars Technica* (2019). Disponível em: arstechnica.com/science/2019/10/now-available-in-the-us-a-pesticide-delivered-by-bees/. Acesso em: 29 out. 2019.

FRÖHLICH-NOWOISKY, J.; PICKERSGILL, D. A.; DESPRÉS, V. R. et al. "High diversity of fungi in air particulate matter". *Proceedings of the National Academy of Sciences*, 106 (2009), pp. 12814-9.

FUKUSAWA Y.; SAVOURY M.; BODDY L. "Ecological memory and relocation decisions in fungal mycelial networks: responses to quantity and location of new resources". *ISME Journal* (2019) 10.1038/s41396-018-0189-7.

GALLAND, P. "The sporangiophore of *Phycomyces blakesleeanus*: a tool to investigate fungal gravireception and graviresponses". *Plant Biology*, 16 (2014), pp. 58-68.

GAVITO, M. E.; JAKOBSEN, I.; MIKKELSEN, T. N. et al. "Direct evidence for modulation of photosynthesis by an arbuscular mycorrhiza-induced carbon sink strength". *New Phytologist*, 223 (2019), pp. 896-907.

GEML, J.; WAGNER, M. R. "Out of sight, but no longer out of mind — towards an increased recognition of the role of soil microbes in plant speciation". *New Phytologist*, 217 (2018), pp. 965-7.

GIAUQUE, H.; HAWKES, C. V. "Climate affects symbiotic fungal endophyte diversity and performance". *American Journal of Botany*, 100 (2013), pp. 1435-44.

GILBERT, C. D.; SIGMAN, M. "Brain states: top-down influences in sensory processing". *Neuron*, 54 (2007), pp. 677-96.

GILBERT, J. A.; LYNCH, S. V. "Community ecology as a framework for human microbiome research". *Nature Medicine*, 25 (2019), pp. 884-9.

GILBERT, S. F.; SAPP, J.; TAUBER, A. I. "A symbiotic view of life: we have never been individuals". *Quarterly Review of Biology*, 87 (2012), pp. 325-41.

GIOVANNETTI, M.; AVIO, L.; FORTUNA, P. et al. "At the root of the Wood Wide Web". *Plant Signaling & Behavior*, 1 (2006), pp. 1-5.

_____; AVIO, L.; SBRANA, C. "Functional significance of anastomosis in arbuscular mycorrhizal networks". In: HORTON, T. (Org.). *Mycorrhizal Networks*. Springer, 2015. pp. 41-67.

_____; SBRANA, C.; AVIO, L. et al. "Patterns of below-ground plant interconnections established by means of arbuscular mycorrhizal networks". *New Phytologist*, 164 (2004), pp. 175-81.

GLUCK-THALER, E.; SLOT, J. C. "Dimensions of horizontal gene transfer in eukaryotic microbial pathogens". *PLOS Pathogens*, 11 (2015), e1005156.

GODFRAY, C. H.; BEDDINGTON, J. R.; CRUTE, I. R. et al. "Food security: the challenge of feeding 9 billion people". *Science*, 327 (2010), pp. 812-18.

GODFREY-SMITH, P. *Other Minds: The Octopus and the Evolution of Intelligent Life*. Londres: William Collins, 2017.

GOFFEAU, A.; BARRELL, B.; BUSSEY, H. et al. "Life with 6000 genes". *Science*, 274 (1996), pp. 546-67.

GOGARTEN, P. J.; TOWNSEND, J. P. "Horizontal gene transfer, genome innovation and evolution". *Nature Reviews Microbiology*, 3 (2005), pp. 679-87.

GOND, S. K.; KHARWAR, R. N.; WHITE, J. F. "Will fungi be the new source of the blockbuster drug Taxol?". *Fungal Biology Reviews*, 28 (2014), pp. 77-84.

GONTIER, N. "Reticulate evolution everywhere". In: GONTIER, N. (Org.). *Reticulate Evolution*. Springer, 2015a.

_____. "Historical and epistemological perspectives on what horizontal gene transfer mechanisms contribute to our understanding of evolution". In: GONTIER, N. (Org.). *Reticulate Evolution*. Springer, 2015b.

GORDON, J.; KNOWLTON, N.; RELMAN et al. "Superorganisms and holobionts". *Microbe* 8 (2013), pp. 152-3.

GORYACHEV, A. B.; LICHIUS, A.; WRIGHT, G. D. et al. "Excitable behavior can explain the "ping-pong" mode of communication between cells using the same chemoattractant". *BioEssays*, 34 (2012), pp. 259-66.

GORZELAK, M. A.; ASAY, A. K.; PICKLES, B. J. et al. "Inter-plant communication through mycorrhizal networks mediates complex adaptive behaviour in plant communities". *AoB PLANTS*, 7 (2015), plvo50.

GOTT, J. R. *The Cosmic Web: Mysterious Architecture of the Universe*. Princeton, NJ: Princeton University Press, 2016.

GOVONI, F.; ORRÙ, E.; BONAFEDE, A. et al. "A radio ridge connecting two galaxy clusters in a filament of the cosmic web". *Science*, 364 (2019), pp. 981-4.

GOW, N. A. R.; MORRIS, B. M. "The electric fungus". *Botanical Journal of Scotland*, 47 (2009), pp. 263-77.

GOWARD, T. "Here for a long time, not a good time". *Nature Canada*, 24: 9 (1995). Disponível em: www.waysoflichenment.net/public/pdfs/Goward_1995_Here_for_a_good_time_not_a_long_time.pdf. Acesso em: 29 out. 2019.

_____. "Twelve readings on the lichen Thallus VII — species". *Evansia*, 26 (2009a), pp. 153-62. Disponível em: www.waysoflichenment.net/ways/readings/essay7. Acesso em: 29 out. 2019.

_____. "Twelve readings on the lichen Thallus IV — re-emergence". *Evansia*, 26 (2009b), pp. 1-6. Disponível em: www.waysoflichenment.net/ways/readings/essay4. Acesso em: 29 out. 2019.

_____. "Twelve readings on the lichen Thallus V - conversational". *Evansia*, 26 (2009c), pp. 31-7. Disponível em: www.waysoflichenment.net/ways/readings/essay5. Acesso em: 29 out. 2019.

_____. "Twelve readings on the lichen Thallus VIII - theoretical". *Evansia*, 27 (2010), pp. 2-10. Disponível em: www.waysoflichenment.net/ways/readings/essay8. Acesso em: 29 out. 2019.

GREGORY, P. H. "Fairy rings; free and tethered". *Bulletin of the British Mycological Society*, 16 (1982), pp. 161-3.

GRIFFITHS, D. "Queer theory for lichens". *UnderCurrents*, 19 (2015), pp. 36-45.

GRIFFITHS, R.; JOHNSON, M.; CARDUCCI, M. et al. "Psilocybin produces substantial and sustained decreases in depression and anxiety in patients with life-threatening cancer: a randomized double-blind trial". *Journal of Psychopharmacology*, 30 (2016), pp. 1181-97.

_____; RICHARDS, W.; JOHNSON, M. et al. "Mystical-type experiences occasioned by psilocybin mediate the attribution of personal meaning and spiritual significance 14 months later". *Journal of Psychopharmacology*, 22 (2008), pp. 621-32.

GRMAN, E. "Plant species differ in their ability to reduce allocation to non-beneficial arbuscular mycorrhizal fungi". *Ecology*, 93 (2012), pp. 711-8.

GRUBE, M.; CERNAVA, T.; SOH, J. et al. "Exploring functional contexts of symbiotic sustain within lichen-associated bacteria by comparative omics". *ISME Journal*, 9 (2015), pp. 412-24.

_____; PRASAD, A.; RAM, M. et al. "Effect of the vesicular-arbuscular mycorrhizal (VAM) fungus *Glomus fasciculatum* on the essential oil yield related characters and nutrient acquisition in the crops of different cultivars of menthol mint (*Mentha arvensis*) under field conditions". *Bioresource Technology*, 81 (2002), pp. 77-9.

GUZMÁN, G.; ALLEN, J. W.; GARTZ, J. "A worldwide geographical distribution of the neurotropic fungi, an analysis and discussion". *Annali del Museo Civico di Rovereto: Sezione Archeologia, Storia, Scienze Naturali*, 14 (1998), pp. 189-280. Disponível em: www.museocivico.rovereto.tn.it/UploadDocs/104_artog-Guzman%20&%20C.pdf. Acesso em: 29 out. 2019.

HAGUE, T.; FLORINI, M.; ANDREWS, P. "Preliminary *in vitro* functional evidence for reflex responses to noxious stimuli in the arms of *Octopus vulgaris*". *Journal of Experimental Marine Biology and Ecology*, 447 (2013), pp. 100-5.

HALL, I. R.; BROWN, G. T.; ZAMBONELLI, A. *Taming the Truffle*. Portland, OR: Timber, 2007.

HAMDEN, E. "Observing the cosmic web". *Science*, 366 (2019), pp. 31-2.

HANEEF, M.; CESERACCIU, L.; CANALE, C. et al. "Advanced materials from fungal mycelium: fabrication and tuning of physical properties". *Scientific Reports*, 7 (2017), 41292.

HANSON, K. L.; NICOLAU, D. V.; FILIPPONI, L. et al. "Fungi use efficient algorithms for the exploration of microfluidic networks". *Small*, 2 (2006), pp. 1212-20.

HARAWAY, D. J. *Crystals, Fabrics, and Fields*. Berkeley, CA: North Atlantic, 2004.

_____. *Staying with the Trouble: Making Kin in the Chthulucene*. Durham, NC: Duke University Press, 2016.

HARMS, H.; SCHLOSSER, D.; WICK, L. Y. "Untapped potential: exploiting fungi in bioremediation of hazardous chemicals". *Nature Reviews Microbiology*, 9 (2011), pp. 177-92.

HAROLD, F. M.; KROPF, D. L.; CALDWELL, J. H. "Why do fungi drive electric currents through themselves?". *Experimental Mycology*, 9 (1985), pp. 183-6.

HART, M. M.; ANTUNES, P. M.; CHAUDHARY, V. et al. "Fungal inoculants in the field: is the reward greater than the risk?". *Functional Ecology*, 32 (2018), 126-35.

HASTINGS, A.; ABBOTT, K. C.; CUDDINGTON, K. et al. "Transient phenomena in ecology". *Science*, 361 (2018), eaat6412.

HAWKSWORTH, D. "The magnitude of fungal diversity: the 1.5 million species estimate revisited". *Mycological Research*, 12 (2001), pp. 1422-32.

_____. "Mycology: a neglected megascience". In: RAI, M.; BRIDGE, P. D. (Orgs.). *Applied Mycology*. Oxford: CABI, 2009. pp. 1-16.

HAWKSWORTH, D. L.; LÜCKING, R. "Fungal diversity revisited: 2.2 to 3.8 million species". *Microbiology Spectrum*, 5 (2017), FUNK-00522016.

HEADS, S. W.; MILLER, A. N.; CRANE, L. J. et al. "The oldest fossil mushroom". *PLOS ONE*, 12 (2017), e0178327.

HEDGER, J. "Fungi in the tropical forest canopy". *Mycologist*, 4 (1990), pp. 200-2.

HELD, M.; EDWARDS, C.; NICOLAU, D. "Fungal intelligence; or on the behaviour of micro--organisms in confined micro-environments". *Journal of Physics: Conference Series*, 178 (2009), 012005.

_____; EDWARDS, C.; NICOLAU, D. V. "Probing the growth dynamics of *Neurospora crassa* with microfluidic structures". *Fungal Biology*, 115 (2011), pp. 493-505.

_____; KAŠPAR, O.; EDWARDS, C. et al. "Intracellular mechanisms of fungal space searching in microenvironments". *Proceedings of the National Academy of Sciences*, 116 (2019), pp. 13543-52.

_____; LEE, A. P.; EDWARDS, C. et al. "Microfluidics structures for probing the dynamic behaviour of filamentous fungi". *Microelectronic Engineering*, 87 (2010), pp. 786-9.

HELGASON, T.; DANIELL, T.; HUSBAND, R. et al. "Ploughing up the wood wide web?". *Nature*, 394 (1998), pp. 431.

HENDRICKS, P. S. "Awe: a putative mechanism underlying the effects of classic psychedelic--assisted psychotherapy". *International Review of Psychiatry*, 30 (2018), pp. 1-12.

HIBBETT, D.; BLANCHETTE, R.; KENRICK, P. et al. "Climate, decay and the death of the coal forests". *Current Biology*, 26 (2016), pp. R563-7.

_____; GILBERT, L.; DONOGHUE, M. "Evolutionary instability of ectomycorrhizal symbioses in basidiomycetes". *Nature*, 407 (2000), pp. 506-8.

HICKEY, P. C.; DOU, H.; FOSHE, S. et al. "Anti-jamming in a fungal transport network" (2016), arXiv:1601.06097v1 [physics.bio-ph].

_____; JACOBSON, D.; READ, N. D. et al. "Live-cell imaging of vegetative hyphal fusion in *Neurospora crassa*". *Fungal Genetics and Biology*, 37 (2002), 109-19.

HILLMAN, B. *Extra Hidden Life, among the Days*. Middletown, CT: Wesleyan University Press, 2018.

HIRUMA, K.; KOBAE, Y.; TOJU, H. "Beneficial associations between Brassicaceae plants and fungal endophytes under nutrient-limiting conditions: evolutionary origins and host-symbiont molecular mechanisms". *Current Opinion in Plant Biology*, 44 (2018), pp. 145-54.

HITTINGER, C. "Endless rots most beautiful". *Science*, 336 (2012), pp. 1649-50.

HOCH, H. C.; STAPLES, R. C.; WHITEHEAD, B. et al. "Signaling for growth orientation and cell differentiation by surface topography in *Uromyces*". *Science*, 235 (1987), pp. 1659-62.

HOEKSEMA, J. "Experimentally testing effects of mycorrhizal networks on plant — plant interactions and distinguishing among mechanisms". In: HORTON, T. (Org.). *Mycorrhizal Networks*. Springer, 2015. pp. 255-77.

HOEKSEMA, J. D.; CHAUDHARY, V. B.; GEHRING, C. A. et al. "A meta-analysis of context-dependency in plant response to inoculation with mycorrhizal fungi". *Ecology Letters*, 13 (2010), pp. 394-407.

HOM, E. F.; MURRAY, A. W. "Niche engineering demonstrates a latent capacity for fungal-algal mutualism". *Science*, 345 (2014), pp. 94-8.

HONEGGER, R. "Simon Schwendener (1829-1919) and the dual hypothesis of lichens". *Bryologist*, 103 (2000), pp. 307-13.

_____; EDWARDS, D.; AXE, L. "The earliest records of internally stratified cyanobacterial and algal lichens from the Lower Devonian of the Welsh Borderland". *New Phytologist*, 197 (2012), pp. 264-75.

_____; EDWARDS, D.; AXE, L. et al. "Fertile *Prototaxites taiti*: a basal ascomycete with inoperculate, polysporous asci lacking croziers". *Philosophical Transactions of the Royal Society B*, 373 (2018), 20170146.

HOOKS, K. B.; KONSMAN, J.; O'MALLEY, M. A. "Microbiota-gut-brain research: a critical analysis". *Behavioral and Brain Sciences*, 42 (2018), e60.

HORIE, M.; HONDA, T.; SUZUKI, Y. et al. "Endogenous non-retroviral RNA virus elements in mammalian genomes". *Nature*, 463 (2010), pp. 84-7.

HORTAL, S.; PLETT, K.; PLETT, J. et al. "Role of plant-fungal nutrient trading and host control in determining the competitive success of ectomycorrhizal fungi". *ISME Journal*, 11 (2017), pp. 2666-76.

HOWARD, A. *An Agricultural Testament*. Oxford: Oxford University Press, 1940. Disponível em: www.journeytoforever.org/farm_library/howardAT/ATtoc.html#contents. Acesso em: 29 out. 2019.

_____. *Farming and Gardening for Health and Disease*. Londres: Faber and Faber, 1945. Disponível em: journeytoforever.org/farm_library/howardSH/SHtoc.html. Acesso em: 29 out. 2019.

HOWARD, R.; FERRARI, M.; ROACH, D. et al. "Penetration of hard substrates by a fungus employing enormous turgor pressures". *Proceedings of the National Academy of Sciences*, 88 (1991), pp. 11281-4.

HOYSTED, G. A.; KOWAL, J.; JACOB, A. et al. "A mycorrhizal revolution". *Current Opinion in Plant Biology*, 44 (2018), pp. 1-6.

HSUEH, Y.-P.; MAHANTI, P.; SCHROEDER, F. C. et al. "Nematode-trapping fungi eavesdrop on nematode pheromones". *Current Biology*, 23 (2013), pp. 83-6.

HUFFNAGLE, G. B.; NOVERR, M. C. "The emerging world of the fungal microbiome". *Trends in Microbiology*, 21 (2013), pp. 334-41.

HUGHES, D. P. "On the origins of parasite-extended phenotypes". *Integrative and Comparative Biology*, 54 (2014), pp. 210-7.

_____. "Pathways to understanding the extended phenotype of parasites in their hosts". *Journal of Experimental Biology*, 216 (2013), pp. 142-7.

_____; ARAÚJO, J.; LORETO, R.; QUEVILLON, L. et al. "From so simple a beginning: the evolution of behavioural manipulation by fungi". *Advances in Genetics*, 94 (2016), pp. 437-69.

_____; WAPPLER, T.; LABANDEIRA, C. C. "Ancient death-grip leaf scars reveal ant-fungal parasitism". *Biology Letters*, 7 (2011), pp. 67-70.

HUMPHREY, N. "The social function of intellect". In: BATESON, P.; HINDLE, R. A. (Orgs.). *Growing Points in Ethology*. Cambridge: Cambridge University Press, 1976. pp. 303-17.

HUSTAK, C.; MYERS, N. "Involutionary momentum: affective ecologies and the sciences of plant/insect encounters". *Differences*, 23 (2012), pp. 74-118.

HYDE, K.; JONES, E.; LEANO, E. et al. "Role of fungi in marine ecosystems". *Biodiversity and Conservation*, 7 (1998), pp. 1147-61.

INGOLD, T. "Two reflections on ecological knowledge". In: SANGA, G.; ORTALL, G. (Orgs.). *Nature Knowledge: Ethnoscience, Cognition, and Utility*. Oxford: Berghahn, 2003. pp. 301-11.

ISLAM, F.; OHGA, S. "The response of fruit body formation on *Tricholoma matsutake* in situ condition by applying electric pulse stimulator". *ISRN Agronomy* (2012), pp. 1-6.

JACKSON, S.; HEATH, I. "UV microirradiations elicit Ca2+-dependent apex-directed cytoplasmic contractions in hyphae". *Protoplasma*, 70 (1992), pp. 46-52.

JACOBS, L. F.; ARTER, J.; COOK, A. et al. "Olfactory orientation and navigation in humans". *PLOS ONE*, 10 (2015), e0129387.

JACOBS, R. *The Truffle Underground*. Nova York: Clarkson Potter, 2019.

JAKOBSEN, I.; HAMMER, E. "Nutrient dynamics in arbuscular mycorrhizal networks". In: HORTON, T. (Org.). *Mycorrhizal Networks*. Springer, 2015. pp. 91-131.

JAMES, W. *The Varieties of Religious Experience: A Study in Human Nature (Centenary Edition)*. Londres: Routledge, 2002.

JEDD, G.; PIEUCHOT, L. "Multiple modes for gatekeeping at fungal cell-to-cell channels". *Molecular Microbiology*, 86 (2012), pp. 1291-4.

JENKINS, B.; RICHARDS, T. A. "Symbiosis: wolf lichens harbour a choir of fungi". *Current Biology*, 29 (2019), R88-90.

JI, B.; BEVER, J. D. "Plant preferential allocation and fungal reward decline with soil phosphorus: implications for mycorrhizal mutualism". *Ecosphere*, 7 (2016), e01256.

JOHNSON, D.; GAMOW, R. "The avoidance response in *Phycomyces*". *Journal of General Physiology*, 57 (1971), pp. 41-9.

JOHNSON, M. W.; GARCIA-ROMEU, A.; COSIMANO, M. P. et al. "Pilot study of the 5-HT 2AR agonist psilocybin in the treatment of tobacco addiction". *Journal of Psychopharmacology*, 28 (2014), pp. 983-92.

_____; GARCIA-ROMEU, A.; GRIFFITHS, R. R. "Long-term follow-up of psilocybin--facilitated smoking cessation". *American Journal of Drug and Alcohol Abuse*, 43 (2015), pp. 55-60.

_____; GARCIA-ROMEU, A.; JOHNSON, P. S. et al. "An online survey of tobacco smoking cessation associated with naturalistic psychedelic use". *Journal of Psychopharmacology*, 31 (2017), pp. 841-50.

JOHNSON, N. C.; ANGELARD, C.; SANDERS, I. R. et al. "Predicting community and ecosystem outcomes of mycorrhizal responses to global change". *Ecology Letters*, 16 (2013), pp. 140-53.

JOLIVET, E.; L'HARIDON, S.; CORRE, E. et al. "*Thermococcus gamma-tolerans* sp. nov., a hyperthermophilic archaeon from a deep-sea hydrothermal vent that resists ionizing radiation". *International Journal of Systematic and Evolutionary Microbiology*, 53 (2003), pp. 847-51.

JONES, M. P.; LAWRIE, A. C.; HUYNH, T. T. et al. "Agricultural by-product suitability for the production of chitinous composites and nanofibers". *Process Biochemistry*, 80 (2019), pp. 95-102.

JÖNSSON, K. I.; RABBOW, E.; SCHILL, R. O. et al. "Tardigrades survive exposure to space in low Earth orbit". *Current Biology*, 18 (2008), R729-31.

_____; WOJCIK, A. "Tolerance to X-rays and heavy ions (Fe, He) in the tardigrade *Richtersius coronifer* and the bdelloid rotifer *Mniobia russeola*". *Astrobiology*, 17 (2017), pp. 163-7.

KAMINSKY, L. M.; TREXLER, R. V.; MALIK, R. J. et al. "The inherent conflicts in developing soil microbial inoculants". *Trends in Biotechnology*, 37 (2018), pp. 140-51.

KAMMERER, L.; HIERSCHE, L.; WIRTH, E. "Uptake of radiocaesium by different species of mushrooms". *Journal of Environmental Radioactivity*, 23 (1994), pp. 135-50.

KARST, J.; ERBILGIN, N.; PEC, G. J. et al. "Ectomycorrhizal fungi mediate indirect effects of a bark beetle outbreak on secondary chemistry and establishment of pine seedlings". *New Phytologist*, 208 (2015), pp. 904-14.

KATZ, S. E. *Wild Fermentation*. White River Junction, VT: Chelsea Green Publishing Company, 2003.

KAVALER, L. *Mushrooms, Moulds and Miracles: The Strange Realm of Fungi*. Londres: Harrap, 1967.

KEIJZER, F. A. "Evolutionary convergence and biologically embodied cognition". *Journal of the Royal Society Interface Focus*, 7 (2017), 20160123.

KELLER, E. F. *A Feeling for the Organism*. Nova York: Times, 1984.

KELLY, J. R.; BORRE, Y.; O'BRIEN, C. et al. "Transferring the blues: depression-associated gut microbiota induces neurobehavioural changes in the rat". *Journal of Psychiatric Research*, 82 (2016), pp. 109-18.

KELTY, C. "Outlaws, hackers, Victorian amateurs: diagnosing public participation in the life sciences today". *Journal of Science Communication*, 9 (2010).

KENDI, I. X. *Stamped from the Beginning*. Nova York: Nation, 2017.

KENNEDY, P. G.; WALKER, J. K. M.; BOGAR, L. M. "Interspecific mycorrhizal networks and non-networking hosts: exploring the ecology of the host genus *Alnus*". In: HORTON, T. (Org.). *Mycorrhizal Networks*. Springer, 2015. pp. 227-54.

KERÉNYI, C. *Dionysus: Archetypal Image of Indestructible Life*. Princeton, NJ: Princeton University Press, 1976.

KERN, V. D. "Gravitropism of basidiomycetous fungi — on Earth and in microgravity". *Advances in Space Research*, 24 (1999), pp. 697-706.

KHAN, S.; NADIR, S.; SHAH, Z. et al. "Biodegradation of polyester polyurethane by *Aspergillus tubingensis*". *Environmental Pollution*, 225 (2017), pp. 469-80.

KIERS, E. T.; DENISON, R. F. "Inclusive fitness in agriculture". *Philosophical Transactions of the Royal Society B*, 369 (2014), 20130367.

KIERS, T. E.; DUHAMEL, M.; BEESETTY, Y. et al. "Reciprocal rewards stabilize co-operation in the mycorrhizal symbiosis". *Science*, 333 (2011), pp. 880-2.

_____; WEST, S. A.; WYATT, G. A. et al. "Misconceptions on the application of biological market theory to the mycorrhizal symbiosis". *Nature Plants*, 2 (2016), 16063.

KIM, G.; LEBLANC, M. L.; WAFULA, E. K. et al. "Genomic-scale exchange of mRNA between a parasitic plant and its hosts". *Science*, 345 (2014), pp. 808-11.

KIMMERER, R. W. *Braiding Sweetgrass*. Minneapolis, MN: Milkweed Editions, 2013.

KING, A. "Technology: the future of agriculture". *Nature*, 544 (2017), pp. S21-3.

KING, F. H. *Farmers of Forty Centuries*. Emmaus, PA: Organic Gardening, 1911. Disponível em: soilandhealth.org/wp-content/uploads/01aglibrary/010122king/ffc.html. Acesso em: 29 out. 2019.

KIVLIN, S. N.; EMERY, S. M.; RUDGERS, J. A. "Fungal symbionts alter plant responses to global change". *American Journal of Botany*, 100 (2013), pp. 1445-57.

KLEIN, A.-M.; VAISSIÈRE, B. E.; CANE, J. H. et al. "Importance of pollinators in changing landscapes for world crops". *Proceedings of the Royal Society B*, 274 (2007), pp. 303-13.

KLEIN, T.; SIEGWOLF, R. T.; KÖRNER, C. "Below-ground carbon trade among tall trees in a temperate forest". *Science*, 352 (2016), pp. 342-4.

KOZO-POLYANKSY, B. M. *Symbiogenesis: A New Principle of Evolution*. Cambridge, MA: Harvard University Press, 2010.

KREBS, T. S.; JOHANSEN, P.-Ø. "Lysergic acid diethylamide (LSD) for alcoholism: meta--analysis of randomised controlled trials". *Journal of Psychopharmacology*, 26 (2012), pp. 994-1002.

KROKEN, S. "'Miss Potter's First Love' — a rejoinder". *Inoculum*, 58 (2007), p. 14.

KUSARI, S.; SINGH, S.; JAYABASKARAN, C. "Biotechnological potential of plant-associated endophytic fungi: hope versus hype". *Trends in Biotechnology*, 32 (2014), pp. 297-303.

LADINSKY, D. *Love Poems from God*. Nova York: Penguin, 2002.

_____. *A Year with Hafiz: Daily Contemplations*. Nova York: Penguin, 2010.

LAI, J.; KOH, C.; TJOTA, M. et al. "Intrinsically disordered proteins aggregate at fungal cell-to-cell channels and regulate intercellular connectivity". *Proceedings of the National Academy of Sciences*, 109 (2012), pp. 15781-6.

LALLEY, J.; VILES, H. "Terricolous lichens in the northern Namib Desert of Namibia: distribution and community composition". *Lichenologist*, 37 (2005), pp. 77-91.

LANFRANCO, L.; FIORILLI, V.; GUTJAHR, C. "Partner communication and role of nutrients in the arbuscular mycorrhizal symbiosis". *New Phytologist*, 220 (2018), pp. 1031-46.

LATTY, T.; BEEKMAN, M. "Irrational decision-making in an amoeboid organism: transitivity and context-dependent preferences". *Proceedings of the Royal Society B*, 278 (2011), pp. 307-12.

LE GUIN, U. "Deep in admiration". In: TSING, A; SWANSON, H.; GAN, E. et al. (Orgs.). *Arts of Living on a Damaged Planet: Ghosts of the Anthropocene*. Minneapolis: University of Minnesota Press, 2017. pp. M15-21.

LEAKE, J.; JOHNSON, D.; DONNELLY, D. et al. "Networks of power and influence: the role of mycorrhizal mycelium in controlling plant communities and agroecosystem functioning". *Canadian Journal of Botany*, 82 (2004), pp. 1016-45.

_____; READ, D. "Mycorrhizal symbioses and pedogenesis throughout Earth's history". In: JOHNSON, N.; GEHRING, C.; JANSA, J. (Orgs.). *Mycorrhizal Mediation of Soil: Fertility, Structure, and Carbon Storage*. Oxford: Elsevier, 2017. pp. 9-33.

LEARY, T. "The initiation of the 'High Priest'". In: METZNER, R. (Org.). *Sacred Mushrooms of Visions: Teonanacatl*. Rochester, VT: Park Street, 2005. pp. 160-78.

LEDERBERG. J. "Cell genetics and hereditary symbiosis". *Physiological Reviews*, 32 (1952), pp. 403-30.

_____; COWIE, D. "Moondust; the study of this covering layer by space vehicles may offer clues to the biochemical origin of life". *Science*, 127 (1958), pp. 1473-5.

LEDFORD, H. "Billion-year-old fossils set back evolution of earliest fungi". *Nature* (2019). Disponível em: www.nature.com/articles/d41586-019-01629-1. Acesso em: 29 out. 2019.

LEE, N. N.; FRIZ, J.; FRIES, M. D. et al. "The extreme biology of meteorites: their role in understanding the origin and distribution of life on Earth and in the Universe". In: STAN-LOTTER, H.; FENDRIHAN, S. (Orgs.). *Adaptation of Microbial Life to Environmental Extremes*. Springer, 2017. pp. 283-325.

LEE, Y.; MAZMANIAN, S. K. "Has the microbiota played a critical role in the evolution of the adaptive immune system?". *Science*, 330 (2010), pp. 1768-73.

LEGRAS, J.; MERDINOGLU, D.; COUET, J. et al. "Bread, beer and wine: *Saccharomyces cerevisiae* diversity reflects human history". *Molecular Ecology*, 16 (2007), pp. 2091-2102.

LEHMANN, A.; LEIFHEIT, E. F.; RILLIG, M. C. "Mycorrhizas and soil aggregation". In: JOHNSON, N.; GEHRING, C.; JANSA, J. *Mycorrhizal Mediation of Soil: Fertility, Structure, and Carbon Storage*. Oxford: Elsevier, 2017. pp. 241-62.

LEIFHEIT, E. F.; VERESOGLOU, S. D.; LEHMANN, A. et al. "Multiple factors influence the role of arbuscular mycorrhizal fungi in soil aggregation — a meta-analysis". *Plant and Soil*, 374 (2014), pp. 523-37.

LEKBERG, Y.; Helgason, T. "*In situ* mycorrhizal function — knowledge gaps and future directions". *New Phytologist*, 220 (2018), pp. 957-62.

LEONHARDT, Y.; KAKOSCHKE, S.; WAGENER, J. et al. "Lah is a transmembrane protein and requires Spa10 for stable positioning of Woronin bodies at the septal pore of *Aspergillus fumigatus*". *Scientific Reports*, 7 (2017), 44179.

LETCHER, A. *Shroom: A Cultural History of the Magic Mushroom*. Londres: Faber and Faber, 2006.

LÉVI-STRAUSS, C. *From Honey to Ashes: Introduction to a Science of Mythology*, 2. Nova York: Harper and Row, 1973.

LEVIN, M. "The wisdom of the body: future techniques and approaches to morphogenetic fields in regenerative medicine, developmental biology and cancer". *Regenerative Medicine*, 6 (2011), pp. 667-73.

_____. "Morphogenetic fields in embryogenesis, regeneration, and cancer: non-local control of complex patterning". *Biosystems*, 109 (2012), pp. 243-61.

LEVIN, S. A. "Self-organization and the emergence of complexity in ecological systems". *BioScience*, 55 (2005), pp. 1075-9.

LEWONTIN, R. *The Triple Helix: Gene, Organism, and Environment*. Cambridge, MA: Harvard University Press, 2000.

_____. *It Ain't Necessarily So: The Dream of the Human Genome and Other Illusions*. Nova York: New York Review of Books, 2001.

LI, N.; ALFIKY, A.; VAUGHAN, M. M. et al. "Stop and smell the fungi: fungal volatile metabolites are overlooked signals involved in fungal interaction with plants". *Fungal Biology Reviews*, 30 (2016), pp. 134-44.

LI, Q.; YAN, L.; YE, L. et al. "Chinese black truffle (*Tuber indicum*) alters the ectomycorrhizosphere and endoectomycosphere microbiome and metabolic profiles of the host tree *Quercus aliena*". *Frontiers in Microbiology*, 9 (2018), 2202.

LINDAHL. B.; FINLAY, R.; OLSSON, S. "Simultaneous, bidirectional translocation of 32P and 33P between wood blocks connected by mycelial cords of *Hypholoma fasciculare*". *New Phytologist*, 150 (2001), pp. 189-94.

LINNAKOSKI, R.; RESHAMWALA, D.; VETELI, P. et al. "Antiviral agents from fungi: diversity, mechanisms and potential applications". *Frontiers in Microbiology*, 9 (2018), 2325.

LINTOTT, C. *The Crowd and the Cosmos: Adventures in the Zooniverse*. Oxford: Oxford University Press, 2019.

LIPNICKI, L. I. "The role of symbiosis in the transition of some eukaryotes from aquatic to terrestrial environments". *Symbiosis*, 65 (2015), pp. 39-53.

LIU, J.; MARTINEZ-CORRAL, R.; PRINDLE, A. et al. "Coupling between distant biofilms and emergence of nutrient time-sharing". *Science*, 356 (2017), pp. 638-42.

LOHBERGER, A.; SPANGENBERG, J. E.; VENTURA, Y. et al. "Effect of organic carbon and nitrogen on the interactions of *Morchella* spp. and bacteria dispersing on their mycelium". *Frontiers in Microbiology*, 10 (2019), 124.

LÓPEZ-FRANCO, R.; BRACKER, C. E. "Diversity and dynamics of the Spitzenkörper in growing hyphal tips of higher fungi". *Protoplasma*, 195 (1996), pp. 90-111.

LORON, C. C.; FRANÇOIS, C.; RAINBIRD, R. H. et al. "Early fungi from the Proterozoic era in Arctic Canada". *Nature,* 570 (2019), pp. 232-5.

LOVETT, B.; BILGO, E.; MILLOGO, S. et al. "Transgenic *Metarhizium* rapidly kills mosquitoes in a malaria-endemic region of Burkina Faso". *Science,* 364 (2019), pp. 894-7.

LU, C.; YU, Z.; TIAN, H. et al. "Increasing carbon footprint of grain crop production in the US Western Corn Belt". *Environmental Research Letters,* 13 (2018), 124007.

LUO, J.; CHEN, X.; CRUMP, J. et al. "Interactions of fungi with concrete: significant importance for bio-based self- healing concrete". *Construction and Building Materials,* 164 (2018), pp. 275-85.

LUTZONI, F.; NOWAK, M. D.; ALFARO, M. E. et al. "Contemporaneous radiations of fungi and plants linked to symbiosis". *Nature Communications,* 9 (2018), 5451.

_____; PAGEL, M.; REEB, V. "Major fungal lineages are derived from lichen symbiotic ancestors". *Nature,* 411 (2001), pp. 937-40.

LY, C.; GREB, A. C.; CAMERON, L. P. et al. "Psychedelics promote structural and functional neural plasticity". *Cell Reports,* 23 (2018), pp. 3170-82.

LYONS, T.; CARHART-HARRIS, R. L. "Increased nature relatedness and decreased authoritarian political views after psilocybin for treatment-resistant depression". *Journal of Psychopharmacology,* 32 (2018), pp. 811-19.

MA, Z.; GUO, D.; XU, X. et al. "Evolutionary history resolves global organization of root functional traits". *Nature,* 555 (2018), pp. 94-7.

MACLEAN, K. A.; JOHNSON, M. W.; GRIFFITHS, R. R. "Mystical experiences occasioned by the hallucinogen psilocybin lead to increases in the personality domain of openness". *Journal of Psychopharmacology,* 25 (2011), pp. 1453-61.

MANGOLD, C. A.; ISHLER, M. J.; LORETO, R. G. et al. "Zombie ant death grip due to hypercontracted mandibular muscles". *Journal of Experimental Biology,* 222 (2019), jeb200683.

MANICKA, S.; LEVIN, M. "The Cognitive Lens: a primer on conceptual tools for analysing information processing in developmental and regenerative morphogenesis". *Philosophical Transactions of the Royal Society B,* 374 (2019), 20180369.

MANOHARAN, L.; ROSENSTOCK, N. P.; WILLIAMS, A. et al. "Agricultural management practices influence AMF diversity and community composition with cascading effects on plant productivity". *Applied Soil Ecology,* 115 (2017), pp. 53-9.

MARDHIAH, U.; CARUSO, T.; GURNELL, A. et al. "Arbuscular mycorrhizal fungal hyphae reduce soil erosion by surface water flow in a greenhouse experiment". *Applied Soil Ecology,* 99 (2016), pp. 137-40.

MARGONELLI, L. *Underbug: An Obsessive Tale of Termites and Technology.* Nova York: Farrar, Strauss and Giroux, 2018.

MARGULIS, L. *Symbiosis in Cell Evolution: Life and Its Environment on the Early Earth.* San Francisco, CA: W. H. Freeman, 1981.

_____. "Gaia is a tough bitch". In: BROCKMAN, J. (Org.). *The Third Culture: Beyond the Scientific Revolution.* Nova York: Touchstone, 1996.

_____. *The Symbiotic Planet: A New Look at Evolution*. Londres: Phoenix, 1999.

MARKRAM, H.; MULLER, E.; RAMASWAMY, S. et al. "Reconstruction and simulation of neocortical microcircuitry". *Cell*, 163 (2015), pp. 456-92.

MARLEY, G. *Chanterelle Dreams, Amanita Nightmares: The Love, Lore, and Mystique of Mushrooms*. White River Junction, VT: Chelsea Green, 2010.

MÁRQUEZ, L. M.; REDMAN, R. S.; RODRIGUEZ, R. J. et al. "A virus in a fungus in a plant: three-way symbiosis required for thermal tolerance". *Science*, 315 (2007), pp. 513-15.

MARTIN, F. M.; UROZ, S.; BARKER, D. G. "Ancestral alliances: plant mutualistic symbioses with fungi and bacteria". *Science*, 356 (2017), eaad4501.

MARTINEZ-CORRAL, R.; LIU. J.; PRINDLE, A. et al. "Metabolic basis of brain-like electrical signalling in bacterial communities". *Philosophical Transactions of the Royal Society B*, 374 (2019), 20180382.

MARTÍNEZ-GARCÍA, L. B.; DE DEYN, G. B.; PUGNAIRE, F. I. et al. "Symbiotic soil fungi enhance ecosystem resilience to climate change". *Global Change Biology*, 23 (2017), pp. 5228-36.

MASIULIONIS, V. E.; WEBER, R. W.; PAGNOCCA, F. C. "Foraging of *Psilocybe* basidiocarps by the leaf-cutting ant *Acromyrmex lobicornis* in Santa Fé, Argentina". *SpringerPlus*, 2 (2013), 254.

MATEUS, I. D.; MASCLAUX, F. G.; ALETTI, C. et al. "Dual RNA-seq reveals large-scale non-conserved genotype × genotype-specific genetic reprograming and molecular crosstalk in the mycorrhizal symbiosis". *ISME Journal*, 13 (2019), pp. 1226-38.

MATOSSIAN, M. K. "Ergot and the Salem Witchcraft Affair: an outbreak of a type of food poisoning known as convulsive ergotism may have led to the 1692 accusations of witchcraft". *American Scientist*, 70 (1982), pp. 355-7.

MATSUURA, K.; YASHIRO, T.; SHIMIZU, K. et al. "Cuckoo fungus mimics termite eggs by producing the cellulose-digesting enzyme β-Glucosidase". *Current Biology*, 19 (2009), pp. 30-6.

MATSUURA, Y.; MORIYAMA, M.; ŁUKASIK, P. et al. "Recurrent symbiont recruitment from fungal parasites in cicadas". *Proceedings of the National Academy of Sciences*, 115 (2018), E5970-E5979.

MAUGH, T. H. "The scent makes sense". *Science*, 215 (1982), p. 1224.

MAXMAN, A. "CRISPR might be the banana's only hope against a deadly fungus". *Nature* (2019). Disponível em: www.nature.com/articles/d41586-019-02770-7. Acesso em: 29 out. 2019.

MAZUR, S. "Lynn Margulis: 'intimacy of strangers & natural selection'". *Scoop* (2009). Disponível em: www.scoop.co.nz/stories/HL0903/S00194/lynn-margulis-intimacy-of-strangers-natural-selection.htm. Acesso em: 29 out. 2019.

MAZZUCATO, L.; CAMERA, L. G.; FONTANINI, A. "Expectation-induced modulation of meta-stable activity underlies faster coding of sensory stimuli". *Nature Neuroscience*, 22 (2019), pp. 787-96.

MCCOY, P. *Radical Mycology: A Treatise on Working and Seeing with Fungi*. Portland, OR: Chthaeus, 2016.

MCFALL-NGAI, M. "Adaptive immunity: care for the community". *Nature*, 445 (2007), p. 153.

MCGANN, J. P. "Poor human olfaction is a 19th-century myth". *Science*, 356 (2017), eaam7263.

MCGUIRE, K. L. "Common ectomycorrhizal networks may maintain monodominance in a tropical rain forest". *Ecology*, 88 (2007), pp. 567-74.

MCKENNA, D. *Brotherhood of the Screaming Abyss*. Clearwater, MN: North Star Press of St. Cloud, 2012.

MCKENNA, T. *Food of the Gods: The Search for the Original Tree of Knowledge*. Nova York: Bantam, 1992.

_____; MCKENNA, D. In: OSS, O.T.; OERIC, O.N. *Psilocybin: Magic Mushroom Grower's Guide*. Berkeley, CA: And/Or, 1976.

MCKENZIE, R. N.; HORTON, B. K.; LOOMIS, S. E. et al. "Continental arc volcanism as the principal driver of icehouse-greenhouse variability". *Science*, 352 (2016), pp. 444-7.

MCKERRACHER, L.; HEATH, I. "Fungal nuclear behavior analysed by ultraviolet micro-beam irradiation". *Cell Motility and the Cytoskeleton*, 6 (1986a), pp. 35-47.

_____; HEATH, I. "Polarized cytoplasmic movement and inhibition of saltations induced by calcium-mediated effects of microbeams in fungal hyphae". *Cell Motility and the Cytoskeleton*, 6 (1986b), pp. 136-45.

MEESSEN, J.; BACKHAUS, T.; BRANDT, A. et al. "The effect of high-dose ionizing radiation on the isolated photobiont of the astrobiological model lichen *Circinaria gyrosa*". *Astrobiology*, 17 (2017), pp. 154-62.

MEJÍA, L. C.; HERRE, E. A.; SPARKS, J. P. et al. "Pervasive effects of a dominant foliar endophytic fungus on host genetic and phenotypic expression in a tropical tree". *Frontiers in Microbiology*, 5 (2014), 479.

MERCKX, V. "Mycoheterotrophy: an introduction". In: MERCKX, V. (Org.). *Mycoheterotrophy — The Biology of Plants Living on Fungi*. Springer, 2013. pp. 1-18.

MERLEAU-PONTY, M. *Phenomenology of Perception*. Londres: Routledge Classics, 2002.

MESKKAUSKAS, A.; MCNULTY, L. J.; MOORE, D. "Concerted regulation of all hyphal tips generates fungal fruit body structures: experiments with computer visualizations produced by a new mathematical model of hyphal growth". *Mycological Research*, 108 (2004), pp. 341-53.

METZNER, R. "Introduction: Visionary Mushrooms of the Americas". In: METZNER, R. (Org.). *Sacred Mushroom of Visions: Teonanacatl*. Rochester, VT: Park Street, 2005. pp. 1-48.

MILLER, M. J.; ALBARRACIN-JORDAN, J.; MOORE, C. et al. "Chemical evidence for the use of multiple psychotropic plants in a 1,000-year-old ritual bundle from South America". *Proceedings of the National Academy of Sciences*, 116 (2019), pp. 11207-12.

MILLS, B. J.; BATTERMAN, S. A.; FIELD, K. J. "Nutrient acquisition by symbiotic fungi governs Palaeozoic climate transition". *Philosophical Transactions of the Royal Society B*, 373 (2017), 20160503.

MILNER, D. S.; ATTAH, V.; COOK, E. et al. "Environment-dependent fitness gains can be driven by horizontal gene transfer of transporter-encoding genes". *Proceedings of the National Academy of Sciences*, 116 (2019), 201815994.

MOELLER, H. V.; NEUBERT, M. G. "Multiple friends with benefits: an optimal mutualist management strategy?". *American Naturalist*, 187 (2016), E1-12.

MOHAJERI, H. M.; BRUMMER, R. J.; RASTALL, R. A. et al. "The role of the microbiome for human health: from basic science to clinical applications". *European Journal of Nutrition*, 57 (2018), pp. 1-14.

MOHAN, J. E.; COWDEN, C. C.; BAAS, P. et al. "Mycorrhizal fungi mediation of terrestrial ecosystem responses to global change: mini-review". *Fungal Ecology*, 10 (2014), pp. 3-19.

MOISAN, K.; CORDOVEZ, V.; VAN DE ZANDE, E. M. et al. "Volatiles of pathogenic and non--pathogenic soil-borne fungi affect plant development and resistance to insects". *Oecologia*, 190 (2019), pp. 589-604.

MONACO, E. "The secret history of Paris's Catacomb mushrooms". *Atlas Obscura* (2017). Disponível em: www.atlasobscura.com/articles/paris-catacomb-mushrooms. Acesso em: 29 out. 2019.

MONDO, S. J.; LASTOVETSKY, O. A.; GASPAR, M. L. et al. "Bacterial endosymbionts influence host sexuality and reveal reproductive genes of early divergent fungi". *Nature Communications*, 8 (2017), 1843.

MONEY, N. P. "More g's than the Space Shuttle: ballistospore discharge". *Mycologia*, 90 (1998), p. 547.

_____. "Fungus punches its way in". *Nature*, 401 (1999), pp. 332-3.

_____. "The fungal dining habit: a biomechanical perspective". *Mycologist*, 18 (2004a), pp. 71-6.

_____. "Theoretical biology: mushrooms in cyberspace". *Nature*, 431 (2004b), p. 32.

_____. *Triumph of the Fungi: A Rotten History*. Oxford: Oxford University Press, 2007.

_____. "Against the naming of fungi". *Fungal Biology*, 117 (2013), pp. 463-5.

_____. *Fungi: A Very Short Introduction*. Oxford: Oxford University Press, 2016.

_____. *The Rise of Yeast*. Oxford: Oxford University Press, 2018.

MONTAÑEZ, I. "A Late Paleozoic climate window of opportunity". *Proceedings of the National Academy of Sciences*, 113 (2016), pp. 2334-6.

MONTIEL-CASTRO, A. J.; GONZÁLEZ-CERVANTES, R. M.; BRAVO-RUISECO, G. et al. "The microbiota-gut-brain axis: neurobehavioral correlates, health and sociality". *Frontiers in Integrative Neuroscience*, 7 (2013), 70.

MOORE, D. "Graviresponses in fungi". *Advances in Space Research*, 17 (1996), pp. 73-82.

_____. "Principles of mushroom developmental biology", *International Journal of Medicinal Mushrooms*, 7 (2005), pp. 79-101.

_____. *Fungal Biology in the Origin and Emergence of Life*. Cambridge: Cambridge University Press, 2013a.

_____. *Slayers, Saviors, Servants, and Sex: An Exposé of Kingdom Fungi*. Springer, 2013b.

_____; HOCK, B.; GREENING, J. P. et al. "Gravimorphogenesis in agarics". *Mycological Research*, 100 (1996), pp. 257-73.

_____; ROBSON, G. D.; TRINCI, A. P. J. *21st-Century Guidebook to Fungi*. Cambridge: Cambridge University Press, 2011.

MOUSAVI, S. A.; CHAUVIN, A.; PASCAUD, F. et al. "Glutamate receptor-like genes mediate leaf-to-leaf wound signalling". *Nature*, 500 (2013), pp. 422-6.

MUDAY, G. K.; BROWN-HARDING, H. "Nervous system-like signaling in plant defense". *Science*, 361 (2018), pp. 1068-9.

MUELLER, R. C.; SCUDDER, C. M.; WHITHAM, T. G. et al. "Legacy effects of tree mortality mediated by ectomycorrhizal fungal communities". *New Phytologist*, 224 (2019), pp. 155-65.

MUIR, J. *The Yosemite*. Nova York: The Century Company, 1912. Disponível em: vault.sierraclub.org/john_muir_exhibit/writings/the_yosemite/. Acesso em: 29 out. 2019.

MYERS, N. "Conversations on plant sensing: notes from the field". *NatureCulture*, 3 (2014), pp. 35-66.

NAEF, R. "The volatile and semi-volatile constituents of agarwood, the infected heartwood of *Aquilaria* species: a review". *Flavour and Fragrance Journal*, 26 (2011), pp. 73-87.

NAKAGAKI, T.; YAMADA, H.; TÓTH, A. "Maze-solving by an amoeboid organism". *Nature*, 407 (2000), p. 470.

NELSEN, M. P.; DIMICHELE, W. A.; PETERS, S. E. et al. "Delayed fungal evolution did not cause the Paleozoic peak in coal production". *Proceedings of the National Academy of Sciences*, 113 (2016), pp. 2442-7.

NELSON, M. L.; DINARDO, A.; HOCHBERG, J. et al. "Mass spectroscopic characterization of tetracycline in the skeletal remains of an ancient population from Sudanese Nubia 350-550 CE". *American Journal of Physical Anthropology*, 143 (2010), pp. 151-4.

NEWMAN, E. I. "Mycorrhizal links between plants: their functioning and ecological significance". *Advances in Ecological Research*, 18 (1988), pp. 243-70.

NIKOLOVA, I.; JOHANSON, K. J.; DAHLBERG, A. "Radiocaesium in fruitbodies and mycorrhizae in ectomycorrhizal fungi". *Journal of Environmental Radioactivity*, 37 (1997), pp. 115-25.

NIKSIC, M.; HADZIC, I.; GLISIC, M. "Is *Phallus impudicus* a mycological giant?". *Mycologist*, 18 (2004), pp. 21-2.

NOË, R.; HAMMERSTEIN, P. "Biological markets". *Trends in Ecology & Evolution*, 10 (1995), pp. 336-9.

_____; KIERS, T. E. "Mycorrhizal markets, firms, and co-ops". *Trends in Ecology & Evolution*, 33 (2018), pp. 777-89.

NORDBRING-HERTZ, B. "Morphogenesis in the nematode-trapping fungus *Arthrobotrys oligospora* — an extensive plasticity of infection structures". *Mycologist*, 18 (2004), pp. 125-33.

_____; JANSSON, H.; TUNLID, A. "Nematophagous Fungi". In: *Encyclopedia of Life Sciences*. Chichester: John Wiley, 2011.

NOVIKOVA, N.; BOEVER, P.; PODDUBKO, S. et al. "Survey of environmental biocontamination on board the International Space Station". *Research in Microbiology*, 157 (2006), pp. 5-12.

O'MALLEY, M. A. "Endosymbiosis and its implications for evolutionary theory". *Proceedings of the National Academy of Sciences*, 112 (2015), pp. 10270-7.

O'REGAN, H. J.; LAMB, A. L.; WILKINSON, D. M. "The missing mushrooms: searching for fungi in ancient human dietary analysis". *Journal of Archaeological Science*, 75 (2016), pp. 139-43.

OETTMEIER, C.; BRIX, K.; DÖBEREINER, H.-G. "*Physarum polycephalum* — a new take on a classic model system". *Journal of Physics D: Applied Physics*, 50 (2017), p. 41.

OLIVEIRA, A. G.; STEVANI, C. V.; WALDENMAIER, H. E. et al. "Circadian control sheds light on fungal bioluminescence". *Current Biology*, 25 (2015), pp. 964-8.

OLSSON, S. "Nutrient translocation and electrical signalling in Mycelia". In: GOW, N. A. R; ROBSON, G. D.; GADD, G. M. (Orgs.). *The Fungal Colony*. Cambridge: Cambridge University Press, 2009. pp. 25-48.

_____; HANSSON, B. "Action potential-like activity found in fungal mycelia is sensitive to stimulation". *Naturwissenschaften*, 82 (1995), pp. 30-1.

OOLBEKKINK, G. T.; KUYPER, T. W. "Radioactive caesium from Chernobyl in fungi". *Mycologist*, 3 (1989), pp. 3-6.

ORRELL, P. *Linking above and below-ground Interactions in agro-ecosystems: an ecological network approach*. Newcastle: University of Newcastle, 2018. Tese de doutorado. Disponível em: theses.ncl.ac.uk/jspui/handle/10443/4102. Acesso em: 29 out. 2019.

OSBORNE, O. G.; DE-KAYNE, R.; BIDARTONDO, M. I. et al. "Arbuscular mycorrhizal fungi promote coexistence and niche divergence of sympatric palm species on a remote oceanic island". *New Phytologist*, 217 (2018), pp. 1254-66.

OTT, J. "Pharmaka, philtres, and pheromones. Getting high and getting off". *MAPS*, 12 (2002), pp. 26-32.

OTTO, S.; BRUNI, E. P.; HARMS, H. et al. "Catch me if you can: dispersal and foraging of *Bdellovibrio bacteriovorus* 109J along mycelia". *ISME Journal*, 11 (2017), pp. 386-93.

OUELLETTE, N. T. "Flowing crowds". *Science*, 363 (2019), pp. 27-8.

OUKARROUM, A.; GHAROUS, M.; STRASSER, R. J. "Does *Parmelina tiliacea* lichen photosystem II survive at liquid nitrogen temperatures?". *Cryobiology*, 74 (2017), pp. 160-2.

OVID. *Ovid: The Metamorphoses*. Trad. de Horace Gregory. Nova York: Viking, 1958.

PAGÁN, O. R. "The brain: a concept in flux". *Philosophical Transactions of the Royal Society B*, 374 (2019), 20180383.

PAGLIA, C. *Sexual Personae: Art and Decadence from Nefertiti to Emily Dickinson*. New Haven, CT: Yale University Press, 2001.

PAN, X.; PIKE, A.; JOSHI, D. et al. "The bacterium *Wolbachia* exploits host innate immunity to establish a symbiotic relationship with the dengue vector mosquito *Aedes aegypti*". *ISME Journal*, 12 (2017), pp. 277-88.

PATRA, S.; BANERJEE, S.; TEREJANU, G. et al. "Subsurface pressure profiling: a novel mathematical paradigm for computing colony pressures on substrate during fungal infections". *Scientific Reports*, 5 (2015), 12928.

PEAY, K. G. "The mutualistic niche: mycorrhizal symbiosis and community dynamics". *Annual Review of Ecology, Evolution, and Systematics*, 47 (2016), pp. 1-22.

_____; KENNEDY, P. G.; TALBOT, J. M. "Dimensions of biodiversity in the Earth mycobiome". *Nature Reviews Microbiology*, 14 (2016), pp. 434-47.

PEINTNER, U.; PODER, R.; PUMPEL, T. "The iceman's fungi". *Mycological Research*, 102 (1998), pp. 1153-62.

PENNAZZA, G.; FANALI, C.; SANTONICO, M. et al. "Electronic nose and GC-MS analysis of volatile compounds in *Tuber magnatum* Pico: evaluation of different storage conditions". *Food Chemistry*, 136 (2013), pp. 668-74.

PENNISI, E. "Chemicals released by bacteria may help gut control the brain, mouse study suggests". *Science* (2019a). Disponível em: www.sciencemag.org/news/2019/10/chemicals-released-bacteria-may-help-gut-control-brain-mouse-study-suggests. Acesso em: 29 out. 2019.

_____. "Algae suggest eukaryotes get many gifts of bacteria DNA". *Science*, 363 (2019b), pp. 439-40.

PERIS, J. E.; RODRÍGUEZ, A.; PEÑA, L. et al. "Fungal infestation boosts fruit aroma and fruit removal by mammals and birds". *Scientific Reports*, 7 (2017), 5646.

PERROTTET, T. "Mt. Rushmore". *Smithsonian Magazine* (2006). Disponível em: www.smithsonianmag.com/travel/mt-rushmore-116396890/. Acesso em: 29 out. 2019.

PETRI, G.; EXPERT, P.; TURKHEIMER, F. et al. "Homological scaffolds of brain functional networks". *Journal of the Royal Society Interface*, 11 (2014), 20140873.

PFEFFER, C.; LARSEN, S.; SONG, J. et al. "Filamentous bacteria transport electrons over centimetre distances". *Nature*, 491 (2012), pp. 218-21.

PHILLIPS, R. P.; BRZOSTEK, E.; MIDGLEY, M. G. "The mycorrhizal-associated nutrient economy: a new framework for predicting carbon-nutrient couplings in temperate forests". *New Phytologist*, 199 (2013), pp. 41-51.

PICKLES, B.; EGGER, K.; MASSICOTTE, H. et al. "Ectomycorrhizas and climate change". *Fungal Ecology*, 5 (2012), pp. 73-84.

PICKLES, B. J.; WILHELM, R.; ASAY, A. K. et al. "Transfer of 13C between paired Douglas fir seedlings reveals plant kinship effects and uptake of exudates by ectomycorrhizas". *New Phytologist*, 214 (2017), pp. 400-11.

PION, M.; SPANGENBERG, J.; SIMON, A. et al. "Bacterial farming by the fungus *Morchella crassipes*". *Proceedings of the Royal Society B*, 280 (2013), 20132242.

PIROZYNSKI, K. A.; MALLOCH, D. W. "The origin of land plants: a matter of mycotrophism". *Biosystems*, 6 (1975), pp. 153-64.

PITHER, J.; PICKLES, B. J.; SIMARD, S. W. et al. "Below-ground biotic interactions moderated the postglacial range dynamics of trees". *New Phytologist*, 220 (2018), pp. 1148-60.

POLICHA, T.; DAVIS, A.; BARNADAS, M. et al. "Disentangling visual and olfactory signals in mushroom-mimicking *Dracula* orchids using realistic three-dimensional printed flowers". *New Phytologist*, 210 (2016), pp. 1058-71.

POLLAN, M. "The intelligent plant". *New Yorker* (2013). Disponível em: michaelpollan.com/articles-archive/the-intelligent-plant/. Acesso em: 29 out. 2019.

_____. *How to Change Your Mind: The New Science of Psychedelics*. Londres: Penguin, 2018.

POPKIN, G. "Bacteria use brainlike bursts of electricity to communicate". *Quanta* (2017). Disponível em: www.quantamagazine.org/bacteria-use-brainlike-bursts-of-electricity-to-communicate-20170905/. Acesso em: 29 out. 2019.

PORADA, P.; WEBER, B.; ELBERT, W. et al. "Estimating impacts of lichens and bryophytes on global biogeochemical cycles". *Global Biogeochemical Cycles*, 28 (2014), pp. 71-85.

POTTS, S. G.; BIESMEIJER, J. C.; KREMEN, C. et al. "Global pollinator declines: trends, impacts and drivers". *Trends in Ecology & Evolution*, 25 (2010), pp. 345-53.

POULSEN, M.; HU, H.; LI, C. et al. "Complementary symbiont contributions to plant decomposition in a fungus-farming termite". *Proceedings of the National Academy of Sciences*, 111 (2014), pp. 14500-5.

POWELL, J. R.; RILLIG, M. C. "Biodiversity of arbuscular mycorrhizal fungi and ecosystem function". *New Phytologist*, 220 (2018), pp. 1059-75.

POWELL, M. *Medicinal Mushrooms: A Clinical Guide*. Bath: Mycology, 2014.

POZO, M. J.; LÓPEZ-RÁEZ, J. A.; AZCÓN-AGUILAR, C. et al. "Phytohormones as integrators of environmental signals in the regulation of mycorrhizal symbioses". *New Phytologist*, 205 (2015), pp. 1431-6.

PRASAD, S. "An ingenious way to combat India's suffocating pollution". *Washington Post* (2018). Disponível em: www.washingtonpost.com/news/theworldpost/wp/2018/08/01/india-pollution/. Acesso em: 29 out. 2019.

PRESSEL, S.; BIDARTONDO, M. I.; LIGRONE, R. et al. "Fungal symbioses in bryophytes: new insights in the twenty-first century". *Phytotaxa*, 9 (2010), pp. 238-53.

PRIGOGINE, I.; STENGERS, I. *Order Out of Chaos: Man's New Dialogue with Nature*. Nova York: Bantam, 1984.

PRINDLE, A.; LIU, J.; ASALLY, M. et al. "Ion channels enable electrical communication in bacterial communities". *Nature*, 527 (2015), pp. 59-63.

PURSCHWITZ, J.; MÜLLER, S.; KASTNER, C. et al. "Seeing the rainbow: light sensing in fungi". *Current Opinion in Microbiology*, 9 (2006), pp. 566-71.

QUÉRÉ, C.; ANDREW, R. M.; FRIEDLINGSTEIN, P. et al. "Global Carbon Budget 2018". *Earth System Science Data Discussions* (2018), doi.org/10.5194/essd-2018-120.

QUINTANA-RODRIGUEZ, E.; RIVERA-MACIAS, L. E.; ADAME-ALVAREZ, R. M. et al. "Shared weapons in fungus-fungus and fungus-plant interactions? Volatile organic compounds of plant or fungal origin exert direct antifungal activity *in vitro*". *Fungal Ecology*, 33 (2018), pp. 115-21.

QUIRK, J.; ANDREWS, M.; LEAKE, J. et al. "Ectomycorrhizal fungi and past high CO_2 atmospheres enhance mineral weathering through increased below-ground carbon-energy fluxes". *Biology Letters*, 10 (2014), 20140375.

RABBOW, E.; HORNECK, G.; RETTBERG, P. et al. "EXPOSE, an astrobiological exposure facility on the International Space Station — from proposal to flight". *Origins of Life and Evolution of Biospheres*, 39 (2009), pp. 581-98.

RAES, J. "Crowdsourcing Earth's microbes". *Nature*, 551 (2017), pp. 446-7.

RAMBOLD, G.; STADLER, M.; BEGEROW, D. "Mycology should be recognised as a field in biology at eye level with other major disciplines — a memorandum". *Mycological Progress*, 12 (2013), pp. 455-63.

RAMSBOTTOM, J. *Mushrooms and Toadstools*. Londres: Collins, 1953.

RAVERAT, G. *Period Piece: A Cambridge Childhood*. Londres: Faber, 1952.

RAYNER, A. *Degrees of Freedom*. Londres: World Scientific, 1997.

_____; GRIFFITHS, G. S.; AINSWORTH, A. M. "Mycelial interconnectedness". In: GOW, N. A. R.; GADD, G. M. (Orgs.). *The Growing FungusI*. Londres: Chapman and Hall, 1995. pp. 21-40.

RAYNER, M. *Trees and Toadstools*. Londres: Faber, 1945.

READ, D. "Mycorrhizal fungi: the ties that bind". *Nature*, 388 (1997), pp. 517-18.

READ, N. "Fungal cell structure and organization". In: KIBBLER, C. C.; BARTON, R.; GOW, N. A. R. et al. (Orgs.). *Oxford Textbook of Medical Mycology*. Oxford: Oxford University Press, 2018. pp. 23-34.

READ, N. D.; LICHIUS, A.; SHOJI, J. et al. "Self-signalling and self-fusion in filamentous fungi". *Current Opinion in Microbiology*, 12 (2009), pp. 608-15.

REDMAN, R. S.; RODRIGUEZ, R. J. "The symbiotic tango: achieving climate-resilient crops via mutualistic plant — fungus relationships". In: DOTY, S. (Org.). *Functional Importance of the Plant Microbiome, Implications for Agriculture, Forestry and Bioenergy*. Springer, 2017. pp. 71-87.

REES, B.; SHEPHERD, V. A.; ASHFORD, A. E. "Presence of a motile tubular vacuole system in different phyla of fungi". *Mycological Research*, 98 (1994), pp. 985-92.

REID, C. R.; LATTY, T.; DUSSUTOUR, A. et al. "Slime mold uses an externalized spatial 'memory' to navigate in complex environments". *Proceedings of the National Academy of Sciences*, 109 (2012), pp. 17490-4.

RELMAN, D. A. "'Til death do us part': coming to terms with symbiotic relationships". *Nature Reviews Microbiology*, 6 (2008), pp. 721-4.

REYNAGA-PEÑA, C. G.; BARTNICKI-GARCÍA, S. "Cytoplasmic contractions in growing fungal hyphae and their morphogenetic consequences". *Archives of Microbiology*, 183 (2005), pp. 292-300.

REYNOLDS, H. T.; VIJAYAKUMAR, V.; GLUCK-THALER, E. et al. "Horizontal gene cluster transfer increased hallucinogenic mushroom diversity". *Evolution Letters*, 2 (2018), pp. 88-101.

RICH, A. "Notes toward a Politics of Location". In: _____. *Blood, Bread, and Poetry: Selected Prose, 1979-1985*. Nova York: W. W. Norton, 1994.

RICHARDS, T. A.; LEONARD, G.; SOANES, D. M. et al. "Gene transfer into the fungi". *Fungal Biology Reviews*, 25 (2011), pp. 98-110.

RILLIG, M. C.; AGUILAR-TRIGUEROS, C. A.; CAMENZIND, T. et al. "Why farmers should manage the arbuscular mycorrhizal symbiosis: a response to Ryan & Graham (2018), 'Little evidence that farmers should consider abundance or diversity of arbuscular mycorrhizal fungi when managing crops'". *New Phytologist*, 222 (2019), pp. 1171-5.

_____; LEHMANN, A.; LEHMANN, J. et al. "Soil biodiversity effects from field to fork". *Trends in Plant Science*, 23 (2018), pp. 17-24.

RIQUELME, M. "Tip growth in filamentous fungi: a road trip to the apex". *Microbiology*, 67 (2012), pp. 587-609.

RITZ, K.; YOUNG, I. "Interactions between soil structure and fungi". *Mycologist*, 18 (2004), pp. 52-9.

ROBINSON, J. M. "Lignin, land plants, and fungi: biological evolution affecting Phanerozoic oxygen balance". *Geology*, 18 (1990), pp. 607-10.

RODRIGUEZ, R.; WHITE, J. F.; ARNOLD, A. et al. "Fungal endophytes: diversity and functional roles". *New Phytologist*, 182 (2009), pp. 314-30.

RODRIGUEZ-ROMERO, J.; HEDTKE, M.; KASTNER, C. et al. "Fungi, hidden in soil or up in the air: light makes a difference". *Microbiology*, 64 (2010), pp. 585-610.

ROGERS, R. *The Fungal Pharmacy*. Berkeley, CA: North Atlantic, 2012.

ROPER, M.; DRESSAIRE, E. "Fungal biology: bidirectional communication across fungal networks". *Current Biology*, 29 (2019), R130-2.

_____; LEE, C.; HICKEY, P. C. et al. "Life as a moving fluid: fate of cytoplasmic macromolecules in dynamic fungal syncytia". *Current Opinion in Microbiology*, 26 (2015), pp. 116-22.

_____; SEMINARA, A. "Mycofluidics: the fluid mechanics of fungal adaptation". *Annual Review of Fluid Mechanics*, 51 (2017), pp. 1-28.

_____; SEMINARA, A.; BANDI, M. et al. "Dispersal of fungal spores on a cooperatively generated wind". *Proceedings of the National Academy of Sciences*, 107 (2010), pp. 17474-9.

_____; SIMONIN, A.; HICKEY, P. C. et al. "Nuclear dynamics in a fungal chimera". *Proceedings of the National Academy of Sciences*, 110 (2013), pp. 12875-80.

ROSS, A. A.; MÜLLER, K. M.; WEESE, J. S. et al. "Comprehensive skin microbiome analysis reveals the uniqueness of human skin and evidence for phylosymbiosis within the class Mammalia". *Proceedings of the National Academy of Sciences*, 115 (2018), E5786-95.

ROSS, S.; BOSSIS, A.; GUSS, J. et al. "Rapid and sustained symptom reduction following psilocybin treatment for anxiety and depression in patients with life-threatening cancer: a randomized controlled trial". *Journal of Psychopharmacology*, 30 (2016), pp. 1165-80.

ROUGHGARDEN, J. *Evolution's Rainbow*. Berkeley: University of California Press, 2013.

ROUPHAEL, Y.; FRANKEN, P.; SCHNEIDER, C. et al. "Arbuscular mycorrhizal fungi act as biostimulants in horticultural crops". *Scientia Horticulturae*, 196 (2015), pp. 91-108.

RUBINI, A.; RICCIONI, C.; ARCIONI, S. et al. "Troubles with truffles: unveiling more of their biology". *New Phytologist*, 174 (2007), pp. 256-9.

RUSSELL, B. *Portraits from Memory and Other Essays*. Nova York: Simon and Schuster, 1956.

RYAN, M. H.; GRAHAM, J. H. "Little evidence that farmers should consider abundance or diversity of arbuscular mycorrhizal fungi when managing crops". *New Phytologist*, 220 (2018), pp. 1092-1107.

SAGAN, L. "On the origin of mitosing cells". *Journal of Theoretical Biology*, 14 (1967), pp. 225-74.

SALVADOR-RECATALÀ, V.; TJALLINGII, F. W.; FARMER, E. E. "Real-time, *in vivo* intracellular recordings of caterpillar-induced depolarization waves in sieve elements using aphid electrodes". *New Phytologist*, 203 (2014), pp. 674-84.

SAMORINI, G. *Animals and Psychedelics: The Natural World and the Instinct to Alter Consciousness*. Rochester, VT: Park Street, 2002.

SAMPLE, I. "Magma shift may have caused mysterious seismic wave event". *Guardian* (2018). Disponível em: www.theguardian.com/science/2018/nov/30/magma-shift-mysterious-seismic-wave-event-mayotte. Acesso em: 29 out. 2019.

SANCHO, L. G.; DE LA TORRE, R.; PINTADO, A. "Lichens, new and promising material from experiments in astrobiology". *Fungal Biology Reviews*, 22 (2008), pp. 103-9.

SAPP, J. *Evolution by Association*. Oxford: Oxford University Press, 1994.

———. "The dynamics of symbiosis: an historical overview". *Canadian Journal of Botany*, 82 (2004), pp. 1046-56.

———. *The New Foundations of Evolution*. Oxford: Oxford University Press, 2009.

———. "The symbiotic self". *Evolutionary Biology*, 43 (2016), pp. 596-603.

SAPSFORD, S. J.; PAAP, T.; HARDY, G. E. et al. "The 'chicken or the egg': which comes first, forest tree decline or loss of mycorrhizae?". *Plant Ecology*, 218 (2017), pp. 1093-1106.

SARRAFCHI, A.; ODHAMMER, A. M.; SALAZAR, L. et al. "Olfactory sensitivity for six predator odorants in cd-1 mice, human subjects, and spider monkeys". *PLOS ONE*, 8 (2013), e80621.

SAUPE, S. "Molecular genetics of heterokaryon incompatibility in filamentous ascomycetes". *Microbiology and Molecular Biology Reviews*, 64 (2000), pp. 489-502.

SCHARF, C. "How the Cold War Created Astrobiology". *Nautilus* (2016). Disponível em: nautil.us/issue/32/space/how-the-cold-war-created-astrobiology-rp. Acesso em: 29 out. 2019.

SCHARLEMANN, J. P.; TANNER, E. V.; HIEDERER, R. et al. "Global soil carbon: understanding and managing the largest terrestrial carbon pool". *Carbon Management*, 5 (2014), pp. 81-91.

SCHENKEL, D.; MACIÁ-VICENTE, J. G.; BISSELL, A. et al. "Fungi indirectly affect plant root architecture by modulating soil volatile organic compounds". *Frontiers in Microbiology*, 9 (2018), 1847.

SCHMIEDER, S. S.; STANLEY, C. E.; RZEPIELA, A. et al. "Bidirectional propagation of signals and nutrients in fungal networks via specialized hyphae". *Current Biology*, 29 (2019), pp. 217-28.

SCHMULL, M.; DAL-FORNO, M.; LÜCKING, R. et al. "*Dictyonema huaorani* (Agaricales: Hygrophoraceae), a new lichenized basidiomycete from Amazonian Ecuador with presumed hallucinogenic properties". *Bryologist*, 117 (2014), pp. 386-94.

SCHULTES, R.; HOFMANN, A.; RÄTSCH, C. *Plants of the Gods: Their Sacred, Healing, and Hallucinogenic Powers*. 2 ed. Rochester, VT: Healing Arts, 2001.

SCHULTES, R. E. "Teonanacatl: the narcotic mushroom of the Aztecs". *American Anthropologist*, 42 (1940), pp. 429-43.

SEAWARD, M. "Environmental role of lichens". In: NASH, H. (Org.). *Lichen Biology*. Cambridge: Cambridge University Press, 2008. pp. 274-98.

SELOSSE, M.-A. "Prototaxites: a 400-Myr-old giant fossil, a saprophytic holobasidiomycete, or a lichen?". *Mycological Research*, 106 (2002), pp. 641-4.

_____; SCHNEIDER-MAUNOURY, L.; MARTOS, F. "Time to re-think fungal ecology? Fungal ecological niches are often prejudged". *New Phytologist*, 217 (2018), pp. 968-72.

_____; SCHNEIDER-MAUNOURY, L.; TASCHEN E. et al. "Black truffle, a hermaphrodite with forced unisexual behaviour". *Trends in Microbiology*, 25 (2017), pp. 784-7.

_____; STRULLU-DERRIEN, C.; MARTIN, F. M. et al. "Plants, fungi and oomycetes: a 400-million--year affair that shapes the biosphere". *New Phytologist*, 206 (2015), pp. 501-6.

_____; TACON, L. F. "The land flora: a phototroph-fungus partnership?". *Trends in Ecology & Evolution*, 13 (1998), pp. 15-20.

SERGEEVA, N. G.; KOPYTINA, N. I. "The first marine filamentous fungi discovered in the bottom sediments of the oxic/anoxic interface and in the bathyal zone of the Black Sea". *Turkish Journal of Fisheries and Aquatic Sciences*, 14 (2014), pp. 497-505.

SHELDRAKE, M.; ROSENSTOCK, N. P.; REVILLINI, D. et al. "A phosphorus threshold for mycoheterotrophic plants in tropical forests". *Proceedings of the Royal Society B*, 284 (2017), 20162093.

SHEPHERD, V.; ORLOVICH, D.; ASHFORD, A. "Cell-to-cell transport via motile tubules in growing hyphae of a fungus". *Journal of Cell Science*, 105 (1993), pp. 1173-8.

SHOMRAT, T.; LEVIN, M. "An automated training paradigm reveals long-term memory in planarians and its persistence through head regeneration". *Journal of Experimental Biology*, 216 (2013), pp. 3799-3810.

SHUKLA, V.; JOSHI, G. P.; RAWAT, M. S. M. "Lichens as a potential natural source of bioactive compounds: a review". *Phytochemical Reviews*, 9 (2010), pp. 303-14.

SIEGEL, R. K. *Intoxication: The Universal Drive for Mind-Altering Substances*. Rochester, VT: Park Street, 2005.

SILVERTOWN, J. "A new dawn for citizen science". *Trends in Ecology & Evolution*, 24 (2009), pp. 467-71.

SIMARD, S. "Mycorrhizal networks facilitate tree communication, learning, and memory". In: BALUSKA, F; GAGLIANO, M.; WITZANY, G. (Orgs.). *Memory and Learning in Plants*. Springer, 2018. pp. 191-213.

_____; ASAY, A.; BEILER, K. et al. "Resource transfer between plants through ectomycorrhizal fungal networks". In: HORTON, T. (Org.). *Mycorrhizal Networks*. Springer, 2015. pp. 133-76.

_____; PERRY, D. A.; JONES, M. D. et al. "Net transfer of carbon between ectomycorrhizal tree species in the field". *Nature*, 388 (1997), pp. 579-82.

SIMARD, S. W.; BEILER, K. J.; BINGHAM, M. A. et al. "Mycorrhizal networks: mechanisms, ecology and modelling". *Fungal Biology Reviews*, 26 (2012), pp. 39-60.

SINGH, H. *Mycoremediation*. Nova York: John Wiley, 2006.

SLAYMAN, C.; LONG, W.; GRADMANN, D. "'Action potentials' in *Neurospora crassa*, a mycelial fungus". *Biochimica et Biophysica Acta*, 426 (1976), pp. 732-44.

SMITH, S. E.; READ, D. J. *Mycorrhizal Symbiosis*. Londres: Academic, 2008.

SOLÉ, R.; MOSES, M.; FORREST, S. "Liquid brains, solid brains". *Philosophical Transactions of the Royal Society B*, 374 (2019), 20190040.

SOLIMAN, S.; GREENWOOD, J. S; BOMBARELY, A. et al. "An endophyte constructs fungicide-containing extracellular barriers for its host plant". *Current Biology*, 25 (2015), pp. 2570-6.

SONG, Y.; ZENG, R. "Interplant communication of tomato plants through underground common mycorrhizal networks". *PLOS ONE*, 5 (2010), e11324.

_____; SIMARD, S. W.; CARROLL, A. et al. "Defoliation of interior Douglas fir elicits carbon transfer and stress signalling to ponderosa pine neighbors through ectomycorrhizal networks". *Scientific Reports*, 5 (2015a), 8495.

_____; YE, M.; LI, C. et al. "Hijacking common mycorrhizal networks for herbivore-induced defence signal transfer between tomato plants". *Scientific Reports*, 4 (2015b), 3915.

SOUTHWORTH, D.; HE, X.-H.; SWENSON, W. et al. "Application of network theory to potential mycorrhizal networks". *Mycorrhiza*, 15 (2005), pp. 589-95.

SPANOS, N. P.; GOTTLEIB, J. "Ergotism and the Salem village witch trials". *Science*, 194 (1976), pp. 1390-4.

SPLIVALLO, R.; NOVERO, M.; BERTEA, C. M. et al. "Truffle volatiles inhibit growth and induce an oxidative burst in *Arabidopsis thaliana*". *New Phytologist*, 175 (2007), pp. 417-24.

_____; FISCHER, U.; GÖBEL, C. "Truffles regulate plant root morphogenesis via the production of auxin and ethylene". *Plant Physiology*, 150 (2009), pp. 2018-29.

_____; OTTONELLO, S.; MELLO, A. et al. "Truffle volatiles: from chemical ecology to aroma biosynthesis". *New Phytologist*, 189 (2011), pp. 688-99.

SPRIBILLE, T. "Relative symbiont input and the lichen symbiotic outcome". *Current Opinion in Plant Biology*, 44 (2018), pp. 57-63.

_____; TUOVINEN, V.; RESL, P. et al. "Basidiomycete yeasts in the cortex of ascomycete macrolichens". *Science*, 353 (2016), pp. 488-92.

STAMETS, P. *Psilocybin Mushrooms of the World*. Berkeley, CA: Ten Speed, 1996.

_____. "Global ecologies, world distribution and relative potency of psilocybin mushrooms". In: METZNER, R. (Org.). *Sacred Mushroom of Visions: Teonanacatl*. Rochester, VT: Park Street, 2005. pp. 69-75.

_____. *Mycelium Running*. Berkeley, CA: Ten Speed, 2011.

STAMETS, P. E.; NAEGER, N. L.; EVANS, J. D. et al. "Extracts of polypore mushroom mycelia reduce viruses in honey bees". *Scientific Reports*, 8 (2018), 3936.

STATE OF THE WORLD'S FUNGI. Kew, Royal Botanic Gardens, 2018. Disponível em: stateoftheworldsfungi.org. Acesso em: 29 out. 2019.

STEELE, E. J.; AL-MUFTI, S.; AUGUSTYN, K. A. et al. "Cause of Cambrian explosion — terrestrial or cosmic?". *Progress in Biophysics and Molecular Biology*, 136 (2018), pp. 3-23.

STEIDINGER, B.; CROWTHER, T.; LIANG, J. et al. "Climatic controls of decomposition drive the global biogeography of forest-tree symbioses". *Nature*, 569 (2019), pp. 404-8.

STEINBERG, G. "Hyphal growth: a tale of motors, lipids and the *Spitzenkörper*". *Eukaryotic Cell*, 6 (2007), pp. 351-60.

STEINHARDT, J. B. *Mycelium is the message: open science, ecological values and alternative futures with do-it-yourself mycologists*. University of California, Santa Barbara, 2018. Tese de doutorado.

STIERLE, A.; STROBEL, G.; STIERLE, D. "Taxol and taxane production by *Taxomyces andreanae*, an endophytic fungus of Pacific yew". *Science*, 260 (1993), pp. 214-16.

STOUGH, J. M.; YUTIN, N.; CHABAN, Y. V. et al. "Genome and environmental activity of a chrysochromulina parva virus and its virophages". *Frontiers in Microbiology*, 10 (2019), 703.

STRULLU-DERRIEN, C.; SELOSSE, M.-A.; KENRICK, P. et al. "The origin and evolution of mycorrhizal symbioses: from palaeomycology to phylogenomics". *New Phytologist*, 220 (2018), pp. 1012-30.

STUDERUS, E.; KOMETER, M.; HASLER, F. et al. "Acute, subacute and long-term subjective effects of psilocybin in healthy humans: a pooled analysis of experimental studies". *Journal of Psychopharmacology*, 25 (2011), pp. 1434-52.

STUKELEY, W. *Memories of Sir Isaac Newton's life* (Original, 1752). Disponível em: ttp.royalsociety.org/ttp/ttp.html?id=1807da00-. Acesso em: 29 out. 2019.

SUARATO, G.; BERTORELLI, R.; ATHANASSIOU, A. "Borrowing from nature: biopolymers and biocomposites as smart wound care materials". *Frontiers in Bioengineering and Biotechnology*, 6 (2018), p. 137.

SUDBERY, P.; GOW, N.; BERMAN, J. "The distinct morphogenic states of *Candida albicans*". *Trends in Microbiology*, 12 (2004), pp. 317-24.

SWIFT, R. S. "Sequestration of carbon by soil". *Soil Science*, 166 (2001), pp. 858-71.

TAIZ, L.; ALKON, D.; DRAGUHN, A. et al. "Plants neither possess nor require consciousness". *Trends in Plant Science*, 24 (2019), pp. 677-87.

TAKAKI, K.; YOSHIDA, K.; SAITO, T. et al. "Effect of electrical stimulation on fruit body formation in cultivating mushrooms". *Microorganisms*, 2 (2014), pp. 58-72.

TALOU, T.; GASET, A.; DELMAS, M. et al. "Dimethyl sulphide: the secret for black truffle hunting by animals?". *Mycological Research*, 94 (1990), pp. 277-8.

TANNEY, J. B.; VISAGIE, C. M.; YILMAZ, N. et al. "Aspergillus subgenus *Polypaecilum* from the built environment". *Studies in Mycology*, 88 (2017), pp. 237-67.

TASCHEN, E.; ROUSSET, F.; SAUVE, M. et al. "How the truffle got its mate: insights from genetic structure in spontaneous and planted Mediterranean populations of *Tuber melanosporum*". *Molecular Ecology*, 25 (2016), pp. 5611-27.

TAYLOR, A.; FLATT, A.; BEUTEL, M. et al. "Removal of *Escherichia coli* from synthetic stormwater using mycofiltration". *Ecological Engineering*, 78 (2015), pp. 79-86.

TAYLOR, L.; LEAKE, J.; QUIRK, J. et al. "Biological weathering and the long-term carbon cycle: integrating mycorrhizal evolution and function into the current paradigm". *Geobiology*, 7 (2009), pp. 171-91.

TAYLOR, T.; KLAVINS, S.; KRINGS, M. et al. "Fungi from the Rhynie chert: a view from the dark side". *Transactions of the Royal Society of Edinburgh: Earth Sciences*, 94 (2007), pp. 457-73.

TEMPLE, R. "The prehistory of panspermia: astrophysical or metaphysical?". *International Journal of Astrobiology*, 6 (2007), pp. 169-80.

TERO, A.; TAKAGI, S.; SAIGUSA, T. et al. "Rules for biologically inspired adaptive network design". *Science*, 327 (2010), pp. 439-42.

TERRER, C.; VICCA, S.; HUNGATE, B. A. et al. "Mycorrhizal association as a primary control of the CO_2 fertilization effect". *Science*, 353 (2016), pp. 72-4.

THIERRY, G. "Lab-grown mini brains: we can't dismiss the possibility that they could one day outsmart us". *Conversation* (2019). Disponível em: theconversation.com/lab-grown-mini-brains-we-cant-dismiss-the-possibility-that-they-could-one-day-outsmart-us-125842. Acesso em: 29 out. 2019.

THIRKELL, T. J.; CHARTERS, M. D.; ELLIOTT, A. J. et al. "Are mycorrhizal fungi our sustainable saviours? Considerations for achieving food security". *Journal of Ecology*, 105 (2017), pp. 921-9.

_____; PASTOK, D.; FIELD, K. J. "Carbon for nutrient exchange between arbuscular mycorrhizal fungi and wheat varies according to cultivar and changes in atmospheric carbon dioxide concentration". *Global Change Biology* (2019), DOI: 10.1111/gcb.14851.

THOMAS, P.; BÜNTGEN, U. "First harvest of Périgord black truffle in the UK as a result of climate change". *Climate Research*, 74 (2017), pp. 67-70.

TILMAN, D.; BALZER, C.; HILL, J. et al. "Global food demand and the sustainable intensification of agriculture". *Proceedings of the National Academy of Sciences*, 108 (2011), pp. 20260-4.

_____; CASSMAN, K. G.; MATSON, P. A. et al. "Agricultural sustainability and intensive production practices". *Nature*, 418 (2002), pp. 671-7.

TKAVC, R.; MATROSOVA, V. Y.; GRICHENKO, O. E. et al. "Prospects for fungal bioremediation of acidic radioactive waste sites: characterization and genome sequence of *Rhodotorula taiwanensis* MD1149". *Frontiers in Microbiology*, 8 (2018), 2528.

TLALKA, M.; BEBBER, D. P.; DARRAH, P. R. et al. "Emergence of self-organised oscillatory domains in fungal mycelia". *Fungal Genetics and Biology*, 44 (2007), pp. 1085-95.

_____; HENSMAN, D.; DARRAH, P. et al. "Noncircadian oscillations in amino acid transport have complementary profiles in assimilatory and foraging hyphae of *Phanerochaete velutina*". *New Phytologist*, 158 (2003), pp. 325-35.

TOJU, H.; GUIMARÃES, P. R.; OLESEN, J. M. et al. "Assembly of complex plant-fungus networks". *Nature Communications*, 5 (2014), 5273.

_____; PEAY, K. G.; YAMAMICHI, M. et al. "Core microbiomes for sustainable agroecosystems". *Nature Plants*, 4 (2018), pp. 247-57.

_____; SATO, H. "Root-associated fungi shared between arbuscular mycorrhizal and ectomycorrhizal conifers in a temperate forest". *Frontiers in Microbiology*, 9 (2018), 433.

_____; YAMAMOTO, S.; TANABE, A. S. et al. "Network modules and hubs in plant-root fungal biomes". *Journal of the Royal Society Interface*, 13 (2016), 20151097.

TOLKIEN, J. R. R. *The Lord of the Rings*. Londres: Harper Collins, 2014.

TORNBERG, K.; OLSSON, S. "Detection of hydroxyl radicals produced by wood--decomposing fungi". *FEMS Microbiology Ecology*, 40 (2002), pp. 13-20.

TORRI, L.; MIGLIORINI, P.; MASOERO, G. "Sensory test vs. electronic nose and/or image analysis of whole bread produced with old and modern wheat varieties adjuvanted by means of the mycorrhizal factor". *Food Research International*, 54 (2013), pp. 1400-8.

TOYOTA, M.; SPENCER, D.; SAWAI-TOYOTA, S. et al. "Glutamate triggers long-distance, calcium-based plant defense signaling". *Science*, 361 (2018), pp. 1112-5.

TRAPPE, J. "Foreword". In: HORTON, T. (Org.). *Mycorrhizal Networks*. Springer, 2015.

TRAPPE, J. M. "A. B. Frank and mycorrhizae: the challenge to evolutionary and ecologic theory". *Mycorrhiza*, 15 (2005), pp. 277-81.

TREWAVAS, A. "Response to Alpi et al.: plant neurobiology — all metaphors have value". *Trends in Plant Science*, 12 (2007), pp. 231-33.

———. *Plant Behaviour and Intelligence*. Oxford: Oxford University Press, 2014.

———. "Intelligence, cognition, and language of green plants". *Frontiers in Psychology*, 7 (2016), 588.

TRIVEDI, D. K.; SINCLAIR, E.; XU, Y. et al. "Discovery of volatile biomarkers of Parkinson's disease from sebum". *ACS Central Science*, 5 (2019), pp. 599-606.

TSING, A. L. *The Mushroom at the End of the World*. Princeton, NJ: Princeton University Press, 2015.

TUOVINEN, V.; EKMAN, S.; THOR, G. et al. "Two basidiomycete fungi in the cortex of wolf lichens". *Current Biology*, 29 (2019), pp. 476-83.

TYNE, D.; MANSON, A. L.; HUYCKE, M. M. et al. "Impact of antibiotic treatment and host innate immune pressure on enterococcal adaptation in the human bloodstream". *Science Translational Medicine*, 11 (2019), eaat8418.

UMEHATA, H.; FUMAGALLI, M.; SMAIL, I. et al. "Gas filaments of the cosmic web located around active galaxies in a protocluster". *Science*, 366 (2019), pp. 97-100.

VADDER, F.; GRASSET, E.; HOLM, L. et al. "Gut microbiota regulates maturation of the adult enteric nervous system via enteric serotonin networks". *Proceedings of the National Academy of Sciences*, 115 (2018), pp. 6458-63.

VAHDATZADEH, M.; DEVEAU, A.; SPLIVALLO, R. "The role of the microbiome of truffles in aroma formation: a meta-analysis approach". *Applied and Environmental Microbiology*, 81 (2015), pp. 6946-52.

VAJDA, V.; MCLOUGHLIN, S. "Fungal proliferation at the cretaceous — tertiary boundary". *Science*, 303 (2004), p. 1489.

VALLES-COLOMER, M.; FALONY, G.; DARZI, Y. et al. "The neuroactive potential of the human gut microbiota in quality of life and depression". *Nature Microbiology* (2019), pp. 623-32.

VAN DELFT, F. C.; IPOLITTI, G.; NICOLAU, D. V. et al. "Something has to give: scaling combinatorial computing by biological agents exploring physical networks encoding NP-complete problems". *Journal of the Royal Society Interface Focus*, 8 (2018), 20180034.

VAN DER HEIJDEN, M. G. "Underground networking". *Science*, 352 (2016), pp. 290-1.

———; BARDGETT, R. D.; STRAALEN, N. M. "The unseen majority: soil microbes as drivers of plant diversity and productivity in terrestrial ecosystems". *Ecology Letters*, 11 (2008), pp. 296-310.

———; DOMBROWSKI, N.; SCHLAEPPI, K. "Continuum of root-fungal symbioses for plant nutrition". *Proceedings of the National Academy of Sciences*, 114 (2017), pp. 11574-6.

_____; HORTON, T. R. "Socialism in soil? The importance of mycorrhizal fungal networks for facilitation in natural ecosystems". *Journal of Ecology*, 97 (2009), pp. 1139-50.

_____; WALDER, F. "Reply to 'Misconceptions on the application of biological market theory to the mycorrhizal symbiosis'". *Nature Plants*, 2 (2016), 16062.

VAN DER LINDE, S.; SUZ, L. M.; ORME, D. C. et al. "Environment and host as large-scale controls of ectomycorrhizal fungi". *Nature*, 558 (2018), pp. 243-8.

VAN DER ZEE, B. "UK is 30-40 years away from 'eradication of soil fertility', warns Gove". *Guardian* (2017). Disponível em: www.theguardian.com/environment/2017/oct/24/uk-30-40-years-away-eradication-soil-fertility-warns-michael-gove. Acesso em: 29 out. 2019.

VAN TYNE, D.; MANSON, A. L.; HUYCKE, M. M. et al. "Impact of antibiotic treatment and host innate immune pressure on enterococcal adaptation in the human bloodstream". *Science Translational Medicine*, 487 (2019), eaat8418.

VANNINI, C.; CARPENTIERI, A.; SALVIOLI, A. et al. "An interdomain network: the endobacterium of a mycorrhizal fungus promotes antioxidative responses in both fungal and plant hosts". *New Phytologist*, 211 (2016), pp. 265-75.

VENNER, S.; FESCHOTTE, C.; BIÉMONT, C. "Dynamics of transposable elements: towards a community ecology of the genome". *Trends in Genetics*, 25 (2009), pp. 317-23.

VERBRUGGEN, E.; RÖLING, W. F.; GAMPER, H. A. et al. "Positive effects of organic farming on below-ground mutualists: large-scale comparison of mycorrhizal fungal communities in agricultural soils". *New Phytologist*, 186 (2010), pp. 968-79.

VETTER, W.; ROBERTS, D. "Revisiting the organohalogens associated with 1979-samples of Brazilian bees (*Eufriesea purpurata*)". *Science of the Total Environment*, 377 (2007), pp. 371-7.

VITA, F.; TAITI, C.; POMPEIANO, A. et al. "Volatile organic compounds in truffle (*Tuber magnatum* Pico): comparison of samples from different regions of Italy and from different seasons". *Scientific Reports*, 5 (2015), 12629.

VIVEIROS DE CASTRO, E. "Exchanging perspectives: the transformation of objects into subjects in amerindian ontologies". *Common Knowledge* (2004), pp. 463-84.

VON BERTALANFFY, L. *Modern Theories of Development: An Introduction to Theoretical Biology*. Londres: Humphrey Milford, 1933.

VON HUMBOLDT, A. *Cosmos: A Sketch of Physical Description of the Universe*. Londres: Henry G. Bohn, 1849.

_____. *Kosmos: Entwurf einer physischen Weltbeschreibung*. Stuttgart/Tübingen: J. G. Cotta'schen, 1845. Disponível em: archive.org/details/b29329693_0001. Acesso em: 29 out. 2019.

WADLEY, G.; HAYDEN, B. "Pharmacological influences on the Neolithic Transition". *Journal of Ethnobiology*, 35 (2015), pp. 566-84.

WAGG, C.; BENDER, F. S.; WIDMER, F. et al. "Soil biodiversity and soil community composition determine ecosystem multifunctionality". *Proceedings of the National Academy of Sciences*, 111 (2014), pp. 5266-70.

WAINWRIGHT, M. "Moulds in Folk Medicine". *Folklore*, 100 (1989a), pp. 162-6.

_____. "Moulds in ancient and more recent medicine". *Mycologist*, 3 (1989b), pp. 21-3.

_____; RALLY, L.; ALI, T. "The scientific basis of mould therapy". *Mycologist*, 6 (1992), pp. 108-10.

WALDER, F.; NIEMANN, H.; NATARAJAN, M. et al. "Mycorrhizal networks: common goods of plants shared under unequal terms of trade". *Plant Physiology*, 159 (2012), pp. 789-97.

_____; VAN DER HEIJDEN, M. G. "Regulation of resource exchange in the arbuscular mycorrhizal symbiosis". *Nature Plants*, 1 (2015), 15159.

WALLER, L. P.; FELTEN, J.; HIIESALU, I. et al. "Sharing resources for mutual benefit: crosstalk between disciplines deepens the understanding of mycorrhizal symbioses across scales". *New Phytologist*, 217 (2018), pp. 29-32.

WANG, B.; YEUN, L.; XUE, J. et al. "Presence of three mycorrhizal genes in the common ancestor of land plants suggests a key role of mycorrhizas in the colonisation of land by plants". *New Phytologist*, 186 (2010), pp. 514-25.

WASSON, G.; KRAMRISCH, S.; OTT, J. et al. *Persephone's Quest: Entheogens and the Origins of Religion*. New Haven, CT: Yale University Press, 1986.

_____; HOFMANN, A.; RUCK, C. *The Road to Eleusis: Unveiling the Secret of the Mysteries*. Berkeley, CA: North Atlantic, 2009.

WASSON, V. P.; WASSON, G. *Mushrooms, Russia and History*. Nova York: Pantheon, 1957.

WATANABE, S.; TERO, A.; TAKAMATSU, A. et al. "Traffic optimisation in railroad networks using an algorithm mimicking an amoeba-like organism, *Physarum plasmodium*". *Biosystems*, 105 (2011), pp. 225-32.

WATKINSON, S. C.; BODDY, L.; MONEY, N. *The Fungi*. Londres: Academic, 2015.

WATTS, J. "Scientists identify vast underground ecosystem containing billions of micro-
-organisms". *Guardian* (2018). Disponível em: www.theguardian.com/science/2018/dec/10/tread-softly-because-you-tread-on-23bn-tonnes-of-micro-organisms. Acesso em: 29 out. 2019.

WATTS-WILLIAMS, S. J.; CAVAGNARO, T. R. "Nutrient interactions and arbuscular mycorrhizas: a meta-analysis of a mycorrhiza-defective mutant and wild-type tomato genotype pair". *Plant and Soil*, 384 (2014), pp. 79-92.

WELLMAN, C. H.; STROTHER, P. K. "The terrestrial biota prior to the origin of land plants (embryophytes): a review of the evidence". *Palaeontology*, 58 (2015), pp. 601-27.

WEREMIJEWICZ, J.; LOBO, L. da S.; STERNBERG, O'Reilly et al. "Common mycorrhizal networks amplify competition by preferential mineral nutrient allocation to large host plants". *New Phytologist*, 212 (2016), pp. 461-71.

WERNER, G. D.; KIERS, T. E. "Partner selection in the mycorrhizal mutualism". *New Phytologist*, 205 (2015), pp. 1437-42.

_____; STRASSMANN, J. E.; IVENS, A. B. et al. "Evolution of microbial markets". *Proceedings of the National Academy of Sciences*, 11 (2014), pp. 1237-44.

WERRETT, S. *Thrifty Science: Making the Most of Materials in the History of Experiment*. Chicago: University of Chicago Press, 2019.

WEST, M. "Putting the 'I' in science". *Nature* (2019). Disponível em: www.nature.com/articles/d41586-019-03051-z. Acesso em: 29 out. 2019.

WESTERHOFF, H. V.; BROOKS, A. N.; SIMEONIDIS, E. et al. "Macromolecular networks and intelligence in microorganisms". *Frontiers in Microbiology*, 5 (2014), 379.

WEYRICH, L. S.; DUCHENE, S.; SOUBRIER, J. et al. "Neanderthal behaviour, diet and disease inferred from ancient DNA in dental calculus". *Nature*, 544 (2017), pp. 357-61.

WHITESIDE, M. D.; WERNER, G. D. A.; CALDAS, V. E. A. et al. "Mycorrhizal fungi respond to resource inequality by moving phosphorus from rich to poor patches across networks". *Current Biology*, 29 (2019), pp. 2043-50.

WHITTAKER, R. "New concepts of kingdoms of organisms". *Science*, 163 (1969), pp. 150-60.

WIENS, F.; ZITZMANN, A.; LACHANCE, M.-A. et al. "Chronic intake of fermented floral nectar by wild treeshrews". *Proceedings of the National Academy of Sciences*, 105 (2008), pp. 10426-31.

WILKINSON, D. M. "The evolutionary ecology of mycorrhizal networks". *Oikos*, 82 (1998), pp. 407-10.

WILLERSLEV, R. *Soul Hunters: Hunting, Animsim, and Personhood among the Siberian Yukaghirs*. Berkeley: University of California Press, 2007.

WILSON, G. W.; RICE, C. W.; RILLIG, M. C. et al. "Soil aggregation and carbon sequestration are tightly correlated with the abundance of arbuscular mycorrhizal fungi: results from long-term field experiments". *Ecology Letters*, 12 (2009), pp. 452-61.

WINKELMAN, M. J. "The mechanisms of psychedelic visionary experiences: hypotheses from evolutionary psychology". *Frontiers in Neuroscience*, 11 (2017), 539.

WIPF, D.; KRAJINSKI, F.; TUINEN, D. et al. "Trading on the arbuscular mycorrhiza market: from arbuscules to common mycorrhizal networks". *New Phytologist*, 223 (2019), pp. 1127-42.

WISECAVER, J. H.; SLOT, J. C.; ROKAS, A. "The evolution of fungal metabolic pathways". *PLOS Genetics*, 10 (2014), e1004816.

WITT, P. "Drugs alter web-building of spiders: a review and evaluation". *Behavioral Science*, 16 (1971), pp. 98-113.

WOLFE, B. E.; HUSBAND, B. C.; KLIRONOMOS, J. N. "Effects of a belowground mutualism on an aboveground mutualism". *Ecology Letters*, 8 (2005), pp. 218-23.

WRIGHT, C. K.; WIMBERLY, M. C. "Recent land use change in the Western Corn Belt threatens grasslands and wetlands". *Proceedings of the National Academy of Sciences*, 110 (2013), pp. 4134-9.

WULF, A. *The Invention of Nature*. Nova York: Alfred A. Knopf, 2015.

WYATT, G. A.; KIERS, T. E.; GARDNER, A. et al. "A biological market analysis of the plant-mycorrhizal symbiosis". *Evolution*, 68 (2014), pp. 2603-18.

YANO, J. M.; YU, K.; DONALDSON, G. P. et al. "Indigenous bacteria from the gut microbiota regulate host serotonin biosynthesis". *Cell*, 161 (2015), pp. 264-76.

YON, D. "Now you see it". *Quanta* (2019). Disponível em: aeon.co/essays/how-our-brain-sculpts-experience-in-line-with-our-expectations?. Acesso em: 29 out. 2019.

YONG, E. "The guts that scrape the skies". *National Geographic* (2014). Disponível em: www.nationalgeographic.com/science/phenomena/2014/09/23/the-guts-that-scrape-the-skies/. Acesso em: 29 out. 2019.

_____. *I Contain Multitudes: The Microbes Within Us and a Grander View of Life.* Nova York: Ecco, 2016.

_____. "How the zombie fungus takes over ants' bodies to control their minds". *Atlantic* (2017). Disponível em: www.theatlantic.com/science/archive/2017/11/how-the-zombie-fungus-takes-over-ants-bodies-to-control-their-minds/545864/. Acesso em: 29 out. 2019.

_____. "This parasite drugs its hosts with the psychedelic chemical in shrooms". *Atlantic* (2018). Disponível em: www.theatlantic.com/science/archive/2018/07/massospora-parasite-drugs-its-hosts/566324/. Acesso em: 29 out. 2019.

_____. "The Worst Disease Ever Recorded". *Atlantic* (2019). Disponível em: www.theatlantic.com/science/archive/2019/03/bd-frogs-apocalypse-disease/585862/. Acesso em: 29 out. 2019.

YOUNG, R. M. *Darwin's Metaphor*. Cambridge: Cambridge University Press, 1985.

YUAN, X.; XIAO, S.; TAYLOR, T. N. "Lichen-like symbiosis 600 million years ago". *Science*, 308 (2005), pp. 1017-20.

YUN-CHANG, W. "Mycology in Ancient China". *Mycologist*, 1 (1985), pp. 59-61.

ZABINSKI, C. A.; BUNN, R. A. "Function of mycorrhizae in extreme environments". In: SOLAIMAN, Z.; ABBOTT, L.; VARMA, A. (Orgs.). *Mycorrhizal Fungi: Use in Sustainable Agriculture and Land Restoration*. Springer, 2014. pp. 201-14.

ZHANG, M. M.; POULSEN, M.; CURRIE, C. R. "Symbiont recognition of mutualistic bacteria by *Acromyrmex* leaf-cutting ants". *ISME Journal*, 1 (2007), pp. 313-20.

ZHANG, S.; LEHMANN, A.; ZHENG, W. et al. "Arbuscular mycorrhizal fungi increase grain yields: a meta-analysis". *New Phytologist*, 222 (2019), pp. 543-55.

ZHANG, Y.; KASTMAN, E. K.; GUASTO, J. S. et al. "Fungal networks shape dynamics of bacterial dispersal and community assembly in cheese rind microbiomes". *Nature Communications*, 9 (2018), 336.

ZHENG, C.; JI, B.; ZHANG, J. et al. "Shading decreases plant carbon preferential allocation towards the most beneficial mycorrhizal mutualist". *New Phytologist*, 205 (2015), pp. 361-8.

ZHENG, P.; ZENG, B.; ZHOU, C. et al. "Gut microbiome remodeling induces depressive-like behaviors through a pathway mediated by the host's metabolism". *Molecular Psychiatry*, 21 (2016), pp. 786-96.

ZHU, K.; MCCORMACK, L. M.; LANKAU, R. A. et al. "Association of ectomycorrhizal trees with high carbon-to-nitrogen ratio soils across temperate forests is driven by smaller nitrogen not larger carbon stocks". *Journal of Ecology*, 106 (2018), pp. 524-35.

ZHU, L.; AONO, M.; KIM, S.-J. et al. "Amoeba-based computing for traveling salesman problem: long-term correlations between spatially separated individual cells of *Physarum polycephalum*". *Biosystems*, 12 (2013), pp. 1-10.

ZOBEL, M. "Eltonian niche width determines range expansion success in ectomycorrhizal conifers". *New Phytologist*, 220 (2018), pp. 947-9.

Índice remissivo

As referências de página em *itálico* indicam imagens.

abelhas, 18, 20, 34, 38, 58, 118, 151, 193, 213, 221-4, 225, 249; abelhas-de--orquídea, 38, 39; ácaro varroa (*Varroa destructor*) e, 222-3; Distúrbio do Colapso da Colônia, 18, 222-5
abeto-de-douglas, 178-9, 185, 189
abetos, 171, 176, 178-9, 185, 189
Abram, David, 23
ácido cítrico, 18, 206
Adamatzky, Andrew, 75-7, 219
Administração Nacional Oceânica e Atmosférica, EUA, 218
agarwood (*oudh*), 38-9
agricultura: advento da (Transição Neolítica), 227; cupins *Macrotermes* e, 214; doenças fúngicas e, 16-7; leveduras e, 227, 243, 247; orgânica, 161, 163-4; polinização das abelhas e, 222; poluição/resíduos, 161, 163, 202, *203*, 205, 216, 243; produção de biocombustíveis e, 243; relações micorrízicas e práticas não sustentáveis em, 16, 161-7
Agroscope, 163-4
aka, povo (República Centro-Africana), 65
alcachofra, 151
álcool, 206, 225, 244; álcool desidrogenase (ADH$_4$) e evolução do gosto humano por, 241, 243; dependência de, 124; embriaguez/efeito inebriante, 229-31,
241-3, 248; leveduras e fermentação do, 14, 18, 19, 160, 208, 227-31, 246-8, 251
alface, folhas de, 151
algas, 82, 141-3; cloroplasto, 93; fotobiontes, 84, 96, 161; liquens e, 12, 84, 85, 95-6, 100, 103, 141, 197; migração para a terra, 140-1, 143-4, 150; potencial de ação (impulso elétrico) e, 72; relações micorrízicas e, 140-5, 150, 161; tendência de fazer parceria com fungos, 84, 100, 103, 141
algas marinhas, 141
algas verdes, 140
Alice's, restaurante em Massachusetts, 23, 27
altruísmo, 166, 178, 182, 187
Alÿs, Francis, 63
amadou, 220, 223
Amanita muscaria (cogumelo vermelho com pontos brancos), 114
Amanita, micélio de, 62
Amazônia equatoriana, 209
aminoácidos, 194
anastomose (processo de fusão de hifas), 44, 46, 95
androstenol, 40-1
anfetaminas, 119
anfíbios, 16
ansiedade, 18, 35, 123, 126
Antártida, 12, 88, 98

antibióticos, 17, 90, 97, 130, 207, 210, 215
Antigo Testamento, 149
Antônio, santo, 37
Antropoceno, 161
antropomorfismo, 51, 187, 236, 238-9
"aptidão" evolutiva, 121
Aquilaria, árvore, 38
Archaea, 93
Arthrobotrys oligospora, 50
árvores, 17, 20, 22, 28, 158, 197, 239, 242, 249; abeto, 171, 176, 178-9, 185, 189; *Aquilaria*, 38; bétula, 158, 178; comunicação entre, 186, 188; desmatamento, 161, 198, 243; doenças fúngicas, 16, 38; eucalipto, 17; macieira, 244-8; madeira e *ver* madeira; mapeamento de redes, 189-91; migração, 159; nogueira, 183; poluição de nitrogênio e, 161; relações micorrízicas (*ver também* internet das árvores), 9-10, 12, 46, 48, 50-4, 146-7, 156, 158, 162, 165, 169, 171, 173, 178, 180, 182-3, 186, 188-91, 192, 194, 199, 236; transferência de carbono por meio de conexões fúngicas, 171, 173, 178; trufas e, 46, 48, 50-4, 146
asfalto, 15, 64, 67
astrobiologia, 89, 92, 96-7
atividade elétrica/sinalização, 14, 72-7, 125, 186, 218-9
atração/sinalização química: hifas e, 51, 61, 70; liquens e, 97; manipulação do comportamento e, 108-39; redes miceliais, 72, 74-5, 192; redes micorrízicas e, 47-8, 50-3, 146, 192, 195; trufas, 33-9, 40-2, 44-6, 48, 52, 53, 177
Avatar (filme), 173

bactérias, 13, 26, 84, 140, 153, 164, 240; aquecimento global e, 20; atividade elétrica/excitabilidade, 31, 72; bactérias-cabo, 72; classificação de, 93, 232-3; cloroplasto e, 93; cupins e, 213; evolução das mitocôndrias e, 93; evolução de eucariotos e, 93; fermentação e, 247; fotossintetizantes, 84, 93, 95, 140, 168; infraterrestres, 98; liquens e, 12, 85, 103, 104; micorremediação e, 207; microbiomas e, 25, 102, 106, 120;

Monotropa e, 168; penicilina e, 17; resistência a antibióticos e, 130; teoria endossimbiótica e, 94, 96; transferência gênica horizontal e, 89, 91, 95-6, 130; trufas e, 40, 48; viagens espaciais e, 82, 99; vias miceliais e movimento de, 31, 167, 182, 184, 195, 240; vírus dentro de, 26, 85
banana-nanica, 16
Barabási, Albert-László, 173, 190, 194
Bary, Heinrich Anton de, 85
Bateson, Gregory, 166
Bateson, William, 64
Bayer, Eben, 216-7
BeeMushroomed Feeder, 224
Beiler, Kevin, 189-91
besouros, 20, 86
bétula, 158, 171, 178-9
biocombustíveis, 230, 243, 246
biocomputação, 76-7, 219-20
bioluminescência, 59-61
Björkman, Erik, 169
Boddy, Lynne, 56-8, 67, 71, 81, 181
Boletus, 62
Bolt Threads, 230
Bordeu, Théophile de, 38
Bosch, Hieronymus, 114
Bringhurst, Robert, 32
Büntgen, Ulf, 48
Butler, Dr. William, 229-30

caçadores-coletores, 227
cães da diversidade, 52
Camden Mushroom Company, 135
Cameron, James, 173
câncer, 18, 123, 126
cancro-do-castanheiro, 16
candystick (*Allotropa virgata*), 177
capacidade de regeneração, 60, 79-80
Caper (barco), 87, 88, 106
Carbonífero, período, 197-9, 207, 209
"carne dos deuses" (cogumelo que altera a mente), 115, 132-3
carotenoides, 151
carvão, 59, 199
Castellano, Mike, 52
catinona, 119
células-canhão (hifas especializadas), 49
celulose, 198, 251
cepas de fungos de *crowdsourcing*, 210

cérebro: eixo microbioma-intestino-
-cérebro, 120; fungos-zumbis e
hospedeiros, 111; hipótese do "cérebro-
-raiz", 70; psilocibina e, 115, 122, 125-7,
128, 137-8; rede de modo padrão (RMP),
125, 137; redes miceliais e, 60, 70-1, 74-5,
77-9, 190, 193-4; redes neurais, 190,
193-4
cerveja (produção), 19, 226-31, *228*, 229,
230, 246-8
cervejas de urtiga, 229
ch'orti, povo (América do Sul), 230
chamka (tratamento do bolor), 17
chanterelle, cogumelo, 47, 157
Chernobyl, 13, 203
Chevron, 209
China, 117, 200, 212, 222, 226
chinelo de micélio, 218
ciborgues, 106
ciclosporina (droga imunossupressora),
18, 117
ciência cidadã, 135, 200-5, 208, 209-10
ciência de rede, 78, 80, 172-3
cientistas "cidadãos", 201, 224
cigarra, 118
Circinaria gyrosa, 91, 96
Cis-3-hexenal, 53
clima, mudanças no, 12, 48, 148-9, 158,
161-2, 197-9
clorofila, 22
cloroplasto, 93-5, 105
coentro, 151
cogumelo "mágico" psicodélico/da
psilocibina, 18, 201, 205, 207, 231,
246; cérebro e, 125-7; condições
psiquiátricas e, 18, 110, 122-7; cultivo
de, 201, 205, 210-2, 232; hipótese do
"macaco chapado" e, 116; história
de uso humano, 114-6, 119-20, 132-6;
manipulação de comportamento/
fenótipo estendido e, 108-10, 113-6,
117, 119-39, *139*
cogumelos, 13-4, 15, 19, 64, 66, 70, 75, 168,
180, 251; bioluminescência e, 59; como
esporoma de fungos, 13-4; cultivo de,
47, 202, 210-5, 205, 251; cultivo não
humano de, 212-5; intoxicação por, 13,
114, 131, 200, 231, 234; forrageamento,
157, 177; hifas e crescimento de,
15, 64, 66-7, 70-1; hipótese do

"macaco chapado" e, 116; histórico de
atitudes culturais em relação a, 231-4,
238-9; impressões de esporos, *32*;
medicamentos e, 17-8, 200; processos
de atração, 38, 41; psicodélicos/
mágicos, *ver* cogumelos "mágicos"
psicodélicos/da psilocibina; remediação
ambiental e, 203, *203*, 205, 207, 225;
sinalização elétrica em, 73, 75-6;
taxonomia, 232-3; verme nematoide e,
49; *ver também cada tipo de cogumelo*
cogumelos agárico-amarelados (*Agaricus
xanthodermus*), 234
cogumelos cicuta-verde, 131
cogumelos-do-mel (*Armillaria*), 11, 73, 76, 181
cogumelos gota-de-tinta (*Coprinus
comatus*), 15, *15*, 16
cogumelos matsutake, 38, 41, 47, 157, 177,
203, 231, 232
cogumelos-ostra (*Pleurotus ostreatus*),
49, 73, 75, 77, 202, 203, 204-5, 222, 251
cogumelos "paris", 212
cogumelos pólipo-de-bétula (*Fomitopsis
betulina*), 17
cogumelos reishi, 218, 223, 224
cogumelos shitake, 212
cogumelos vermelhos com pontos brancos
(*Amanita muscaria*), 114
Colúmbia Britânica, 86, 92, 101, 189
composição atmosférica, 11, 140-1, 145,
147-9, 156, 161, 164, 174, 197-7, 243
compostos antivirais, 18, 205, 222, 224
compostos secundários, 130
computador fúngico, 76-7, 219-20
Conferência de Micologia Radical (2018),
202, 239
Cooke, Mordecai, 64
corantes, 97, 207
"cordões" (cabos ocos de hifas), 66-7
CoRenewal, 209
couro de micélio, 18, 215-7, 230
Cretáceo-Terciário, extinção do, 203
cupim *Macrotermes* africano, 212-5, *214*,
218, 219, 227
cupins, 9, 57, 78, 131, 193, 212-5, *214*, 216,
218, 219, 227
curandeiros, 132-3

Daniele (caçador de trufas), 39, 42-4, 52
Dante (cão *lagotto romagnolo*), 52, 54

Darpa (Agência de Projetos de Pesquisa Avançada de Defesa), 217
Darwin, Charles, 70, 78, 233, 239; teoria da evolução por seleção natural, 84; *The Power of Movement in Plants* [O poder do movimento nas plantas], 70
Darwin, Etty, 233-4
Darwin, Francis: *The Power of Movement in Plants* [O poder do movimento nas plantas], 70
Dawkins, Richard, 94; *The Extended Phenotype* [O fenótipo estendido], 120-1, 128, 136-7
decomposição, 26, 48, 50, 181, 220, 250; compreendendo os processos de, 250-1; cupim *Macrotermes* e, 212-3; emissões de carbono e, 196-9; extinção do Cretáceo-Terciário e, 203; fermentação e, 196, 230-1, 246; fungos micorrízicos e, 145; liquens e, 88; madeira e, 197-9; "micomanufatura" e, 216-7; micorremediação e, 208-9, 213, 216; período Carbonífero e, 197, 207
Delbrück, Max, 68
Deleuze, Gilles, 241
Dell, 216
Dennett, Daniel, 78, 94
Departamento de Defesa dos EUA, 206, 222
depressão, 18, 60, 110, 123, 126-7
desertos, 12, 86, 98
desigualdade de riqueza, 155
desmatamento, 161, 198, 243
devastação ambiental, capacidade dos fungos de se adaptarem e fornecerem soluções para, 18, 161-7, 202-9, 203, 215-20, 221-5
Devoniano, período, 12, 147-9
Diavolo (cão *lagotto romagnolo*), 42-3, 52
Digby, Kenelm: *The Closet of Sir Kenelm Digby* [O gabinete de Sir Kenelm Digby], 229
Dimensões Botânicas, 113
dinâmica fonte-sumidouro, 177-9, 180, 189
Dionísio (deus do vinho), 230
Dioscórides, 38
dióxido de carbono, 22, 84, 218, 243; decomposição fúngica e, 198-9; fotossíntese e, 19, 141-2, 145; leveduras e, 228; mudanças climáticas e/aumento na atmosfera de, 148-9, 161, 197-9; relações micorrízicas e movimento de, 141, 142, 145, 147-9, 153, 155, 161, 164, 169-71, 174, 176, 178-9, 182-3, 197-8; solo e, 28, 164
dissolução do ego, 125, 127, 129
Distúrbio do Colapso da Colônia de abelhas, 18, 222
DNA, 21, 233; células e, 93; dos fungos e agricultura, 163; espécies de fungos produtores de psilocibina, 130; líquen, 102; parceiros microbianos simbióticos e, 105; possibilidade de transferência via canal fúngico das plantas, 184; radicais livres e, 97; sequenciamento, 163, 211, 240; transferência horizontal de genes e, 90-1, 95-6, 130
doença: fúngica, 16, 46, 63, 89, 237; micofiltração e, 207; resistência das plantas a, 13, 26, 163-4; *ver também pelo nome da doença*
doença do cume, 110, 121, 127
Doolittle, W. Ford, 100
dormência, 97
drogas antipsicóticas, 112
Dudley, Robert, 242
dupla hipótese (dos liquens), 146
Durán, Diego, 114

E. coli, 207
ecologia, 26, 48, 83, 88, 105-6, 170
Ecovative, 215-8, 219, 223, 230
Egito, antigo, 17, 230
eixo intestino-cérebro, 120
embriaguez, 229-30, 241-3, 248
endofíticos (fungos que vivem nas folhas e nos brotos das plantas), 159
endossimbiose, 93-6
"enredar", etimologia de, 152
enteógeno (substância que pode promover experiência do "divino interior"), 108
Entomophthora, 118
enxames, 57, 78, 195
enzimas, 13, 18, 198-9, 202, 204, 211, 242
Eoceno, época, 112
equinácea, 151
ergot, 111, 114, 132
erva-de-são-joão, 151
erva-doce, 151
esclerose múltipla, 117

escorpião-do-mar, 140
espaço/viagens espaciais, 11, 82-3, 89, 91-2, 96-9
espécies-chave, 163
esporos, 157, 219, 224, 233, 234; bacterianos, 82; dispersão de, 13-5, 14, 42, 42, 44, 46, 59, 96, 101, 110, 118, 131-2, 136; fungos-zumbis e, 110, 118, 121; impressão de, 32; líquen, 96, 101; micélio crescendo a partir de, 45; produção de, 13; psilocibina, 132, 136; sinalização química das plantas e, 47; trufas, 33-4, 42, 42, 44, 46; vermes nematoides e, 49
Estação Espacial Internacional (EEI), 82
estatinas, 18
etanol, biocombustíveis de, 243
eucalipto, 17
eucariotos, 93-4, 120, 226
Eukarya, 93
evolução, 24, 213, 241, 243; ajuda/cooperação mútua e, 84-5, 235-6; altruísmo e, 166, 178, 182, 188; "aptidão", 121; cérebro, 70, 78-9, 137, 152; fenótipo (expressão externa dos genes de um organismo) e, 121-2, 127-39; fungos caçadores de vermes nematoides, 49; fungos causadores de doenças, 16; humana e álcool desidrogenase, 241, 243; "involução" e, 160; leveduras, 226; liquens e, 84-5, 94-8, 99-100, 102, 104, 106; manipulação do comportamento e, 109-11, 115, 117-9, 120-39; micélio, 58, 80, 207; micorremediação e, 206, 207, 209; orquídea, 38; panspermia e, 88, 90, 93, 101, 104; planta ver plantas; psilocibina, 109, 115, 119, 122, 127-39; relacionamentos micorrízicos e ver fungos micorrízicos/relações micorrízicas; "seleção de parentesco", 179; teoria da evolução por seleção natural, 34, 58, 84, 120-2, 127-39, 235; teoria endossimbiótica e, 93-6; termo, 160; transferência horizontal de genes e, 89, 91, 95-6, 130; trufa, 34, 36, 40-1
exobiologia, 89
experimento Biologia e Marte (Biomex), 82, 88, 91, 96

Expose, instalação, 82
extremófilos (organismos capazes de viver, do nosso ponto de vista, em outros mundos), 97-8, 140

Fairhead, James, 214
favos de fungo, 213, 225
feijão, fungo da ferrugem do, 69
feijão, pés de, 184, 186, 188, 195
fenótipo (expressão externa dos genes de um organismo), 121, 122, 127-39
fermentação, 14, 18, 196, 206, 213, 227-31, 228, 242-8, 251
feromônios, 46
fertilizantes químicos, 161, 162, 163, 165, 243
Field, Katie, 143, 147-9, 164, 166, 175
filtro de água, 207
fingolimode (medicamento para esclerose múltipla), 117
"fitomorfismo", 239
Fleming, Alexander, 17
"flor-de-kent" (maçã), 245
floresta Amazônica, 98, 113, 120, 209
fluxos de lava, 79, 113
Fomes, micélio de, 17, 220, 223
formas híbridas de vida, 119-20
formigas-carpinteiras, 110
formigas-cortadeiras, 16, 27, 131, 213, 227
fósforo, 19, 148-50, 153, 155, 174, 178, 181
Fossa das Marianas, 99
fósseis, 79, 99, 112, 128, 144, 209
fotobionte, 84, 96, 161
fotossíntese, 19, 22, 30, 61, 84, 92, 93, 95, 97, 100, 140-2, 161, 168, 171, 175, 178
foxfire (fungo bioluminescente), 59
Francisco de Assis, são, 249
Frank, Albert, 85, 146, 158, 237, 239
Franklin, Benjamin, 59
Fundação Nacional de Ciência dos EUA, 172
Fungal Architecture (Fungar), 219
Fungi Perfecti, 205, 223
fungicidas, 163
fungo de podridão-branca, 198-9; cupim Macrotermes e/Termitomyces, 212-5, 218-20; micomanufatura e, 215-20; micorremediação e, 202-6, 203, 209, 211, 218, 225; mortalidade de abelhas e, 221; Pleurotus (micélio de cogumelo--ostra), 49, 73, 202-5, 203, 209, 211, 213, 218, 222, 225, 251; shitake, cogumelo, 212

fungo do brusone do arroz, 16
fungo-pavio (*Fomes fomentarius*), 17, 220
fungos caçadores de vermes, 48, *49*, 54, 150
fungos comestíveis, mercado de, 18, 135
fungos micorrízicos/relações micorrízicas, 9-12, 16, 19-22, 27, 30, 33, 47, 54, 73, 140-95, 197, 212, 234, 236-8, 240; agricultura e, 161-7; altruísmo e, 166, 178, 182, 187; antropomorfismo/linguagem humana e compreensão, 50-1, 53, 193-5; benefícios para as plantas envolvidas, 150-1, 182-3; ciência de redes e, 173, 190; como interpretar o comportamento dentro de, 179-80, 182-3, 184, 186-8, 191-3, 195, 236; como processo contagioso, 191; comunicação química/infoquímica dentro de, 184-8, 190; defesas de plantas e, 13, 16, 26, 164, 184-8; descoberta de, 146-8, 166; desigualdade e, 155; dinâmica fonte--sumidouro e, 172, 177-9, 180, 189, 192; engenharia de ecossistemas e, 164; "equilíbrio de poder" dentro de, 28, 150-61; escala como uma questão de pesquisa em, 156, 158; evolução da planta, propulsores da, 12, 16, 19, 80, 95, 105, 120, 140-5, 148-9, 158-61, 162, 198, 207, 212; extensão das hifas micorrízicas, 144-5; fluxo dentro das redes, regulação de, 172, 178-9, 180, 189, 192; fungo micorrízico dentro da raiz de uma planta, *145*; fungos ectomicorrízicos, 183; hormônios de crescimento das plantas e, 47, 183; individualidade e, 26, 142, 167, 172, 236, 238; internet das árvores, metáfora para *ver* internet das árvores; manipulação por fungos do sistema imunológico das plantas, 47, 164; mapeamento, 189-91; mico--heterotróficos/"micohets" e, 175-7, 191; migração bacteriana e, 153, 167, 183, 184, 195, 207; *Monotropa* e *ver Monotropa*; movimento de recursos entre plantas e fungos em, 168-2; movimento/migração da planta e, 159-61; mudança ambiental e, 18-9, 161-6, 202-9, *203*, 215-9, 221-5; mudanças climáticas/evolução da biosfera e, 12, 19, 147-9, 161, 197-9; natureza ambígua e consequências de, 28-9, 164, 183; origens/evolução de, 140-5; perspectiva fitocêntrica/micocêntrica, 179-80, 182; ponta da raiz micorrízica, *152*; possibilidade de transferência genética através de, 184; promiscuidade de plantas e fungos e, 170, 174; propriedades livres de escala de, 190-1, 194; redes micorrízicas comuns, 170-95; redes neurais e, 193-4; relacionamentos que se remodelam constantemente, 47; "seleção de parentesco" e, 179; sensibilidade das plantas à identidade dos fungos parceiros, 150-1; sinalização elétrica e, 186; sistemas adaptativos complexos e, 193; termo "micorriza", 144; "tomada de decisão" em, 154-8, 158-61; transferência de fósforo para parceiros vegetais, 19, 148-50, 153, 155, 174, 178, 181; troca de carbono e, 141, 142, 145, 147-9, 153, 155, 161, 164, 168, 170-1, 174, 176, 178-9, 182-3, 197-8; trufa, 36, 46-7, 50-3, 146; venenos transportados através de, 183-4; visões utópicas de, 182-3, 186-8, 191-2, 194-5, 236; *Voyria* e ver *Voyria*
fungos predadores, 48, *49*, 54, 150
fungos que alteram a mente, 108-39; "carne dos deuses", 133; cérebro e, 125-7; cogumelos "mágicos" psicodélicos/da psilocibina *ver* cogumelos "mágicos" psicodélicos/da psilocibina; cultivo de, 201, 205, 210-2, 232; fungos-zumbis, 110-9, *112*; hipótese do "macaco chapado" e, 116; história de uso humano, 114-6, 119-20, 132-6; LSD, 30-1, 108-9, 111, 122, 125, 126, 127, 132, 133-4, 246; manipulação de comportamento/fenótipo estendido e, 108-10, 113-6, *117*, 119-39, *139*; transtornos psiquiátricos e, 18, 110, 122-7
fungos-zumbis, 110-2, *112*, 114, 117-9, 120-2, 125, 127-30, 137; *Massospora*, 118-9, 128, 130; *Ophiocordyceps unilateralis*, 110-2, *112*, 114, 117-8, 120-2, 125, 127-30, 137

Ganoderma, micélio de, 218, 223
garam masala, 97

Gardamida, 53
gás VX, 206, 218
Gautieria, trufa, 41
Gerard, John, 231-2
Gilbert, Lucy, 184, 186, 188
glicina, 194
glifosato, 204, 206, 211, 218
glutamato, 194
Goward, Trevor, 92, 95, 96, 100, 103
grafiose, 16
grafite, 215
"gramática da vitalidade", 51
gramíneas costeiras, 159
granito, 88, 98
Graves, Robert, 133
Gravidade (sidra), 248
gravitação, teoria da, 244, 245
Grécia antiga, 12, 25, 38, 44, 88, 105, 116, 230, 239
Griffiths, Roland, 123
gruit ales, 230
guerra civil síria (2011-), 205

habitação, micomanufatura de, 217
Haddon Hall, 68, 73
Haeckel, Ernst: *Art Forms of Nature* [Formas de arte da natureza] (1904), 83, 100
Hafiz, 11
Haraway, Donna, 226
Harvard, Projeto Psilocibina de, 133
Hawksworth, David, 199-200
herbicidas, 204, 206, 211
Hernández, dr. Francisco, 115
hidromel, 19, 227, 229
hifas, 28, 31, 81, 146, 153, 240; alimentação dos fungos e, 61-3; anastomose (processo de fusão), 44, 46, 95; árvores e, 47, 51; bactérias e, 167, 184; células-canhão, 49; computação fúngica e, 219; comunicação entre, 61, 71-4; coordenação de comportamento, 71-6, 186; "cordões" ou rizomorfos, 66-7; crescimento das, 44-6, 63-7; crescimento do cogumelo e, 64, 66, 180; direção do crescimento das, 68-70; espessura das, 61, 62, 66, 144; fluxo de fluido celular dentro de, 68, 180; forrageamento, 56-7; fósseis, 79; funções das, 15; fungos-zumbis e, 111;

"instinto de retorno ao lar" (processo de atração), 45, 46-7, 54; penetrantes, 63, 64; polifonia de micélios e, 65; ramificação das, 14, 44, 47, 55, 61, 71, 75-6, 80, 143; relações micorrízicas e, 47-8, 51, 53, 143-5, 146, 153-4, 167, 171, 180, 184, 186, 192, 219; sementes de poeira e, 143; sensibilidade a estímulos das, 68-72; sensibilidade à gravidade, 70; sexo fúngico e, 45-7, 54; sinalização elétrica e, 72-6, 186, 219; "tomada de decisão", 154; trufas e, 46, 51; verme nematoide e, 49, 54; *Voyria*, 192
Hillman, Brenda, 86, 104
hipótese do cérebro-raiz, 70
"hipótese do macaco bêbado", 242-3
hipótese dual (dos liquens), 83-5, 94, 102-3
hippie3 (fundador de mycotopia.net), 211-2
Hiroshima, bombardeio atômico de (1945), 203
Hoffer, Abram, 126
Hofmann, Albert, 111, 132-3, 134, 137
holobionte, 105
Homem do Gelo (cadáver neolítico), 17, 116, 220
hominídeo, 116
Homo, gênero, 12, 129, 213
hormônios, 47, 183, 207
Howard, Albert, 161, 162, 166
Hughes, David, 111, 120, 122
Humboldt, Alexander von, 81, 83, 168, 170
Hunt, Mary, 210
Hussein, Saddam, 206
Hustak, Carla, 160
Huxley, Aldous: *Admirável Mundo Novo*, 43; *As portas da percepção*, 126
Huxley, Thomas Henry, 85
Hydropunctaria maura, 101

Idade do Gelo, última, 158
identidade própria, 27, 45, 59, 69, 105, 108, 123, 125, 127, 129, 137-8, 166
Ikea, 24, 55, 103, 217
Ilha de Páscoa, 87
ilha de Vancouver, 86
ilhas vulcânicas, 12, 101
Imperial College, 160
Império Romano, 16, 24

imunossupressores, 117
incêndios florestais na Califórnia (2017), 209
"indeterminismo" do desenvolvimento, 62
"individual", conceito de, 25, 27, 32, 60, 65, 83, 101, 104-5, 127, 166, 172, 213, 233, 238
infoquímicos, 184-6, 189-90
infraterrestres, 98
inseticidas, 222
"instinto de retorno ao lar" (processo de atração de hifas), 45, 46-7, 54
Instituto Nacional de Saúde dos EUA, 222
inteligência, 25, 32, 69, 77-8
inteligência artificial, 80
intemperismo (quelação de minerais de rocha por liquens), 87, 95
internet, 21, 81, 172, 180, 182, 193, 195, 236
internet das árvores, 12, 21, 31, 168-95, 236; *ver também* fungos micorrízicos/ relações micorrízicas
intestino, 12, 25, 31, 106, 120, 125, 163, 165, 206, 213
intoxicação, 114, 115, 230, 231, 241-8
"involução", conceito de, 160, 239

Jaime I, 229
James, William, 138
Jardim Botânico de Cambridge, 243-5
joaninha, 118
Johnson, David, 184-7
Johnson, Matthew, 127

Kasson, Matt, 118-9
khat (*Catha edulis*), 119
Kiers, Toby, 153-8, 166, 170, 181-2, 187, 188
Kika (cão *lagotto romagnolo*), 39, 42, 52
Kimmerer, Robin Wall, 51; *Braiding Sweetgrass*, 238
Knudsen, Kerry, 86
Kropotkin, Peter, 235; *Ajuda mútua: um fator de evolução*, 235

labirintos, 24, 55, 58
Laboratório de Computação Não Convencional, Universidade do Oeste da Inglaterra, 58, 75, 219
laboratórios comunitários, 211
lagarta, 185
lagotto romagnolo (cão), 40, 42, 52
Lake Sinai, vírus, 223

lâmpada CoguLume, 218
Laricifomes officinalis (fungo de podridão da madeira), 220
Laurentide, camada de gelo, 158
Le Guin, Ursula, 196
Leary, Timothy, 133, 134
Lederberg, Joshua, 89-91, 95, 235
Lee, Natuschka, 82
Lefevre, Charles, 36-7, 41, 47, 52, 54
levedura de cerveja (*Saccharomyces cerevisiae*), 228
leveduras, 11, 14, 206, 226-48, *228*; biocombustíveis e, 230; domesticação de humanos por, 227; fermentação/ preparação de álcool e, 14, 18, 160, 208, 227-31, 242-3, 247-8, 251; genomas, 226; humanos trabalhando com, origens de, 226; liquens e, 102; panificação e, 151, 226-7; poder de transformação das, 228-31, 241-8; produção de medicamentos e, 230; *Saccharomyces cerevisiae* (levedura da cerveja), 226, 228; Sc2.0 (levedura sintética projetada por humanos), 230; seda de aranha produzida a partir de, 230; Transição Neolítica (origens da agricultura) e, 227; trufas e, 40; vida eucariótica, mais simples, 226
Lévi-Strauss, Claude, 227
Lewontin, Richard, 236
Life, 133, 231
lignina, 13, 198-9, 204, 213
Lineu, Carl, 232
linguagem potawatomi, 51, 238
líquen-do-mapa (*Rhizocarpon geographicum*), 87
líquen-lobo, 103
liquens, 12, 82-8, 90-107, 120, 127, 136, 141-2, 146, 150, 175, 177, 233-4, 237; algas e, 84-5, 95-6, 100, 103, 141-3, 197; bactérias e, 104; capacidade fotossintetizante, 95-7, 100; conceito de "individual" e, 83, 101, 104-7; decomposição dos, 88; dormência, 97; efeito da varinha de condão do liquen, 92; evolução/origens dos, 99; forma de vida híbrida, 120; hipótese dual dos, 83-5, 102-3, 146; intemperismo (quelação de minerais da rocha), 87, 95; "itinerante/errante" (liquens livres),

86; líquen-do-mapa (*Rhizocarpon geographicum*), 87; liquenização, 99; líquen-lobo, 103; longevidade dos, 98; microliquens, 85; *Niebla*, 86; nomeação dos, 87; poliextremófilos, 98; predileção por rochas, 11, 13, 87-8, 95, 101, 107; produtores de psilocibina, 136; "Queer theory for lichens" [Teoria queer dos liquens], artigo, 104-5; *Ramalina*, 88; reidratação, 91, 97; simbiose e, 85-6, 93-6, 98, 100, 102-7, 120, 142, 176, 195, 197; teoria endossimbiótica e, 94-5; tolerâncias extremas dos, 91-3, 97, 101; viagens espaciais e, 82-3, 91-2, 96-9
Lista Vermelha de Espécies Ameaçadas, União Internacional para a Conservação da Natureza (IUCN), 200
lítio, baterias de, 215
Livro dos Mortos egípcio, 230
Lord Howe (ilha), 159
LSD, 29-31, 108-9, 111, 122, 125-7, 132-4, 246
Lund, Universidade de, 72

maçã, 228, 231, 244-8
"macaco chapado", hipótese do, 116
madeira, 13, 38, 130, 212, 230; decomposição de, 196-9, 203, 209, 213; forrageamento do micélio e, 56, 58, 71, 73; fungo medicinal de podridão da, 220, 222-3
Magnus, Albertus: *De vegetabilibus*, 231-2
maná (alimento providencial que sustentou os israelitas durante sua passagem pelo deserto), 53
"mania da dança", 114
manipulação do comportamento, 11, 108-39, 150; fenótipo estendido e, 120-2, 127-39; fungos-zumbis e, 110-2, 112, 114, 117, 118, 120-2, 125, 127-30, 137; psilocibina e, 108-9, 113-6, 117, 119-39, *139*
manjericão, 151, 152, 164
Margulis, Lynn, 93-4, 142, 235
Marte, 82, 96, 98, 100
Massospora, 118-9, 128, 130
matéria escura/vida escura biológica, 26
materiais de construção (micotetura), 215-20
materiais híbridos, 198
mazatecas (povo), 132, 138
McCartney, Stella, 216

McClintock, Barbara, 80
McCoy, Peter, 217-9, 239; Conferência de Micologia Radical (2018) e, 202; descoberta e isolamento de cepas fúngicas potentes, 209-12; *Micologia Radical*, 201; micologia radical e, 201, 204-5, 209-10, 212, 239; micorremediação e, 203-5, 208-9, 211, 218
McKenna, Dennis, 113, 133, 134; *Psilocybin; magic mushroom growers' guide* [Psilocibina; o guia de cultivo de cogumelos mágicos], 135
McKenna, Terence, 113, 115-6, 128-9, 133-4, 138-9, 201, 211, 232; *Psilocybin; magic mushroom growers' guide* [Psilocibina; o guia de cultivo de cogumelos mágicos], 135
medicamentos, 17-8, 26, 97, 110, 114, 116, 117, 122-3, 126, 200, 222-5; *ver também pelos nomes dos medicamentos*
medicamentos veterinários, 207
médiuns, humanos, 122
mel, 19, 38, 115, 213, 227, 231
melaninas, 18
memória direcional, 57
menta, 151
Merleau-Ponty, Maurice, 166
metabolismo dos fungos, 13, 16, 100, 103, 142, 148, 206
metais pesados, 18, 164, 207
Metarhizium (bolor), 214
metilfosfonato de dimetila (DMMP), 206
métodos de atração dos fungos, 33-54
México, 114, 132, 133, 136-7, 202
micélio, 14, 38, 54, 55-76, 80-1, 127, 184, 201, 221, 223, 233, 239-40, 251; agricultura e, 163-4, 167; armadilhas para nematoides em, 50; como isca, 38; como polifonia na forma corporal, 55, 65; comportamento de rede em comparação com o cérebro, 74-5; compostos antivirais e, 18-9, 222-4; computação e redes de, 75-6; comunicação dentro de redes de, 61, 70-6; coordenação de comportamento, 59-61, 69-81, 180, 186, 192; crescimento de cogumelos e *ver* cogumelos; crescimento do, 14, 44-6, *45*, 63-6, 68-70, 71; excitabilidade elétrica

do, 14, 72-7, 186; fluxo dentro do, 66, 68; forrageamento, 24, 56-65, 59, *62*, 71, 142, 157, 180; fossilizado, 79; função do, 14; fungos-zumbis e, 110-1; genomas dentro do, 233; hifas e *ver* hifas; "indeterminismo" de desenvolvimento, 62-3, *62*; longevidade do, 79; micomanufatura e, 18, 215-20; micorrízico (*ver também* fungos micorrízicos/relações micorrízicas), 146, 154, 163-4, 167, 174, 184, 186, 191-2, 195, 240; natureza "extravagante" do, 59; natureza misteriosa do, 80-1; potencial imortalidade, 60; processo de alimentação dos fungos e, 61-3; processos de atração, 38, 44; remediação ambiental e, 202-3, 207, 209, 211, 225; sexo, fungo e, 44-6, 54; tipos, 62; trufas, 33, 36, 44, 46, 48, 50, 51, 146
micobionte, 84
micofiltração, 18, 207
mico-heterotrofia/mico-heterótrofos/ "micohets", 175-7, 191
micologia radical/tecnologia fúngica radical, 196-225, 239; ciência cidadã, 200-1, 205, 208, 209, 211; compostos antivirais produzidos por micélio fúngico reduzem Distúrbio do Colapso da Colônia de abelhas, 18, 221-5; cupins e, 212-5; fungos de podridão-branca e, 198-9, 202-4, 207, 209, 211, 213-20, 220-1; isolamento de novas cepas de fungos, 210-2; micofiltração, 18, 164, 207; micomanufatura, 18, 215-20; micorremediação, 18, 202-9, *203*, 211, 213, 216, 218, 225; negligência da micologia e, 199, 221; *ver também cada área de inovação*
micomanufatura, 18, 215-20
micomorfismo, 238
micorremediação, 202-9, *203*, 211, 216, 218, 225
micotetura, 217
microclima, 14, 218
microliquens, 85
microrganismo/microbioma, 25-7, 28, 46, 48, 153, 213, 235, 238, 240; agricultura e, 163-5; Archaea, 93; "benéficos", 120; comportamento e, 120, 125; eixo microbioma-intestino-cérebro, 120; extremófilos, 97; individualidade e, 25-7, 105; intestino e, 12, 25, 106, 120, 125, 163, 165, 206; liquens e, 102, 104, 106; relações micorrízicas e, 163-6; trufas e, 40
microtúbulos, 67, 155, 181
milho, 17, 160, 216, 243
Mills, Benjamin, 148, 149
Milne, Drew, 87
miriocina (medicamento imunossupressor), 117
Mistérios de Elêusis, 116
mitocôndria, 93, 105
mixomicetos (*Physarum polycephalum*), 24-5, 55, 57-8, 76-7
Money, Nicholas: "Contra a nomenclatura de fungos", 233
Monotropa uniflora, 168-71, *169*, 175-6, 177
monte Rushmore, EUA, 87
morango, pés de, 150, 152, 164
mordida da morte, 110-2, 120-1, 127
mosquito, 214
movimento micológico faça você mesmo, 135, 201, 205
Muir, John, 176
musaranhos-arborícolas da Malásia, 242
Museu de História Natural, Paris, 176
Museu Real Sueco de História Natural, 79
mutualismo, 146, 155, 235, 237, 240
Mycologos (escola de micologia online), 201
mycotopia.net (fórum de cultivo de cogumelos), 211
Myers, Natasha, 160, 239

nação potawatomi, 51
nanocabos, 72
Nasa, 217
Nature, 172, 174
Nature Scientific Reports, 221
neandertais, 17, 116
Needham, Joseph, 236
neurobiologia, 72
neurociência, 72, 173, 193
neurociência de rede, 78, 80, 81
neuromicrobiologia, 120
neurônios, 72-3, 74, 78, 125, 194
neurotransmissores, 74, 125, 194
New World Truffieres, 47
Newton, Isaac, 244-8

Niebla (líquen), 86
Ninkasi (deusa da fermentação), 230
nitrogênio, 19, 35, 98, 150, 161, 174
nogueira, 183
núcleo, 93

Observatório do Carbono Profundo, 98
óleo cru, 13, 18, 207, 213
olfato, sentido de, 9-10, 34-54, 151, 158, 233, 246, 247, 249
Olsson, Stefan, 59, 60-1, 66, 72-7, 186
ondas de choque, 99
Ophiocordyceps unilateralis, 110, 112, 114, 117-8, 120-2, 125, 127-30, 137
orquídeas, 9, 20, 34, 38, 143, 175-6, 178-9, 182, 239
ostra-amarga (*Panellus stipticus*), 60-1, 71
ouro extraído de lixo eletrônico, 207
Ovídio: *Metamorfoses*, 119
oxano, 53

Paleolítico, período, 116
palmeira africana (*Hyphaene petersiana*), 226-7
palmeira *Eugeissona*, 242
palmeira-kentia (*Howea forsteriana*), 160
palmeira-quência (*Howea belmoreana*), 160
Panamá, 19, 26, 28, 157, 175, 191, 240, 241
panspermia, 88, 90, 93, 101, 104
pão, 14, 19, 151, 227, 230, 231
Paride (caçador de trufas), 39, 42-4, 50, 52
Parkinson, John, 17
penicilina, 17, 97, 206, 210, 246
perfumes, 38, 53, 97
Périgord, trufa negra (*Tuber melanosporum*), 36, 37, 40, 46-7
peroxidases, 198, 204
pesticidas, 162, 207
petróleo, 209
Phycomyces blakesleeanus, 68, 70
Piemonte, trufas brancas do (*Tuber magnatum*), 33, 35, 40, 47
Piketty, Thomas, 155
pinturas rupestres, 116
planta-da-neve (*Sarcodes sanguinea*), 176
plantas: classificação das, 11, 17, 232-3; cloroplasto, 93, 95, 105; domesticação das, 212; evolução das (*ver também* fungos micorrízicos/relações micorrízicas), 12, 16, 19, 80, 95, 105, 120, 140-5, 147-9, 158-61, 162, 197-8, 207, 212; fitocentrismo, 179-80, 182; fotossíntese *ver* fotossíntese; individualidade e, 166; "inteligência" das, 24, 70, 78, 153; movimento/migração das, 159-61; potenciais de ação e, 72; relações micorrízicas e *ver* fungos micorrízicos/relações micorrízicas; transferência horizontal de genes e, 95; *ver também cada tipo de planta*
plásticos, 13, 18, 207, 210, 216, 218
Platão, 116
Pleurotus (fungo de podridão-branca), 202-4, 209, 211, 213, 218, 225, 251
poliextremófilos, 98
polifonia musical, 65, 81
Pollan, Michael: *Como mudar sua mente*, 124
poluição/poluentes, 11, 18, 76, 161, 197, 202, 204, 206-7, 208, 210, 216, 219
pontas/bitucas de cigarro, 203, 206, 213, 218
"pontos de decisão", 75-6
porcini, cogumelo, 47, 157
porta de injeção, método de, 211-2
portobello, cogumelo, 215
Potter, Beatrix, 84, 100
Prigogine, Ilya, 192
primatas, álcool e, 242-3
Prince, 33
probióticos, 165
problemas matemáticos, 58
produtos químicos antifúngicos, 16
Programa de Pesquisa Psicodélica Beckley/Imperial, 125
Projeto BioShield, 222
propriedades de redes sem escala, 190, 194
Prototaxites, 12
Psilocybe azurescens (cogumelo), 207
Psilocybe cubensis (cogumelo), 117
Psilocybe semilanceata ("boné-da-liberdade"), cogumelo, 139
puhpowee ("força que faz com que os cogumelos saiam da terra durante a noite") (linguagem Potawatomi), 238
pulgão, 184, 187, 195

"Queer theory for lichens" [Teoria queer dos liquens], artigo, 104-5
quilômetro vertical da Terra, O (escultura), 156

quimeras, 105, 119
química radical, 198-9, 204, 209, 213-4

Rackham, Oliver, 27
radicais livres, 97, 198
radioatividade, 13, 90, 92, 97, 98, 203
Ramalina, líquen, 88
Rambaud, Laurent, 37
Raverat, Gwen, 233
Rayner, Alan, 66
Rayner, Mabel: *Trees and Toadstools* [Árvores e cogumelos tóxicos], 152
RDX (explosivo), 207
Read, David, 170-1, 172, 173, 175, 182, 188
Reagan, Ronald, 134
Rede de modo padrão (RMP), 125, 137
rede ferroviária de Tóquio, modelo de mixomiceto da, 24, 57-8
redes digitais, 81
redes micorrízicas comuns, 170
redes neurais, 80, 193-4
registro de pólen, 158
reidratação, 91, 97
repulsa, 233-4
resposta de evitação, 69
Rhizocarpon geograficum (líquen-do--mapa), 87
Rich, Adrienne, 82
rizomorfos (tubos ocos de hifa), 66, 67
RNA, 184
Robigus (deus do mofo), 16
robôs, 58
rocha, 11, 13, 87, 95, 148
Royal Society, 170, 244
Russell, Bertrand, 128
Rússia, 235-6

Sabina, María, 108, 133
Saccharomyces cerevisiae (levedura), 226
Sahagún, Bernardino de, 115
Salvia divinorum, 114
Sapp, Jan, 234-5, 238, 240
Sarno, Louis, 65
Sc2.0 (levedura sintética projetada por humanos), 230
Schizophyllum commune, 45
Schultes, Richard Evans, 114, 132, 136, 137
Schwendener, Simon, 83-5, 103, 146
seda de aranha, 230
Segunda Guerra Mundial (1939-45), 17

"seleção de parentesco", 179
seleção natural, 34, 58, 84, 121
Selosse, Marc-André, 176, 180
sementes de poeira, 143, 176
sensoriamento ambiental, 76
seres híbridos, 119
serotonina, 125
Serpula (fungo de podridão-seca), 68, 73
sexo: abelhas e, 34; aromas fúngicos incorporados em rituais sexuais humanos, 38-9; cheiro/olfato e, 35; fúngico, 44-7, 51, 54, 70, 143; hormônios, 40; surgimento de cogumelos e linguagem do, 238; transferência horizontal de genes e, 130; trufas e, 36, 44-7, 54
Sheppard, Steve, 223
Sherrington, Charles, 78
Sibéria, 114, 120
sidra, 231, 246-8
silicatos, 148
Simard, Suzanne, 171-2, 174, 176, 178, 188, 193-4
simbiose, 19, 26, 120, 128, 213, 219, 225; algas e fungos, 100; atitudes culturais em relação à, 234-40; descoberta da, 85; eficiência simbiótica, 149; fotobionte, 84, 96, 161; holobionte, 106; interação psilocibina-humano como, 128; liquens e, 85-6, 92, 93-6, 98, 100, 102-7, 120, 142, 176, 195, 197; micobionte, 84; "nascimento" das relações simbióticas, 100; parceiros múltiplos em, 102-3; relações micorrízicas e (*ver também* fungos micorrízicos/relações micorrízicas), 47, 142, 144, 145-6, 149, 152, 154, 158, 166, 168, 174, 176; simborgues/ organismos simbióticos, 106; teoria endossimbiótica, 93-6; termo cunhado, 85, 237, 239
sinapses, 74, 194
sistemas adaptativos complexos, 193
sistemas de classificação/taxonomia, 11, 17, 41, 84, 92-3, 95, 232-3
sistemas imunológicos, 18, 26, 47, 105, 117, 164
Smithsonian Tropical Research Institute, 19
sofrimento existencial (após o diagnóstico de doença terminal), 110, 123, 126

solos: liquens e, 88; *Macrotermes* e, 214; poluição de, 208-9; redes micorrízicas, 30, 144, 146, 148, 152, 153, 156, 157, 159, 162-5, 167, 169, 171, 182-3, 192, 237
Soyuz, nave espacial, 82, 91
Spribille, Toby, 102-5, 195, 237
Stamets, Azureus, 207
Stamets, Paul, 139, 201, 211, 217; Distúrbio do Colapso da Colônia de abelhas e, 221-5; Fungi Perfecti, 205, 223; fungos exterminadores de cupins e, 214, 216; gagueira curada pelo cogumelo mágico, 205; micorremediação e, 206, 209, 218; *Mycelium Running*, 206; popularização de temas fúngicos, 205; *Psilocybin Mushrooms of the World* [Cogumelos da psilocibina do mundo], 205; "Six Ways That Mushrooms Can Save the World" [Seis maneiras pelas quais os cogumelos podem salvar o mundo], TED Talk, 205, 214; *Star Trek: Discovery* (série de TV) e, 220-1, 223; *The Mushroom Cultivator* [o cultivador de cogumelos], 135-6
Stanier, Roger, 94
Star Trek: Discovery (série de TV), 220-1, 223
State of the World's Fungi [Estado Mundial dos Fungos], relatório (2018), 200
Stengers, Isabelle, 192
stinkhorn, cogumelo (*Phallus impudicus*), 64, 233-4
Streptomyces (bactérias produtoras de antibióticos), 215
Stukeley, William, 244
substitutos de pele, 215
sulfeto de dimetila, 41
sumério, antigo povo, 230
superbactérias, 90

Talmude judaico, 17
tardígrados ("ursos d'água"), 83, 92
Tassili, Argélia, pinturas em, 116
Taxol, 18
taxonomia, 11, 17, 41, 84, 92-3, 95, 232-3
tecnologias radicais *ver* micologia radical/ tecnologias radicais fúngicas
Teofrasto, 232
teoria dos grafos, 173
teoria dos sistemas, 80

Termitomyces (fungo de podridão-branca), 213, 219
thick-footed morel (*Morchella crassipes*), 184
TNT (explosivo), 13, 207
"toda carne é capim" (livro de Isaías), 149
tolerâncias extremas, 91-3, 97, 98, 101, 140
Tolkien, J. R. R.: *O Senhor dos anéis*, 147, 158, 165
"tomada de decisão", 24-5, 53, 74-6, 78, 154, 156, 158, 161, 243
tomateiro, 151, 164, 183, 185
Trametes (cogumelo-de-cauda-de-peru), 207, 216, 218
transferência horizontal de genes, 89, 91, 95, 130
Transição Neolítica (origens da agricultura), 227
transplantes de órgãos, 18, 26, 117
tratamento de feridas, 17, 215
Tricholoma, 62
trigo, 151, 164
trilobitas, 140
Trinity College, Cambridge, 244
trufa-do-deserto, 53
trufas, 15, 33-4, *35*, 36-48, *37*, *42*, 50-4, 146, 157, 177, 232; associação humana com sexo, 36; caça, 39-40, 42-3, 52-4; comerciantes de, 33, 39, 41; cultivo de/ truficultura, 47, 53, 146; esporos, 33-4, *42*, *42*, 44, 46; *Gautieria*, 41; história da interação humana com, 36-7, 232; métodos de atração das (uso de produtos químicos para avisar os animais que estão prontas para serem comidas), 33-9, 40-2, 44-6, 48, 52-3, 177; micélio, 44, 46, 48, 51; parceiras da árvore, 46, 48, 50-4, 146; Périgord, trufa negra (*Tuber melanosporum*), 36, 37, 40, 46-7; relações micorrízicas, 36, 46-7, 50-3, 146; sexo, fungo e, 36, 44-6, 47; solo e, 34, 40, 43, 46, 48-9, 53-4; trufa branca, 33, *35*, 40, 43, 47, 53; trufa branca do Piemonte (*Tuber magnatum*), 33, *35*, 40, 47; trufa-do-deserto, 53
tufo-de-enxofre (*Hypholoma fasciculare*), 57

Universidade Harvard, 100, 114, 132-3, 141
Universidade da Califórnia em Berkeley, 118

Universidade da Califórnia em Los Angeles, 68
Universidade da Califórnia em Riverside, 86
Universidade da Colúmbia Britânica, 92, 159
Universidade de Aberdeen, 184
Universidade de Ciências Gastronômicas em Bra, Itália, 151
Universidade de Leeds, 143, 148
Universidade de Marburg, 156
Universidade de Nova York, 123
Universidade de Sheffield, 162
Universidade de West Virginia, 118
Universidade Estadual de Washington, 221, 223
Universidade Johns Hopkins, 123, 127
Universidade Livre de Amsterdã, 153

vacinas, 18, 206, 230
varroa, ácaro (*Varroa destructor*), 222-3
vazamento de combustível, 209
verme nematoide, 48, 49, 54, 150
vespas parasitas, 118, 184, 195
vício, 110, 124, 127
vinho, 17, 19, 53, 151, 208, 213, 215, 228-30
vinhos de espinheiro, 229
vírus, 26, 85, 105, 118, 184, 222-3, 225
Viveiros de Castro, Eduardo, 119
Voyria, 22, 30, 175, 176, 178, 191-2

Waits, Tom, 140
Wasson, Gordon, 133, 136, 231
Wasson, Valentina, 232
Ways of Enlichenment (site), 92
Whitehead, Alfred North, 128
Willerslev, Rane, 120
"Women Gathering Mushrooms" (mulheres coletando cogumelos, registro do povo aka), 65-6, 81
Woolsthorpe Manor, 244
world wide web, 172, 190, 193, 236
Wu San Kwung, 212

xamãs, 114, 120

Yamaguchi Sodo, 231-2
yukaghir, povo (norte da Sibéria), 120

A marca FSC® é a garantia de que a madeira utilizada na fabricação do papel deste livro provém de florestas gerenciadas de maneira ambientalmente correta, socialmente justa e economicamente viável e de outras fontes de origem controlada.

Copyright © 2020 Merlin Sheldrake
Copyright da tradução © 2021 Editora Fósforo

Todos os direitos reservados. Nenhuma parte desta obra pode ser reproduzida, arquivada ou transmitida de nenhuma forma ou por nenhum meio sem a permissão expressa e por escrito da Editora Fósforo.

DIRETORAS EDITORIAIS Fernanda Diamant e Rita Mattar
EDITORA Juliana de A. Rodrigues
ASSISTENTES EDITORIAIS Mariana Correia Santos e Cristiane Alves Avelar
PREPARAÇÃO Meg Presser
REVISÃO Geuid Dib Jardim, Paula B. P. Mendes e Anabel Ly Maduar
REVISÃO TÉCNICA Nelson Menolli Jr.
ÍNDICE ONOMÁSTICO Marco Mariutti
PRODUÇÃO GRÁFICA Jairo da Rocha
CAPA Elaine Ramos
IMAGEM DE CAPA Ernst Haeckel, de *Art Forms in Nature* (*Kunstformen der Natur*), Leipzig, Alemanha, 1904
PROJETO GRÁFICO DO MIOLO Alles Blau
EDITORAÇÃO ELETRÔNICA Página Viva

Dados Internacionais de Catalogação na Publicação (CIP)
(Câmara Brasileira do Livro, SP, Brasil)

Sheldrake, Merlin
   A trama da vida : como os fungos constroem o mundo / Merlin Sheldrake ; tradução Gilberto Stam. — São Paulo : Fósforo / Ubu Editora, 2021.

   Título original: Entangled life — how fungi make our worlds, change our minds and shape our futures
   Bibliografia.
   ISBN: 978-65-89733-40-9 [Editora Fósforo]
   ISBN: 978-65-86497-63-2 [Ubu Editora]

   1. Fungos 2. Natureza 3. Recursos naturais renováveis I. Título.

21-80460   CDD — 579.5

Índice para catálogo sistemático:
1. Fungos : Microbiologia   579.5

Cibele Maria Dias — Bibliotecária — CRB/8-9427

1ª edição
2ª reimpressão, 2024

Editora Fósforo
Rua 24 de Maio, 270/276
10º andar, salas 1 e 2 — República
01041-001 — São Paulo, SP, Brasil
Tel: (11) 3224.2055
contato@fosforoeditora.com.br
www.fosforoeditora.com.br

UBU EDITORA
Largo do Arouche, 161, sobreloja 2
01219-011 — São Paulo, SP, Brasil
Tel: (11) 3331.2275
professor@ubueditora.com.br
ubueditora.com.br
/ubueditora

Este livro foi composto em GT Alpina
e GT Flexa e impresso pela Ipsis
em papel Golden Paper 80 g/m² para
as editoras Fósforo e Ubu em
dezembro de 2024.